Matemática Avanzada
Para estudiantes de Ingeniería

Eduardo Citto

Matemática Avanzada

Para Estudiantes de Ingenieria

Pje España 1467. Te: 4680913. (5000) Córdoba. Argentina – editorialuniversitas@yahoo.com.ar

UNIVERSITAS
Editorial Científica
Universitaria
CÓRDOBA

Diseño de Tapa: Universitas

Edición: Universitas

Producción Gráfica: Universitas

Email: editorialuniversitas@yahoo.com.ar

ISBN: 978-987-1457-57-1

Hecho el depósito que marca la ley 11.723.

Dedicatoria:

Al pequeño Luan.

PRESENTACIÓN

Este texto ha sido preparado para cubrir los requerimientos de formación, de los estudiantes de ingeniería, que han completado su formación elemental en cursos previos de *cálculo elemental* y *álgebra lineal*, donde se han familiarizado con las operaciones de derivación en una o mas variables, la integración, las operaciones matriciales y se han introducido en el tema de las *ecuaciones diferenciales*. No obstante las observaciones en cuanto a requisitos previos que acabamos de enunciar, el texto puede considerarse autocontenido.

El programa se inicia con la novedad de la *variable compleja*, desarrollando en los cuatro primeros capítulos, lo esencial de la teoría mostrando algunas aplicaciones, y se concluye con la aplicación a la solución de integrales por el *método de los residuos*.

En los capítulos 5 y 6, se desarrollan las *transformadas de Laplace y Fourier*, incluyéndose obviamente el tratamiento de las *series de Fourier* y la *integral de Fourier*.

Los capítulos siguientes, están dedicados a la introducción de las *funciones especiales*, y la solución de *ecuaciones diferenciales en derivadas parciales*. Con ese propósito, en el capítulo 7 se hace un repaso de las *ecuaciones diferenciales ordinarias*, y se introduce el *método de las series de potencias*. El capítulo 8 trata las *ecuaciones de Bessel y Legendre* y en el capítulo 9, se da una introducción al *problema de Sturm-Liouville*, con miras a su aplicación en el capítulo 10, a la solución de ecuaciones en derivadas parciales, donde se obtiene las *ecuaciones de onda y del calor*, que se resuelven para diferentes casos.

El último capítulo, está dedicado al cálculo variacional, con una breve introducción a los conceptos de *funcional* y *análisis funcional*.

Todos los puntos tratados a lo largo del texto han sido ilustrados con abundantes ejemplos y ejercicios resueltos, se agregan también ejercicios propuestos al final de cada sección.

E.C.

ÍNDICE

1 FUNCIONES DE VARIABLE COMPLEJA

En este primer capítulo, extenderemos al campo complejo el dominio de definición de las funciones y estudiaremos, junto con la derivada en el campo complejo, las propiedades de las funciones en este campo.

1.1 Números Complejos

Ciertas operaciones como determinar las raíces de $x^2 + 1 = 0$, no pueden realizarse en el campo de los números reales puesto que, la solución de esta sencilla ecuación, requiere que $x = \sqrt{-1}$ y no existe ningún número real cuyo cuadrado sea negativo. Se introduce entonces la *unidad imaginaria* i de modo que $i^2 = -1$ y entonces $i^3 = i^2 i = -i$, $i^4 = i^2 i^2 = 1$. $i^5 = i^4 i = i$. Si tratamos de resolver la ecuación $x^2 - 2x + 2 = 0$ como $x_{1,2} = \frac{2 \pm \sqrt{4-8}}{2} = \frac{2 \pm \sqrt{-4}}{2}$, encontramos otra vez, la raíz cuadrada de un número negativo, que podemos reducir, aceptando que la propiedad distributiva sea válida, como $\sqrt{-4} = \sqrt{4}\,\sqrt{-1} = \pm 2i$ y ponemos entonces $x_{1,2} = \frac{2 \pm \sqrt{-4}}{2} = 1 \pm i$. Hemos introducido así un *número complejo*

1.1.2. *Número Complejo.* Se llama número complejo z, a una expresión de la forma

$$z = x + iy$$

donde x e y son números reales que denominamos respectivamente *parte real* y *parte imaginaria* de z, que notamos como $x = Re(z)$ e $y = Im(z)$.

El conjunto de los números complejos se denota por $\mathbb{C} = \{(x,y): x, y \in \mathbb{R}\}$ donde $\mathbb{R}$ denota el conjunto de los números reales. Dos números complejos $z_1 = x_1 + iy_1$ y $z_2 = x_2 + iy_2$ son iguales, si y solo si, $x_1 = x_2$ y $y_1 = y_2$ o bien $z_1 = z_2$ si y solo si $Re(z_1) = Re(z_2)$ y $Im(z_1) = Im(z_2)$.

1.1.3. *Definición. Suma de números complejos.* Definimos la suma de dos números complejos $z_1 = x_1 + iy_1$ y $z_2 = x_2 + iy_2$ según la regla

$$z_1 + z_2 = (x_1 + x_2) + i(y_1 + y_2)$$

es decir, que se suman por separado las partes reales e imaginarias de modo que

$$Re(z_1 + z_2) = Re(z_1) + Re(z_2) \text{ y } Im(z_1 + z_2) = Im(z_1) + Im(z_2).$$

1.1.4. *Ejemplo.* **a.** $(3 + 6i) + (2 - 3i) = 5 + 3i.$ **b.** $(7 + 5i) - (1 + 2i) = 6 + 3i.$ **c.** $(7 + 2i) + 1 = 8 + 2i.$ **d.** $(a + 3i) + 4i = a + 7i.$

1.1.5. *Definición. Producto de números complejos.* Para multiplicar dos números complejos $z_1 = x_1 + iy_1$ y $z_2 = x_2 + iy_2$ se procede como con los binomios ordinarios teniendo en cuenta que $i.i = i^2 = -1$.

$$z_1 z_2 = (x_1 + iy_1)(x_2 + iy_2) = x_1 x_2 + ix_1 y_2 + iy_1 x_2 + iy_1 iy_2$$

$$z_1 z_2 = x_1 x_2 + ix_1 y_2 + iy_1 x_2 - y_1 y_2$$

y agrupando partes reales e imaginarias

$$z_1 z_2 = (x_1 x_2 - y_1 y_2) + i(x_1 y_2 + y_1 x_2)$$

1.1.6. *Ejemplo.* **a.** $(5 + 7i) + (3 + 4i) = 15 + 41i + 28i^2 = (15 - 28) + 41i = -13 + 41i.$ **b.** $(2 - 3i)(-1 + 4i) = -2 + 11i - 12i^2 = (-2 + 12) + 11i = 10 + 11i.$ **c.** $(a + ib)(2 + 3i) = (2a - 3b) + i(2b + 3a).$ **d.** $(a + ib)i = -b + ai.$ **e.** $z^2 = (x + iy)^2 = x^2 + 2xiy + (iy)^2 = x^2 - y^2 + i2xy.$ **f.** $z^3 = (x + iy)^3 = x^3 + 3xiy + 3x(iy)^2 + (iy)^3 = x^3 - 3xy^2 + i(3x^2 y - y^3)$

1.1.7. *Plano de Argand.* Los números complejos, admiten una representación geométrica en el plano cartesiano que permite interpretarlos como vectores o puntos del plano cartesiano, dando como coordenadas de un punto $z(x, y)$; $x = Re(z)$ y $y = Im(z)$, figura 1.1.7.

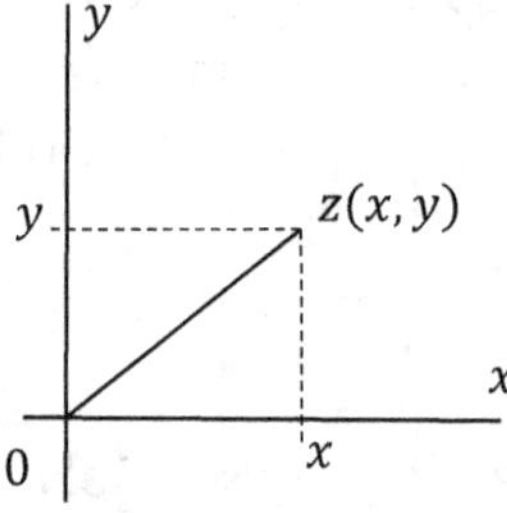

Figura 1.1.7

Podemos entonces notar los complejos como par ordenado $z = x + iy = (x, y)$ y la regla de suma para vectores subsiste ya que si $z_1 = a + ib = (a, b)$ y $z_2 = c + id = (c, d)$, $z_1 + z_2 = (a + c) + i(b + d) = (a + c, b + d)$ mientras que la multiplicación, que para vectores ordinarios es $(a, b)(c, d) = (ac, bd)$, para vectores complejos es $(a, b)(c, d) = (ac - bd, bc + ad)$.

Un número complejo de la forma $z = x + 0i = (x, 0)$ es un número *real puro* y un número complejo de la forma $z = 0 + iy = (0, y)$ es un número *imaginario puro*. Sobre el eje x, cuyos valores son reales, se ubican los números reales puros y así el eje x o de las abscisas se denomina *eje real* y, sobre el eje y, cuyos valores también son reales, se ubican los números imaginarios puros por lo que el eje de ordenadas se denomina *eje imaginario*.

1.1.8. *Definición. Conjugado de un número complejo*. Se llama conjugado de un número complejo $z = x + iy = (x, y)$ al número complejo que se obtiene cambiando el signo de la parte imaginaria y se nota como $\bar{z} = x - iy$ de modo que z y $\bar{z}$ tienen iguales sus partes reales y, sus partes imaginarias, opuestas o reflejadas respecto del eje x, por lo que el conjugado del conjugado $\bar{\bar{z}} = z$, es el mismo número. El conjugado de un número real puro es el mismo número, el de un imaginario puro el mismo número con signo opuesto y se verifica que, si $z = x + iy$

$$z + \bar{z} = 2x = 2Re(z)$$

$$z - \bar{z} = 2i\,y = 2i\,Im(z) \text{ y}$$

$$z.\bar{z} = (x + iy)(x - iy) = x^2 - ixy + ixy + y^2 = x^2 + y^2$$

A veces la notación usada para el conjugado es z^* aunque esta notación, es más propia para indicar *transpuesto y conjugado* de z.

De $z + \bar{z} = 2x$ y $z - \bar{z} = 2iy$ o bien $x = \frac{z+\bar{z}}{2}$ e $y = \frac{z-\bar{z}}{2i}$, queda claro que $z = x + iy$ puede escribirse como $z = \frac{z+\bar{z}}{2} + \frac{z-\bar{z}}{2}$.

1.1.9. *Ejemplo*. **a.** Si $z = 3 + 2i$. $\bar{z} = 3 - 2i$ y $\bar{\bar{z}} = 3 + 2i = z$; $z + \bar{z} = (3 + 2i) + (3 - 2i) = 6$ y $z - \bar{z} = (3 + 2i) - (3 - 2i) = 4i$. **b.** Si $z = 4$. $\bar{z} = 4$ y si $z = 4i$; $\bar{z} = -4i$.

1.1.10. *Módulo de un número complejo*. Si interpretamos los números complejos como puntos del plano cartesiano, entonces los puntos $z = x + iy = (x, y)$ distan del origen $d = \sqrt{x^2 + y^2}$ según la *métrica euclídea*. Definimos entonces la función *norma* o *módulo de un número complejo* $z = x + iy$ como

$$|z| = \sqrt{x^2 + y^2}$$

y se comprueba que $|z| = \sqrt{z.\overline{z}}$ o bien que $|z|^2 = z.\overline{z}$.

Considerando los complejos como vectores, extendemos la definición de *producto interno* para dos vectores complejos $\boldsymbol{a}$ y $\boldsymbol{b}$ como

$$(\boldsymbol{a}.\boldsymbol{b}) = \boldsymbol{a}^*.\boldsymbol{b}$$

donde $\boldsymbol{a}^*$ es el vector transpuesto y conjugado de $\boldsymbol{a}$ para poder realizar la multiplicación fila-columna según la regla del producto matricial y entonces

$$(\boldsymbol{a}.\boldsymbol{b}) = (\boldsymbol{b}.\boldsymbol{a})^*$$

con esta regla, el producto interior *preserva la distancia*, ya que si $\boldsymbol{a} = \boldsymbol{b} = \boldsymbol{z}$, entonces $(\boldsymbol{z}.\boldsymbol{z}) = \boldsymbol{z}^*\boldsymbol{z} = |\boldsymbol{z}|^2$.

1.1.11. *Propiedades del módulo.* La definición de módulo de un número complejo, comprende la definición de módulo un número real ya que si $z = x$, $|x| = \sqrt{x^2}$ y de la misma forma, si z es un imaginario puro $z = iy$, $|iy| = \sqrt{y^2} = |y|$. Siendo $x = Re(z)$ e $y = Im(z)$, números reales, queda claro que

$$Re(z) \leq |z| \text{ y } Im(z) \leq |z|$$

Se comprueba fácilmente que $\left|\frac{z_1}{z_2}\right| = \frac{|z_1|}{|z_2|}$ y $|z_1.z_2| = |z_1|.|z_2|$;

$$\left|\frac{z_1}{z_2}\right|^2 = \left(\frac{z_1}{z_2}\right)\overline{\left(\frac{z_1}{z_2}\right)} = \frac{z_1\overline{z_1}}{z_2\overline{z_2}} = \frac{|z_1|^2}{|z_2|^2}$$

o bien
$$\left|\frac{z_1}{z_2}\right| = \frac{|z_1|}{|z_2|} \blacklozenge$$

$$|z_1.z_2|^2 = (z_1.z_2)\overline{(z_1.z_2)} = z_1\overline{z_1}\,z_2\overline{z_2} = |z_1|^2|z_2|^2$$

o bien
$$|z_1.z_2| = |z_1||z_2| \blacklozenge$$

Probamos ahora la desigualdad del triángulo $|z_1+z_2| \leq |z_1| + |z_2|$:

$$|z_1+z_2|^2 = (z_1 + z_2)\overline{(z_1+z_2)} = z_1\overline{z_1} + z_1\overline{z_2} + z_2\overline{z_1} + z_2\overline{z_2}$$

$$|z_1+z_2|^2 = |z_1|^2 + z_1\overline{z_2} + \overline{\overline{z_2}z_1} + |z_2|^2$$

$$|z_1+z_2|^2 = |z_1|^2 + 2Re(z_1\overline{z_2}) + |z_2|^2$$

Siendo $Re(z_1\overline{z_2}) \leq |z_1\overline{z_2}| = |z_1 z_2| = |z_1||z_2|$

$$|z_1 + z_2|^2 \leq |z_1|^2 + 2|z_1||z_2| + |z_2|^2 = (|z_1| + |z_2|)^2$$

o bien $\qquad\qquad |z_1 + z_2| \leq |z_1| + |z_2| \;\blacklozenge$

La desigualdad del triángulo se generaliza por inducción a

$$|z_1 + z_2 + \cdots + z_n| \leq |z_1| + |z_2| + \cdots + |z_n|$$

Otra importante desigualdad se deduce de

$$|z_1| = |z_1 - z_2 + z_2| = |(z_1 - z_2) + z_2| \leq |z_1 - z_2| + |z_2|$$

$$|z_1| - |z_2| \leq |z_1 - z_2| \;\blacklozenge$$

1.1.12. *Cociente de números complejos.* Para realizar la operación $\frac{z_1}{z_2} = \frac{x_1 + iy_1}{x_2 + iy_2}$, no tenemos a mano un recurso algebraico que permita realizar la operación en forma directa, como lo podemos hacer al dividir un complejo por un real k en la forma $\frac{z}{k} = \frac{x+iy}{k} = \frac{x}{k} + i\frac{y}{k}$. El recurso directo, es multiplicar numerador y denominador por el conjugado del denominador, y así en el denominador queda un número real puro

$$\frac{z_1}{z_2} = \frac{x_1 + iy_1}{x_2 + iy_2} = \frac{x_1 + iy_1}{x_2 + iy_2} \cdot \frac{x_2 - iy_2}{x_2 - iy_2} = \frac{(x_1 + iy_1)(x_2 - iy_2)}{(x_2 + iy_2)(x_2 - iy_2)} = \frac{(x_1 x_2 + y_2 y_2) - i(x_2 y_1 - x_1 y_2)}{x^2 + y^2}$$

o bien $\qquad\qquad \dfrac{z_1}{z_2} = \dfrac{z_1 . \overline{z_2}}{z_2 . \overline{z_2}} = \dfrac{z_1 . \overline{z_2}}{|z_2|^2} \;\blacklozenge$

1.1.13. *Ejemplo.* **a.** $\frac{3+6i}{3} = 1 + 2i.$ **b.** $\frac{1}{i} = \frac{1}{i} . \frac{-i}{-i} = \frac{-i}{1} = -i.$ **c.** $\frac{4+i}{2-3i} = \frac{4+i}{2-3i} . \frac{2+3i}{2+3i} = \frac{(4+i)(2+3i)}{4+9} = \frac{5+14i}{13}.$ **d.** $\frac{3+2i}{4+3i} = \frac{3+2i}{4+3i} . \frac{4-3i}{4-3i} = \frac{12+6-i}{25} = \frac{18-i}{25}.$

Estos mismos resultados se pueden obtener si en lugar dividir $\frac{z_1}{z_2}$, realizamos la operación equivalente $z_1 . \frac{1}{z_2} = z_1 . w_2$, definiendo como inverso del número z_2, el número w_2.

1.1.14. *Inverso de z.* Si $z = x + iy$, definimos $w = z^{-1}$ de modo tal que $zw = wz = 1$. Para ello establecemos que $w = u + iv$ y, según la regla del producto

$$w . z = (u + iv)(x + iy) = ux - vy + i(uy + vx) = 1$$

Igualando las parte reales e imaginarias del producto $w.z$ con 1, cuya parte imaginaria es nula, tenemos el sistema

$$\begin{cases} ux - vy = 1 \\ uy + vx = 0 \end{cases}$$

que resuelto para u y v a partir de las coordenadas x e y conocidas, tiene determinante principal $x^2 + y^2 = 0$ solo si $x = 0$ y $y = 0$, es decir, solo si $z = 0$ por lo que siempre hay solución con la excepción hecha de $z = 0$, obteniéndose

$$u = \frac{x}{x^2+y^2} \quad \text{y} \quad v = \frac{-y}{x^2+y^2}$$

por lo que
$$w = \frac{x}{x^2+y^2} - i\frac{y}{x^2+y^2} = \frac{x-iy}{x^2+y^2} \blacklozenge$$

Si en cambio se resuelve para x e y, se obtienen las coordenadas de z, el inverso de w, que de la misma forma, está siempre definido excepto para $w = 0$

$$x = \frac{u}{u^2+v^2} \quad \text{y} \quad y = \frac{-v}{u^2+v^2}$$

por lo que
$$z = \frac{u}{u^2+v^2} - i\frac{v}{u^2+v^2} = \frac{u-iv}{u^2+v^2} \blacklozenge$$

Así, dividir por z equivale a multiplicar por $z^{-1} = \frac{x-iy}{x^2+y^2}$, lo que justifica plenamente el recurso de multiplicar y dividir por el conjugado del denominador, que empleamos en 1.1.12.

1.1.15. *Ejemplo.* **a.** Si $z = 2 + 3i$. $z^{-1} = \frac{2-3i}{13}$. **b.** Si $z = \sqrt{3} + i$. $z^{-1} = \frac{\sqrt{3}-i}{4}$. **c.** Si $z = i$. $z^{-1} = -i$.

1.1.16. *Forma trigonométrica de un número complejo.* La forma algebraica o cartesiana de un complejo $z = x + iy$, puede transformarse fácilmente mediante el uso de coordenadas polares, y como se ve en la figura 1.1.16

$$x = \rho \cos \theta, \ y = \rho \ sen \ \theta$$

$$|z| = \sqrt{x^2 + y^2} = \sqrt{\rho^2} = \rho, \ \theta = tan^{-1}\frac{y}{x}$$

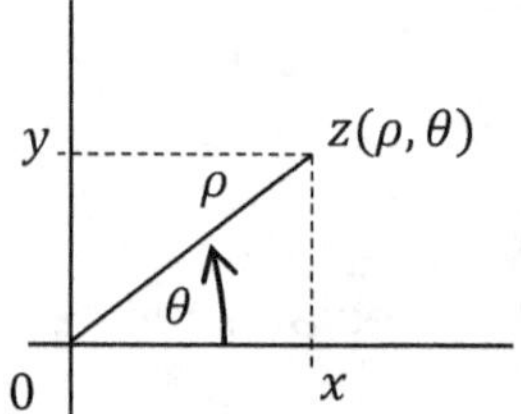

Figura 1.1.16

Así todo punto del plano, queda caracterizado cuando se da ρ, su distancia al origen o *radio vector*, y el ángulo de orientación θ, que se designa como *argumento* del complejo z. El ángulo se mide en sentido antihorario desde el semieje positivo x tal como en la trigonometría, y z se expresa en *forma polar* o trigonométrica como

$$z = \rho(cos\ \theta + i\ sen\ \theta)$$

además $$\bar{z} = x - iy = \rho(cos\ \theta - i\ sen\ \theta) \text{ y } z\bar{z} = \rho^2$$

Las cantidades ρ y θ determinan de forma única todo número complejo, excepto por un múltiplo entero de 2π o, dicho de otra manera, por un número indeterminado de giros, por lo que al argumento, lo designamos como $\Theta = \theta + 2k\pi$ donde k es un entero. Al valor de θ, la *parte principal del argumento*, lo indicamos como $arg(z)$ y a Θ como $Arg\ (z)$ de modo que $Arg\ (z) = arg\ (z) + 2k\pi$ siendo; $-\pi < arg\ (z) \leq \pi$.

Cuando se determine θ, deberá considerarse el semieje $(-\infty, 0]$ una barrera infranqueable, como lo indica la restricción $-\pi < \theta \leq \pi$, que nunca se alcanza por valores negativos de θ y solo la alcanzan, por valores positivos de θ, los reales negativos cuyo argumento principal es π. Al referirnos al argumento de un complejo, salvo indicación en contrario, nos estaremos refiriendo a la parte principal θ.

Cuando el valor del argumento θ, se establece con $\theta = tan^{-1}\frac{y}{x}$, en general quedará indeterminado el cuadrante del plano al que pertenece z, por lo que la ubicación de z, se debe deducir por los valores de x e y considerando además, la restricción $-\pi < \theta \leq \pi$. Usualmente, θ se expresa en radianes.

1.1.17. *Ejemplo.* **a.** Si $z = 1 + i$. $\rho = \sqrt{1+1} = \sqrt{2}$, $\theta = tan^{-1}1 = \frac{\pi}{4}$ o bien $\theta = \frac{5\pi}{4}$. Elejimos $\theta = \frac{\pi}{4}$ porque $x = 1 > 0$ y $y = 1 > 0$ y $z = \sqrt{2}\left(cos\ \frac{\pi}{4} + i\ sen\ \frac{\pi}{4}\right)$. **b.** Si $z = -1 - i$. $\rho = \sqrt{1+1} = \sqrt{2}$, $\theta = tan^{-1}1 = \frac{\pi}{4}$ o bien $\theta = \frac{5\pi}{4}$, elegimos $\theta \neq \frac{\pi}{4}$ porque $x = -< 0$ y $y = -1 < 0$ y $\theta \neq \frac{5\pi}{4}$ porque no cumple la restricción $-\pi < \theta \leq \pi$. Debemos elegir $\theta = -\frac{3\pi}{4}$ y $z = \sqrt{2}\left(cos\ \frac{-3\pi}{4} + i\ sen\ \frac{-3\pi}{4}\right)$. **c.** Si $z = \sqrt{3} - i$. $\rho = \sqrt{3+1} = 2$, $\theta = tan^{-1}\left(\frac{-\sqrt{3}}{3}\right) = \frac{5\pi}{6}$ o bien $\theta = -\frac{\pi}{6}$ y elegimos $\theta = -\frac{\pi}{6}$ porque $x = \sqrt{3} > 0$ y $y = -1 < 0$. No podemos seleccionar $\theta = 11\frac{\pi}{6}$ porque violamos la restricción $-\pi < \theta \leq \pi$ y $z = 2\left(cos\ \frac{-\pi}{6} + i\ sen\ \frac{-\pi}{6}\right)$. **d.** $1 = (cos\ 0 + i\ sen\ 0) = 1;$ $i = \left(cos\ \frac{\pi}{2} + i\ sen\ \frac{\pi}{2}\right) = i;$ $-1 = (cos\ \pi + i\ sen\ \pi) = -1;$ $-i = \left(cos\ \frac{-\pi}{2} + i\ sen\ \frac{-\pi}{2}\right)$.

1.1.18. *Fórmula de De Moivre.* Si $z_1 = \rho_1(\cos\theta_1 + i\,sen\,\theta_1)$ y $z_2 = \rho_2(\cos\theta_2 + i\,sen\,\theta_2)$, entonces

$$z_1 z_2 = \rho_1 \rho_2 (\cos\theta_1 + i\,sen\,\theta_1)(\cos\theta_2 + i\,sen\,\theta_2)$$

$$z_1 z_2 = \rho_1 \rho_2 [(\cos\theta_1 \cos\theta_2 - sen\,\theta_1\,sen\,\theta_2) + i\,(sen\,\theta_1 \cos\theta_2 + sen\,\theta_2 \cos\theta_1)]$$

reconocemos en el segundo miembro, en primer término el $\cos(\theta_1 + \theta_2)$ y en segundo término el $sen(\theta_1 + \theta_2)$, por lo que

$$z_1 z_2 = \rho_1 \rho_2 [\cos(\theta_1 + \theta_2) + i\,sen(\theta_1 + \theta_2)]$$

de la fórmula $z_1 z_2 = \rho_1 \rho_2 [\cos(\theta_1 + \theta_2) + i\,sen(\theta_1 + \theta_2)]$ surge que

$$arg(z_1 z_2) = arg(z_1) + arg(z_2)$$

Si $z_1 = z_2 = z$, se tiene $\rho_1 = \rho_2 = \rho$ y $\theta_1 = \theta_2 = \theta$, y entonces

$$z^2 = \rho^2 (\cos 2\theta + i\,sen\,2\theta)$$

que por inducción se puede generalizar a

$$z^n = \rho^n (\cos n\theta + i\,sen\,n\theta)$$

Ahora, comparando $z^n = \rho^n (\cos n\theta + i\,sen\,n\theta) = \rho^n (\cos\theta + i\,sen\,\theta)^n$, se tiene

$$(\cos\theta + i\,sen\,\theta)^n = (\cos n\theta + i\,sen\,n\theta)$$

que es la fórmula de *De Moivre*. Se deduce inmediatamente

$$z^{-1} = \rho^{-1} [\cos(-\theta) + i\,sen(-\theta)] = \rho^{-1}(\cos\theta - i\,sen\,\theta)$$

1.1.19. *Fórmula exponencial.* La relación de *Euler* $e^{i\theta} = \cos\theta + i\,sen\,\theta$, que conocemos del cálculo elemental, nos permite escribir

$$z = \rho(\cos\theta + i\,sen\,\theta) = \rho e^{i\theta}$$

entonces, si $z_1 = \rho_1 e^{i\theta_1}$ y $z_2 = \rho_2 e^{i\theta_2}$, se tiene inmediatamente

$$z_1 z_2 = \rho_1 e^{i\theta_1} \rho_2 e^{i\theta_2} = \rho_1 \rho_2 e^{i(\theta_1 + \theta_2)}$$

$$\frac{z_1}{z_2} = \frac{\rho_1 e^{i\theta_1}}{\rho_2 e^{i\theta_2}} = \frac{\rho_1}{\rho_2}\, e^{i(\theta_1 - \theta_2)}$$

$$z^n = \left(\rho e^{i\theta}\right)^n = \rho^n e^{in\theta}$$

$$z^{-1} = \left(\rho e^{i\theta}\right)^{-1} = \rho^{-1}e^{-i\theta} \quad \text{y} \quad \overline{z} = \overline{\rho e^{i\theta}} = \rho\overline{e^{i\theta}} = \rho e^{-i\theta}$$

La validez de estas expresiones, se puede confirmar en base a los resultados de la sección anterior

1.1.20. *Ejemplo.* **a.** Si $z = 1 + i$. $\rho = \sqrt{2}$, $\theta = \frac{\pi}{4}$ y $z = \sqrt{2}e^{i\frac{\pi}{4}}$. **b.** Si $z = -1 - i$. $\rho = \sqrt{2}$, $\theta = -\frac{3\pi}{4}$ y $z = \sqrt{2}e^{-i\frac{3\pi}{4}}$. **c.** Si $z = \sqrt{3} - i$. $\rho = 2$, $\theta = -\frac{\pi}{6}$ y $z = 2e^{-i\frac{\pi}{6}}$. **d.** $i^0 = e^0 = 1$; $i = e^{i\frac{\pi}{2}}$; $i^2 = ii = e^{i\frac{\pi}{2}}e^{i\frac{\pi}{2}} = e^{i\pi} = -1$; $i^3 = i^2i = e^{i\pi}e^{i\frac{\pi}{2}} = e^{-i\frac{3\pi}{2}} = -i$; $-1 = e^{i\pi}$; $(-1)(-1) = e^{i\pi}e^{i\pi} = e^{i2\pi} = e^{0\pi} = 1$.

1.1.21. *Raíz de un número complejo.* Se obtiene $w = \sqrt[n]{z}$, la raíz enésima de un número complejo, con el empleo de la potencia fraccionaria

$$w = \sqrt[n]{z} = z^{1/n}$$

Siendo $w^n = z$; con $w = Re^{i\varphi}$ y $z = \rho e^{i\theta}$, se tiene

$$\left(Re^{i\varphi}\right)^n = \rho e^{i\theta} \quad \text{o bien} \quad R^n e^{in\varphi} = \rho e^{i\theta}$$

si los complejos $R^n e^{in\varphi} = \rho e^{i\theta}$ son iguales, deben ser iguales sus módulos, y también sus argumentos, excepto por un número indeterminado de giros, o sea

$$R^n = \rho \quad \text{y} \quad n\varphi = \theta + 2k\pi \quad \text{o bien} \quad \varphi = \frac{\theta + 2k\pi}{n} \quad \text{y} \quad R = \rho^{1/n}$$

por lo que podemos escribir

$$w = \rho^{1/n}e^{i\frac{\theta + 2k\pi}{n}}, \qquad k = 0,1,2,\ldots,n-1$$

de modo que el complejo z, tiene n raíces determinadas por los enteros $k = 0,1,2,\ldots,n-1$. Si $k = n$, $\varphi = \frac{\theta + 2k\pi}{n} = \frac{\theta + 2n\pi}{n} = \frac{\theta}{n} + 2\pi$ y no obtenemos un valor discernible de la primera raíz, que hemos calculado con $k = 0$, cuyo argumento es $\varphi = \frac{\theta + 0\,\pi}{n} = \frac{\theta}{n}$.

Calculamos las raíces cúbicas de la unidad: $w = \sqrt[3]{1}$

$n = 3$, $z = 1$, $\rho = 1$, $\theta = 0$, entonces $R = \sqrt[3]{1}$ y $w = \sqrt[3]{1}e^{i\frac{0 + 2k\pi}{3}}$, $k = 0,1,2$

si $k = 0$, $w_1 = e^{i\frac{0 + 0\pi}{3}} = 1$, si $k = 1$, $w_2 = e^{i\frac{0 + 2\pi}{3}} = e^{i\frac{2\pi}{3}}$, si $k = 2$, $w_3 = e^{i\frac{0 + 4\pi}{3}} = e^{i\frac{4\pi}{3}}$

Si intentamos obtener un nuevo valor con $k = 3$, el resultado es $w_4 = e^{i\frac{0+6\pi}{3}} = e^{i2\pi} = 1 = w_1$. Con $k = 4$, $w_5 = e^{i\frac{0+8\pi}{3}} = e^{i\left(\frac{2\pi}{3}+2\pi\right)} = w_2$, etc.

Como se ve en la figura 1.1.21.a, las $n = 3$ raíces del complejo $z = 1$, están igualmente espaciadas $\frac{2\pi}{3}$ sobre el círculo de radio $\rho^{1/n}$, en este caso 1. Una vez obtenido el argumento de la primera raíz como $\frac{arg\,(z)}{n}$, en nuestro caso $\frac{0}{3}$, las demás se ubican consecutivamente en sentido antihorario, separadas por un ángulo $\frac{2\pi}{n}$.

Si calculamos $w = \sqrt[4]{16\,i}$, $n = 4$, $z = 16\,i$, $\rho = 16$, $\theta = \frac{\pi}{2}$, $R = \sqrt[4]{16} = 2$ y entonces $w = 2e^{i\frac{\pi/2+2k\pi}{4}}$, $k = 0,1,2,3$ y $w_1 = 2e^{i\frac{\pi/2+0\pi}{4}} = 2e^{i\frac{\pi}{8}}$. Las demás raíces, se ubican directamente por simetría, siendo w_1 y w_3 opuestas por el diámetro, tal como w_2 y w_4, que están opuestas por otro diámetro perpendicular al primero, figura 1.1.21.b. Sus argumentos son $\theta_2 = \frac{\pi/2+2\pi}{4} = 5\frac{\pi}{8}$, $\theta_3 = \frac{\pi/2+4\pi}{4} = 9\frac{\pi}{8}$, $\theta_4 = \frac{\pi/2+6\pi}{4} = 13\frac{\pi}{8}$.

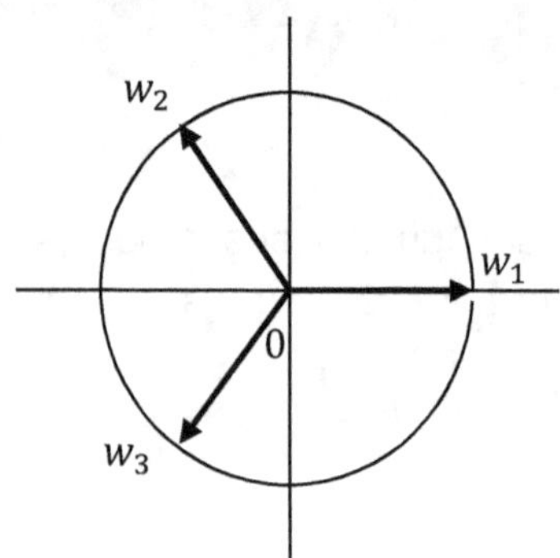

Figura 1.1.21.a

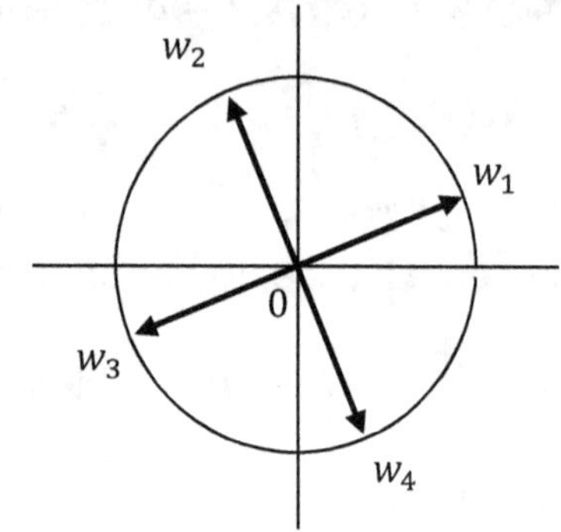

Figura 1.1.21.b

Ejercicios 1.1

Calcular la suma, diferencia, producto y cociente para cada par de complejos.

1. i; **2.** **2.** $(1 + i)$; i. **3.** $(1 + i)$; $(1 - i)$. **4.** 5; $(2 + i)$. **5.** $(3 - 2i)$; $(4 + i)$. **6.** $(4 + 5i)$; $(1 - i)$.

Realizar las operaciones indicadas y expresar el resultado como $x + iy$.

7. $\frac{(1-i)^3}{2-i}$. **8.** $(3 - 4\,i)\,(3 - 4\,i)\,(3 + 4\,i)\,(3 + 4\,i)$. **9.** $(1 + 2i)^4$. **10.** $(1 + i)^{-2}$.

Hallar las raíces de:

11. $z^2 + 2z + 2 = 0$. **12.** $z^2 + iz - 1 = 0$.

Calcular el módulo de:

13. $(3 + 4\,i)$. **14.** $\dfrac{(3+4\,i)(1+i)}{(3-4\,i)}$. **15.** $\left(\dfrac{x+iy}{x-iy}\right)^n$, $n > 0$, *entero*.

Comprobar:

16. $Re(z_1 + z_2) = Re(z_1) + Re(z_2)$. **17.** $Im(z_1 - z_2) = Im(z_1) - Im(z_2)$.

18. $(z + w)^* = z^* + w^*$. **19.** $(z.w)^* = z^*.w^*$. **20.** $\left(\dfrac{z}{w}\right)^* = \dfrac{z^*}{w^*}$.

Representar en forma polar.

21. $z = 1 - i$.   **22.** $z = \sqrt{3} + 1$.   **23.** $z = -\sqrt{3} - i$.

Calcular empleando la forma polar.

24. $w = \left(-\sqrt{3} + i\,\right)^3$. **25.** $w = (3 + 4i\,)^2(1 + i\,)^{-2}$. **26.** $w = i(1 - i)^2$. **27.** $w = i^3(1 + i)$

Hallar todas las raíces.

28. $w = i^{1/2}$. **29.** $w = i^{2/3}$. **30.** $w = (-16)^{1/4}$. **31.** $w = (-8)^{1/3}$.

Hallar todos los valores de:

32. $w = (1 + i)^{2/3}$. **33.** $w = \dfrac{(\sqrt{3}+i)^{1/2}}{(1+i)^2}$.

Respuestas:

1. $R: i + 2/i - 2/2i/\dfrac{i}{2}$. **3.** $R: 2/2i/2/i$. **5.** $R: 7 - i/-1 - 3i/14 - 5i/\dfrac{10-11i}{17}$.

7. $R: -\dfrac{2}{5}(1 + 3i)$. **8.** $R: 625$ **9.** $R: -7 - 24i$. **10.** $R: -\dfrac{i}{2}$. **11.** $R: -1 \pm i$. **12.** $R: \dfrac{-i\pm\sqrt{3}}{2}$.

13. $R: 5$. **14.** $R: \sqrt{2}$. **15.** $R: 1$. **21.** $R: z = \sqrt{2}\left(cos\,\dfrac{\pi}{4} - i\,sen\,\dfrac{\pi}{4}\right)$. **22.** $R: z = 2\left(cos\,\dfrac{\pi}{6} + i\,sen\,\dfrac{\pi}{6}\right)$. **23.** $R: z = 2\left(cos\,\dfrac{5\,\pi}{6} - i\,sen\,\dfrac{5\,\pi}{6}\right)$. **28.** $R: e^{i\frac{\pi}{4}}, e^{i\frac{5\pi}{4}}$. **29.** $R: e^{i\frac{\pi}{3}}, e^{i\pi}, e^{i\frac{5\pi}{3}}$. **30.** $R: 2e^{i\frac{\pi}{4}}, 2e^{i\frac{3\pi}{4}}, 2e^{i\frac{5\pi}{4}}, 2e^{i\frac{7\pi}{4}}$. **31.** $R: 2e^{i\frac{\pi}{3}}, 2e^{i\pi}, 2e^{i\frac{5\pi}{3}}$. **32.** $R: \sqrt[3]{2}e^{i\frac{\pi}{6}}, \sqrt[3]{2}e^{i\frac{5\pi}{6}}, \sqrt[3]{2}e^{i\frac{9\pi}{6}}$. **33.** $R: -i\dfrac{\sqrt{2}}{2}e^{i\frac{\pi}{12}}, -i\dfrac{\sqrt{2}}{2}e^{i\frac{13\pi}{12}}$.

1.2 El Plano Complejo y la Esfera de Riemann

Para las aplicaciones posteriores, ampliaremos el conjunto $\mathbb{C}$ de los números complejos con el punto infinito, que notamos con ∞ como lo hemos hecho al tratar las variables reales y además, daremos algunas precisiones para referirnos a conjuntos del plano complejo.

1.2.1. *La esfera de Riemann*. Tal como en el campo real, en el que se introdujeron los puntos $\pm\infty$, en el campo complejo surge inmediatamente la cuestión, que no es trivial, de considerar el punto en el infinito.

Al no existir la relación de orden $z_1 < z_2$ en $\mathbb{C}$, el punto en el infinito, no es discernible entre $+\infty$ y $-\infty$ como si sucede en la *recta real* o bien, en el conjunto $\mathbb{R}$ que relacionamos con la recta real. El infinito complejo no tiene signo ni argumento pero su módulo, es mayor que el de cualquier número del plano $\mathbb{C}$.

El problema fue resuelto por *B. Riemann,* poniendo en correspondencia cada punto en el plano $\mathbb{C}$ con un punto de una esfera de radio unitario, excluyendo el punto correspondiente a su polo norte N. El tipo de correspondencia entre los puntos del plano $\mathbb{C}$ y la esfera, se denomina *proyección estereográfica* y se establece de la siguiente forma: una esfera de radio $\rho = 1$, se apoya sobre el plano complejo, de modo que su polo sur S coincida con el punto $z = (0,0)$, origen de los ejes coordenados, figura 1.2.1.

Dispuesta así la esfera sobre el plano, cada punto $z(x,y)$ del plano corresponde a un solo punto P, ubicado sobre la esfera en la intersección de la superficie de la esfera, con el rayo que parte desde el polo norte N y pasa por $z(x,y)$. A medida que los puntos P sobre la esfera se acercan al polo sur S, los puntos $z(x,y)$ del plano complejo se acercan a $z = 0$, el origen de las coordenadas. En cambio, a los puntos P próximos al polo norte N, les corresponden puntos $z(x,y)$ alejados del origen, más distantes del origen, cuanto más próximo esté P al polo N.

Si no excluimos el punto N de la esfera, a ese punto corresponde $z = \infty$, que agregamos al conjunto $\mathbb{C}$ para obtener el conjunto $\mathbb{C}^*$ o *campo complejo ampliado* $\mathbb{C}^* = \mathbb{C} \cup \{\infty\}$.

El modelo se puede modificar, haciendo coincidir el plano ecuatorial de la esfera unitaria con el plano complejo, ubicando el centro de la esfera en $z = 0$ y entonces, el ecuador de la esfera coincide con el círculo unitario. En el hemisferio sur se proyectan todos los puntos z tales que $|z| < 1$ y sobre el hemisferio norte los puntos del plano para los que $|z| > 1$.

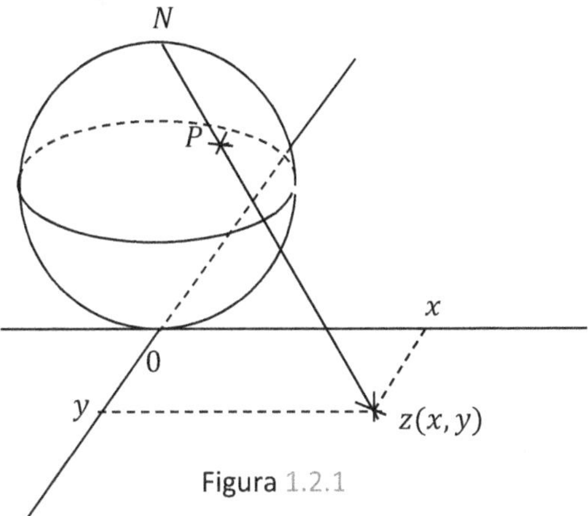

Figura 1.2.1

1.2.2. *Conjuntos del plano complejo.* Para determinar un *conjunto de puntos*, debemos establecer alguna regla que permita decidir cuales puntos pertenecen al conjunto y cuales no. Usaremos frecuentemente con ese propósito, desigualdades o ecuaciones. Los puntos, o números con los que identificamos los puntos del plano complejo, y que pertenecen a algún conjunto, se llaman *elementos del conjunto* y, si un punto z es un elemento del conjunto A, lo indicamos como $z \in A$. Dos conjuntos son iguales si y solo si, poseen los mismos elementos. Si los elementos del conjunto A son también elementos del conjunto B se dice que A está *incluido* en B o que B *incluye* a A y se indica como $A \subset B$ o $B \supset A$. Si $A = B$, entonces $A \supset B$ y $B \supset A$.

Si un conjunto A tiene un número finito de elementos, es un *conjunto finito* y, si A no posee ningún elemento se dice que es *vacío* y se indica como $A = \emptyset$. Todos los conjuntos vacios son iguales por lo que se usa la denominación de *el conjunto vacío* y se identifica con el símbolo $\emptyset$.

La *intersección* de dos conjuntos A y B se indica como $A \cap B$ y la componen los elementos que pertenecen tanto a A como a B. La *unión* de dos conjuntos A y B está formada por la reunión de los elementos de A con los elementos de B. El *complemento* del conjunto A, que se designa con A^c, es el conjunto de todos los puntos en consideración, que no pertenecen al conjunto A.

Al plano complejo, lo consideramos dotado de la topología inducida por la norma ecuclídea de $\mathbb{R}^2$, que definimos a partir de módulo en 1.1.10 e indicaremos como $D_R(z_0)$, *disco abierto* con centro en z_0 y radio $R > 0$, al conjunto $D_R(z_0) = \{z \in \mathbb{C} : |z - z_0| < R\}$, de todos los puntos que se encuentran a una distancia de z_0 menor que R y con la notación $\overline{D}_R(z_0) = \{z \in \mathbb{C} : |z - z_0| \leq R\}$ indicaremos el correspondiente *disco cerrado*. La frontera del disco, es la circunferencia $C_R(z_0) =$

$\{z \in \mathbb{C} : |z - z_0| = R\}$, el conjunto de todos los puntos que están a una distancia R de z_0. Con el mismo valor de disco abierto, se usan los términos *entorno de* z_0 o vecindad de z_0.

Se llama *corona circular abierta* o *anillo abierto*, al conjunto de puntos comprendido entre dos circunferencias c_1 y c_2; $A_{\rho_1,\ \rho_2}(z_0) = \{z \in \mathbb{C} : \rho_1 < |z - z_0| < \rho_2\}$.

Un conjunto $\Omega \subset \mathbb{C}$ es *abierto* si, para cada $z_0 \in \Omega$ existe un disco $D_R(z_0) \subset \Omega$ con $R > 0$.

Un conjunto A es *acotado*, si lo incluye algún disco centrado en el origen, $D_R(0)$ con $R \in \mathbb{R}$.

Un conjunto es *conexo* cuando dos puntos cualesquiera del conjunto, pueden unirse por una poligonal contenida en el conjunto. Cuando en un conjunto conexo, toda curva cerrada contenida en el conjunto, rodee solo puntos del conjunto, decimos que el conjunto es *simplemente conexo*, estamos diciendo en otras palabras que no hay huecos dentro del conjunto. Cuando una curva cerrada, perteneciendo al conjunto, encierre puntos que no pertenecen al conjunto, diremos que el conjunto es *múltiplemente conexo*.

Un conjunto $\Omega \subset \mathbb{C}$, abierto y conexo, es un *dominio*. Si al dominio se le agrega su frontera o parte de su frontera, se tiene una *región*. Si la región no incluye ninguno de sus puntos frontera, equivale al dominio.

Un punto z_0 es *interior* a un conjunto A si lo contiene algún disco $D_R(z_0)$ con $R > 0$ que está a su vez incluido en A. Si en cambio, hay un disco $D_R(z_0)$ totalmente excluido de A que contiene a z_0, entonces z_0 es un punto exterior de A. Cuando todo disco centrado en z_0 incluya puntos que pertenecen al conjunto A y puntos que no pertenecen al conjunto A, z_0 es un *punto frontera*.

Un punto z_0 es un *punto de acumulación* de un conjunto A, si cada disco $D_R(z_0)$, contiene al menos un punto de A, distinto de z_0.

1.2.3. *Ejemplo.* **a.** En la figura 1.2.3.a tenemos un conjunto no conexo, formado por la reunión de un conjunto A cerrado con un conjunto B abierto. **b.** En la figura 1.2.3.b se muestra un conjunto abierto y conexo, por lo que es un dominio y es simplemente conexo porque una curva como Γ, enteramente contenida en el, solo encierra puntos del conjunto. **c.** En la figura 1.2.3.c se ha representado un conjunto doblemente conexo. **d.** En la figura 1.2.3.d, se muestran los puntos de un conjunto; interior z_i, centro del disco $D_R(z_i)$ contenido en el conjunto, exterior z_e, centro del disco $D_R(z_e)$ totalmente excluido del conjunto y el punto frontera z_f, centro del disco $D_R(z_f)$ que contiene puntos del conjunto y puntos que no pertenecen al conjunto.

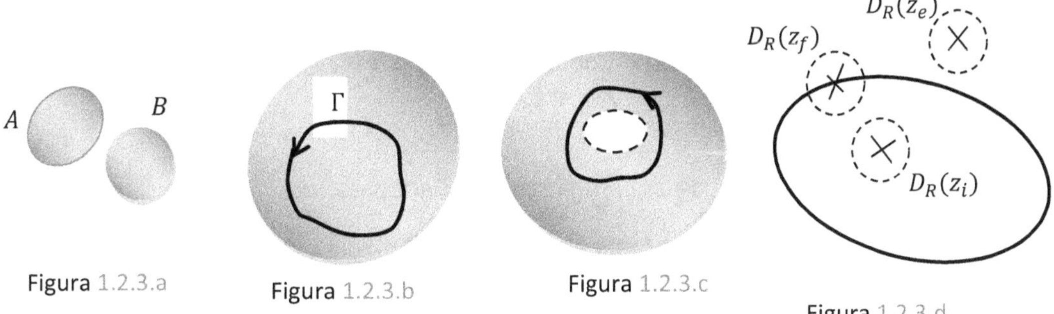

Figura 1.2.3.a   Figura 1.2.3.b   Figura 1.2.3.c

Figura 1.2.3.d

Ejercicios 1.2

Describir geométricamente los siguientes conjuntos.

1. $Re(z) = -2$. **2.** $Re(z) = 3\,Im\,(z)$. **3.** $Im\,(z) \geq Re(z)$. **4.** $|z + 3 - 4i| > 5$.

5. $z\bar{z} \geq 2Re(z)$. **6.** $3 < |z + 1 + i| < 4$.

Respuestas:

1. $R: recta\ x = -2$. **2.** $R: recta\ y = \frac{1}{3}x$. **3.** $R: semiplano\ sobre\ la\ recta\ y = x$. **4.** $R: \mathbb{C} \setminus \overline{D}_5(-3,4)$. **5.** $R: \mathbb{C} \setminus \overline{D}_1(1,0)$. **6.** $R: anillo\ entre\ C_3(-1,-1)\ y\ C_4(-1,1)$.

1.3 Las Funciones de Variable Compleja

Mantendremos en lo esencial, el concepto y definición de función que conocemos desde el cálculo elemental, una regla precisa que relaciona dos conjuntos, con la salvedad que ahora, la función operará sobre valores complejos y a un elemento del conjunto sobre el que se define la función, puedan corresponder más de un valor en el recorrido de la función; en el primer caso se dirá que la función es *univaluada*, en el segundo, que es *multivaluada*.

Las funciones podrán ser *reales*, de variable real o compleja, o *complejas*, de variable real o compleja, por lo que usaremos la denominación de *funciones complejas* o *funciones de variable compleja*. Usaremos f, g, h para indicar las funciones, z para la variable independiente, y w para la variable dependiente.

1.3.1. *Función de variable compleja.* Se dice que en un conjunto D está definida la función $w = f(z)$, si a cada $z \in D$, le corresponden *uno o más* valores w. Si a z corresponde un solo valor de w se dice que f es *uniforme* o *univaluada*, si en cambio a z corresponden mas de un valor de w, se dice que f es *multiforme* o *multivaluada*. Las variables z y w son complejas de modo que

$$z = x + iy \quad \text{y} \quad w = u + iv$$

y la dependencia de w respecto de z, la describen la variables

$$u = u(x, y) \quad \text{y} \quad v = v(x, y)$$

Las cantidades x, y, u, v son reales, $u(x, y)$ es la parte real de w, y $v(x, y)$ es la parte imaginaria de w, lo que se indica como; $u = Re(w)$ y $v = Im(w)$.

1.3.2. *Ejemplo.* **a.** Si $w = f(z)$ es $w = z^2$, entonces $w = x^2 - y^2 + i\,2xy$, la parte real de w es $u = x^2 - y^2$, y $v = 2xy$ es la parte imaginaria de w o bien $Re(w) = x^2 - y^2$ e $Im(w) = 2xy$. **b.** Si $w = f(z)$ es $w = z^2 + iz$, entonces $w = x^2 - y^2 - y + i\,(2xy + x)$, por lo que $u = Re(w) = x^2 - y^2 - y$ y $v = Im(w) = 2xy + x$. **c.** Si $w = c = a + ib$, entonces; $u = a$ y $v = b$. **d.** Si $w = z$, entonces $u = x$ y $v = y$. **d.** Si $w = x^3 - 2y^2$, se tiene $u = x^3 - 2y^2$ y $v = 0$. Además, con $x = \frac{z + \bar{z}}{2}$ e $y = \frac{z - \bar{z}}{2i}$, w puede expresarse como $w = \left(\frac{z + \bar{z}}{2}\right)^3 - 2\left(\frac{z - \bar{z}}{2i}\right)^2$.

1.3.3. *Límite y continuidad de las funciones complejas.* Conservamos para las funciones complejas, la definición de límite dada para las funciones reales, según la cual, una función $w = f(z)$ tiene límite L en $z = z_0$ si, cuando z se aproxima z_0 o *tiende a* z_0, $f(z)$ se aproxima a L, cosa que indicamos como $\lim\limits_{z_0} f(z) = L$, figura 1.3.3.

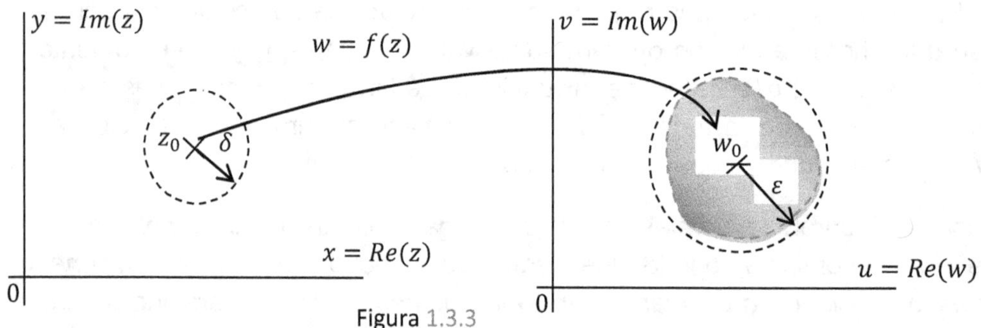

Figura 1.3.3

En términos $\varepsilon - \delta$ expresamos la condición para la existencia del límite como

$$|f(z) - L| < \varepsilon \quad \text{si} \quad 0 < |z - z_0| < \delta$$

También extendemos a las funciones complejas, la definición de continuidad en un punto para las funciones reales y entonces decimos que; $w = f(z)$ es continua en punto z_0 si se cumplen: i) está definida $f(z_0)$, ii) existe el límite finito $\lim_{z_0} f(z)$, iii) $\lim_{z_0} f(z) = f(z_0)$ y, en tanto la última condición presupone las dos anteriores, puede tomarse como la misma definición de continuidad. En términos $\varepsilon - \delta$, la continuidad en z_0 se expresa como

$$|f(z) - f(z_0)| < \varepsilon \quad \text{si} \quad |z - z_0| < \delta$$

Cuando $f(z)$ cumple la condición de continuidad en todos los puntos de un conjunto D, decimos que $f(z)$ es continua en D. Las operaciones de *composición*, *suma* y *producto* de funciones continuas, generan funciones continuas. Otro tanto sucede con el *cociente* de funciones continuas, con la salvedad que no se anule el denominador.

Ejercicios 1.3

Expresar $f(z)$ en forma binomica como $w = u(x,y) + i\,v(x,y)$.

1. $f(z) = (z - i)^2$.   **2.** $f(z) = |z|^2 + i$.   **3.** $f(z) = z^{-1} + i$.

4. $f(z) = (\overline{z})^{-2} + i$.   **5.** $f(z) = z^3$.

Expresar $f(z)$ como función de z, $\overline{z}$ y constantes.

6. $f(z) = -3y + i(x^2 + y^2)$.   **7.** $f(z) = -2xy + i(x^2 + y^2)$.

8. $f(z) = x^2 + iy^2$.   **9.** $f(z) = x^2 + y^2$.

Dar el dominio de definición de $w = f(z)$.

10. $w = |z|$.   **11.** $w = \dfrac{1}{|z|}$.   **12.** $w = \dfrac{z}{z - \overline{z}}$.

13. $w = (z - i)^2$.   **14.** $w = z - 1 + i$ **15.** $w = x^2 - y^2 + 2ixy$.

Respuestas:

1. $R: x^2 - (y - 1)^2 + i2x(y - 1)$. **2.** $R: (x^2 + y^2) + i$. **3.** $R: \dfrac{x}{x^2 + y^2} + i\dfrac{x^2 + y^2 - y}{x^2 + y^2}$.

4. $R: \dfrac{x^2-y^2+i2xy}{(x^2+y^2)^2}$. **5.** $R: x^3 - 3xy^2 - i(3x^2y - y^3)$. **6.** $R: 3i\dfrac{z-\bar{z}}{2} + iz\bar{z}$. **7.** $R: i\dfrac{\left(z^2-\bar{z}^2\right)}{2} + iz\bar{z}$. **8.** $R: \left(\dfrac{z^2+\bar{z}^2}{2}\right)^2 - i\left(\dfrac{z^2-\bar{z}^2}{2}\right)^2$. **9.** $f(z) = z\bar{z}$. **10.** $R: plano\ \mathbb{C}$. **11.** $R: plano\ \mathbb{C} \setminus \{0,0\}$. **12.** $R: plano\ \mathbb{C} \setminus \{(x,y): y = 0\}$. **13.** $R: plano\ \mathbb{C}$. **14.** $R: plano\ \mathbb{C}$. **15.** $R: plano\ \mathbb{C}$.

1.4 La Derivada Compleja

Tal como lo hicimos en 1.3.3 con las definiciones de límite y continuidad, mantendremos para las funciones de variable compleja, la definición de derivada y el concepto de diferenciabilidad. Una vez establecido que $f'(z) = \lim\limits_{\Delta z \to 0} \dfrac{\Delta f}{\Delta z}$, debemos esperar que surjan para $f'(z)$, las mismas expresiones que obtuvimos con la misma definición para $f'(x)$ en el campo real. Sin embargo, siendo $\Delta z = \Delta x + i\,\Delta y$, el cociente de incrementos $\dfrac{\Delta f}{\Delta z}$ tendrá la forma $\dfrac{\Delta f}{\Delta z} = \dfrac{\Delta f}{\Delta x+i\,\Delta y}$, por lo que si f' ha de existir como valor único, surgirá naturalmente la restricción $f'_x = \dfrac{1}{i}f'_y$ puesto que, esos son los dos valores que se obtienen pasando al límite en $\dfrac{\Delta f}{\Delta x+i\,\Delta y}$, según que hagamos $\Delta y = 0$ o $\Delta x = 0$ respectivamente.

Por ejemplo, la función $f = |x|^2$ es derivable en $\mathbb{R}$ ya que $|x|^2 = x^2$ y

$$f'(x) = \lim_{\Delta x \to 0} \frac{(x + \Delta x)^2 - x^2}{\Delta x} = \lim_{\Delta x \to 0} 2x + \Delta x = 2x$$

mientras que, aplicando el mismo procedimiento a la función $f(z) = |z|^2$ obtenemos

$$f'(z) = \lim_{\Delta z \to 0} \frac{(z + \Delta z)\overline{(z + \Delta z)} - z\bar{z}}{\Delta z} = \lim_{\Delta z \to 0} \frac{z\bar{z} + z\overline{\Delta z} + \Delta z\,\bar{z} + \Delta z\overline{\Delta z} - z\bar{z}}{\Delta z}$$

$$f'(z) = \lim_{\Delta z \to 0} \left(z\,\frac{\overline{\Delta z}}{\Delta z} + \bar{z} + \overline{\Delta z} \right)$$

entonces si $z = 0$, $f'(z) = \lim\limits_{\Delta z \to 0} \overline{\Delta z} = 0$ pero si $z \neq 0$, debemos considerar separadamente los casos $\Delta z = \Delta x$ y $\Delta z = i\,\Delta y$, en el primer caso $\overline{\Delta z} = \overline{\Delta x} = \Delta x$ por lo que $f' = \bar{z} + z = 2x$ y, en el segundo caso, $\overline{\Delta z} = \overline{i\,\Delta y} = -i\,\Delta y$ y $f' = \bar{z} - z = -2iy$ de modo que, la derivada de $|z|^2$ solo está definida en $z = 0$ pero no está definida en ninguna vecindad de $z = 0$, no obstante que $|z|^2 = x^2 + y^2$ tiene derivadas parciales continuas con respecto a x y a y de todos los órdenes.

1.4.1. *Las condiciones de Cauchy-Riemann.* Estableceremos en este párrafo, condiciones para la existencia de $f'(z)$, a partir de las derivadas de u y v. Comenzaremos por escribir la derivada de $f(z)$ como el límite del cociente de incrementos, con $\Delta f = \Delta w = \Delta u + i\,\Delta v$ y $\Delta z = \Delta x + i\,\Delta y$

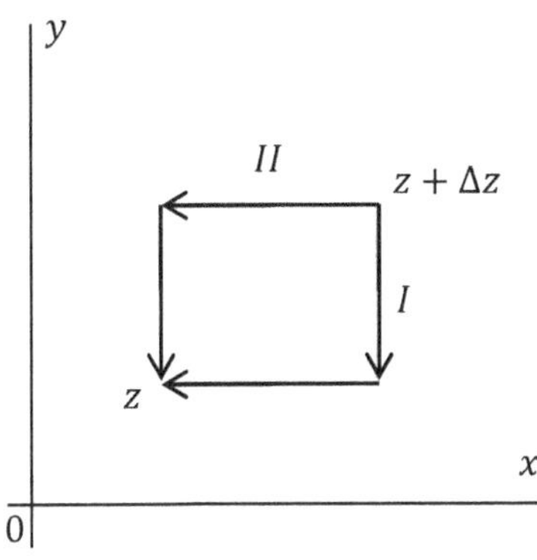

Figura 1.4.1

$$f'(z) = \lim_{\Delta z \to 0} \frac{\Delta w}{\Delta z} = \lim_{\Delta z \to 0} \frac{\Delta u + i\,\Delta v}{\Delta x + i\,\Delta y}$$

Ahora consideramos dos caminos para hacer $\Delta z \to 0$. Por el camino I, con $\Delta y = 0$ tendremos

$$f'(z) = \lim_{\Delta z \to 0} \frac{\Delta w}{\Delta z} = \lim_{\Delta x \to 0} \frac{\Delta u + i\,\Delta v}{\Delta x} = \frac{\partial u}{\partial x} + i\,\frac{\partial v}{\partial x}$$

Por el camino II con $\Delta x = 0$

$$f'(z) = \lim_{\Delta z \to 0} \frac{\Delta w}{\Delta z} = \lim_{\Delta y \to 0} \frac{\Delta u + i\,\Delta v}{i\,\Delta y} = \frac{1}{i}\frac{\partial u}{\partial y} + \frac{\partial v}{\partial y}$$

Hemos obtenido así dos expresiones para la derivada de $f(z)$: $f' = \boxed{\dfrac{\partial u}{\partial x} + i\,\dfrac{\partial v}{\partial x}}$ y $f' = \dfrac{1}{i}\dfrac{\partial u}{\partial y} + \dfrac{\partial v}{\partial y} = \boxed{\dfrac{\partial v}{\partial y} - i\,\dfrac{\partial u}{\partial y}}$ que son dos cantidades complejas, cuyas partes reales e imaginarias deben ser iguales para que la derivada tenga un valor único. Igualando entonces las partes reales e imaginarias de ambas expresiones se obtiene

$$\begin{cases} \dfrac{\partial u}{\partial x} = \dfrac{\partial v}{\partial y} \\[2mm] \dfrac{\partial u}{\partial y} = -\dfrac{\partial v}{\partial x} \end{cases}$$

que son las *condiciones* o *ecuaciones de Cauchy-Riemann* cuya verificación, es *necesaria* para la existencia de la derivada. El sistema de ecuaciones en derivadas parciales que acabamos de obtener, surge de considerar la derivada de f en solo dos direcciones por lo que su sola verificación, sin condiciones de diferenciabilidad para u y v, no son suficientes para la existencia de la derivada compleja.

11.4.2. *Ejemplo.* **a.** Si $f(z) = z = x + i\,y$. Se tiene $u = x$ y $v = y$, por lo que $u_x = 1$, $u_y = 0$ y $v_x = 0$, $v_y = 1$, esto hace que se cumpla la primera condición $u_x = v_y$, independientemente de cualquier valor de x o de y, es decir de z. De la misma forma, $u_y = 0$ y $v_x = 0$, garantizan que se cumpla la segunda condición en todo el plano $\mathbb{C}$. En consecuencia, podemos esperar que $f(z) = z$, sea derivable en todo el plano $\mathbb{C}$. **b.** Si $f(z) = z^2 = x^2 - y^2 + 2ixy$. Se tiene $u = x^2 - y^2$ y $v = 2xy$, por lo que $u_x = 2x$, $u_y = -2y$ y $v_x = 2y$, $v_y = 2x$, de modo que se cumple la primera condición $u_x = v_y = 2x$, independientemente de cualquier valor de x o de y. Se cumple también la segunda condición $u_y = -v_x = -2y$ para todo par (x, y) o sea, en el plano $\mathbb{C}$. Podemos esperar que $f(z) = z^2$, sea derivable en todo el plano $\mathbb{C}$. **c.** Si $f(z) = \bar{z} = x - i\,y$. Se tiene $u = x$ y $v = -y$, por lo que $u_x = 1$, $u_y = 0$ y $v_x = 0$, $v_y = -1$, esto hace que no se cumpla la primera condición $u_x = v_y$, para ningún z del plano $\mathbb{C}$. En consecuencia, $f(z) = \bar{z}$ no es derivable en todo el plano $\mathbb{C}$. **d.** Si $f(z) = |z|^2 = x^2 + y^2$. Se tiene $u = x^2 - y^2$ y $v = 0$, por lo que $u_x = 2x$, $u_y = -2y$ y $v_x = 0$, $v_y = 0$. Tal como lo comprobamos en 1.4, la condición de derivabilidad se verificará solo en $x = 0$ e $y = 0$, esto es; $z = 0$. **e.** Este ejemplo muestra que las condiciones de *Cauchy-Riemann*, por si solas, no garantizan la existencia de la

derivada. Definimos una función $h(z) = \begin{cases} \dfrac{z^5}{|z|^4} & si\ z \neq 0 \\ 0 & si\ z = 0 \end{cases}$

se ve inmediatamente que si $\Delta z \to 0$ según el eje x o según el eje y se tiene: $\lim\limits_{\Delta z \to 0} \dfrac{\Delta h}{\Delta z} = \lim\limits_{z \to 0} \dfrac{h(z)-0}{z-0} = 1$, por lo que se cumplirán las condiciones de *Cauchy-Riemann*, pero eso no sucederá en otra dirección, como podemos comprobar:

$$h(z) = \frac{x^5 + 5x^4\,iy + 10x^3(iy)^2 + 10x^2(iy)^3 + 5x(iy)^4 + (iy)^5}{(x^2+y^2)^2} \ \text{si } z \neq 0 \text{ y } h(0) = 0$$

siendo $h(z) = u(x,y) + iv(x,y)$, $u = \dfrac{x^5 - 10x^3y^2 + 5xy^4}{x^4 + 2x^2y^2 + y^4}$ y $v = \dfrac{5x^4y - 10x^2y^3 + y^5}{x^4 + 2x^2y^2 + y^4}$

entonces $u(x,0) = x$, $u(0,y) = 0$ y como $h(0,0) = 0$, debe ser $u(0,0) = 0$

por lo que $\qquad u'_x(0,0) = \lim\limits_{x \to 0} \dfrac{u(x,0)-u(0,0)}{x-0} = \lim\limits_{x \to 0} \dfrac{x}{x} = 1$

por otra parte $v(x,0) = 0$, $v(0,y) = y$ y como $h(0,0) = 0$, debe ser $v(0,0) = 0$

por lo que $\qquad v'_y(0,0) = \lim\limits_{x \to 0} \dfrac{v(0,y)-v(0,0)}{y-0} = \lim\limits_{x \to 0} \dfrac{y}{y} = 1 = u'_x(0,0)$

y comprobamos que se cumple la primera condición.

Al ser $u(0,y) = 0$ y $v(x,0) = 0$, se cumplirá también la segunda condición $v'_x(0,0) = -u'_y(0,0) = 0$ por lo que para $h(z)$, se cumplen en $z = 0$ las condiciones de *Cauchy-Riemann*.

No obstante, no existe $h'(0)$ porque; si $z = Re^{i\theta} \Rightarrow \frac{\Delta h}{\Delta z} = \frac{z^4}{|z|^4} = \frac{R^4 e^{i4\theta}}{R^4} = e^{i4\theta}$ que tiende a cero de distintas formas según el valor de θ: $\theta = 0 \Rightarrow h' = 1$, $\theta = \frac{\pi}{4} \Rightarrow h' = e^{i\pi} = -1$.

1.4.3. *Las condiciones de Cauchy-Riemann en forma polar.* En coordenadas polares, expresamos $z = z(\rho, \theta)$ como $z = \rho e^{i\theta}$, por lo que podemos escribir

$$\Delta z = z_\rho \Delta\rho + z_\theta \Delta\theta$$

donde $z_\rho = \frac{\partial z}{\partial \rho} = e^{i\theta}$, y $z_\theta = \frac{\partial z}{\partial \theta} = i\rho e^{i\theta}$, entonces

$$\Delta z = e^{i\theta}\Delta\rho + i\rho e^{i\theta}\Delta\theta \quad \text{o bien} \quad \Delta z = (\Delta\rho + i\rho\Delta\theta)e^{i\theta}$$

ahora, con $\Delta w = \Delta u + i\,\Delta v$, podemos expresar el cociente $\frac{\Delta w}{\Delta z}$ como

$$\frac{\Delta w}{\Delta z} = \frac{\Delta u + i\,\Delta v}{\Delta\rho + i\rho\Delta\theta}e^{-i\theta}$$

Entonces, tomando $\lim\limits_{\Delta z \to 0} \frac{\Delta u + i\,\Delta v}{\Delta\rho + i\rho\Delta\theta}e^{-i\theta}$ alternativamente, con $\Delta\theta = 0$ y $\Delta\rho = 0$, se tiene

$$w'_z = \left(\frac{\partial u}{\partial \rho} + i\frac{\partial v}{\partial \rho}\right)e^{-i\theta} \quad \text{y} \quad w'_z = \left(\frac{1}{i\rho}\frac{\partial u}{\partial \theta} + \frac{1}{\rho}\frac{\partial v}{\partial \theta}\right)e^{-i\theta}$$

de donde se deduce, igualando las partes reales e imaginarias de la dos últimas expresiones de w'_z, que

$$\begin{cases} u_\rho = \dfrac{1}{\rho}v_\theta \\[2mm] \dfrac{1}{\rho}u_\theta = -v_\rho \end{cases} \blacklozenge$$

El sistema de ecuaciones en derivadas parciales que acabamos de obtener, son las condiciones de *Cauchy-Riemann*, en forma polar.

1.4.5. *Suficiencia de las condiciones de Cauchy-Riemann, Holomorfía.* Daremos ahora condiciones suficientes para la diferenciabilidad de la función compleja $f(z) = u(x,y) + iv(x,y)$, basándonos en la diferenciabilidad como funciones reales de dos variables, de las funciones $u(x,y)$ y $v(x,y)$.

Que u y v sean diferenciables, implica que podemos escribir sus incrementos como

$$\Delta u = u_x \Delta x + u_y \Delta y + \varepsilon_1 \Delta x + \varepsilon_2 \Delta y \quad \text{y} \quad \Delta v = v_x \Delta x + v_y \Delta y + \delta_1 \Delta x + \delta_2 \Delta y$$

siendo las ε y δ cantidades cuyos límites son nulos y por lo tanto, las partes principales de sus incrementos, $u_x \Delta x + u_y \Delta y$ y $v_x \Delta x + v_y \Delta y$, que se designan como diferenciales son, con $\Delta x = dx$ y $\Delta y = dy$

$$du = u_x dx + u_y dy \quad \text{y} \quad dv = v_x dx + v_y dy$$

y entonces
$$\frac{dw}{dz} = \frac{du + i\,dv}{dx + i\,dy} = \frac{(u_x dx + u_y dy) + i\,(v_x dx + v_y dy)}{dx + i\,dy} \frac{dx - i\,dy}{dx - i\,dy}$$

$$\frac{dw}{dz} = \frac{(u_x dx + u_y dy) + i\,(v_x dx + v_y dy)}{dx^2 + dy^2} (dx - i\,dy)$$

$$\frac{dw}{dz} = \frac{u_x dx^2 - i\,u_x dx dy + u_y dy dx - i\,u_y dy^2 + i\,v_x dx^2 + v_x dx dy + i\,v_y dy dx + v_y dy^2}{dx^2 + dy^2}$$

$$\frac{dw}{dz} = \frac{(u_x + i\,v_x)dx^2 + [(u_y + v_x) + i\,(v_y - u_x)]dy dx + (v_y - i\,u_y)dy^2}{dx^2 + dy^2}$$

Si se cumplen $u_x = v_y$ y $u_y = -v_x$, entonces se cancela término correspondiente a $dx dy$ y

$$\frac{dw}{dz} = \frac{(u_x + i\,v_x)dx^2 + (v_y - i\,u_y)dy^2}{dx^2 + dy^2}$$

Empleando nuevamente las relaciones $u_x = v_y$ y $u_y = -v_x$

$$\frac{dw}{dz} = \frac{(u_x + i\,v_x)(dx^2 + dy^2)}{dx^2 + dy^2} = u_x + i\,v_x$$

o simétricamente
$$\frac{dw}{dz} = \frac{(v_y - i\,u_y)(dx^2 + dy^2)}{dx^2 + dy^2} = v_y - i\,u_y$$

Podemos concluir entonces que: si las funciones u y v son diferenciables en un punto z_0 y cumplen las condiciones de *Cauchy-Riemann*, entonces $f(z)$ es diferenciable en z_0. La función compleja que posee esa característica se denomina *holomorfa*, y es derivable no solo en z_0, si no que lo es también en un entorno de z_0 por la continuidad de las derivadas parciales de u y v en torno a z_0, que implican sus respectivas diferenciabilidades.

En capítulos posteriores, veremos que la holomorfía es equivalente a la *analiticidad*, por lo que usaremos indistintamente ambas expresiones y, cuando nos refiramos a una función con la expresión corriente "$f(z)$ es analítica en z_0", estaremos expresando que $f(z)$ es derivable en z_0, y conserva esa propiedad en un disco $D_R(z_0)$ con $R > 0$.

Si $f(z)$ es derivable solo en un punto z_0, o a lo largo de algún contorno pero, no podemos establecer alrededor de esos puntos en que existe f', un disco $D_R(z_0)$ con $R > 0$ donde exista f', la función f tiene derivada en z_0 pero no es holomorfa en z_0. El solo hecho de existir la derivada de la función en un punto, no tiene mayor importancia en el contexto de la variable compleja. Solo nos interesarán, las funciones holomorfas o analíticas.

Si una función f es holomorfa en cada punto de un dominio Ω, se dice que f es holomorfa en Ω y se nota como $f \in \mathcal{H}(\Omega)$, el mayor conjunto respecto del cual f es holomorfa, es el *dominio de holomorfía* de f, pudiendo ser no conexo. Si el dominio de holomorfía de f es todo el plano $\mathbb{C}$, se dice que f es *entera* y se indica como $f \in \mathcal{H}(\mathbb{C})$.

Si la función f deja de ser holomorfa en un punto z_0, pero es holomorfa en un entorno de z_0, se dice que f tiene un *punto singular* o una *singularidad* en z_0

A partir de las reglas de derivación, se deduce que, si dos funciones son analíticas en un dominio Ω, su composición, suma y producto, son analíticos en Ω. Otro tanto sucede con el cociente, con la salvedad de que no se anule la función del denominador.

Ejercicios 1.4

Determinar para las siguientes funciones, los puntos donde existe w' y el dominio de analiticidad cuando exista.

1. $w = x^2 + i\,y$.   **2.** $w = \dfrac{1}{z}$.   **3.** $w = x^2 + i\,y^3$.   **4.** $w = e^x(\cos y + i\,\operatorname{sen} y)$.

5. $w = e^x(\cos x + i\,\operatorname{sen} y)$.   **6.** $w = ze^z$.   **7.** $w = e^{z^2}$.   **8.** $w = z\operatorname{Re}(z)$.

9. $w = x^2 + y^2 + i\,2xy$.   **10.** $w = x^2 + y^2 - 2xy + i\,(2xy + x^2 - y^2)$.

Respuestas:

1. $R\!:existe\ f'\,sobre\ la\ recta\ x = \dfrac{1}{2}, no\ analit.$ **2.** $R\!:analit.\ en\ \mathbb{C} \setminus \{(0,0)\}.$

3. $R\!:existe\ f'\,sobre\ la\ curva\ y = \pm\left(\dfrac{2x}{3}\right)^{1/2}, no\ analit.$ **4.** $R\!: f \in \mathcal{H}(\mathbb{C}).$

5. R: *existe f' en los puntos* $z = (m + i\,n)\pi$ *y* $z = \left[\left(k + \frac{1}{2}\right) + in\right]\pi$, *no analit.*

6. R: $f \in \mathcal{H}(\mathbb{C})$. **7.** R: $f \in \mathcal{H}(\mathbb{C})$. **8.** R: *existe f' en* $z = 0$, *no analit.*

9. R: *existe f' sobre la recta* $y = 0$, *no analit.* **10.** R: $f \in \mathcal{H}(\mathbb{C})$.

1.5 Funciones Armónicas

Las funciones $u = u(x,y)$ y $v = v(x,y)$ que constituyen la parte real y la parte imaginaria de una función analítica, tienen la propiedad de satisfacer la ecuación de *Laplace* y esa característica o *carácter armónico* de $u = u(x,y)$ y $v = v(x,y)$, examinaremos a continuación.

De las ecuaciones de *Cauchy-Riemann*

$$\begin{cases} \dfrac{\partial u}{\partial x} = \dfrac{\partial v}{\partial y} \\[2mm] \dfrac{\partial u}{\partial y} = -\dfrac{\partial v}{\partial x} \end{cases}$$

derivando la primera con respecto a x y la segunda con respecto a y, obtenemos

$$\begin{cases} \dfrac{\partial^2 u}{\partial x^2} = \dfrac{\partial^2 v}{\partial y \partial x} \\[2mm] \dfrac{\partial^2 u}{\partial y^2} = -\dfrac{\partial^2 v}{\partial x \partial y} \end{cases}$$

si es posible la operación de diferenciación, entonces $\dfrac{\partial^2 v}{\partial y \partial x} = \dfrac{\partial^2 v}{\partial x \partial y}$ y sumando miembro a miembro, tenemos

$$\frac{\partial^2 u}{\partial x^2} + \frac{\partial^2 u}{\partial y^2} = 0$$

que es la *ecuación de Laplace*, representada también como $\nabla^2 u = 0$, empleando el *operador de Laplace*; $\nabla^2 = \left(\dfrac{\partial^2}{\partial x^2} + \dfrac{\partial^2}{\partial y^2}\right)$.

1.5.1. *Definición. Función armónica.* Si una función $\phi(x,y)$, satisface la ecuación de *Laplace* $\dfrac{\partial^2 \phi}{\partial x^2} + \dfrac{\partial^2 \phi}{\partial y^2} = 0$ en un dominio D, se dice que es armónica en D.

1.5.2. *Ejemplo.* **a.** $\phi = x^2 - y^2$ es armónica en $\mathbb{C}$ porque $\phi''_{xx} = 2$ y $\phi''_{yy} = -2$, y entonces $\nabla^2 \phi = \phi''_{xx} + \phi''_{yy} = 0$ en todo $\mathbb{C}$. **b.** $h = x^3 - y^3$ no es armónica porque $\nabla^2 h = 6x - 6y = 0$ solo sobre la recta $y = x$ y ese conjunto, no es un dominio.

Si derivamos la primera condición de *Cauchy-Riemann* con respecto a y, la segunda con respecto a x y sumamos, comprobamos que $v(x,y)$ es también una función armónica.

Esta propiedad de las funciones holomorfas, de ser armónicas tanto su parte real como su parte imaginaria, que a su vez están relacionadas entre si por la ecuaciones de *Cauchy-Riemann*, nos asegura que toda función armónica es la parte real o la parte imaginaria de una función analítica.

En otras palabras, si ϕ es armónica en un dominio Ω, existen dos funciones $f = u + i\,\phi$ y $h = \phi + i\,v$ que son analíticas en Ω y entonces, conocida una armónica ϕ, la otra armónica se determina inmediatamente a menos de una constante, empleando las condiciones de *Cauchy-Riemann* y la integración.

Debido a esta particular relación existente entre la parte real y la parte imaginaria de una función analítica, las funciones u y v se denominan *armónicas conjugadas*.

El procedimiento para hallar la otra armónica, es integrar cualquiera de las dos derivadas parciales de la armónica conocida respecto a la otra variable, con lo que la armónica buscada, queda indeterminada por una función φ de la variable no integrada.

Para determinar φ, se deriva el resultado obtenido respecto de la variable en la que se expresa φ, y se iguala esta derivada con la otra derivada parcial de la armónica conocida, la que no usamos en el procedimiento de integración, se despeja entonces φ' y por integración se tiene φ, que queda indeterminada por una constante cuyo valor, podrá determinarse si se dan condiciones adicionales.

Este procedimiento, más largo en su descripción que en su ejecución, se comprenderá fácilmente con un ejemplo.

1.5.3. *Ejemplo*. **a.** $\phi = x^2 - y^2$ es armónica en todo $\mathbb{C}$, si suponemos que ϕ es la parte real de una función analítica $f = \phi + iv$, entonces $\phi_x = v_y$ y $\phi_y = -v_x$. Siendo $\phi_x = 2x = v_y$, se obtiene v como $v(x,y) = \int v_y\,dy + \varphi(x) = \int 2x\,dy + \varphi(x) = 2xy + \varphi(x)$. Para determinar $\varphi(x)$, derivamos $v(x,y)$ respecto de x; $v_x = 2y + \frac{d\varphi}{dx} = -\phi_y = 2y$ por lo que debe ser $\frac{d\varphi}{dx} = 0$ o bien $\varphi = k$. Resulta así $v = 2xy + k$ y $f = x^2 - y^2 + i(2xy + k)$ que si $k = 0$, es la función $f = z^2$. **b.** Si suponemos que $\phi = x^2 - y^2$ es la parte imaginaria de una función analítica $h = u + i\phi$, entonces $u_x = \phi_y$ y $u_y = -\phi_x$. Siendo $\phi_x = 2x = -u_y$, se obtiene u como $u(x,y) = \int u_y\,dy + \psi(x) = \int -2x\,dy + \psi(x) = -2xy + \psi(x)$. Para determinar $\psi(x)$, derivamos $u(x,y)$ respecto de x; $u_x = -2y + \frac{d\psi}{dx} = \phi_y = -2y$ por lo que debe ser $\frac{d\psi}{dx} = 0$ o bien $\psi = k$. Resulta así $v = -2xy + k$ y $h = (-2xy + k) + i(x^2 - y^2)$.

1.5.4. *Conjugada armónica*. Si bien las funciones u y v que componen una función analítica $f = u + iv$ se denominan armónicas conjugadas, v es la conjugada armónica de u pero u no lo es de v. Esto se explica fácilmente porque si la función $f = u + i\,v$ es analítica, también ha de serlo la función $h = if = iu - v$ en tanto a h la hemos obtenido multiplicando f por la constante i pero en $h = -v + iu$, se ve que u es la conjugada armónica de $-v$ y no de v.

Además, si dos funciones $f = u + iv$ y $g = v + iu$ son simultáneamente analíticas, para ambas se deben cumplir las condiciones de *Cauchy-Riemann* y tendríamos entonces, dos sistemas de ecuaciones

$$\text{para } f: \begin{cases} \dfrac{\partial u}{\partial x} = \dfrac{\partial v}{\partial y} \\ \dfrac{\partial u}{\partial y} = -\dfrac{\partial v}{\partial x} \end{cases} \quad \text{y} \quad \text{para } g: \begin{cases} \dfrac{\partial v}{\partial x} = \dfrac{\partial u}{\partial y} \\ \dfrac{\partial v}{\partial y} = -\dfrac{\partial u}{\partial x} \end{cases}$$

Tratándose de las mismas funciones u y v en ambos sistemas, deben ser; $\frac{\partial u}{\partial x} = -\frac{\partial u}{\partial x}$, $\frac{\partial v}{\partial y} = -\frac{\partial v}{\partial y}$ etc. lo que significa que todas las derivadas parciales se anulan y por lo tanto $u = k$ y $v = l$ constantes, de modo que la única posibilidad de intercambiar u con v en una función $f = u + iv$ y preservar la analiticidad, es que f sea una constante; $f = a + ib$.

1.5.5. *Familias de curvas ortogonales*. Si la función $u = u(x,y)$, que es la parte real de una función analítica $f(z) = u(x,y) + iv(x,y)$, se hace $u(x,y) = k$ una constante, queda determinada una trayectoria $y = y(x)$ en el plano z, que podemos interpretar como una curva de nivel para la constante k, y con distintas constantes; $k_1, k_2, \ldots, k_n, \ldots$ se obtiene una *familia de curvas*. Otro tanto sucede con $v(x,y) = l$, asignando constantes $l_1, l_2, \ldots, l_n, \ldots$.

Se prueba fácilmente que ambas familias de curvas son ortogonales porque si $u(x,y) = k_0$ y $v(x,y) = l_0$ constante, sobre las respectivas curvas de nivel se anulan las diferenciales du y dv, que expresamos como

$$du = u_x dx + u_y dy = 0 \quad \text{y} \quad dv = v_x dx + v_y dy = 0$$

De la primera ecuación podemos despejar $\left(\frac{dy}{dx}\right)_{k_0} = -\left(\frac{u_x}{u_y}\right)_{k_0}$, la derivada $\frac{dy}{dx}$ a lo largo de la curva $u(x,y) = k_0$ o, en términos geométricos, la pendiente de la tangente a lo largo del contorno $u = k_0$. De la misma forma, obtenemos $\left(\frac{dy}{dx}\right)_{l_0} = -\left(\frac{v_x}{v_y}\right)_{l_0}$, la pendiente de la tangente a lo largo del contorno $v = l_0$ y, si realizamos el producto de ambas pendientes, obtenemos

$$\left(\frac{dy}{dx}\right)_{k_0}\left(\frac{dy}{dx}\right)_{l_0} = \left(\frac{u_x}{u_y}\right)_{k_0}\left(\frac{v_x}{v_y}\right)_{l_0}$$

y simplificado con $u_x = v_y$ y $u_y = -v_x$ resulta

$$\left(\frac{dy}{dx}\right)_{k_0}\left(\frac{dy}{dx}\right)_{l_0} = -1 \blacklozenge$$

La última expresión, es la condición de ortogonalidad de dos curvas, esto es; que sus derivadas sean recíprocas con signos opuestos.

1.5.6. *Ejemplo.* **a.** Si $f(z) = z^2 = x^2 - y^2 + 2ixy$; $u = x^2 - y^2$ y $v = 2xy$. Con dos constantes arbitrarias $k = 1$ y $l = 2$, hacemos; $u = x^2 - y^2 = k = 1$, de donde $y = \pm\sqrt{x^2 - 1}$ y $v = 2xy = l = 2$, de donde $y = \frac{1}{x}$.

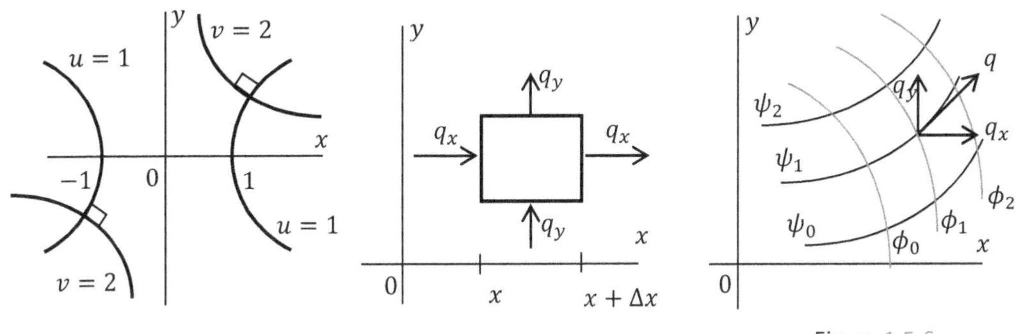

Figura 1.5.6.a   Figura 1.5.6.b   Figura 1.5.6.c

En la figura 1.5.6.a están representadas la curva $y = \frac{1}{x}$ que corresponde a $v = 2$ y las curvas $y = \pm\sqrt{x^2 - 1}$ que corresponden a $u = 1$. **b.** *Flujo calórico*; en la figura 1.5.6.b se representa un elemento de área $\Delta A = \Delta x\,\Delta y$, componente de una lámina plana delgada representada por el plano z. A través del elemento de área ΔA, fluye calor en las direcciones x e y. Un balance elemental en la dirección x, si no se acumula ni genera calor dentro del elemento de área $\Delta A = \Delta x\,\Delta y$, da como veremos en detalle, en 10.3.2,

$$\Delta Q \big|_x^{x+\Delta x} = -k\left[\left(\frac{\partial T}{\partial x}\right)\Big|_{x+\Delta x} - \left(\frac{\partial T}{\partial x}\right)\Big|_x\right] = 0$$

esto significa que $\Delta\left(\frac{\partial T}{\partial x}\right) = 0$ y por consiguiente $\frac{\partial^2 T}{\partial x^2} = 0$. De la misma forma, un balance térmico en la dirección y nos conducirá a $\frac{\partial^2 T}{\partial y^2} = 0$, y sumando el resultado de ambos balances para tener un balance completo del flujo calórico en ΔA tenemos

$$\frac{\partial^2 T}{\partial x^2} + \frac{\partial^2 T}{\partial y^2} = 0$$

cambiando T por ϕ y con otra notación para las derivadas

$$\phi_{xx} + \phi_{yy} = 0 \ \text{ o bien } \ \nabla^2\phi = 0$$

Sabiendo que toda armónica tiene asociada otra armónica con la que componen una función analítica, formamos la función analítica $\Phi(x,y)$ como

$$\Phi(x,y) = \phi(x,y) + i\psi(x,y)$$

y la función $\Phi(x,y)$ así definida, se interpreta como la *temperatura compleja* en la que $\phi(x,y)$ es la *temperatura real*, la que medimos con un termómetro, y se designa como *función potencial*. La parte imaginaria $\psi(x,y)$ que describe las trayectorias del flujo calórico, o *líneas de corriente*, ortogonales a las curvas ϕ de temperatura constante, se denomina *función de corriente*. El calor fluye según las direcciones determinadas por ψ, en el sentido de las temperaturas decrecientes ϕ, figura 1.5.6.c.

El vector q tangente a ψ, tiene componentes q_x y q_y que son ϕ_x y ϕ_y respectivamente, por lo que

$$\frac{q_y}{q_x} = \frac{\phi_y}{\phi_x} = -\frac{\psi_x}{\psi_y} = \left(\frac{dy}{dx}\right)_\psi.$$

Ejercicios 1.5

Establecer cuando sea posible, condiciones para que las siguientes funciones sean armónicas.

1. $\phi = ax^2 + 2bxy + cy^2$. **2.** $\phi = x^4 - y^3$. **3.** $\phi = x^n - y^n$.

Determinar si son armónicas y en que dominio.

4. $\phi = x + y$. **5.** $\phi = xy$.

Obtener las armónicas conjugadas de:

6. $\phi = x + y$. **7.** $\phi = xy$.

Comprobar que:

8. $\nabla u . \nabla v = 0$, si u y v son armónicas conjugadas.

9. Si $f(z) = u + iv$ y $g(z) = u - iv$ son analíticas en algún dominio, entonces u y v son constantes en ese dominio.

10. Si $|f(z)| = k$, constante en algún dominio en el que $f(z)$ es analítica, entonces u y v son constantes en ese dominio.

Respuestas:

1. $R: arm. si\ a + c = 0$. **2.** $R: no\ arm$. **3.** $R: n = 2$. **4.** $R: arm. en\ \mathbb{C}$. **5.** $R: arm. en\ \mathbb{C}$.

6. $R: u = x - y + c; v = y - x + c$. **7.** $R: u = \frac{1}{2}(y^2 - x^2) + c; v = \frac{1}{2}(x^2 - y^2) + c$.

1.6 Funciones Elementales

Recordamos que por funciones elementales, se entiende aquellas definidas por un número finito de operaciones algebraicas o trigonométricas efectuadas con el argumento, con la función y con algunas constantes. Junto con las operaciones algebraicas consideramos también la potenciación, la extracción de raíz y la logaritmación. Ahora estudiaremos algunas de las funciones elementales, que nos son familiares desde el estudio de las funciones reales de una variable real, extendiendo su definición al campo complejo.

1.6.1. *La función exponencial*. La función exponencial e^x del cálculo real, se transforma en una función de variable compleja, sustituyendo x por z, conservando las propiedades de la función real; $e^x \neq 0\ \forall x$, $e^{x_1}e^{x_2} = e^{x_1+x_1}$ $(e^x)' = e^x$, como e^z en el campo complejo, siendo $e^z = e^{x+iy} = e^x$ cuando $y = 0$.

Empleando las coordenadas polares, $w = e^z$ es, con $z = x + iy$

$$w = e^{x+iy} = e^x e^{iy} = e^x(cos\ y + i\ sen\ y)$$

entonces de $\qquad\qquad w = e^x cos\ y + ie^x sen\ y$

$$u = e^x \cos y \quad \text{y} \quad v = e^x \operatorname{sen} y$$

Se comprueba que si $y = 0$, $e^z = e^x$ y que e^z tiene período imaginario $i2\pi$ porque

$$e^{z+i2\pi} = e^{x+i(y+2\pi)} = e^x[\cos(y+2\pi) + i\operatorname{sen}(y+2\pi)] = e^z$$

De la misma forma comprobamos que $e^{z_1}e^{z_2} = e^{z_1+z_1}$ y $(e^z)^n = e^{nz}$

El módulo de $w = e^z$ es e^x, según se comprueba de

$$|w| = \sqrt{u^2 + v^2} = e^x > 0 \ \forall x \in \mathbb{R}$$

por lo que $e^z \neq 0 \ \forall z$. A partir de la derivada $w' = u_x + iv_x$ definida en $\mathbb{C}$, se comprueba que e^z es analítica en todo el plano complejo,

$$w' = e^x \cos y + ie^x \operatorname{sen} y = e^x(\cos y + i \operatorname{sen} y) = e^z$$

de modo que, como en el campo real, la función exponencial no cambia por derivación y $\dfrac{de^z}{dz} = e^z$, por lo que la derivada existe y está definida en $\mathbb{C}$.

Si se sustituye z por $h(z)$, siendo h una función analítica, se tiene $w[h(z)] = e^{h(z)}$ y aplicando la regla de la cadena, es $w' = e^h h'$.

1.6.2. *Ejemplo.* **a.** $e^{-z} = e^{-x-iy} = e^{-x}(\cos y - i \operatorname{sen} y)$; $\quad u = e^{-x} \cos y$, $\quad v = -e^{-x} \operatorname{sen} y$; $|e^{-z}| = \sqrt{u^2 + v^2} = e^{-x}$; $w' = -e^{-z}$.

b. $\quad e^{z^2} = e^{x^2-y^2+i2xy} = e^{x^2-y^2}(\cos 2xy + i \operatorname{sen} 2xy)$; $\quad u = e^{x^2-y^2} \cos 2xy$, $\quad v = e^{x^2-y^2} \operatorname{sen} 2xy$; $\quad \left|e^{z^2}\right| = \sqrt{u^2 + v^2} = e^{x^2-y^2}$; $\quad w' = 2ze^{z^2}$. **c.** $\quad e^{2+4i} = e^2(\cos 4 + i \operatorname{sen} 4)$; $u = e^2 \cos 4$, $v = e^2 \operatorname{sen} 4$; $\left|e^{2+4i}\right| = \sqrt{u^2 + v^2} = e^2$; $w' = 0$. **d.** $\quad$ Si $e^z = 4$, entonces $e^{x+iy} = 4$ o bien; $e^x(\cos y + i \operatorname{sen} y) = 4 + 0i$. Igualando las partes real e imaginaria, tenemos dos ecuaciones; $\begin{cases} e^x \cos y = 4 \\ e^x \operatorname{sen} y = 0 \end{cases}$. Para la segunda ecuación, la solución obvia es $y = n\pi$, que para ser compatible con la primera donde $e^x \cos y = 4 > 0$, debe ser n par, o bien $n = 2p$, por lo que $y = 2p\pi$ y entonces, reemplazando en la primera ecuación se tiene $e^x \cos 2p\pi = 4$ o bien $e^x = 4$, por lo que $x = \ln 4$. Entonces; $z = \ln 4 + i2p\pi$, verifica $e^z = 4$.

1.6.3. *La función logaritmo.* Restringiendo nuestra atención a los logaritmos de base e observamos que, si en la función $\ln x$ cambiamos el argumento real x por uno complejo z, como lo hicimos con e^x, obtenemos $\ln z$ que se transformará en $\ln x$ cuando $y = 0$ y aun conserva la propiedad $(\ln z)' = \frac{1}{z}$ pero, e^x está definida en

$\mathbb{R}$, mientras que $\ln x$ solo está definido en $\mathbb{R}^+$ y esto, nos obliga a hacer algunas salvedades.

Comenzamos por recordar que $e^{\ln x} = x$ y $\ln e^x = x$, en cambio si z es complejo

$$e^{\ln z} = z \text{ pero } \ln e^z \neq z$$

y ello se debe a que $\ln z$, es una función multivaluada que hace corresponder a cada $z \in \mathbb{C} \setminus \{z = 0\}$, infinitos valores que difieren en su argumento $2k\pi$ y, siendo e^z una función periódica de período $2\pi i$, $e^{\ln z} = z$ siempre, mientras que $\ln e^z = z + 2k\pi i$.

Para estudiar la función logaritmo, comencemos por expresar z como $z = |z|e^{i\theta}$ con $|z| = \rho > 0$, entonces

$$\ln z = \ln\left(\rho\, e^{i\theta}\right) = \ln \rho + i\theta, \, \rho > 0$$

$\ln \rho$ es el logaritmo de un número real y está definido solo si $\rho > 0$, es el que figura en las tablas o se obtiene con la calculadora, mientras que θ, es el argumento de z que vale cero para los números reales, pero para los complejos, debe escribirse según vimos en 1.1.16, en forma completa como; $\Theta = \theta + 2k\pi$, siendo $-\pi < \theta \leq \pi$, y lo correcto entonces es escribir

$$\ln z = \ln \rho + i\Theta = \ln \rho + i(\theta + 2k\pi), \, \rho > 0$$

lo que implica que $\ln z$ tiene infinitos valores. Regresando a la expresión $e^{\ln z}$, vemos que $e^{\ln z} = e^{\ln|z|+i(\theta+2k\pi)} = e^{\ln|z|+i\theta}e^{i2k\pi} = e^{\ln|z|+i\theta} = e^{\ln|z|}e^{i\theta} = |z|e^{i\theta} = z$.

Usando θ, la parte principal del argumento $\Theta = \theta + 2k\pi$, tenemos el *valor principal* del logaritmo de z, que notamos como $\mathrm{Ln}\, z$

$$\mathrm{Ln}\, z = \ln \rho + i\theta, \quad \rho > 0, \, -\pi < \theta \leq \pi$$

por lo que $\qquad\qquad \ln z = \mathrm{Ln}\, z + i2k\pi$

Cuando no se haga mención específica en sentido contrario, se entenderá que al referirnos al logaritmo de z, estamos indicando la parte principal del logaritmo, pero tendremos presente que las expresiones

$$\ln(a.b) = \ln a + \ln b \quad \text{y} \quad \ln a^n = n \ln a$$

que son válidas para números reales, en general no valen para complejos, solo valen en el sentido

$$\{\ln(z_1.z_2)\} = \{\ln z_1 + \ln z_2\} \quad \text{y} \quad \{\ln z^n\} = \{n \ln z\}$$

con lo que indicamos que son iguales los conjuntos de valores a izquierda y derecha del signo igual.

Si por ejemplo calculamos $\ln(1+i)^2$, encontramos que no es igual a $2\ln(1+i)$ ya que

$$\ln(1+i)^2 = \ln(2i) = \ln 2 + i\left(\frac{\pi}{2} + 2k\pi\right)$$

$$2\ln(1+i) = 2\left[\ln\sqrt{2} + i\left(\frac{\pi}{4} + 2k\pi\right)\right] = \ln 2 + i\left(\frac{\pi}{2} + 4k\pi\right)$$

1.6.4. *Ramas de la función logaritmo.* Para evitar la indeterminación de valores múltiples que presenta $\ln z$, restringimos nuestro análisis a la parte principal de $\ln z$

$$\mathrm{Ln}\, z = \ln \rho + i\theta, \quad \rho > 0, \quad -\pi < \theta \leq \pi$$

de esta forma, con las restricciones $\rho > 0$ y $-\pi < \theta \leq \pi$, el logaritmo resulta una función univaluada y continua en $\mathbb{C} \setminus \{z = 0\}$, que evita el valor $z = 0$ y el salto discontinuo que significaría para el argumento de $\ln z$, atravesar el eje real negativo pasando de π a $-\pi$, o de $-\pi$ a π. En este dominio, queda bien definido el logaritmo de un número real negativo, siendo $\mathrm{Ln}(-x) = \ln|x| + i\pi$.

La derivada de $w = \mathrm{Ln}\, z$, la obtenemos como $w' = u_x + iv_x = v_y - iu_y$ o en coordenadas polares como $w' = \left(u_\rho + iv_\rho\right)e^{-i\theta}$.

En el primer caso tenemos $w = \ln \rho + i\theta = \ln \sqrt{x^2 + y^2} + i\, tan^{-1}\frac{y}{x}$, con $u = \frac{1}{2}\ln(x^2 + y^2)$ y $v = tan^{-1}\frac{y}{x}$, por lo que

$$w' = \frac{x}{x^2+y^2} + i\frac{-y}{x^2+y^2} = \frac{1}{z}$$

En el segundo caso tenemos $w = \ln \rho + i\theta$, con $u = \ln \rho$ y $v = \theta$, por lo que

$$w' = \left(\frac{1}{\rho} + 0\right)e^{-i\theta} = \frac{1}{\rho e^{i\theta}} = \frac{1}{z}$$

entonces $\frac{dw}{dz} = \frac{1}{z}$, está definida en todo el dominio $\mathbb{C} \setminus \{z = 0\}$.

Para los otros valores de $\ln z = \ln \rho + i(\theta + 2k\pi)$ que se obtienen con $k \neq 0$, definimos los correspondientes dominios $...; -5\pi < \theta \leq -3\pi.; -3\pi < \theta \leq -\pi; \pi < \theta \leq 3\pi; 3\pi < \theta \leq 5\pi; ...$ y $z \neq 0$, cada uno de estos dominios, es una copia de $\mathbb{C} \setminus \{0\}$ y en cada uno de ellos, queda definida una *rama* de la función $w = \ln z$, que es una función univaluada o *uniforme* para valores de $k = \pm 1, \pm 2, ...$

Pueden definirse los dominios de uniformidad, a partir de un ángulo arbitrario α, tomando para el principal $\alpha < \theta \leq \alpha + 2\pi$ y los demás a continuación, siempre con la restricción $z \neq 0$ o bien, $z \neq z_0$ si definimos $w = \ln(z - z_0)$.

1.6.5. *Ejemplo.* **a.** La función $\ln z$, en el dominio $D = \{-\pi < \theta \leq \pi,\ z \neq 0\}$ figura 1.6.5.a, en $z = -1 + i$, con $|-1 + i| = \sqrt{2}$ y $arg\,(-1 + i) = \frac{3\pi}{4}$, toma los valores; $\ln(-1 + i) = \ln|\sqrt{2}| + i\left(\frac{3\pi}{4} + 2k\pi\right)$. **b.** La función $\ln z$, en el dominio $D = \{-\pi < \theta \leq \pi,\ z \neq 0\}$ figura 1.6.5.a, en $z = -\sqrt{3} - i$, con $\left|-\sqrt{3} - i\right| = \sqrt{4} = 2$ y $arg\left(-\sqrt{3} - i\right) = -\frac{5\pi}{6}$, toma los valores; $\ln\left(-\sqrt{3} - i\right) = \ln|2| + i\left(-\frac{5\pi}{6} + 2k\pi\right)$. **c.** La función $\ln[z - (1 + i)]$, en el dominio $\Omega = \{-\frac{3\pi}{2} < \theta \leq \frac{\pi}{2},\ z \neq (1 + i)\}$ figura 1.6.5.b, en $z = (-1 + i)$ con $arg\,(-1 + i) = -\pi$, toma los valores; $\ln[(-1 + i) - (1 + i)] = \ln|2| + i(-\pi + 2k\pi)$.

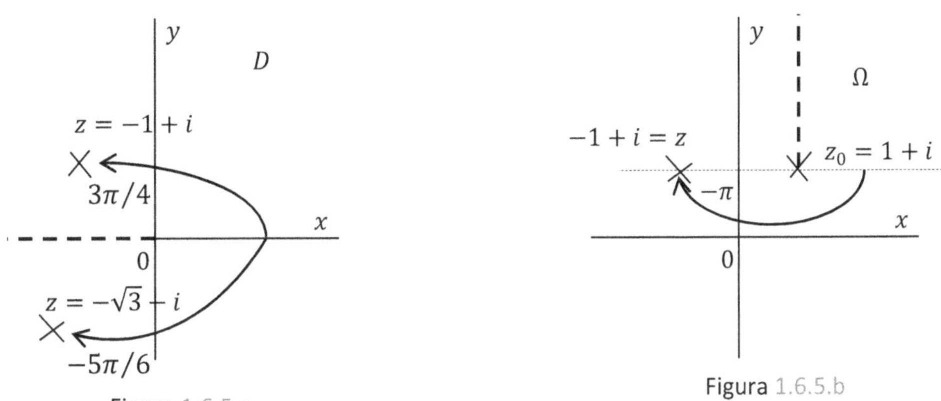

Figura 1.6.5.a

Figura 1.6.5.b

1.6.6. *La superficie de Riemann.* La superficie de *Riemann*, es una construcción que permite visualizar como se relacionan entre si las distintas ramas de una función multivaluada. Para la función $w = \ln z$, la superficie de *Riemann* se construye superponiendo infinitas copias del plano $\mathbb{C} \setminus \{0\}$, cada una de estas copias es una *hoja* de la superficie de *Riemann* y se conectan entre si, a través de un *corte rama*, figura 1.6.6.

La rama principal correspondiente a $k = 0$, queda definida en la hoja $-\pi < \theta \leq \pi$ y $z \neq 0$, el corte de las hojas se realiza partiendo de $z = 0$ sobre el eje real negativo, y las hojas se conectan entre si, uniendo el borde inferior del corte de cada una de ellas, con el borde superior del corte de la que está inmediatamente debajo.

El punto desde donde parte el corte, en este caso $z = 0$, se denomina *punto rama*, girando alrededor de $z = 0$, se pueden recorrer todas las hojas como en una rampa helicoidal o caracol, en cada giro pasamos a la hoja superior si el sentido de giro es antihorario, o a la hoja inferior si el sentido es horario.

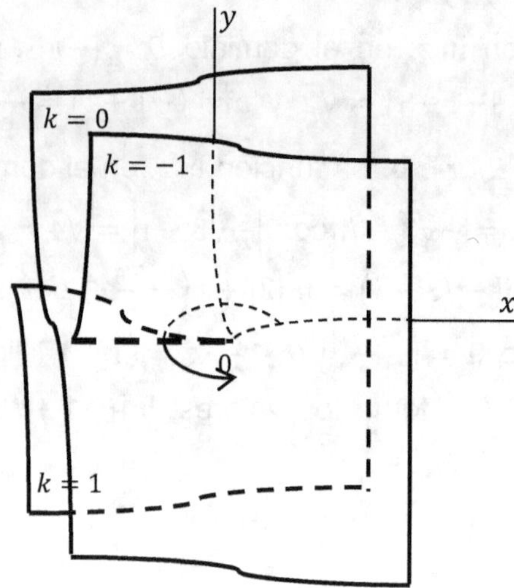

Figura 1.6.6

1.6.7. *Potencias complejas*. Con el empleo de la función logaritmo, podemos evaluar fácilmente potencias de exponente complejo de la forma $w = z^c$, donde c es un número complejo

$$w = z^c = e^{\ln z^c} = e^{c \ln z}$$

de donde surge que la función $w = z^c$ es multivaluada y requiere las mismas restricciones que la función $\ln z$ para ser univaluada.

Derivando como función exponencial

$$\frac{dw}{dz} = \frac{d}{dz} e^{c \ln z} = e^{c \ln z} c \frac{1}{z} = c z^{c-1}$$

por lo que la función $w = z^c$ es analítica y univaluada, donde la función $\ln z$ sea univaluada.

Tomando $\operatorname{Ln} z$, el valor principal de $\ln z$, se tiene el valor principal de $w = z^c$

$$w = z^c = e^{c \operatorname{Ln} z}, \quad \rho > 0, \quad -\pi < \theta \le \pi$$

así, $w = i^i = e^{i \operatorname{Ln} i} = e^{i\left(i\frac{\pi}{2}\right)} = e^{-\frac{\pi}{2}}.$

1.6.8. *Ejemplo.* **a.** $w = 8^{i/3} = e^{\frac{i}{3}\operatorname{Ln}8} = e^{i\operatorname{Ln}2} = 2^i$. **b.** $w = (16i)^{1/4} = e^{\frac{1}{4}\operatorname{Ln}(16i)} = e^{\frac{1}{4}\operatorname{Ln}\left[16+i\frac{\pi}{2}\right]} = e^{\operatorname{Ln}\left(2+i\frac{\pi}{8}\right)} = 2\,e^{i\frac{\pi}{8}}$. Si en cambio consideramos $w = (16i)^{1/4} = e^{\frac{1}{4}\ln(16i)} = e^{\frac{1}{4}\ln\left[16+i\left(\frac{\pi}{2}+2k\pi\right)\right]} = 2e^{i\frac{\frac{\pi}{2}+2k\pi}{4}}$, entonces w tiene cuatro valores distintos para $k = 0,1,2,3$ como se calculó en 1.1.21. En este caso, el borde inferior de la cuarta hoja de *Riemann*, se une al borde superior de la primera, atravesando la segunda y tercera, para retornar a la primera raíz y repetir el ciclo.

1.6.9. *Funciones trigonométricas.* Las funciones $sen\,z$ y $cos\,z$ se obtienen a partir de la relación de *Euler* que introdujimos en 1.1.19 como $e^{i\theta} = (cos\,\theta + i\,sen\,\theta)$ de donde

$$sen\,\theta = \frac{e^{i\theta}-e^{-i\theta}}{2i} \quad y \quad cos\,\theta = \frac{e^{i\theta}+e^{-i\theta}}{2}$$

Si el argumento θ es un complejo z

$$sen\,z = \frac{e^{iz}-e^{-iz}}{2i} \quad y \quad cos\,z = \frac{e^{iz}+e^{-iz}}{2}$$

la analiticidad de estas funciones en $\mathbb{C}$, es una consecuencia de la analiticidad de e^z, o mejor aun, de e^{iz} en $\mathbb{C}$. A partir de $sen\,z$ y $cos\,z$, se definen $tan\,z$, $sec\,z$, etc. que son analíticas en $\mathbb{C}$ excluidos los puntos donde se anulan los denominadores.

Se comprueba que

$$\frac{d}{dz}sen\,z = cos\,z \quad y \quad \frac{d}{dz}cos\,z = -sen\,z$$

y también que

$$sen^2\,z + cos^2\,z = \left(\frac{e^{iz}-e^{-iz}}{2i}\right)^2 + \left(\frac{e^{iz}+e^{-iz}}{2}\right)^2 = 1$$

además

$$sen\,z = sen\,(x + iy) = sen\,x\,cos\,iy + sen\,iy\,cos\,x$$

pero $cos\,y = \frac{e^{iy}+e^{-iy}}{2}$, por lo que $\boxed{cos\,iy = \frac{e^{iiy}+e^{-iiy}}{2} = cosh\,y}$, de la misma forma que

$sen\,y = \frac{e^{iy}-e^{-iy}}{2i}$ y $\boxed{sen\,iy = \frac{e^{iiy}-e^{-iiy}}{2i} = i\,senh\,y}$, que reemplazados en $sen\,z$ dan

$$sen\ z = sen\ x\ cosh\ y + i\ senh\ y\ cos\ x$$

y de la misma forma se deduce

$$cos\ z = cos\ x\ cosh\ y - i\ sen\ x\ senh\ y$$

Los ceros de las funciones trigonométricas tienen período real 2π, como surge de

$$sen\ z = sen\ x\ cosh\ y + i\ senh\ y\ cos\ x = 0$$

de donde obtenemos el sistema $\begin{cases} sen\ x\ cosh\ y = 0 \\ senh\ y\ cos\ x = 0 \end{cases}$.

Siendo $cosh\ y \neq 0\ \forall y$, la primera ecuación se debe anular con $x = n\pi$ y, como estos valores no anulan la segunda, debe ser $senh\ y = 0$, lo que implica $y \equiv 0$, por lo que; si $sen\ z = 0$, todos los ceros son reales de la forma $z = n\pi$, n entero.

Otro tanto se prueba para el $cos\ z$ con las relaciones que ya obtuvimos; $cos\ iy = cosh\ y$ y $sen\ iy = i\ senh\ y$. Entonces

$$cos\ z = cos\ (x + iy) = cos\ x\ cosh\ y - i\ sen\ x\ senh\ y$$

de donde obtenemos el sistema $\begin{cases} cos\ x\ cosh\ y = 0 \\ sen\ x\ senh\ y = 0 \end{cases}$.

Siendo $cosh\ y \neq 0\ \forall y$, la primera ecuación se debe anular con $x = (2n + 1)\frac{\pi}{2}$ y, como estos valores no anulan la segunda, debe ser $senh\ y = 0$, que solo es nulo si $y \equiv 0$, por lo que; si $cos\ z = 0$, todos los ceros son reales de la forma $z = (2n + 1)\frac{\pi}{2}$, n entero.

1.6.10. *Funciones hiperbólicas.* De la definición de las funciones hiperbólicas $senh\ x = \frac{e^x - e^{-x}}{2}$ y $cosh\ x = \frac{e^x + e^{-x}}{2}$, cambiando el argumento real x por el complejo z se tiene

$$senh\ z = \frac{e^z - e^{-z}}{2} \qquad y \qquad cosh\ z = \frac{e^z + e^{-z}}{2}$$

y de estas se deducen $tanh\ z$, $sech\ z$, etc.

La analiticidad de todas estas funciones se deduce de la analiticidad de e^z y se comprueba directamente que

$$\frac{d}{dz} senh\ z = cosh\ z \qquad y \qquad \frac{d}{dz} cosh\ z = senh\ z$$

Cambiando z por iz en $senh\ z = \dfrac{e^z - e^{-z}}{2}$ y $cosh\ z = \dfrac{e^z + e^{-z}}{2}$, se ve que

$$\boxed{senh\ iz = i\ sen\ z} \quad \text{y} \quad \boxed{cosh\ iz = cos\ z}$$

Además; si en $(sen\ u)^2 + (cos\ u)^2 = 1$ se hace $u = iz$,

$$(sen\ iz)^2 + (cos\ iz)^2 = (i\ senh\ z)^2 + (cosh\ z)^2 = 1$$

o bien
$$\boxed{cosh^2 z - senh^2 z = 1}$$

Los ceros de las funciones hiperbólicas son imaginarios puros, y las funciones hiperbólicas tienen período imaginario 2π, como se comprueba calculando las raíces de $senh\ z = 0$ o $cosh\ z = 0$.

Haciendo $-senh\ z = i\ sen\ iz = i\ sen\ (ix - y) = 0$

$$-senh\ z = i(i\ senh\ x\ cos\ y - cosh\ x\ sen\ y) = 0$$

de donde obtenemos el sistema $\begin{cases} cosh\ x\ sen\ y = 0 \\ senh\ x\ cos\ y = 0 \end{cases}$. La primera ecuación debe anularse con $y = n\pi$, en tanto $cos\ x$ nunca se anula y entonces, en la segunda ecuación debe ser $x = 0$.

Queda claro entonces, que los valores de z que anulan $senh\ z$, son de la forma $z = 0 + in\pi$, n entero.

1.6.11. *Funciones trigonométricas inversas.* Para calcular los valores de las funciones trigonométricas inversas como $w = sen^{-1}z$, procedemos de la siguiente forma

$$w = sen^{-1}z, \text{ entonces } sen\ w = \frac{e^{iw} - e^{-iw}}{2i} = z$$

Multiplicando ambos miembros de la última expresión por e^{iw}, se obtiene; $\dfrac{e^{iw}e^{iw} - 1}{2i} = ze^{iw}$, de donde

$$e^{iw}e^{iw} - 1 - 2ize^{iw} = 0 \ \text{ o bien } e^{2iw} - 2ize^{iw} - 1 = 0$$

que resuelta para e^{iw} da

$$e^{iw} = \frac{2iz \pm \sqrt{4 - 4z^2}}{2} = iz \pm \sqrt{1 - z^2}$$

y entonces $iw = \ln\left(iz \pm \sqrt{1 - z^2}\right)$ o bien

$$w = -i \ln\left(iz \pm \sqrt{1 - z^2}\right)$$

o sea
$$sen^{-1}z = -i \ln\left(iz \pm \sqrt{1 - z^2}\right) \blacklozenge$$

Ejercicios 1.6

Expresar como $u + iv$.

1. $w = e^{(3+4i)}$. **2.** $w = e^{(3-4i)}$. **3.** $w = e^{i}$. **4.** $w = e^{\left(\frac{1}{1-i}\right)}$.

Dar los valores de:

5. $w = e^{i\pi}$. **6.** $w = e^{-i\frac{\pi}{2}}$. **7.** $w = e^{i/2}$.

Hallar los valores de z en las siguientes ecuaciones.

8. $e^z = 1$. **9.** $e^z = -4i$. **10.** $e^z = 1+i$. **11.** $e^{iz} = 1+i$.

Hallar los valores de:

12. $w = \ln 1$. **13.** $w = \ln(-1)$. **14.** $w = \ln i$. **15.** $w = \ln\left(1 + i\sqrt{3}\right)$.

16. $w = 2^{(1+i)}$. **17.** $w = \left(\sqrt{3} + i\right)^{(1+i)}$. **18.** $w = 2^{\pi}$.

Hallar todas las raíces de:

19. $\cosh z = -2$. **20.** $\cos z = 2$. **21.** $senh\, z = i$. **22.** $sen\, z = \cosh 4$.

Respuestas:

1. $R: e^3 \cos 4 + i\, e^3 sen\, 4$. **2.** $R: e^3 \cos 4 - i\, e^3 sen\, 4$. **3.** $R: \cos 1 + i\, sen\, 1$.

4. $R: e^{1/2}\cos\frac{1}{2} + i\, e^{1/2}sen\, \frac{1}{2}$. **5.** $R: -1$. **6.** $R: i$. **7.** $R: \cos\frac{1}{2} + i\, sen\, \frac{1}{2}$. **8.** $R: 0 + 2k\pi$.

9. $R: \ln 4 + i\left(-\frac{\pi}{2} + 2k\pi\right)$. **10.** $R: \ln\sqrt{2} + i\left(\frac{\pi}{4} + 2k\pi\right)$. **11.** $R: \left(\frac{\pi}{4} + 2k\pi\right) - i\ln\sqrt{2}$.

12. $R: i2k\pi$. **13.** $R: i(2k+1)\pi$. **14.** $R: i\left(\frac{\pi}{2} + 2k\pi\right)$. **15.** $R: \ln 2 + i\left(\frac{\pi}{3} + 2k\pi\right)$.

16. $R: e^{(\ln 2 - 2k\pi)}e^{i(\ln 2 + 2k\pi)}$. **17.** $R: e^{\left(\ln 2 - \frac{\pi}{6} - 2k\pi\right)}e^{i\left(\ln 2 + \frac{\pi}{6} + 2k\pi\right)}$. **18.** $R: 2^{\pi}e^{i2k\pi^2}$.

19. $R: z = \cosh^{-1}2 + i(2n+1)\pi$. **20.** $R: z = 2n\pi + i\cosh^{-1}2$.

21. $R: z = 2n\pi + i \, senh^{-1}1; z = (2n+1)\pi - i \, senh \, 1.$ **22.** $R: z = \left(\frac{1}{2} + 2n\right)\pi + 4i.$

Bibliografía: ver final del cap. 4.

2 TRANSFORMACIONES ELEMENTALES Y MAPEO CONFORME

Un mapa, según el uso corriente, es la representación de una región de la superficie terrestre sobre un plano de dimensiones manejables. Con algo más de precisión, podemos decir que un mapa es una aplicación $f: Z \to W$ de un conjunto Z en un conjunto W.

En este capítulo, estudiaremos los mapas que generan las funciones elementales al transformar o aplicar, una región del plano complejo en si mismo o en otro plano complejo, y examinaremos las propiedades generales del mapeo, en particular la preservación de los ángulos, y la congruencia local con su imagen de las regiones transformadas.

2.1 Transformaciones Elementales

Una *transformación*, no es otra cosa que una función, que hace corresponder a un punto otro punto, pero el término transformación, se emplea para destacar el reemplazo de un punto por otro. Las transformaciones generadas por funciones elementales, tienen en general una forma muy simple, lo que las hace especialmente útiles cuando lo que se busca, es transformar una región del plano complejo en otra más simple, cuyos contornos se adaptan mejor a la descripción de un fenómeno físico.

2.1.1. *Traslación.* La función definida por $w = z + c$ con $c = c_1 + ic_2$, una constante compleja, produce una traslación en el plano complejo desplazando cada punto z_0, a la posición $z = z_0 + c$ figura 2.1.1.a

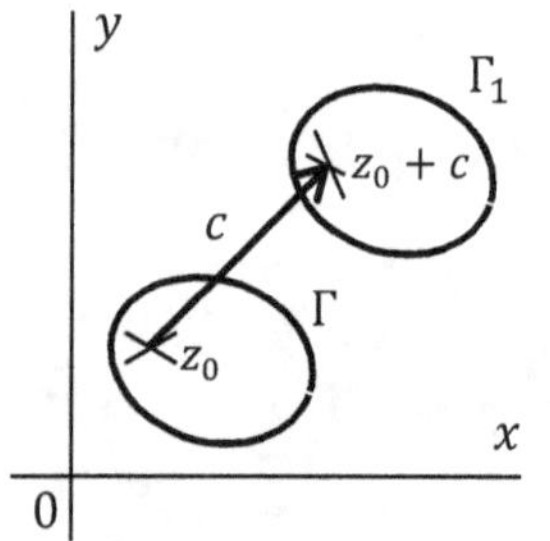

Figura 2.1.1.a

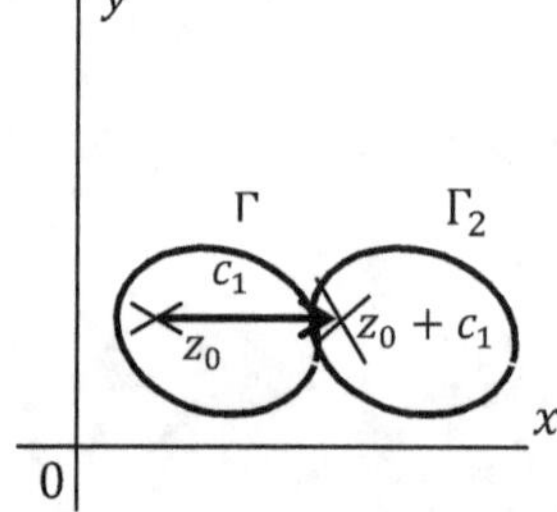

Figura 2.1.1.b

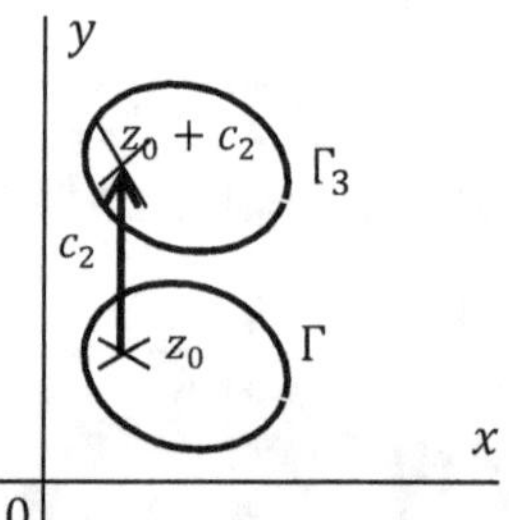

Figura 2.1.1.c

Aplicando la transformación $w = z + c$ a todos los puntos de la figura limitada por el contorno Γ, se obtiene la misma figura, desplazada por el vector c, limitada por el contorno Γ_1, que es el contorno Γ desplazado por el vector c. Si el vector c se reduce a su componente real c_1, la figura se desplaza c_1 unidades según las x, y se obtiene la figura limitada por el contorno Γ_2 figura 2.1.1.b, que es el contorno Γ desplazado por el vector c_1. Si en cambio, el vector c se reduce a su componente imaginaria c_2, la figura se desplaza c_2 unidades según las y y se obtiene la figura limitada por el contorno Γ_3 figura 2.1.1.c, que es el mismo contorno Γ desplazado c_2 unidades según las y.

La transformación $w = z + c$ con $c = c_1 + ic_2$, puede considerarse como una aplicación de la región limitada por Γ en el plano z, en una región del plano w limitada por Γ_1 figura 2.1.1.a. En ese caso las coordenadas de la figura transformada, se determinarán a partir de

$$w = z + c = x + iy + c_1 + ic_2$$

de donde $\qquad u = x + c_1 \quad \text{y} \quad v = y + c_2$

y la trayectoria o contorno Γ_1, se debe obtener por eliminación de un parámetro haciendo por ejemplo; $x = x(u)$ y $x = x(v)$, y entonces igualando $x(v) = x(u)$, se obtiene $v = v(u)$.

2.1.2. *Ejemplo*. La región R que se describe como $0 \leq x \leq 1$, $y > 0$, se transforma con $w = z + (1 + i)$, en $w = (x + 1) + i(y + 1)$ figura 2.1.2.a, donde $u = x + 1$ y $v = y + 1$, hacen que la recta $y = 0$, que es el límite inferior de R en el plano z, se mapee en la recta $v = 1$, que es el borde inferior de R' en el plano w, ya que $v = y + 1$. El borde izquierdo de R, que es la recta $x = 0$, se mapea como borde izquierdo de R', en la recta $u = 1$ y, el borde derecho de R, se mapea sobre el borde derecho de R' como la recta $u = 2$, en tanto $u = x + 1$.

La transformación, se puede interpretar como dos *transformaciones sucesivas*; La transformación $w_1 = z + 1$ y a continuación la transformación $w_2 = w_1 + i$, figura 2.1.2.b.

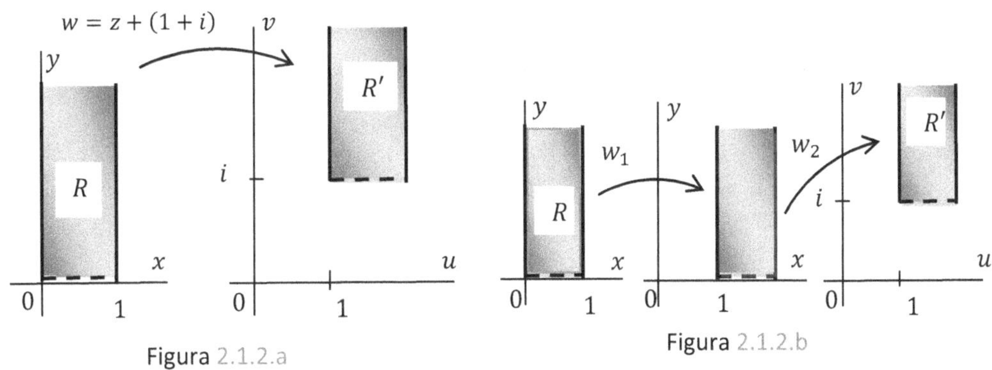

Figura 2.1.2.a

Figura 2.1.2.b

2.1.3. *Rotación.* La función $w = Az$, donde A es un complejo $A = ae^{i\alpha}$ y $z = \rho e^{i\theta}$, produce una rotación, acompañada de una contracción o dilatación de la región transformada, según que $|A| = a$, sea menor que la unidad, o mayor que la unidad, esto se ve fácilmente de

$$w = Az = ae^{i\alpha}\rho e^{i\theta} = a\rho e^{i(\alpha+\theta)}$$

entonces, $arg(z) = \theta$ y $arg(w) = \alpha + \theta$, mientras que $|z| = \rho$ y $|w| = a\rho$. Si $\alpha = 0$, $A = a$ y la transformación es solo una expansión o contracción según que sea $a > 1$ o $a < 1$.

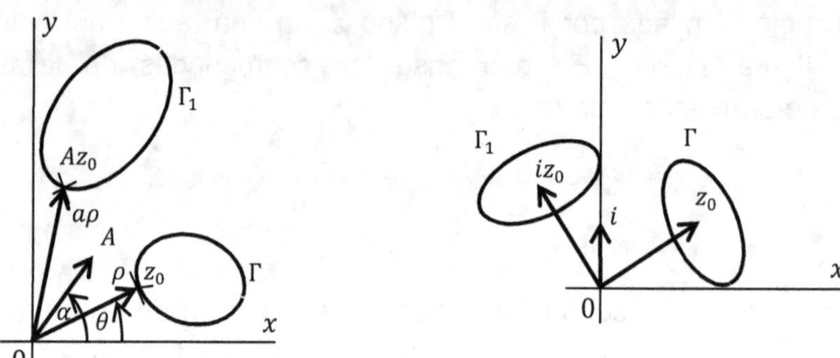

Figura 2.1.3.a   Figura 2.1.3.b

En la figura 2.1.3.a, se ve el efecto expansivo y de rotación, que ha tenido la transformación $w = Az$ sobre la figura que rodea el contorno Γ, resultando la figura rodeada por el contorno Γ_1.

En la figura 2.1.3.b, la región dentro del contorno Γ, se ha girado un ángulo $\frac{\pi}{2}$, que es el argumento de i, al transformarse con $w = iz$ en la región dentro del contorno Γ_1. Siendo $|i| = 1$, la región transformada, no ha variado su configuración, solo ha rotado.

Como en 2.1.1, si a la región transformada se la considera, no como una transformación del plano z en si mismo si no como una aplicación en el plano w de coordenadas $u - v$, entonces con $A = a_1 + ia_2$ se tiene

$$w = Az = (a_1 + ia_2)(x + iy) = (a_1 x - a_2 y) + i(a_1 y + a_2 x)$$

de donde $\qquad u = (a_1 x - a_2 y) \quad$ y $\quad v = (a_1 y + a_2 x)$

Si el contorno Γ que queremos transformar se describe como una trayectoria $y(x)$ en el plano z, entonces podemos expresar $u = [x, y(x)] = u(x)$ y $v = [x, y(x)] = v(x)$, de las que obtenemos $x = x(u)$ y $x = x(v)$, para finalmente tener $v = v(u)$.

2.1.4. *Ejemplo*. **a.** Deseamos aplicar a la región R: $0 \le x \le 1$; $y > 0$ de la figura 2.1.4.a, la transformación $w = iz$. El resultado es obvio, toda la región voltea $\frac{\pi}{2}$ a la izquierda, como resultado de la multiplicación por i de módulo 1 y argumento $\frac{\pi}{2}$, manteniendo fijo el punto $z = 0$ ya que $w(0) = 0$.

Para expresar el cambio en coordenadas $u - v$, hacemos $w = i(x + iy) = ix - y$ de modo que; $u = -y$, $v = x$. Ahora transformamos la frontera de R: El límite inferior de R, la recta $y = 0$, se transforma en la recta $u = 0$ ya que $u = -y$, figura 2.1.4.a'. La recta $x = 0$, que es el borde izquierdo de la región R, se transforma en la recta $v = 0$ puesto que $v = x$ figura 2.1.4.a'. Finalmente, la recta $x = 1$, que es el borde derecho de la región R, se transforma en la recta $v = 1$ porque $v = x$, figura 2.1.4.a'.

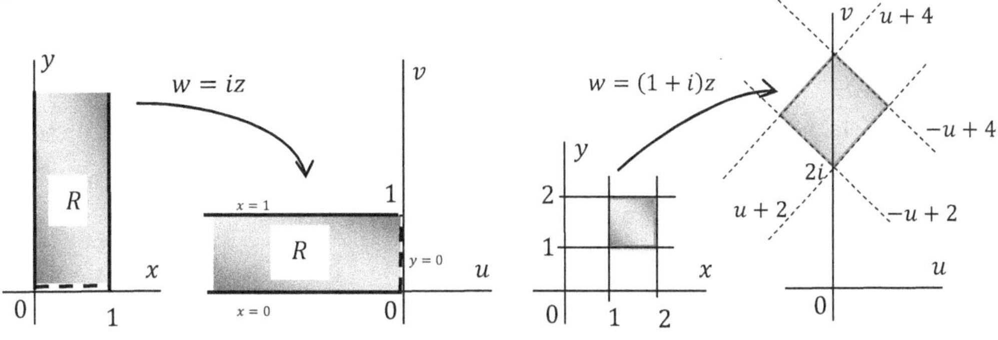

Figura 2.1.4.a   Figura 2.1.4.a′   Figura 2.1.4.b   Figura 2.1.4.b′

b. Para transformar el cuadrado delimitado por las rectas $x = 1$, $x = 2$, $y = 1$, $y = 2$, con la transformación $w = (1 + i)z$, basta observar que $|1 + i| = \sqrt{2}$ y $arg(1 + i) = \frac{\pi}{4}$, lo que produce una rotación $\frac{\pi}{4}$ de la figura, y una dilatación con factor $\sqrt{2}$. Para obtener las coordenadas $u - v$ de la transformación, de $w = (1 + i)z = x - y + i(x + y)$, obtenemos $u = x - y$ y $v = x + y$. A continuación transformamos los bordes del cuadrado: el borde $x = 1$ nos da $\begin{cases} u = 1 - y \\ v = 1 + y \end{cases}$ o bien $\begin{cases} y = 1 - u \\ y = v - 1 \end{cases}$ que igualadas nos dan $v = -u + 2$, la recta que define el borde inferior izquierdo del cuadrado transformado. El borde $x = 2$ nos da $\begin{cases} u = 2 - y \\ v = 2 + y \end{cases}$ o bien $\begin{cases} y = 2 - u \\ y = v - 2 \end{cases}$ que igualadas nos dan $v = -u + 4$, la recta que define el borde superior derecho del cuadrado transformado. El borde $y = 1$ nos da $\begin{cases} u = x - 1 \\ v = x + 1 \end{cases}$ o bien $\begin{cases} x = u + 1 \\ x = v - 1 \end{cases}$ que igualadas nos dan $v = u + 2$, el borde inferior derecho del cuadrado transformado. El borde $y = 2$ nos da $\begin{cases} u = x - 2 \\ v = x + 2 \end{cases}$ o bien $\begin{cases} x = u + 2 \\ x = v - 2 \end{cases}$ que igualadas nos dan $v = u + 4$, el borde superior izquierdo del cuadrado transformado, figuras 2.1.4.b y 2.1.4.b'.

2.1.6. *Transformación lineal*. La combinación de las dos transformaciones anteriores, es la transformación lineal

$$w = Az + c$$

Si $A = 1$, la transformación es un desplazamiento, si $c = 0$, la transformación es una rotación en cuyo caso, si A es un número real positivo, la transformación es una contracción o una dilatación, según que $A > 1$ o $A < 1$.

2.1.7. *Transformación $\frac{1}{z}$*. La transformación $w = \frac{1}{z}$, puede interpretarse como una reflexión respecto del eje x, acompañada de una contracción o expansión de la región que se transforma, según se ve de

$$w = \frac{1}{z} = \frac{1}{z}\frac{\bar{z}}{\bar{z}} = \frac{1}{|z|^2}\bar{z}$$

donde z, se ha transformado en $\bar{z}$ multiplicado por el factor $\frac{1}{|z|^2}$, de forma tal que, todo número z que se encuentre sobre el círculo unidad y por lo tanto $|z| = 1$, permanecerá sobre el círculo $|z| = 1$, pero reflejado en el círculo como $w = \bar{z}$. Todo punto dentro del círculo unidad, de modo que $|z| < 1$, se mapeará fuera del círculo unidad $|w| = 1$ y, todo punto fuera del círculo $|z| = 1$, se mapeará dentro del círculo $|w| = 1$. Los puntos 1 y -1, son los *puntos fijos* de la transformación ya que, $w(1) = 1$ y $w(-1) = -1$.

Si $|z| \to \infty$, entonces $|w| \to 0$, y si $|z| \to 0$, entonces $|w| \to \infty$ por lo que, haciendo $w(0) = \infty$ y $w(\infty) = 0$, la transformación es uno a uno en $\mathbb{C}^*$. Es intuitivo ver que: dado que toda recta del plano pasa por $z = \infty$, toda recta que no pase por el origen se mapeará en un círculo, mandando sus coordenadas al origen x_0 e y_0, en los puntos $u_0 = \frac{1}{x_0}$ y $v_0 = -\frac{1}{y_0}$, a la vez que el punto $z = \infty$ de la recta, se transformará en $w = 0$. Por otra parte, una recta que pase por el origen, se mapeará en una recta que pasa por el origen, en tanto la transformación posee los puntos $w(0) = \infty$ y $w(\infty) = 0$. Una circunferencia que pase por el origen $z = 0$, se mapeará en una recta que no pasa por el origen, y una circunferencia que no pase por el origen, se mapeará en otra circunferencia que no pasa por el origen, dado que todos sus puntos son finitos y distintos de 0, por lo que su imagen $w = \frac{1}{z}$, no podrá tender a 0 ni a ∞.

En pocas palabras, la transformación $w = \frac{1}{z}$, transforma círculos en círculos, siendo sus fronteras, circunferencias de radio finito o bien, circunferencias de radios infinitos como las rectas.

Hechas estas consideraciones, para mapear contornos formados por rectas o círculos, partimos de la ecuación general de la circunferencia en el plano z

$$A(x^2 + y^2) + Bx + Cy + D = 0$$

si $A = 0$, la circunferencia se transforma en la recta $Bx + Cy + D = 0$.

Para obtener la correspondiente imagen en el plano w, observamos que, si $z = x + iy$ y $w = u + iv = \frac{1}{z}$, deben ser

$$x = \frac{u}{u^2+v^2} \quad \text{y} \quad y = \frac{-v}{u^2+v^2}$$

que reemplazadas en $A(x^2 + y^2) + Bx + Cy + D = 0$ dan

$$A\left[\frac{u^2}{(u^2+v^2)^2} + \frac{v^2}{(u^2+v^2)^2}\right] + B\frac{u}{u^2+v^2} + C\frac{-v}{u^2+v^2} + D = 0$$

y multiplicando por $(u^2 + v^2)$ obtenemos

$$D(u^2 + v^2) + Bu - Cv + A = 0$$

2.1.8. *Ejemplo.* **a.** Transformamos la recta $y = 1$ con $w = \frac{1}{z}$. Primero igualamos a cero la ecuación para obtener $y - 1 = 0$ y procedemos a identificar los coeficientes A, B, C, D. Como en $y - 1 = 0$ no figuran los términos cuadráticos, debe ser $A = 0$, tampoco figura x por lo que $B = 0$, el coeficiente de y es uno por lo que $C = 1$ y el término independiente es -1 por lo que $D = -1$. Ahora reconstruimos la ecuación $D(u^2 + v^2) + Bu - Cv + A = 0$ con $A = 0$, $B = 0$, $C = 1$, $D = -1$ y tenemos $-(u^2 + v^2) - v = 0$, completamos cuadrados para obtener $(u - 0)^2 + \left(v - \frac{1}{2}\right)^2 - \frac{1}{4} = 0$ o bien, $(u - 0)^2 + \left(v - \frac{1}{2}\right)^2 = \frac{1}{4}$ que es la ecuación de la circunferencia de centro $\left(0, \frac{1}{2}\right)$ y radio $\frac{1}{2}$, figura 2.1.8.a. **b.** Transformamos la región limitada por las rectas $y = 2x + 1$, $y = 0$, $x = 0$ figura 2.1.8.b, con $w = \frac{1}{z}$. Comenzamos con el borde izquierdo de la región, igualando a cero la ecuación que lo define se tiene; $2x - y + 1 = 0$, donde identificamos A, B, C, D como: $A = 0$ porque no hay términos cuadráticos, $B = 2$ porque ese es el coeficiente de x, $C = -1$, el coeficiente de y, $D = 1$ es el término independiente. Con estos coeficientes reemplazados en $D(u^2 + v^2) + Bu - Cv + A = 0$ obtenemos $(u^2 + v^2) + 2u + v = 0$ y completando cuadrados $(u + 1)^2 - 1 + \left(v + \frac{1}{2}\right)^2 - \frac{1}{4} = 0$ o bien $(u + 1)^2 + \left(v + \frac{1}{2}\right)^2 = \frac{5}{4}$, que es la ecuación de la circunferencia de centro $\left(-1, -\frac{1}{2}\right)$ y radio $\sqrt{\frac{5}{4}}$, figura 2.1.8.b. Continuamos con el borde inferior definido por $y = 0$, donde $A = B = D = 0$ y $C = 1$ por lo que su imagen es $v = 0$ figura 2.1.8.b. Concluimos con el borde derecho definido por $x = 0$, donde $A = C = D = 0$ y $B = 1$ por lo que su imagen es $u = 0$ figura 2.1.8.b.

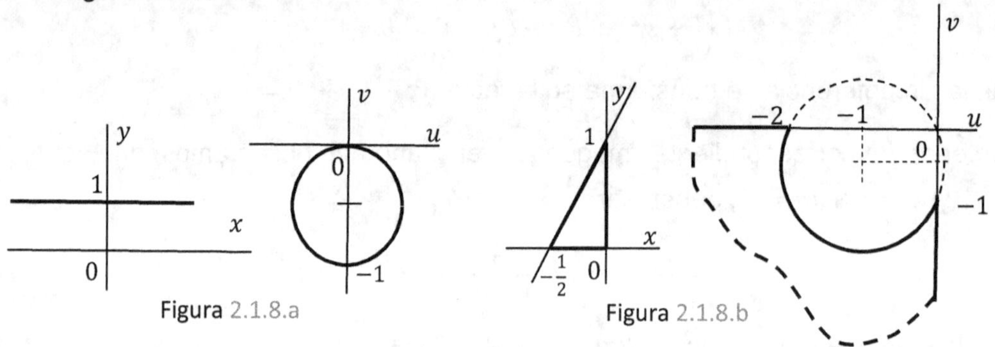

Figura 2.1.8.a   Figura 2.1.8.b

Para responder, cual región del plano w corresponde a la región transformada, observamos que, cuando vamos de $-\frac{1}{2}$ a i en el plano z, la región que se transforma está a la derecha, consecuentemente, cuando vamos de $w\left(-\frac{1}{2}\right) = -2$ a $w(i) = -i$ en el plano w, la región transformada debe estar a la derecha porque como veremos, la transformación preserva los ángulos y el sentido de giro. Un recurso directo es; ubicar un punto z_0 dentro de la región a transformar, y observar la posición de $w(z_0)$ en el plano w.

2.1.9. *La esfera de Riemann y la inversión.* Relacionaremos ahora la inversión $w = \frac{1}{z}$, con la rotación de la esfera de *Riemann* sobre el eje x del plano z. En la figura 2.1.9, se observa la esfera de *Riemann* que describimos en 1.2.1, su centro coincide con el origen del plano z, su radio es $R = 1$, y su polo norte N, tiene coordenadas $(0, 0, 1)$, cualquier punto P sobre la esfera, tiene coordenadas (α, β, γ) que verifican, en tanto $R = 1$, la relación $\alpha^2 + \beta^2 + \gamma^2 = 1$.

El punto $z(x, y, 0)$ o simplemente $z(x, y)$ en el plano z, se proyecta sobre la esfera en el punto P de coordenadas (α, β, γ) y en la figura 2.1.9, se observa que los triángulos rectángulos; $0xz, 0\alpha Q, 0yz, 0\beta Q, N0z, N\gamma P$, etc, son iguales o bien semejantes por tener los lados iguales o proporcionales respectivamente, esto permite establecer las siguientes relaciones

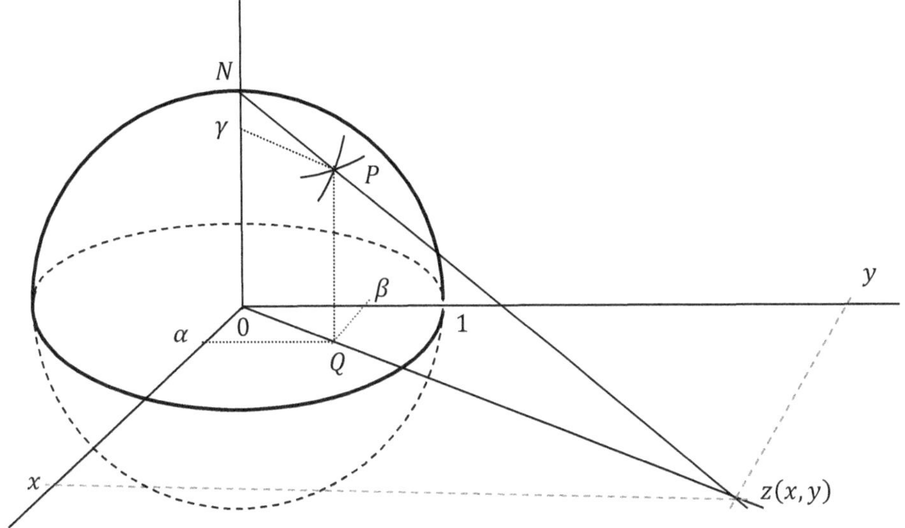

Figura 2.1.9

$$\frac{x}{\alpha} = \frac{y}{\beta} = \frac{1}{1-\gamma}$$

de modo que
$$x = \frac{\alpha}{1-\gamma} \quad \text{y} \quad y = \frac{\beta}{1-\gamma}$$

así expresamos z como

$$z = x + iy = \frac{\alpha}{1-\gamma} + i\frac{\beta}{1-\gamma}$$

Ahora hagamos rotar 180^0 grados la esfera sobre el eje x y observemos como cambian las coordenadas del punto $P(\alpha, \beta, \gamma)$ sobre la esfera; la coordenada β cambia a $-\beta$, la coordenada γ cambia a $-\gamma$ y la coordenada α permanece fija.

El punto $P'(\alpha, -\beta, -\gamma)$, que se obtiene de $P(\alpha, \beta, \gamma)$ por rotación de la esfera, es imagen de otro punto en el plano z, al que llamaremos w y, a las coordenadas de w, las obtenemos a partir de las coordenadas de z, cambiando β por $-\beta$ y γ por $-\gamma$, entonces

$$w = \frac{\alpha}{1+\gamma} + i\,\frac{-\beta}{1+\gamma}$$

Multiplicando w por z tenemos

$$wz = \left(\frac{\alpha}{1+\gamma} + i\,\frac{-\beta}{1+\gamma}\right)\left(\frac{\alpha}{1-\gamma} + i\,\frac{\beta}{1-\gamma}\right) = \frac{\alpha^2+\beta^2}{1-\gamma^2}$$

de la relación $\alpha^2 + \beta^2 + \gamma^2 = 1$ tenemos, $1 - \gamma^2 = \alpha^2 + \beta^2$, por lo que $wz = 1$.

Comprobamos entonces que la inversión $w = \frac{1}{z}$, equivale a una rotación de la esfera de *Riemann*, 180^0 grados sobre el eje x.

Notemos que: todo plano secante a una esfera, determina en su intersección con la esfera una circunferencia y, en la esfera de *Riemann*, las intersecciones de la esfera con los planos paralelos al plano del ecuador, se proyectan desde el polo N como circunferencias concéntricas en $z = 0$ sobre el plano z. La circunferencia del ecuador, coincide con la circunferencia $|z| = 1$ en el plano z.

Las intersecciones con el hemisferio norte, de los planos paralelos al ecuador, se proyectan sobre el plano z como circunferencias de radio creciente a medida que los planos se aproximan al punto N. Recíprocamente, los planos paralelos del hemisferio sur, cortan a la esfera en círculos que se proyectan sobre el plano z, con radio más pequeño a medida que esos planos, se aproximan al polo sur S. Cuando rotamos la esfera 180^0 alrededor del eje x, el polo S se proyecta al infinito y el polo N se proyecta en cero, con la consiguiente inversión relativa de las circunferencias anteriormente proyectadas, las que estaban próximas al infinito de aproximan a cero y las que estaban próximas a cero, ahora se aproximan al infinito.

Los planos que contienen el eje polar de la esfera, determinan en su intersección con la esfera los *círculos meridianos*, que desde el polo N se proyectan como rectas que pasan por el origen del plano z. Girando la esfera 180^0 alrededor del eje x, los círculos meridianos, ahora proyectados desde S sobre el plano z, continúan proyectándose como rectas que pasan por el origen pero, el punto $z = 0$ se proyecta en ∞ y el punto $z = \infty$ se proyecta en el origen.

Un plano secante que contenga al punto N pero no al eje polar, determina sobre la esfera una circunferencia que se proyecta en el plano z como una recta que no pasa por el origen, y rotando la esfera como lo hemos hecho anteriormente, la recta se transforma en una circunferencia que pasa por el origen, en tanto N fue a la posición S.

Recíprocamente, un plano secante que contenga al punto S pero no al eje polar, determina en su intersección con la esfera, una circunferencia que se proyecta en el plano z como una circunferencia que pasa por el origen y por inversión de la esfera, se transforma en una recta que no pasa por el origen.

2.1.10. *Transformación lineal fraccionaria.* Esta transformación, definida por $w = \frac{az+b}{cz+d}$, con a, b, c, d números complejos, también se conoce como *homográfica*, de *Möbius* o *bilineal*, puesto que si se iguala a cero, se obtiene la forma cuadrática bilineal $cwz + dw - az - b = 0$, lineal en z y w.

Efectuando el cociente indicado por $w = \frac{az+b}{cz+d}$ se obtiene

$$w = \frac{a}{c} + \frac{bc-ad}{c}\frac{1}{cz+d}$$

y queda claro entonces que si $bc - ad = 0$, la transformación degenera en una constante $w = \frac{a}{c}$, por esta razón es conveniente, definir la transformación con la correspondiente restricción, como

$$w = \frac{az+b}{cz+d}, \quad bc - ad \neq 0$$

con esta restricción, w queda bien definida excepto en $z = -\frac{c}{d}$, si $c \neq 0$.

Definiendo $w\left(-\frac{c}{d}\right) = \infty$ si $c \neq 0$ y $w(\infty) = \frac{a}{c}$, la transformación es uno a uno en $\mathbb{C}^*$ ya que para todo $z_1 \neq z_2$, $w_1 = \frac{az_1+b}{cz_1+d} \neq w_2 = \frac{az_2+b}{cz_2+d}$ y por ello, está definida su inversa

$$z = \frac{dw-b}{-cw+a}$$

La composición de transformaciones bilineales, es también es una transformación bilineal como se comprueba de; $w = \frac{az+b}{cz+d}$ y $w_1 = \frac{\alpha z+\beta}{\gamma z+\delta}$, entonces

$$w(w_1) = \frac{a\frac{\alpha z+\beta}{\gamma z+\delta}+b}{c\frac{\alpha z+\beta}{\gamma z+\delta}+d} = \frac{(a\alpha+b\gamma)z+(a\beta+b\delta)}{(c\alpha+d\gamma)z+(c\beta+d\delta)} = \frac{Az+B}{Cz+D}, \quad BC - AD \neq 0$$

En la próxima sección veremos que, si se anula la derivada de una transformación en un punto z_0, la transformación no es conforme en z_0. La condición $bc - ad \neq 0$, impide que $w' = \frac{ad-bc}{(cz+d)^2}$, se anule idénticamente.

2.1.11. *Ejemplo.* **a.** Buscamos la transformación bilineal que mapee los puntos $2, i, -2$, en los puntos $1, i, -1$ respectivamente. Para cada punto planteamos una

ecuación $w_j = \dfrac{a z_j + b}{c z_j + d}$, $j = 1,2,3$ $\begin{cases} w_1 = \dfrac{2a+b}{2c+d} = 1 \\[2mm] w_2 = \dfrac{ia+b}{ic+d} = i \\[2mm] w_3 = \dfrac{-2a+b}{-2c+d} = -1 \end{cases}$ de donde $\begin{cases} 2a + b - 2c - d = 0 \\ ia + b + c - id = 0 \\ 2a - b + 2c - d = 0 \end{cases}$

tenemos entonces 3 ecuaciones con cuatro incógnitas, resolviendo en términos de una de ellas, por ejemplo a, se tiene: $b = \dfrac{2ai}{3}$, $c = \dfrac{ai}{3}$, $d = 2a$ y $w = \dfrac{az + \frac{2ai}{3}}{\frac{ai}{3} z + 2a} = \dfrac{z + \frac{2i}{3}}{\frac{i}{3} z + 2}$ y

comprobamos que verifica $w(2) = 1$, $w(i) = i$, $w(-2) = -1$. Los puntos fijos de la transformación se encuentran haciendo $w(z) = z$; $\dfrac{z + \frac{2i}{3}}{\frac{i}{3} z + 2} = z$ de donde $iz^2 + 3z - 2i = 0$ cuyas raíces $z_1 = 2i$ y $z_2 = i$, son los puntos fijos de la transformación.

b. Buscamos la transformación bilineal que mapee los puntos $\infty, i, 0$, en los puntos $0, i, \infty$ respectivamente. Para el primer punto tenemos; $w(\infty) = 0$ o bien, $\lim_\infty \dfrac{az+b}{cz+d} = 0$ por lo que debe ser $a = 0$ y entonces, $w = \dfrac{b}{cz+d}$. A continuación consideramos $w(0) = \infty$ o bien $\lim_0 \dfrac{b}{cz+d} = \infty$, por lo que debe ser $d = 0$ y entonces $w = \dfrac{b}{cz}$. Finalmente con $w(i) = i$ obtenemos $\dfrac{b}{ci} = i$ que implica $b = -c$ y $w = -\dfrac{1}{z}$, que verifica $w(\infty) = 0$, $w(i) = i$, $w(0) = \infty$. Los puntos fijos de la transformación son los que verifican $-\dfrac{1}{z} = z$ o bien $z^2 + 1 = 0$; $\pm i$.

2.1.12. *La razón doble.* La razón doble o *razón armónica* de cuatro puntos; z_1, z_2, z_3 y z, se define como $\dfrac{z_3 - z_1}{z_3 - z_2} : \dfrac{z - z_1}{z - z_2}$,

y se prueba que la transformación bilineal, deja invariante la razón armónica.

Se puede probar también que

$$\frac{(w - w_1)(w_2 - w_3)}{(w - w_3)(w_2 - w_1)} = \frac{(z - z_1)(z_2 - z_3)}{(z - z_3)(z_2 - z_1)}$$

La prueba es directa, por sustitución de $w_j = \frac{az_j+b}{cz_j+d}$, $j = 1,2,3$, y esta propiedad de la transformación bilineal, nos permite establecer que existe una única transformación bilineal, que aplica 3 puntos dados, en otros 3 puntos.

2.1.13. *Ejemplo.* Buscamos la transformación bilineal que mande los puntos 1, i, -1, en 2, 3, 4, respectivamente. Planteamos $\frac{(w-2)(3-4)}{(w-4)(3-2)} = \frac{(z-1)(i+1)}{(z+1)(i-1)}$, y resolviendo para w obtenemos $w = \frac{(2-4i)z+(2+4i)}{(1-i)z+(1+i)}$.

2.1.14. *Composición de transformaciones.* En el ejemplo 2.1.2, vimos que una transformación podía interpretarse como aplicación de transformaciones sucesivas, ahora interpretaremos la transformación bilineal, como la aplicación de cuatro transformaciones sucesivas.

Regresando a la expresión de la transformación bilineal como $w = \frac{a}{c} + \frac{bc-ad}{c}\frac{1}{cz+d}$, reordenando los términos tenemos

$$w = \frac{bc-ad}{c^2}\frac{1}{z+\frac{d}{c}} + \frac{a}{c}$$

En la última expresión, vemos que la transformación bilineal puede interpretarse como una traslación $z + \frac{d}{c}$, seguida de una inversión $\frac{1}{z+\frac{d}{c}}$, a la que se aplica una rotación multiplicando por $\frac{bc-ad}{c^2}$, y finalmente un desplazamiento por suma de $\frac{a}{c}$.

Si $c = 0$, entonces $w = \frac{a}{d}z + \frac{b}{d}$ y no hay inversión, w es una transformación lineal.

2.1.13. *Ejemplo.* **a.** Buscamos la transformación bilineal, que mapee el círculo $|z - i| = 1$, en el círculo $|w - 1| = 2$.

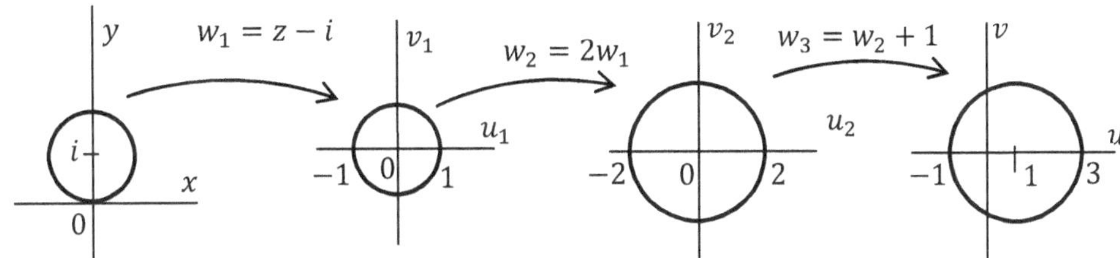

Figura 2.1.13.a

La transformación $w = w_3 \circ w_2 \circ w_1$ está compuesta por tres transformaciones evidentes; una traslación w_1, seguida por una expansión w_2, y una segunda traslación w_3 de modo que $w = 2(z - i) + 1$.

b. Buscamos la transformación bilineal, que lleve la recta $x = -1$, sobre el círculo $|w| = 1$. Hacemos una primera transformación $w_1 = \frac{1}{z}$ que deja invariante el punto fijo $z = -1$, y hace converger el punto $z = \infty$ en $w_1(\infty) = 0$. A continuación aplicamos w_2, desplazando $\frac{1}{2}$ hacia la derecha el círculo w_1, y finalmente aplicamos w_3 expandiendo el círculo w_2 con el factor 2.

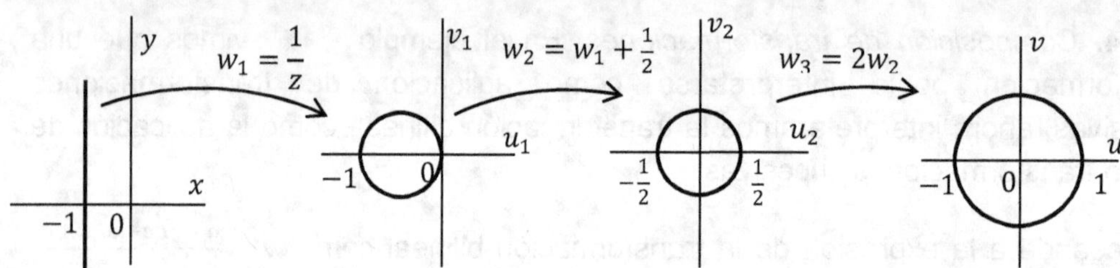

Figura 2.1.13.b

En la figura 2.1.13.b, se observa $w = \frac{z+2}{z} = w_3 \circ w_2 \circ w_1$. Podemos comprobar que

$$|w(-1 + mi)| = \frac{|(-1+mi)+2|}{|-1+mi|} = \frac{|1+mi|}{|-1+mi|} = 1$$ o sea, cualquier punto sobre la recta $x = -1$, se mapea sobre la circunferencia $|w| = 1$.

2.1.16. *Transformación e^z.* La transformación $w = e^z = e^{x+iy}$, mapea toda recta $x = x_0$, en una circunferencia de radio constante $R = e^{x_0}$, y toda recta $y = y_0$, en un rayo que parte del origen con ángulo y_0, sin tomar el valor $w = 0$ ya que $e^z \neq 0 \ \forall z$.

Si se restringe la región a transformar, a la franja $-\pi < y \leq \pi$, el mapeo es uno a uno con el plano w. Las franjas contiguas de ancho 2π, se mapean en copias idénticas del plano w, por encima la correspondiente a la franja $\pi < y \leq 3\pi$, y por debajo la correspondiente a la franja $-3\pi \leq y < -\pi$.

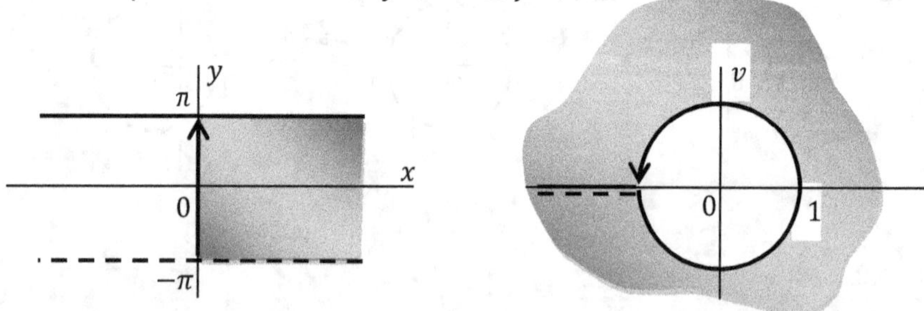

Figura 2.1.16.a   Figura 2.1.16.b

Comencemos por transformar la recta $x = 0$, que divide por la mitad la franja $-\pi < y \leq \pi$ del plano z. Con $w = e^z = e^{x+iy} = e^x e^{iy}$, la recta $x = 0$ figura 2.1.16.a se transforma en la circunferencia de radio $R = e^0 = 1$ figura 2.1.16.b.

La restricción $-\pi < y \leq \pi$, asegura que no haya infinitos puntos de la recta que correspondan a un mismo punto de la circunferencia, todos los puntos de la recta $x = 0$ que corresponden a valores $y \leq -\pi$ o $y > \pi$ estarán en hojas inferiores o superiores respectivamente, componiendo en su conjunto las hojas, una *superficie de Riemann*.

La circunferencia $R = 1$, divide en dos regiones el plano w figura 2.1.16.b; en la región interior de la circunferencia, se mapea la mitad izquierda de la franja $-\pi < y \leq \pi$ y, en la región exterior a la circunferencia, se mapea la mitad derecha de la franja $-\pi < y \leq \pi$.

Transformemos ahora el rectángulo limitado por las rectas $x = x_1$, $x = x_2$, $y = -\frac{\pi}{4}$, $y = 2\frac{\pi}{3}$ figura 2.1.16.c.

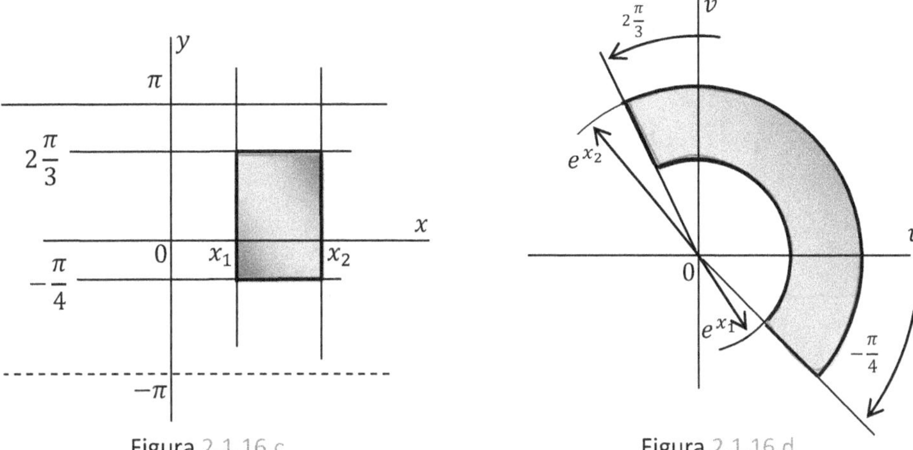

Figura 2.1.16.c   Figura 2.1.16.d

La recta $x = x_1$ de la figura 2.1.16.c, se mapea en la circunferencia de radio $R_1 = e^{x_1}$ de la figura 2.1.16.d y el segmento que correponde al intervalo $[-\frac{\pi}{4}, 2\frac{\pi}{3}]$ de la recta, es el correspondiente arco de $-\frac{\pi}{4}$ a $2\frac{\pi}{3}$. La recta $x = x_2$, de la figura 2.1.16.c, se mapea en la circunferencia de radio $R_2 = e^{x_2}$, haciendo corresponder el arco entre $-\frac{\pi}{4}$ y $2\frac{\pi}{3}$, con el segmento $\left[-\frac{\pi}{4}, \frac{\pi}{3}\right]$ de la recta $x = x_2$ de la figura 2.1.16.c.

2.1.17. *Transformación sen x.* En 1.6.9, obtuvimos

$$sen\ z = sen\ x\ cosh\ y + i\ senh\ y\ cos\ x$$

entonces, si $w = u + iv = sen\ z$,

$$u = sen\ x\ cosh\ y, \quad v = senh\ y\ cos\ x$$

haciendo la restricción $-\frac{\pi}{2} < x \leq \frac{\pi}{2}$, $y \geq 0$, el mapeo es uno a uno sobre $v \geq 0$ en el plano w. Comenzaremos por comprobar que la región a la que hemos restringido el plano z, se mapea sobre el semiplano superior w.

Sobre el borde inferior de la región es; $y = 0$ y $-\frac{\pi}{2} < x \leq \frac{\pi}{2}$ figura 2.1.17.a, por lo que para u y v tenemos

$$\begin{cases} u = sen\ x\ cosh\ 0 \\ v = senh\ 0\ cos\ x \end{cases} \text{o bien} \begin{cases} u = sen\ x, & -\frac{\pi}{2} < x \leq \frac{\pi}{2} \\ v = 0 \end{cases} \text{de donde surge}$$

que la recta $y = 0$ se mapea en la recta $v = 0$, correspondiendo al segmento $\left[-\frac{\pi}{2}, \frac{\pi}{2}\right]$, el segmento $[-1,1]$ de la recta $v = 0$ figura 2.1.17.b.

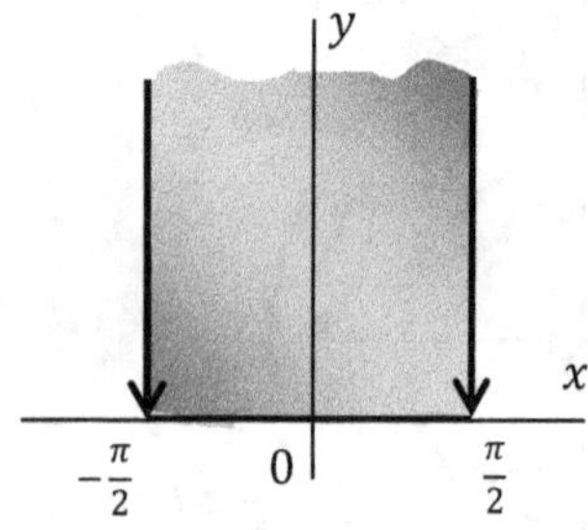

Figura 2.1.17.a

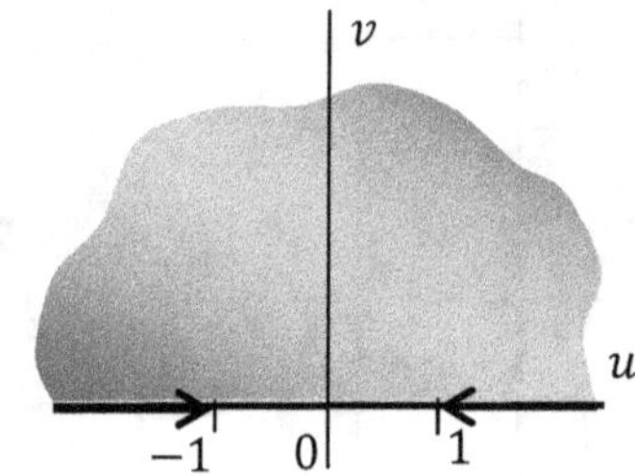

Figura 2.1.17.b

La frontera izquierda de nuestra región es $x = -\frac{\pi}{2}$, $y \geq 0$, y entonces, sobre esta semirrecta $\begin{cases} u = sen\left(-\frac{\pi}{2}\right) cosh\ y \\ v = senh\ y\ cos\left(-\frac{\pi}{2}\right) \end{cases}$ o bien $\begin{cases} u = -cosh\ y \\ v = 0 \end{cases}$, por lo que todo el borde se mapea sobre $v = 0$ como $(-\infty, -1]$. Simétricamente, la semirrecta que define el borde derecho de la región, se mapea sobre $v = 0$ como $[1, \infty)$. El eje positivo y, que divide la región por la mitad, se mapea sobre el eje positivo v del plano w como se ve de $\begin{cases} u = sen\ 0\ cosh\ y = 0 \\ v = senh\ y\ cos\ 0, \ y \geq 0 \end{cases}$.

Para cualquier par de rectas $x = x_0$, $y = y_0$, dentro de la región $-\frac{\pi}{2} \leq x \leq \frac{\pi}{2}$, $y \geq 0$, es sencillo obtener el mapeo $w(z)$ descripto por $v = v(u)$. Si $y = y_0 \neq 0$, figura 2.1.17.c, para u y v, tenemos

$$\begin{cases} u = sen\, x \cosh y_0 \\ v = senh\, y_0 \cos x \end{cases} \text{o bien} \begin{cases} sen\, x = \dfrac{u}{\cosh y_0} = \dfrac{u}{k} \\ \cos x = \dfrac{v}{senh\, y_0} = \dfrac{v}{l} \end{cases}$$

de donde obtenemos $\left(\dfrac{u}{k}\right)^2 + \left(\dfrac{v}{l}\right)^2 = 1$, que es la ecuación de una elipse, figura 2.1.17.d.

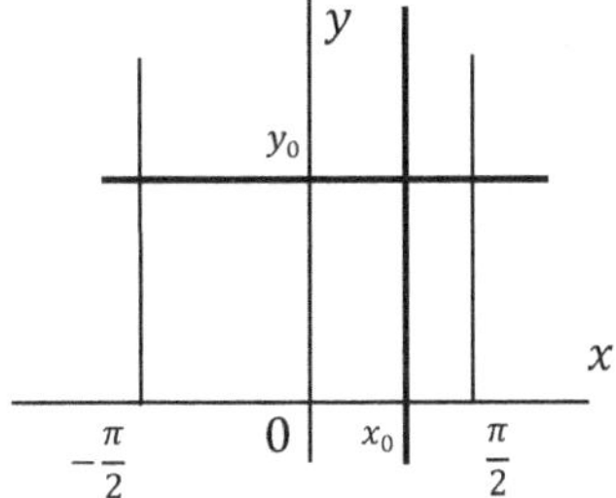

Figura 2.1.17.c

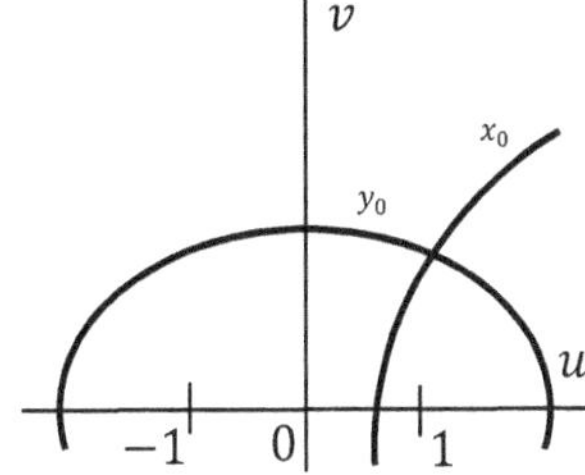

Figura 2.1.17.d

Si $x = x_0$, para u y v tenemos

$$\begin{cases} u = sen\, x_0 \cosh y \\ v = senh\, y \cos x_0 \end{cases} \text{o bien} \begin{cases} \cosh y = \dfrac{u}{sen\, x_0} = \dfrac{u}{m} \\ senh\, y = \dfrac{v}{\cos x_0} = \dfrac{v}{p} \end{cases}$$

de donde obtenemos $\left(\dfrac{u}{m}\right)^2 - \left(\dfrac{v}{p}\right)^2 = 1$, que es la ecuación de una hipérbola, figura 2.1.17.d.

2.1.18. *Transformación z^n.* La transformación $z^n = \rho^n e^{in\theta}$, amplifica el argumento θ multiplicándolo por n, y por esta razón, si se desea obtener un mapeo uno a uno, se debe restringir el dominio con, $0 \leq \theta < \frac{2\pi}{n}$. Para el caso $n = 2$, el dominio a transformar es $0 \leq y < \pi$, figura 2.1.18.a, que se mapea con $w = z^2$ en todo el plano complejo, figura 2.1.18.b.

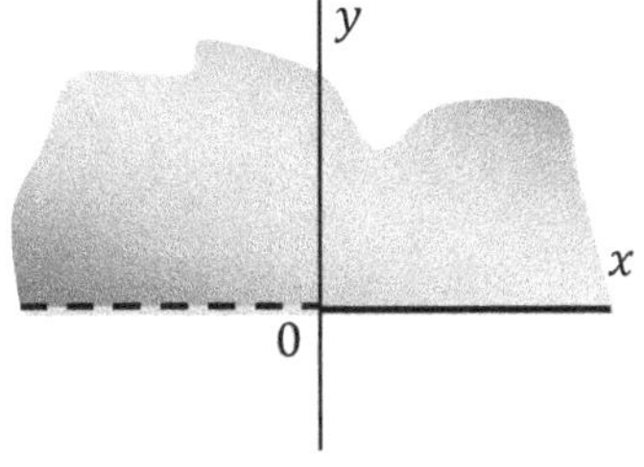

Figura 2.1.18.a

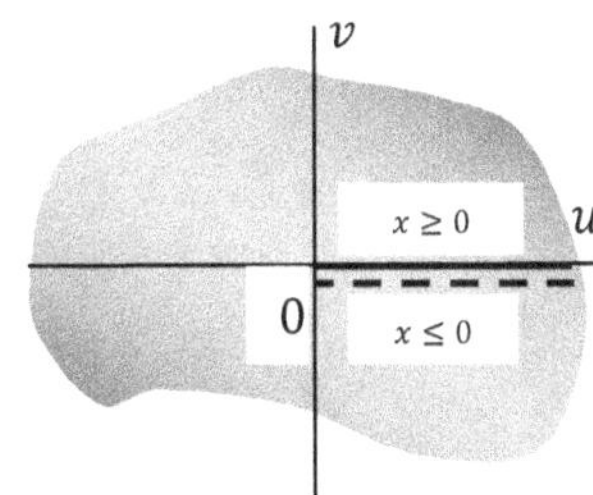

Figura 2.1.8.b

Ejercicios 2.1

Dar la imagen de las regiones del plano z que a continuación se describen, con las transformaciones indicadas.

1. La franja infinita $-1 < x < 1$, con $w = i$.   **2.** El semiplano $x > 0$, con $w = iz + i$.

3. El semiplano $y > 0$, con $w = (1 - i)z$.

Transformar la franja infinita $x > 0$, $0 < y < 2$,

4. con $w = iz + 1$.   **5.** con $w = \dfrac{1}{z}$.

Transformar con $w = \dfrac{1}{z}$.

6. $y = 3x + 1$.   **7.** $x^2 + y^2 = 4$.   **8.** $(x - 1)^2 + (y + 2)^2 = 4$.

Transformar el sector $\rho < 1$, $0 < \theta < \dfrac{\pi}{4}$.

9. con $w = z^2$.   **10.** con $w = z^3$.   **11.** con $w = z^4$.

Transformar con $w = e^z$.

12. La recta $ky = x$.   **13.** El rectángulo de vértices $(0,0)$, $(1,0)$, $\left(1, \dfrac{\pi}{4}\right)$, $\left(0, \dfrac{\pi}{4}\right)$.

Dar las transformaciones lineales fraccionarias que aplican los puntos indicados.

14. $z = \{0, 1, \infty\}$ en $w = \{-i, 0, 1\}$.   **15.** $z = \{-i, 0, i\}$ en $w = \{-1, i, 1\}$.

16. $z = \{-1, i, 1 + i\}$ en $w = \{0, 1, \infty\}$.

Dar los puntos fijos de las transformaciones.

17. $w = \dfrac{z-1}{z+1}$.   **18.** $w = \dfrac{6z-9}{z}$.

Dar la antiimagen de $w = z^2$ para la región limitada por las rectas.

19. $u = 1$, $u = 2$, $v = 1$, $v = 2$.   **20.** $u = 0$, $u = 1$, $v = 0$, $v = 1$.

21. $u = 1$, $v = 0$, $v = u$.

Respuestas:

1. $R\!: la\ franja -1 < v < 1.$ **2.** $R\!: el\ dominio\ v > 1.$ **3.** $R\!: el\ semiplano\ v > -u.$

4. $R: la\ franja -1 < v < 1, v > 0.$ **5.** $R: region\ limitada\ por; u = 0, v = 0, u^2 + \left(v + \frac{1}{4}\right)^2 = \frac{1}{16}.$ **6.** $R: \left(u + \frac{3}{2}\right)^2 + \left(v + \frac{1}{2}\right)^2 = \frac{10}{4}.$ **7.** $R: u^2 + v^2 = \frac{1}{4}.$

8. $R: (u-1)^2 + (v-2)^2 = 4.$ **9.** $R: \rho < 1; 0 < \theta < \frac{\pi}{2}.$ **10.** $R: \rho < 1; 0 < \theta < 3\frac{\pi}{4}.$

11. $R: \rho < 1; 0 < \theta < \pi.$ **12.** $R: espiral\ que\ pasa\ por\ (1,0)\ y\ se\ aprox. a\ (0,0).$

13. $R: region\ limitada\ por\ R_1 = 1, R_2 = e, u = 0, v = u.$ **14.** $R: w = \frac{-z+1}{-z+i}.$

15. $R: w = \frac{iz+i}{z+1}.$ **16.** $R: w = \frac{z+1}{-(1+i)z+2i}.$ **17.** $R: z = \pm i.$ **18.** $R: z = 3.$

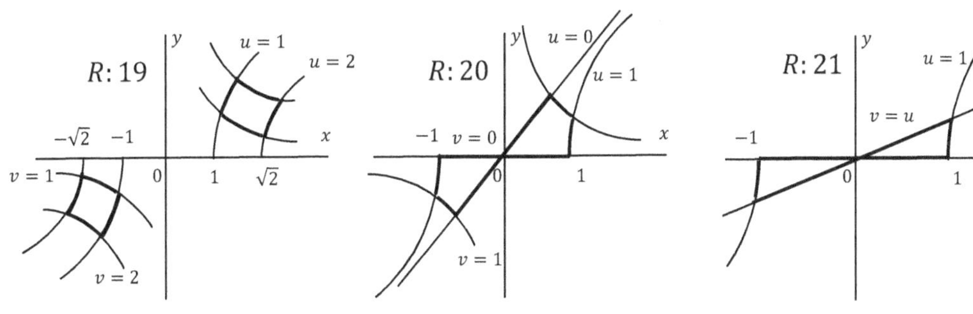

2.2 Propiedades del Mapeo

La propiedad más notable de las funciones holomorfas o analíticas, es la preservación de los ángulos y la orientación en los mapeos, esta es la *propiedad conforme*, que a continuación examinaremos, junto a la preservación del carácter armónico.

2.2.1. *Los factores de escala*. En 1.4.1 introdujimos la derivada compleja como $f'(z) = \lim_{\Delta z \to 0} \frac{\Delta w}{\Delta z}$, de modo que si existe $f'(z)$, y consideramos un Δz pequeño

$$\left|\frac{\Delta w}{\Delta z}\right| \cong |f'(z)|$$

por lo que podemos poner, si no se anula $f'(z)$

$$|\Delta w| \cong |f'(z)||\Delta z|$$

La última expresión, muestra que el factor de proporcionalidad entre los segmentos $|\Delta z|$ figura 2.2.1.a y $|\Delta w|$ figura 2.2.1.b, es $|f'(z)|$, hecho este que concuerda con la idea de función derivada como *tasa de cambio*; en este caso, la derivada es la tasa de cambio de $|\Delta w|$ con respecto a $|\Delta z|$. Queda claro que si $|f'(z)| > 1$, será un coeficiente de dilatación y, si $|f'(z)| < 0$, será un coeficiente de contracción.

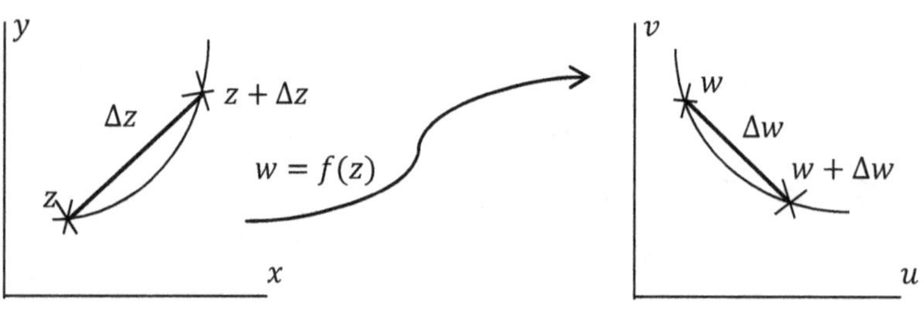

Figura 2.2.1.a Figura 2.2.1.b

Intuitivamente podemos anticipar que los elementos de área, tendrán como factor de proporcionalidad a $|f'|^2$, puesto que el área de un rectángulo elemental, es el producto de sus lados y, cada uno de ellos, tiene como factor de proporcionalidad a $|f'|$. Los valores de los coeficientes $|f'|$ y $|f'|^2$, naturalmente dependen del punto z_0 en que se considere $f'(z)$, cuyo valor en general será variable y además, $|f'|^2 = J$, el determinante jacobiano de la transformación, como podemos comprobar de

$$du = u_x dx + u_y dy$$

$$dv = v_x dx + v_y dy$$

por lo que podemos poner

$$\begin{pmatrix} du \\ dv \end{pmatrix} = \begin{pmatrix} u_x & u_y \\ v_x & v_y \end{pmatrix}\begin{pmatrix} dx \\ dy \end{pmatrix} \quad \text{y} \quad J = \begin{vmatrix} u_x & u_y \\ v_x & v_y \end{vmatrix} = u_x v_y - u_y v_x$$

Reemplazando $v_y = u_x$ y $u_y = -v_x$ con las ecuaciones de *Cauchy-Riemann*;

$$J = (u_x)^2 + (v_x)^2 = |f'(z)|^2$$

2.2.2. *Ejemplo.* **a.** La función $w = z^2$ tiene derivada $w' = 2z = 2(x + iy)$. En $z = 1$, $|f'(z)| = 2$ y en $z = 1 + i$, $|f'(z)| = 2\sqrt{2}$. **b.** $w = e^z$, tiene derivada $w' = e^z$. En $z = 0$, $|f'(z)| = 1$; en $z = \ln 2 + i\frac{\pi}{4}$, $|f'(z)| = 2$; en $z = -1 + i\frac{\pi}{2}$, $|f'(z)| = \frac{1}{e}$. **c.** La función $w = z^3$ tiene derivada $w' = 3z^2$. Es una aplicación contractiva en, $|3z^2| < 1$ o $|z| < \frac{\sqrt{3}}{3}$, es neutra en $|z| = \frac{\sqrt{3}}{3}$, y expansiva en $|z| > \frac{\sqrt{3}}{3}$.

2.2.3. *Preservación del ángulo.* Que las funciones holomorfas preserven el ángulo entre dos curvas al transformarlas en el plano z o bien sobre el plano w, motiva su denominación, de ahí su nombre, que hace alusión justamente, a la preservación de la forma, entendido esto último, como propiedad local o bien que, un triángulo o un rectángulo, en torno a un punto z_0, se mapearán en otro triángulo u otro rectángulo entorno a un punto w_0. Esto no significa que toda una región permanezca inalterada bajo la transformación, la propiedad es solo local.

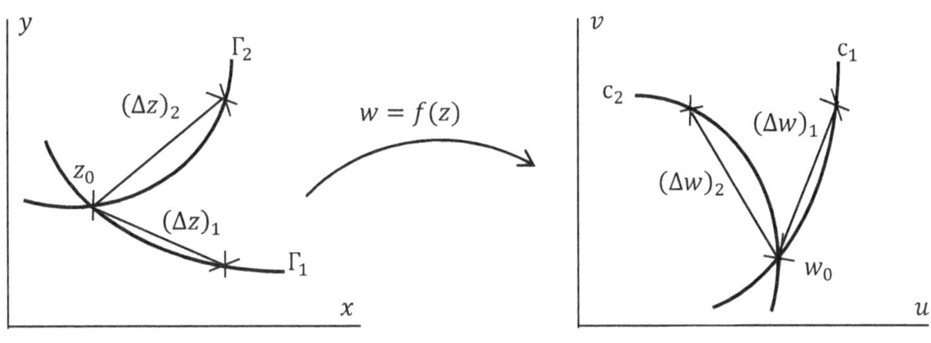

Figura 2.2.3.a   Figura 2.2.3.b

En la figura 2.2.3.a, están representadas dos curvas Γ_1 y Γ_2 en el plano z, que son transformadas por la función $w = f(z)$, en las curvas c_1 y c_2 del plano w, figura

2.2.3.b. La función $w = f(z)$, manda los puntos z en los puntos w, transformando Γ_1 en c_1 y Γ_2 en c_2, el punto w_0 donde se cortan c_1 y c_2, es la imagen de z_0, el punto donde se cortan Γ_1 y Γ_2.

Para que la derivada en $z = z_0$ tenga un valor único, se requiere que el cociente de incrementos $\frac{\Delta w}{\Delta z}$, sea independiente de la forma en que nos aproximamos a z_0, y entonces

$$\lim_{(\Delta z)_1 \to 0} \frac{(\Delta w)_1}{(\Delta z)_1} = \lim_{(\Delta z)_2 \to 0} \frac{(\Delta w)_2}{(\Delta z)_2}$$

En las proximidades de z_0, para $(\Delta z)_1$ y $(\Delta z)_2$ pequeños, podemos escribir

$$\frac{(\Delta w)_1}{(\Delta z)_1} \cong \frac{(\Delta w)_2}{(\Delta z)_2} \text{ o bien } \frac{(\Delta z)_2}{(\Delta z)_1} \cong \frac{(\Delta w)_2}{(\Delta w)_1}$$

y como los incrementos son cantidades complejas, deben ser iguales sus módulos y sus argumentos, esto es

$$\frac{|(\Delta z)_2|}{|(\Delta z)_1|} \cong \frac{|(\Delta w)_2|}{|(\Delta w)_1|} \quad \text{y} \quad arg\left[\frac{(\Delta z)_2}{(\Delta z)_1}\right] \cong arg\left[\frac{(\Delta w)_2}{(\Delta w)_1}\right]$$

De la primera relación, podemos extraer una conclusión ya establecida en 2.2.1 sobre la proporcionalidad de los segmentos transformados. Respecto de la segunda, asumiendo que en el límite podemos reemplazar el signo $\cong$ por $=$ y, que el argumento de un cociente es la diferencia de argumentos, concluimos que si existe la derivada en $z = z_0$, se debe cumplir que

$$arg\,(\Delta z)_2 - arg\,(\Delta z)_1 = arg\,(\Delta w)_2 - arg\,(\Delta w)_1$$

En consecuencia: el cambio de argumento en los Δz, es igual en magnitud y signo al cambio de argumento en los Δw y, como en el límite, justamente donde vale la sustitución de $\cong$ por $=$, estos incrementos son tangentes a las respectivas curvas, concluimos que se preserva el ángulo entre las curvas al ser transformadas por la función $f(z)$, holomorfa en $z = z_0$. El mapeo entonces, no solo es *isogonal*, también preserva el sentido de giro y por eso, se dice que es *conforme*.

Si $w = f(z)$ no es la función identidad, en general, toda curva en el plano z, aparecerá *girada* un cierto ángulo en el plano w y el factor de giro o cambio de orientación es $arg\,f'$, como surge de $(\Delta w)_2 = \frac{(\Delta w)_1}{(\Delta z)_1}(\Delta z)_2$, cosa que a continuación, analizamos con más detalle.

Si x, y, se definen respecto de un parámetro real t como $x = x(t)$, $y = y(t)$, tendremos $z(t) = [x(t) + iy(t)]$ y $w(t) = w[z(t)]$, entonces, si derivamos w

respecto de t en un punto $t = t_0$, por la regla de la cadena es $\dfrac{dw}{dt} = \dfrac{dw}{dz}\dfrac{dz}{dt}$ y, con la notación; $\dot{w} = \dfrac{dw}{dt}$, $w' = \dfrac{dw}{dz}$ y $\dot{z} = \dfrac{dz}{dt}$, escribimos en forma más compacta

$$\dot{w} = w'\dot{z}$$

y esta igualdad requiere de los argumentos que

$$arg\,\dot{w} = arg\,w' + arg\,\dot{z}$$

pero $w'(z_0)$, es un valor definido unívocamente por la relación $w = f(z)$ y su valor en $z_0 = z(t_0)$, no ha de depender de la forma en que nos aproximemos a z_0, su valor está determinado y lo designamos como α_0 o sea; $w'(z_0) = \alpha_0$. Podemos entonces reescribir la derivada de $w(t)$ en $t = t_0$, como

$$\dot{w} = \alpha_0\dot{z}$$

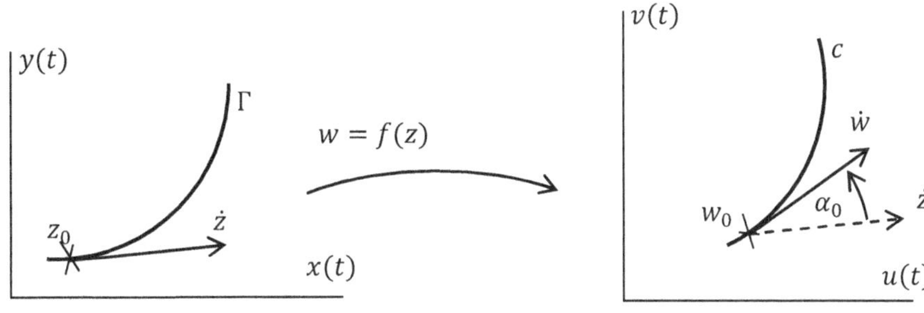

Figura 2.2.3.c   Figura 2.2.3.d

Ahora bien, $\dot{z}$ y $\dot{w}$, representan el ángulo de orientación, de las tangentes a las curvas: Γ en z_0 figura 2.2.3.c, y su imagen por f la curva c, en w_0 figura 2.2.3.d. Los valores de estas tangentes, no son independientes de la forma en que nos aproximemos a $z(t_0)$ y $w(t_0)$, de hecho distintas curvas de aproximación, tendrán distintas tangentes; $\dot{w}(t_0)$ y $\dot{z}(t_0)$. Pero siempre la tangente $\dot{w}$, estará girada respecto de la tangente $\dot{z}$, un ángulo α_0, que es el argumento de $w' = \dfrac{dw}{dz}$ en $z = z_0$.

Todas las consideraciones anteriores, han sido hechas suponiendo que en $z = z_0$ no se anula la derivada, en cuyo caso, la transformación *no es conforme*. Cuando $w'(z_0) = 0$ y además, $w'(z_0) = w''(z_0) = \cdots = w^{N-1}(z_0) = 0$ y $w^N(z_0) \neq 0$, se puede probar, como lo haremos en 4.2.6, que el ángulo entre dos curvas concurrentes en $z = z_0$, queda multiplicado por n, el orden de la primera derivada no nula.

2.2.4. *Ejemplo*. En las figuras 2.2.4.a y 2.2.4.b se muestran: la región limitada por las rectas $y = 0$, $y = 1$, $x = 0$, y $x = 1$ y su transformación, bajo la aplicación $w = z^2$, en la región limitada por $u = 0$ que resulta de la transformación de las rectas $y = 0$ y $x = 0$, y las curvas $v = 2\sqrt{1 + u}$ y $v = 2\sqrt{1 - u}$ que resultan de transformar con $w = z^2$, las rectas $y = 1$ y $x = 1$ respectivamente.

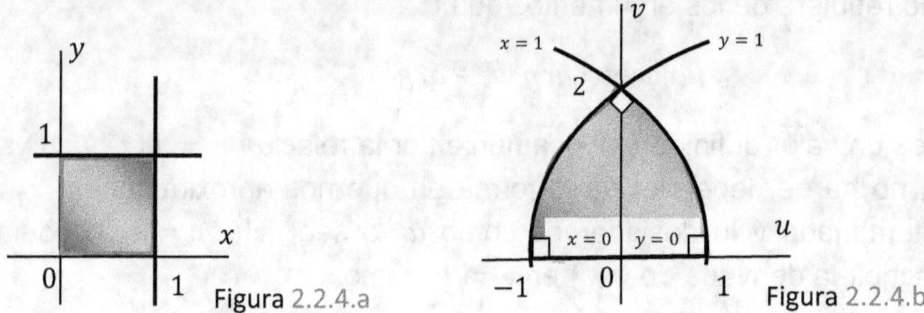

En la figura 2.2.4.b se puede observar que en el punto $w = 1$, que es imagen del punto $z = 1$, la imagen de las curvas $y = 0$ y $x = 1$ se conserva ortogonal, otro tanto ocurre en el punto $w = 2i$, imagen del punto $z = 1 + i$, y en el punto $w = -1$ imagen del punto $z = i$. El punto $z = 0$ se aplica en $w = 0$, donde la intersección de las rectas $y = 0$ y $x = 0$, no preserva el ángulo debido a que en $z = 0$, se anula $w'(0) = 0$ y, como $w''(0) = 2 \neq 0$, el ángulo $\frac{\pi}{2}$ entre ambas rectas, se multiplica por 2, que es el orden de la primera derivada no nula, y resulta el ángulo π entre las rectas transformadas, en la figura 2.2.4.b.

En $z = i$ y en $z = 1$, las tangentes han girado $arg\,[w'(i)] = arg(2\,i) = \frac{\pi}{2}$ y $arg\,[w'(1)] = arg\,2 = 0$, en cambio en $z = 1 + i$, las tangentes han girado $arg\,[w'(1 + i)] = arg\,[2(1 + i)] = \frac{\pi}{4}$.

Los factores de escala son; $|w'(i)| = |2i| = 2$ en $z = i$, $|w'(1)| = |2| = 2$ en $z = 1$ y $|w'(1 + i)| = |2(1 + i)| = 2\sqrt{2}$ en $z = 1 + i$.

2.2.5. *Preservación de la armonicidad*. Si un dominio D_z del plano z, es transformado mediante una función holomorfa $f(z) = u(x, y) + iv(x, y)$, en un dominio D_w del plano w, entonces toda función armónica en D_z, que es transformada por f, con el cambio de coordenadas que induce $f(z) = u(x, y) + iv(x, y)$, es armónica en D_w.

Prueba: Para probarlo, partiremos de la armonicidad de una función $h(u, v)$ armónica en D_w, que resulta de transformar con f una función $H(x, y)$ en D_z y comprobaremos que si h es armónica en D_w, entonces H es armónica en D_z.

Brevemente, probaremos que si $h(u, v)$ es armónica en D_w, entonces $H(x, y) = h\,[u\,(x, y), v\,(x, y)]$ es armónica en D_z.

Prueba: Sea una función holomorfa en D_z, $f(z) = u(x, y) + iv(x, y)$, que mapea $f: D_z \to D_w$ y D_z es conexo simple. Si $h\,(u, v)$ es armónica en D_w, entonces existe una función $g(u, v)$ armónica conjugada de h tal que podemos definir $\phi(w) = h(u, v) + i\,g(u, v) \in \mathcal{H}(D_w)$ según vimos en 1.5.2 pero, siendo $f(z) \in \mathcal{H}(D_z)$, la compuesta $\phi[f(z)] \in \mathcal{H}(D_z)$ por composición de funciones holomorfas.

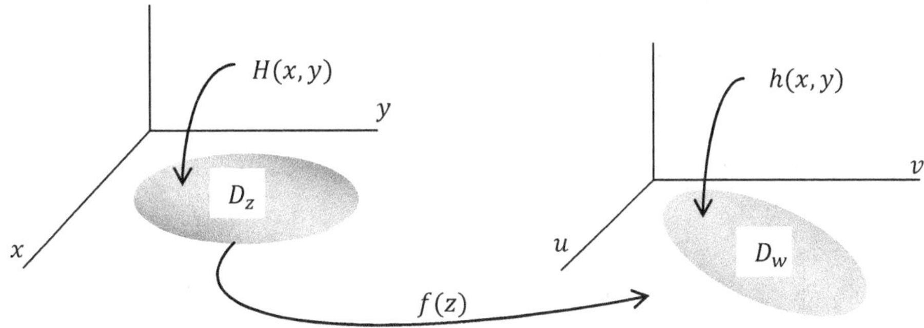

Figura 2.2.5

Entonces, si $\phi[f(z)] = h\,[u\,(x, y), v\,(x, y)] + ig\,[u\,(x, y), v\,(x, y)] \in \mathcal{H}(D_z)$, sus partes real e imaginaria son armónicas porque la parte real y la parte imaginaria de una función holomorfa son armónicas. Brevemente; $Re\ \phi[f(z)]$ es armónica en D_z o sea

$$h[\,u\,(x, y), v\,(x, y)] = H(x, y) \text{ es armónica en } D_z \blacklozenge$$

Podemos decir más aún, es directo verificar que; $\nabla^2 H = \nabla^2 h\,|f'|^2$ y entonces, si $f' \neq 0$, debe ser $\nabla^2 H = 0$ si, y solo si, $\nabla^2 h = 0$.

Prueba: Partiremos de una función $\phi(x, y)$, armónica en un dominio D_z del plano z, esto es; $\nabla^2 \phi(x, y) = \phi_{xx} + \phi_{yy} = 0, \forall (x, y) \in D_z$ y probaremos que $\nabla^2 \phi(x, y) = \nabla^2 \phi(u, v)|f'|^2$, con $\nabla^2 \phi(u, v) = \phi_{uu} + \phi_{vv}\ \forall (u, v) \in D_w$, siendo $D_w = f(D_z)$ y f holomorfa D_z.

$$\phi_x = \phi_u u_x + \phi_v v_x \quad \text{y} \quad \phi_{xx} = \phi_u u_{xx} + \phi_v v_{xx} + \left(\phi_u\right)_x u_x + \left(\phi_v\right)_x v_x$$

entonces $\quad \phi_{xx} = \phi_u u_{xx} + \phi_v v_{xx} + \phi_{uu} u_x^2 + \phi_{uv} v_x u_x + \phi_{vu} u_x v_x + \phi_{vv} v_x^2$

simétricamente

$$\phi_{yy} = \phi_u u_{yy} + \phi_v v_{yy} + \phi_{uu} u_y^2 + \phi_{uv} v_y u_y + \phi_{vu} u_y v_y + \phi_{vv} v_y^2$$

y sumando miembro a miembro estas derivadas

$$\nabla^2 \phi(x, y) = \phi_u\left(u_{xx} + u_{yy}\right) + \phi_v\left(v_{xx} + v_{yy}\right) + 2\phi_{uv} v_x u_x + 2\phi_{uv} v_y u_y + \phi_{uu}\left(u_x^2 + u_y^2\right) + \phi_{vv}\left(v_x^2 + v_y^2\right)$$

ahora observamos que, siendo u y v armónicas por ser $f = u + iv$ holomorfa en D_z

$$u_{xx} + u_{yy} = \nabla^2 u = 0 \quad \text{y} \quad v_{xx} + v_{yy} = \nabla^2 v = 0$$

y por las condiciones de *Cauchy-Riemann*

$$2\phi_{uv}v_xu_x + 2\phi_{uv}v_yu_y = 2\phi_{uv}\left(v_xu_x + v_yu_y\right) = 2\phi_{uv}(v_xu_x - u_xv_x) = 0$$

entonces $\qquad \nabla^2\phi(x,y) = \phi_{uu}\left(u_x^2 + u_y^2\right) + \phi_{vv}\left(v_x^2 + v_y^2\right)$

y como $u_x^2 + u_y^2 = v_x^2 + v_y^2 = |f'|^2$, tenemos

$$\nabla^2\phi(x,y) = \left(\phi_{uu} + \phi_{vv}\right)|f'|^2 = \nabla^2\phi(u,v)|f'|^2 \blacklozenge$$

Resumiendo: Las funciones analíticas transfieren soluciones de la ecuación de *Laplace* preservando la armonicidad.

2.2.6. *Ejemplo.* **a.** Sea $h = u^2 - v^2$ y $w = f(z) = z^2$. Entonces $w = x^2 - y^2 + 2i\,xy$ donde $u = x^2 - y^2$ y $v = 2\,xy$, por lo que $h = (x^2 - y^2)^2 - (2\,xy)^2$, que desarrollado es, $h = (x^4 - 2\,x^2\,y^2 + y^4 - 4x^2y^2) = x^4 - 6\,x^2\,y^2 + y^4 = H(x,y)$. Verificamos entonces que: $h_u = 2u$, $h_{uu} = 2$, $h_v = -2v$, $h_{vv} = -2$, $\nabla^2 h = 0$ y verificamos también que: $H_x = 4x^3 - 12xy^2$, $H_{xx} = 12x^2 - 12y^2$, $H_y = -12x^2y + 4y^3$, $H_{yy} = -12x^2 + 12y^2$, y entonces $\nabla^2 H = 0$. **b.** Sea $h = 2\,uv$ y $w = f(z) = z^2$. Entonces $w = x^2 - y^2 + 2i\,xy$ con $u = x^2 - y^2$ y $v = 2\,xy$, por lo que $h(u,v) = H(x,y) = 2(x^2 - y^2)(2xy) = 4(x^3y - xy^3)$. Verificamos que: $h_u = 2v$ $h_{uu} = 0$, $h_v = 2u$, $h_{vv} = 0$, y entonces $\nabla^2 h = 0$ y verificamos también que: $H_x = 4(3x^2y - 12\,y^3)$, $H_{xx} = 24\,xy$, $H_y = 4(x^3 - 3xy^2)$, $H_{yy} = -24\,xy$, y entonces $\nabla^2 H = 0$.

2.2.7. *Las condiciones en la frontera.* Una gran cantidad de problemas físicos, están relacionados con los valores que toma cierta función, sobre un contorno. El mapeo conforme, permite transformar los contornos de un problema dado, en otros más simples, sobre los que las condiciones dadas, pueden permanecer fijas o cambiar.

Podemos comprobar que, dos condiciones de la forma $H(x,y) = c$ constante, y $\frac{dH}{dn} = 0$, donde $\frac{dH}{dn}$ es la derivada de H con respecto a la normal n, se preservarán bajo una transformación conforme. Con este propósito, consideremos una función $f(z) = u(x,y) + iv(x,y)$, holomorfa en alguna región del plano $\mathbb{C}$, que incluya al dominio D_z, y sea D_w la imagen de D_z por f; $f(D_z) = D_w$.

La preservación de la primera condición, queda asegurada por la igualdad $H\,(x,y) = h\,(u,v) = h\,[u\,(x,y), v\,(x,y)]$, mediante la cual se asegura que, si $H(x,y) = c$ toma el valor c sobre la frontera de D_z figura 2.2.7.a, entonces $h(u,v) = c$ sobre la frontera de D_w y viceversa, cuando f aplique D_z en D_w.

Para probar que $\frac{dH}{dn} = 0$ es una condición que se preserva, consideremos una curva C figura 2.2.7.a, que es aplicada por f en Γ figura 2.2.7.b, y f es holomorfa en C. Si $h(u,v)$ es diferenciable en Γ y satisface la condición $\left(\frac{dh}{dn}\right) = 0$, en $w = w_0$ de Γ, significa que Γ es normal a la curva de nivel $h(u,v) = c$ y en consecuencia, tangente al vector $grad\ h = \nabla h$ figura 2.2.7.b en $w = w_0$, por lo que, siendo el mapeo conforme, la curva C debe ser normal a $H(x,y) = c$ en $z = z_0$ sobre la frontera de D_z y, si a lo largo de Γ se verifica $\left(\frac{dh}{dn}\right) = 0$, en cada punto de Γ que consideremos, pasa una curva de nivel h ortogonal a Γ, que tiene su contraimagen $H(x,y)$ ortogonal a C y $\frac{dH}{dn} = 0$ en C.

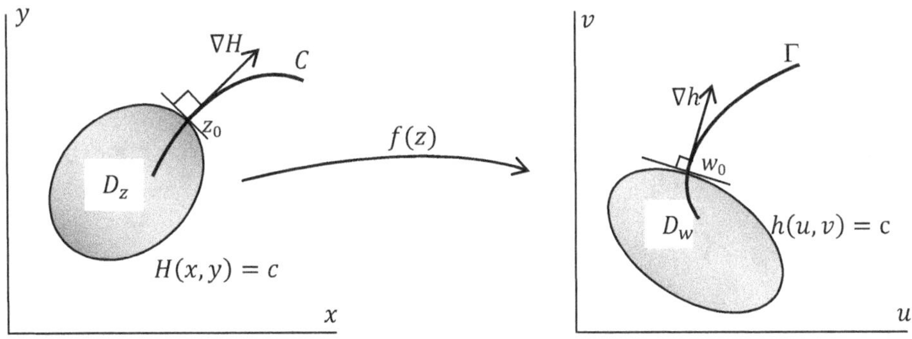

Figura 2.2.7.a   Figura 2.2.7.b

En otras palabras, estamos transfiriendo del plano z al plano w, las curvas de potencial constante y las líneas de corriente de 1.5.5 y 1.5.6, otras condiciones, distintas de $H = c$ o $\frac{dH}{dn} = 0$, *no necesariamente se preservarán*, dado que la conformidad es una propiedad local y globalmente los dominios transformados, resultan en general, fuertemente deformados.

2.2.8. Ejemplo. a. Si $h(u,v) = e^u sen\ v$, y $h'_n = h_u = e^u sen\ v$, entonces h_u se anula a lo largo de $v = 0$. Sea $f = z^2 = x^2 - y^2 + 2ixy$ donde $u = x^2 - y^2$ y $v = 2xy$, entonces $h[u(x,y), v(x,y)] = e^{x^2-y^2} sen\ 2xy = H(x,y)$. La antiimagen de $v = 0$ en $x - y$ es $x = 0$ o $y = 0$ de modo que $v = 2xy = 0$. $H'_x = 2xe^{x^2-y^2} sen\ 2xy + 2ye^{x^2-y^2} cos\ 2xy$ por lo que resulta $H'_x = 0$ a lo largo de $y = 0$. Por otra parte $H'_y = -2ye^{x^2-y^2} sen\ 2xy + 2xe^{x^2-y^2} cos\ 2xy$ y también resulta $H'_y = 0$ a lo largo de $x = 0$. **b.** Si $h(u,v) = u + e^u sen\ v$, $h'_n = h_u = 1 + e^u sen\ v$ y $h_u = 1$ a lo largo de $v = 0$. Con $f = z^2 = x^2 - y^2 + 2ixy$, $u = x^2 - y^2$ y $v = 2xy$; $v = 0$ es la imagen de $y = 0$ y $x = 0$. $h[u(x,y), v(x,y)] = x^2 - y^2 + e^{x^2-y^2} sen\ 2xy = H(x,y)$, $H'_x = 2x + 2xe^{x^2-y^2} sen\ 2xy + 2ye^{x^2-y^2} cos\ 2xy$ y resulta $H'_x = 2x \neq 1$ a lo largo de $y = 0$.

$H'_y = -2y - 2ye^{x^2-y^2} sen\, 2xy + 2xe^{x^2-y^2} cos\, 2xy$ y resulta $H'_y = -2y \neq 1$ a lo largo de $x = 0$, por lo que la condición $h'_n = 1 \neq 0$, no se preserva.

Ejercicios 2.2

Indique donde son conformes los mapeos definidos por las siguientes funciones.

1. $w = e^z$.   **2.** $w = sen\, z$.   **3.** $w = \frac{1}{z}$.   **4.** $w = z^2 - z$.

Determine cual región del plano se contrae y cual se expande con las siguientes transformaciones.

5. $w = \ln z$.   **6.** $w = \frac{1}{z}$.

Indique como afectan al ángulo formado por los ejes $x - y$, en el primer cuadrante, los siguientes mapeos.

7. $w = z^3\, sen\, z$.   **8.** $w = z - sen\, z$.   **9.** $w = e^z - z$.   **10.** $w = e^{z^2} - cos\, z$.

De el factor de escala y el giro de tangentes para los siguientes mapeos, en los puntos indicados.

11. $w = z^3 + 4z$.   **a)** en $z_0 = i$.   **b)** en $z_1 = 1 + i$.

12. $w = e^z$.   **a)** en $z_0 = i\frac{\pi}{4}$.   **b)** en $z_1 = 1 + i\pi$.   **c)** en $z_2 = 0$.

Respuestas:

1. $R: \mathbb{C}$.   **2.** $R: \mathbb{C} \setminus \left\{z = \left(n + \frac{1}{2}\right)\pi\right\}$.   **3.** $R: \mathbb{C} \setminus \{0\}$.   **4.** $R: \mathbb{C} \setminus \left\{\frac{1}{2}\right\}$.   **5.** $R: cont.\ |z| > 1\,, exp.\ |z| < 1$ y $z \neq 0$. **6.** $R: cont.\ |z| > 1,\ exp.\ |z| < 1$. **7.** $R: cuadruplica$.

8. $R: triplica$. **9.** $R: duplica$. **10.** $R: duplica$. **11. a)** $R: f_e = 1,\ \Delta\theta = 0$. **b)** $R: f_e = 7.2$, $\Delta\theta = tan^{-1}\frac{2}{3}$. **12. a)** $R: f_e = 1,\ \Delta\theta = 0$. **b)** $R: f_e = e,\ \Delta\theta = \pi$. **c)** $R: f_e = 1,\ \Delta\theta = 0$.

Bibliografía: ver final del cap. 4.

3 Integración en el Plano Complejo

En este capítulo estudiaremos el proceso de integración en el campo complejo, y el resultado más importante que obtendremos, es el teorema de *Cauchy* y las consecuencias que de el se derivan, como la representación integral de la función y sus derivadas de cualquier orden, en tanto queda probado a partir de la fórmula integral de *Cauchy*, que las funciones holomorfas son infinitamente derivables y por lo tanto el conjunto de las funciones holomorfas es igual al de las funciones analíticas.

3.1 La Integral de Línea

Repasaremos el procedimiento de integración en términos de suma, establecido por *Cauchy* hacia 1823 y no lo llamaremos *integral de Cauchy*, para evitar confusiones. Por cierto, las integrales que estudiaremos a continuación, pueden establecerse con el mismo rigor y de manera más amplia, como integrales de *Riemann* en términos de *sumas superiores* y *sumas inferiores* de *Darboux* pero, estando nuestra atención dirigida a funciones holomorfas y por lo tanto continuas y derivables, el planteo de suma de *Cauchy*, es suficiente.

3.1.1. *La integral de línea.* Sea una función $f(x)$, continua y definida en un intervalo $[a, b]$, que dividimos en n subintervalos de la forma, $[x_0, x_1], [x_1, x_2], \ldots, [x_{n-1}, x_n]$, con la partición de $n + 1$ puntos; $a = x_0 < x_1 < x_2 < \cdots < x_{n-1} < x_n = b$ figura 3.1.1.a. Quedan así determinados los n intervalos (x_{j-1}, x_j) de longitud $\Delta x_j = x_j - x_{j-1}$, tal que

$$\sum_{j=1}^{n} \Delta x_j = \sum_{j=1}^{n} (x_j - x_{j-1}) = (x_1 - x_0) + (x_2 - x_1) + \cdots + (x_n - x_{n-1})$$

$$\sum_{j=1}^{n} \Delta x_j = x_n - x_0 = b - a.$$

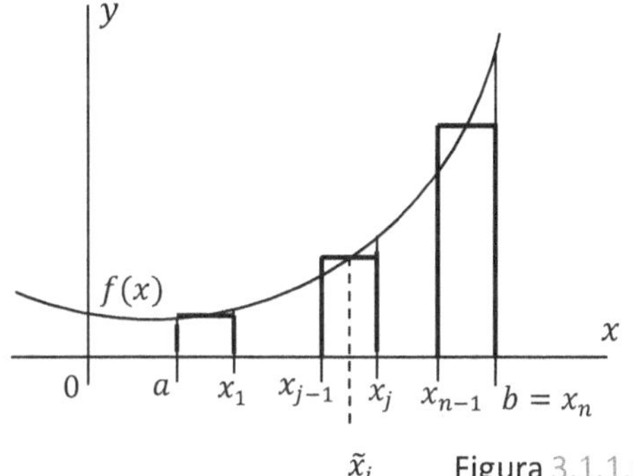

Figura 3.1.1.a

Sin pérdida de generalidad, podemos elegir $\Delta x_j = \frac{b-a}{n}$, de modo que todos los Δx_j posean igual longitud con $\Delta x_j \to 0$ si $n \to \infty$, y formamos la suma

$$S_n = \sum_{j=1}^{n} f(\tilde{x}_j)\,\Delta x_j$$

donde $f(\tilde{x}_j)$ es el valor que toma $f(x)$ en algún punto intermedio $\tilde{x}_j$, del intervalo (x_{j-1}, x_j), por caso, justo en el punto medio.

La suma de todos los rectángulos de área $f(\tilde{x}_j)\Delta x_j$, aproxima el área bajo la curva $f(x)$, con mayor exactitud cuando menor sea Δx_j o bien, cuando mayor sea n que define $\Delta x_j = \frac{b-a}{n}$. Definimos entonces la integral entre a y b de $f(x)$ como

$$\int_a^b f(x)\,dx = \lim_{n \to \infty} \sum_{j=1}^{n} f(\tilde{x}_j)\Delta x_j$$

En términos de interpretación geométrica, observamos que $f(x)dx$, es el área de un rectángulo de área diferencial, $dA = f(x)dx$, de altura $f(x)$ y base dx.

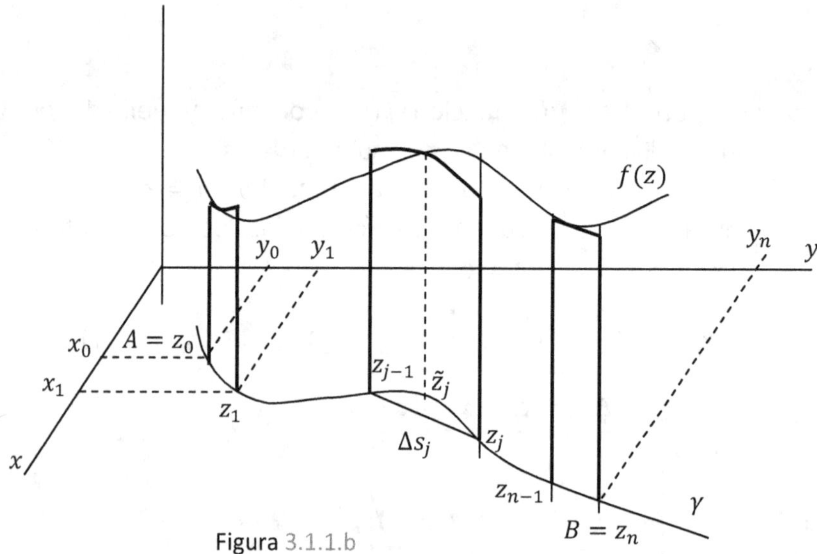

Figura 3.1.1.b

Generalizamos ahora el procedimiento, tomando un arco $\overline{AB}$ sobre una trayectoria arbitraria γ en el plano $x - y$, donde cada punto z_j, queda determinado por el par (x_j, y_j) figura 3.1.1.b, y partiendo el arco $\overline{AB}$ como antes lo hicimos con el intervalo $[a, b]$, cada incremento de longitud Δs_j sobre la trayectoria γ es; $\Delta s_j = |z_j - z_{j-1}|$.

Si $f(z)$ está definida y es continua sobre γ, y formamos la suma

$$S_n = \sum_{j=1}^{n} f(\tilde{z}_j)\, \Delta s_j$$

en la que $f(\tilde{z}_j)$ es el valor que toma $f(z)$, en un punto intermedio $\tilde{z}_j$ del arco (z_{j-1}, z_j) sobre γ. Definimos ahora la integral de $f(z)$ desde A hasta B sobre γ como

$$\int_{A}^{B} f(z)\, dz = \lim_{n \to \infty} \sum_{j=1}^{n} f(\tilde{z}_j)\Delta s_j$$

con la condición que $\Delta s_j \to 0$ para todo j.

3.1.2. *Ejemplo.* **a.** Para $f(z) = k$, constante, calculamos $\int_{A}^{B} k\, dz$. $S_n = \sum_{j=1}^{n} k\Delta z_j = k \sum_{j=1}^{n} \Delta z_j = k[(z_1 - z_0) + (z_2 - z_1) + \cdots + (z_n - z_{n-1})] = k(z_n - z_0) = k(B - A)$. Si $S_n = k(B - A)$, $\int_{A}^{B} f(z) = \lim_{\infty} k(B - A) = k(B - A)$. **b.** Sea $\int_{A}^{B} z\, dz$, para su cálculo se toman dos sumas que permiten obviar el valor de $f(z)$ en $z = \tilde{z}_j$ con $\tilde{z}_j \in (z_{j-1}, z_j)$, la suma izquierda S_i y la suma derecha S_d, que definimos como: $S_i = \sum_{j=1}^{n} z_{j-1}(z_j - z_{j-1}) = z_0(z_1 - z_0) + z_1(z_2 - z_1) + \cdots + z_{n-1}(z_n - z_{n-1})$ y $S_d = \sum_{j=1}^{n} z_j(z_j - z_{j-1}) = z_1(z_1 - z_0) + z_2(z_2 - z_1) + \cdots + z_n(z_n - z_{n-1})$. El paso al límite se simplifica si se suman las dos sumas y se considera $\lim_{n \to \infty}(S_i + S_d) = 2\int_{A}^{B} z\, dz$. $S_i + S_d = \sum_{j=1}^{n}(z_{j-1} + z_j)(z_j - z_{j-1}) = (z_0 + z_1)(z_1 - z_0) + \cdots + (z_{n-1} + z_n)(z_n - z_{n-1})$ o sea $S_i + S_d = (z_1^2 - z_0^2) + (z_2^2 - z_1^2) + \cdots + (z_n^2 - z_{n-1}^2) = z_n^2 - z_0^2 = B^2 - A^2$. Si $S_i + S_d = (B^2 - A^2)$; $2\int_{A}^{B} z\, dz = \lim_{\infty} (B^2 - A^2)$ y entonces $\int_{A}^{B} z\, dz = \frac{B^2 - A^2}{2}$. **c.** Para calcular $\int_{C} \frac{1}{z}\, dz$ siendo C el círculo unitario descripto en la dirección positiva, dividimos el arco C en n arcos iguales con las raíces enésimas de la unidad, y tomamos como $f(\tilde{z}_j) = \frac{1}{\tilde{z}_j}$, al valor de $f(z) = \frac{1}{z}$ en el último punto de cada arco. La suma es

$$S_n = \sum_{k=0}^{n-1} \frac{1}{z_{k+1}}(z_{k+1} - z_k) = \sum_{k=0}^{n-1}\left(1 - \frac{z_k}{z_{k+1}}\right)$$

con $z_k = e^{i\frac{0 + 2k\pi}{n}} = e^{i\frac{2k\pi}{n}}$ y $z_{k+1} = e^{i\frac{2(k+1)\pi}{n}}$, $S_n = \sum_{k=0}^{n-1}\left(1 - \frac{e^{i\frac{2k\pi}{n}}}{e^{i\frac{2(k+1)\pi}{n}}}\right) = n\left(1 - e^{-i\frac{2\pi}{n}}\right)$

de donde $S_n = n\left(1 - \cos\frac{2\pi}{n} + i\,sen\,\frac{2\pi}{n}\right) = n\left(2sen^2\frac{2\pi}{n} + i\,sen\,\frac{2\pi}{n}\right)$, y entonces

$$\int_C \frac{1}{z}\,dz = \lim_{n\to\infty} n\left(2sen^2\frac{2\pi}{n} + i\,sen\,\frac{2\pi}{n}\right) = 2\pi i.$$

3.1.3. *Caminos, curvas y contornos en el plano complejo.* Emplearemos con total flexibilidad los términos; curva, trayectoria, camino y contorno.

a) Se llama *curva* en el plano complejo, a una función compleja γ continua sobre un intervalo $[a, b]$ o bien continua por tramos en $[a, b]$. La curva se describe como $z = z(t)$ con $a \leq t \leq b$ y, a una porción de curva entre dos puntos, se la denomina *arco*. Como sinónimo de curva, se dice *contorno*.

b) Se llama *trayectoria* de γ o camino recorrido por γ, al conjunto $Tray\,\gamma = \{\gamma(t) : a \leq t \leq b\}$.

c) La trayectoria de γ es simple si $t_1 \neq t_2 \Leftrightarrow \gamma(t_1) \neq \gamma(t_2)$, y es cerrada si $\gamma(a) = \gamma(b)$. Cuando γ es cerrada y simple, se dice que γ es una *curva de Jordan*. Una curva de *Jordan*, divide al plano complejo en dos componentes; una acotada y otra no acotada.

d) *Un camino*, es una curva γ continuamente diferenciable por partes, cuya trayectoria, dada para valores crecientes de $a \leq t \leq b$, es el *camino positivo* $\gamma^+ = \gamma(a + t - a)$. El camino opuesto, $\gamma^- = \gamma(b + a - t)$ con $a \leq t \leq b$ es el *camino negativo*.

e) Dos curvas γ y $\tilde{\gamma}$ son *equivalentes*, y se nota como $\gamma \sim \tilde{\gamma}$, si existe una función continua y derivable $\varphi \colon [a, b] \to [\tilde{a}, \tilde{b}]$ tal que: $\varphi(a) = \tilde{a}$, $\varphi(b) = \tilde{b}$ y además $\gamma = \tilde{\gamma} \circ \varphi$.

Calcularemos las integrales a lo largo de curvas o contornos que excepcionalmente, serán el eje x o bien el eje y.

3.1.4. *Descripción de contornos.* Describimos una curva o contorno en el plano z, como el conjunto de puntos $z(x, y)$ con $y = y(t)$ y $x = x(t)$ funciones continuas del parámetro real t, de modo que

$$z(t) = x(t) + i\,y(t) \qquad a \leq t \leq b$$

frecuentemente usaremos como parámetro $x = t$ y entonces tendremos

$$z(x) = x + i\,y(x) \qquad a \leq x \leq b$$

3.1.5. *Ejemplo.* **a.** Describimos la recta $y(x) = x + 1$ como $z(x) = x + i\,y(x) = x + i\,(x + 1)$ en el plano z figura 3.1.5.a. **b.** Describimos la curva $y(x) = x^2$ como $z(x) = x + i\,y(x) = x + i\,x^2$ en el plano z figura 3.1.5.b.

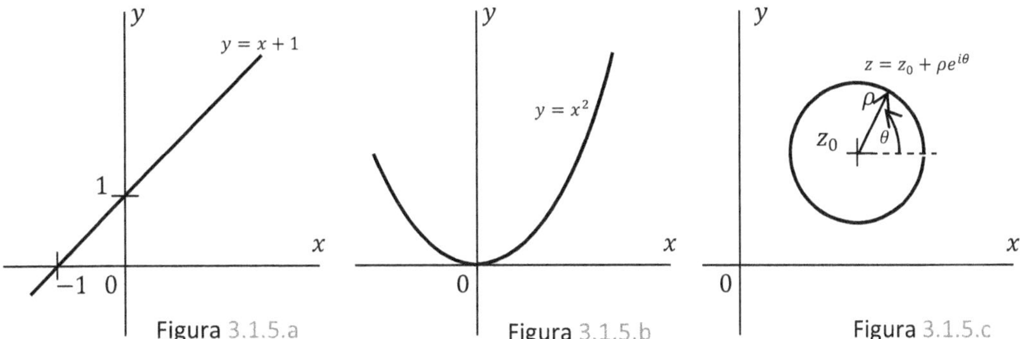

Figura 3.1.5.a   Figura 3.1.5.b   Figura 3.1.5.c

c. Describimos la circunferencia de centro z_0 y radio ρ, como $z = z_0 + \rho\,e^{i\theta}$ en el plano z con coordenadas polares figura 3.1.5.c. **d.** La elipse dada en forma paramétrica como $\mathbf{r}(t) = a\cos t\,\mathbf{i} + b\,sen\,t\,\mathbf{j}$, se describe como $z(t) = a\cos t + i\,b\,sen\,t$, si $a = b = 1$, se tiene la circunferencia centrada en el origen.

3.2 La Integral de Línea en el Plano Complejo

En esta sección, definiremos las integrales de línea en el plano complejo, en términos de integrales reales, evitando la reconstrucción del proceso de paso al límite de una suma y, definida la integral compleja en términos de integrales reales, se conservarán muchas propiedades de las integrales reales.

Como en el caso real, distinguiremos entre integral definida e integral indefinida, siendo la primera un número real o complejo, que se obtiene sobre una curva continua o continua por tramos, sin que la definición esté restringida a funciones analíticas. La integral indefinida en cambio, es una función cuya derivada es una función analítica en un dominio.

3.2.1. *Definición. La integral de una función compleja de variable real. Si* $f(t) = u(t) + i\,v(t)$ es una función continua, definida en un intervalo $[a,b]$ de la variable real t, definimos

$$\int_a^b f(t)\,dt = \int_a^b u(t)\,dt + i\int_a^b v(t)\,dt$$

de donde surge que

$$Re\left[\int_a^b f(t)\,dt\right] = \int_a^b Re[f(t)]\,dt \quad \text{y} \quad Im\left[\int_a^b f(t)\,dt\right] = \int_a^b Im[f(t)]\,dt$$

3.2.2. *Propiedades de la integral.*

a) $\int_a^b c\,f(t)\,dt = c\int_a^b f(t)\,dt$ con c constante compleja.

b) $\int_a^b [f(t) \pm h(t)]\,dt = \int_a^b f(t)\,dt \pm \int_a^b h(t)\,dt$.

c) $\left|\int_a^b f(t)\,dt\right| \leq \int_a^b |f(t)|\,dt$, desigualdad de *Minkowski*.

Prueba: Para probar la última propiedad, recurrimos al hecho de que toda cantidad compleja z, se puede expresar como $z = |z|e^{i\theta}$ y que $Re(z) \leq |z| = \sqrt{[Re(z)]^2 + [Im(z)]^2}$ y, siendo $\int_a^b f(t)\,dt$ un cantidad compleja

$$\int_a^b f(t)\,dt = \left|\int_a^b f(t)\,dt\right| e^{i\theta}$$

de donde $\qquad\qquad \left|\int_a^b f(t)\,dt\right| = \int_a^b f(t)\,dt\,e^{-i\theta}$

pero $\left|\int_a^b f(t)\,dt\right|$ es una cantidad real, por lo que $\int_a^b f(t)\,dt\,e^{-i\theta}$ debe ser una cantidad real, y con la propiedad $Re\left[\int_a^b f(t)\,dt\,e^{-i\theta}\right] = \int_a^b Re[f(t)\,e^{-i\theta}]\,dt$, que surge de la definición 3.2.1

$$\left|\int_a^b f(t)\,dt\right| = \int_a^b Re[f(t)\,e^{-i\theta}]\,dt \leq \int_a^b |f(t)\,e^{-i\theta}|\,dt = \int_a^b |f(t)|\,dt \blacklozenge$$

3.2.3. *Definición. La integral de línea compleja.* Si γ es un arco diferenciable $z = z(t)$ con $a \leq t \leq b$, y $f(z)$ está definida y es continua sobre γ, definimos

$$\int_\gamma f(z)\,dz = \int_a^b f[z(t)]\,z'(t)\,dt$$

esta integral, es una extensión del concepto introducido en 3.2.1. Aun a riesgo de remarcar lo obvio, notemos que en la segunda integral; $z'(t)\,dt = dz$. Suponemos que $z'(t)$ está definida en todo γ en forma continua o continua por tramos.

Si sobre el arco γ, z es $z(t) = x(t) + i\,y(t)$, $z' = x' + i\,y'$, $f[z(t)] = u[x(t),y(t)] + i\,v[x(t),y(t)]$ y $\int_\gamma f(z)\,dz = \int_a^b (ux' - vy')\,dt + i\int_a^b (uy' + vx')\,dt$, con $a \leq t \leq b$.

3.2.4. *Longitud de arco.* Recordamos que en el plano $x - y$, el incremento de longitud de arco ΔL figura 3.2.4.a, se aproxima como, $\Delta L \cong \Delta s = \sqrt{(\Delta x)^2 + (\Delta y)^2} = \sqrt{1 + \left(\frac{\Delta y}{\Delta x}\right)^2}\, \Delta x$ y, sin mayores formalidades, podemos expresar la diferencial de arco como $ds = \sqrt{1 + \left(\frac{dy}{dx}\right)^2}\, dx$ y también $ds^2 = dx^2 + dy^2$ y la longitud de arco entre a y b como $L = \int_a^b ds = \int_a^b \sqrt{1 + \left(\frac{dy}{dx}\right)^2}\, dx$

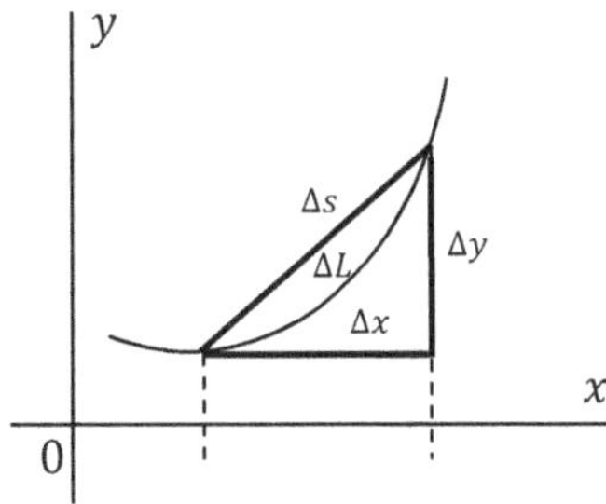
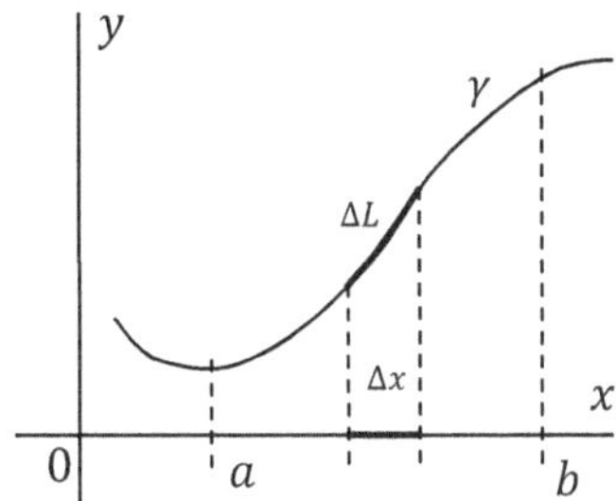

Figura 3.2.4.a

Figura 3.2.4.b

Si la curva γ es la trayectoria que se describe como $z = z(t)$, entonces es $z(t) = x(t) + i\, y(t)$, $\frac{dz}{dt} = \frac{dx}{dt} + i\frac{dy}{dt}$ y $|z'| = \left|\frac{dz}{dt}\right| = \sqrt{\left(\frac{dx}{dt}\right)^2 + \left(\frac{dy}{dt}\right)^2}$ por lo que, la longitud de arco entre a y b es

$$L = \int_a^b \sqrt{dx^2 + dy^2} = \int_a^b |z'|\, dt$$

Con esta última expresión y la desigualdad de *Minkowski* 3.2.2.c, obtenemos una importante fórmula para la acotación de las integrales de línea complejas. Sea $\int_\gamma f(z)\, dz$ con $f(z)$ acotada sobre γ de modo que $|f(z)| < M$, entonces la integral $\int_\gamma f(z)\, dz = \int_a^b f[z(t)]\, z'(t)dt$ puede acotarse como

$$\left|\int_\gamma f(z)\, dz\right| < \int_a^b |f[z(t)]z'(t)|\, dt < M \int_a^b |z'(t)|\, dt = ML$$

$$\left|\int_\gamma f(z)\, dz\right| < ML$$

3.2.5. *Ejemplo.* Calculamos $\int_\gamma (1 + i - 2\bar{z})\, dz$, desde $z = 0$ hasta $z = 1 + i$, por distintos trayectos. **a.** γ es la recta $y(x) = x$, entonces $\int_\gamma f(z)\, dz = \int_\gamma (1 + i - 2\bar{z})\, dz = \int_\gamma (1 + i - 2x + 2iy(x))(dx + i\, dy(x))$, con $0 \leq x \leq 1$. Sobre γ; $y = x(= t)$ por lo que $f(z) = 1 + i - 2x + 2ix = (1 - 2x) + i\,(2x + 1)$ y $dz = \frac{d[x + i\, y(x)]}{dx}\, dx =$

$\frac{d[x+i\,x]}{dx}dx = (1+i)dx$, con $0 \le x \le 1$ y entonces; $\int_\gamma f(z)\,dz = \int_0^1 f[z(x)]\,z'_x dx =$

$\int_0^1 [(1-2x)+i\,(2x+1)]\,(1+i)\,dx = (1+i)[(x-x^2)+i(x^2+x)]|_0^1 = 2(i-1)$. **b.**

γ es la curva $y(x)=x^2$, entonces sobre γ; $dz = (dx+i\,dx^2) = (1+i2x)dx$ con

$0 \le x \le 1$, $\int_\gamma f(z)\,dz = \int_0^1 f[z(x)]\,z'_x dx = \int_0^1 [(1-2x)+i\,(2x^2+1)]\,(1+i2x)dx =$

$\int_0^1 [(1-2x-4x^3-2x)+i\,(2x^2+1+2x-4x^2)]\,dx = -2+\frac{4}{3}i$. **c.** Calculamos

$\int_\gamma (z^2+z\overline{z})\,dz$, donde γ es el arco $|z|=1$ y $0 \le \theta \le \pi$. Describimos γ como

$z = \rho e^{i\theta} = e^{i\theta}$ con $0 \le \theta \le \pi$ y entonces sobre γ; $dz = z'_\theta d\theta = ie^{i\theta}d\theta$, $z^2 = e^{i2\theta}$ y

$z\overline{z}=1$, por lo que $\int_\gamma f(z)\,dz = \int_0^\pi f[z(\theta)]\,z'_\theta d\theta = \int_0^\pi (e^{i2\theta}+1)\,ie^{i\theta}d\theta =$

$\left(\frac{e^{i3\theta}}{3}+e^{i\theta}\right)\Big|_0^\pi = -\frac{8}{3}$. **d.** Calculamos el perímetro de la circunferencia de centro z_0 y

radio ρ como $L = \int_\gamma |z'|dt$, y γ naturalmente se describe como $z = z_0 + \rho e^{it}$ con

$0 \le t \le 2\pi$, la ecuación de la circunferencia de centro z_0 y radio ρ, como se hizo

en el ejemplo 3.1.5.c. Sobre γ; $z' = i\rho e^{it}$ y $|z'| = \rho$, entonces $L = \int_\gamma |z'|dt =$

$\int_0^{2\pi} \rho\,dt = 2\pi\rho$.

3.2.6. *Invariancia por cambio de parámetros*. La integral definida en 3.2.3
$\int_\gamma f(z)\,dz = \int_a^b f[z(t)]\,z'(t)dt$, es invariante bajo un cambio de parámetros, por lo
que $\int_\gamma f = \int_{\tilde{\gamma}} f$, si $\tilde{\gamma}$ es una curva equivalente a γ como en 3.1.3.e.

Prueba: Si $\varphi\colon [a,b] \to [\tilde{a},\tilde{b}]$ como en 3.1.3.e, de modo que $\varphi(a)=\tilde{a}$,
$\varphi(b)=\tilde{b}$ y se cumple que $\gamma = \tilde{\gamma}\circ\varphi$, entonces

$$\int_\gamma f(z)\,dz = \int_a^b f[\gamma(t)]\,\gamma'(t)dt = \int_a^b f[\tilde{\gamma}\circ\varphi(t)]\,\tilde{\gamma}'_\varphi\varphi'_t dt$$

en la última integral introducimos el cambio de variables $u = \varphi(t)$ y entonces

$$\int_\gamma f(z)\,dz = \int_{\tilde{a}}^{\tilde{b}} f[\tilde{\gamma}(u)]\,\tilde{\gamma}'_u du = \int_{\tilde{\gamma}} f(z)\,dz \blacklozenge$$

En particular, si $\tilde{\gamma}$ es γ^-, el camino opuesto a γ

$$\int_{\gamma^-} f(z)\,dz = \int_{-a}^{-b} f[z(-t)]\,(-z')d(-t) = -\int_a^b f(z)dz$$

por lo que $\qquad\qquad\qquad\qquad \int_{\gamma^-} f = -\int_\gamma f$

3.2.7. *La integral como función del arco.* Si $P(x,y)$ y $Q(x,y)$ son dos funciones definidas y continuas en un dominio Ω que contiene al arco γ, entonces la integral

$$\int_\gamma P\,dx + Q\,dy$$

será una función del arco γ, con más precisión, una *funcional*, como veremos en el capítulo 11.

Bajo ciertas condiciones, la integral sobre la curva γ, dependerá solo de los extremos de integración a y b, y en ese caso, si γ_1 y γ_2 son dos curvas con extremos coincidentes, se verificará $\int_{\gamma_1} f = \int_{\gamma_2} f$, con la consecuencia de que, si γ es una curva cerrada; $\oint_\gamma f = 0$. En efecto, si $\gamma = \gamma_1 \cup \gamma_2^-$ es la curva cerrada que resulta de unir γ_1 y γ_2 figura 3.2.7.a, y se cumple que $\int_{\gamma_1} f = \int_{\gamma_2} f$

$$\oint_\gamma f = \int_{\gamma_1} f + \int_{\gamma_2^-} f = \int_{\gamma_1} f - \int_{\gamma_2} f = 0$$

Recíprocamente: toda curva cerrada γ, puede descomponerse en dos curvas componentes γ_1 y γ_2, de las que resulte $\gamma = \gamma_1 \cup \gamma_2^-$ figura 3.2.7.b, y si $\oint_{\gamma = \gamma_1 \cup \gamma_2^-} f = 0$; entonces $\oint_\gamma f = \int_{\gamma_1} f - \int_{\gamma_2} f = 0$, que equivale a $\int_{\gamma_1} f = \int_{\gamma_2} f$.

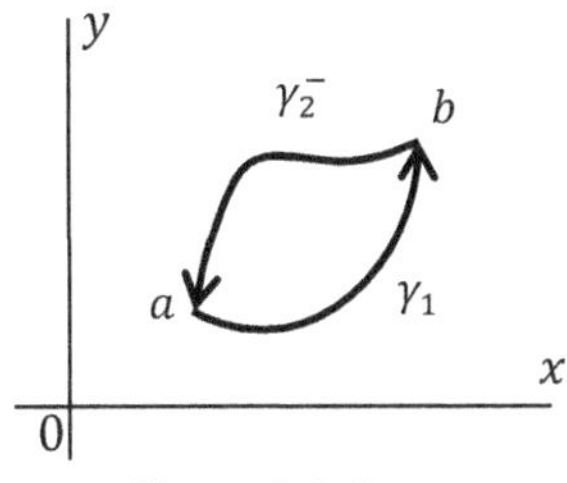

Figura 3.2.7.a

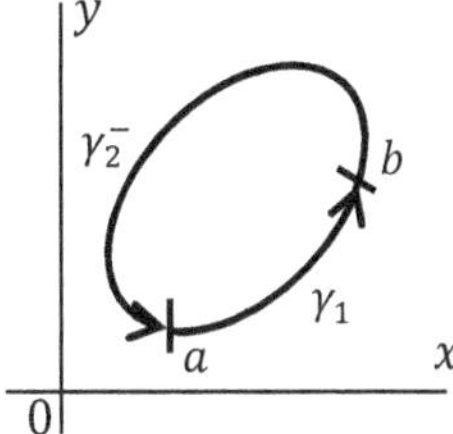

Figura 3.2.7.b

Estas conclusiones, motivan el siguiente teorema.

3.2.8. *Teorema.* La integral curvilínea $\int_\gamma P\,dx + Q\,dy$, definida en un dominio Ω, depende solo de los extremos de γ, si y solo si, existe una función $F(x,y)$ en Ω tal que $\dfrac{\partial F}{\partial x} = P$ y $\dfrac{\partial F}{\partial y} = Q$.

Prueba: la prueba es inmediata ya que, siguiendo la notación que hasta ahora hemos empleado

$$\int_\gamma P\,dx + Q\,dy = \int_a^b \left[\frac{\partial F}{\partial x} x'(t) + \frac{\partial F}{\partial y} y'(t)\right] dt = \int_a^b \frac{d}{dt} F[x(t), y(t)]\,dt$$

$$= F[x(t), y(t)]\big|_a^b$$

$$\int_\gamma P dx + Q dy = F[x(b), y(b)] - F[x(a), y(a)]$$

En otras palabras, hemos integrado una *diferencial exacta*, siendo la condición para que $dF = P dx + Q dy$ sea diferencial exacta, que; $\frac{\partial P}{\partial y} = \frac{\partial Q}{\partial x} = \frac{\partial^2 F}{\partial x \partial y}$ ◆

Respecto de la integral de línea compleja

$$\int_\gamma f(z)\, dz = \int_\gamma f(z)\, dx + i\, f(z) dy$$

observamos que, $\int_\gamma f$ dependerá solo de los extremos, o bien $\oint_\gamma f = 0$, si

$$\frac{\partial F}{\partial x} = f(z) \text{ y } \frac{\partial F}{\partial y} = i\, f(z) \text{ o bien } \frac{\partial F}{\partial x} = \frac{1}{i}\frac{\partial F}{\partial y}$$

y se cumple la condición

$$\frac{\partial f}{\partial y} = i\frac{\partial f}{\partial x} \text{ o bien } \frac{\partial f}{\partial x} = \frac{1}{i}\frac{\partial f}{\partial y}$$

lo que equivale a decir que tanto F como f, deben satisfacer las condiciones establecidas en 1.4.1 para la existencia de la derivada compleja, a saber: que $\lim_{\Delta x \to 0} \frac{\Delta f}{\Delta x} = \lim_{\Delta y \to 0} \frac{\Delta f}{i\,\Delta y}$ o $f'_x = \frac{1}{i} f'_y$, cosa que nos condujo directamente en 1.4.1 a las condiciones de *Cauchy-Riemann*.

Si $\int_\gamma f(z)\, dz = \int_\gamma f(z)\, dx + i\, f(z) dy$ está definida, entonces f es continua sobre γ, por ser esa la condición para que la integral esté definida sobre γ, entonces la integral sobre una curva cerrada $\oint_\gamma f(z)\, dz = 0$, si f es la derivada de una función holomorfa, cuya notable característica es, como se verá, la de ser también holomorfa, cosa que está implícita en la última relación obtenida.

3.2.9. *Ejemplo.* Aplicando el teorema, concluimos que $\oint_\gamma (z - z_0)^n\, dz = 0$ para toda curva cerrada γ con $n \neq -1$ y entero, en tanto $(z - z_0)^n$ es la derivada de $\frac{(z-z_0)^{n+1}}{n+1}$ holomorfa en $\mathbb{C}$. Si $n = -1$, y z_0 está dentro de γ, por caso en el centro de γ, siendo γ la circunferencia $z = z_0 + \rho e^{i\theta}$, se tiene $z - z_0 = \rho e^{i\theta}$, $dz = i\rho e^{i\theta} d\theta$ y $\oint_\gamma \frac{dz}{z - z_0} = \int_0^{2\pi} \frac{1}{\rho e^{i\theta}} i\rho e^{i\theta} d\theta = \int_0^{2\pi} i\, d\theta = 2\pi i$. Podemos comprobar que aún, si $n < -1$ y entero, $\oint_\gamma (z - z_0)^n\, dz = 0$ cuando γ rodea a z_0. Efectivamente, con la parametrización $z - z_0 = \rho e^{i\theta}$, se tiene; $\oint_\gamma \frac{dz}{(z-z_0)^n} = \int_0^{2\pi} \frac{1}{(\rho e^{i\theta})^n} i\rho e^{i\theta} d\theta =$

$\int_0^{2\pi} i\rho^{1-n}e^{i(1-n)\theta}\,d\theta = 0$. Resumiendo; $\oint_\gamma \frac{dz}{(z-z_0)^n} = \begin{cases} 2\pi i, \ si \ n = 1 \\ 0, si \ n \neq 1 \end{cases}$ y, si $z_0 = 0$,

$\oint_\gamma \frac{dz}{z^n} = \begin{cases} 2\pi i, \ si \ n = 1 \\ 0, si \ n \neq 1 \end{cases}$, resultado que podemos comparar con el del ejemplo 3.1.2.c.

Notemos que el teorema 3.2.8, asegura solamente que: $\oint_\gamma f = 0$, si f es holomorfa dentro y sobre γ. No asegura que, en otras condiciones, necesariamente $\oint_\gamma f \neq 0$.

Ejercicios 3.2

Calcular las siguientes integrales de $z = 0$ a $z = 1 + i$.

1. $\int_\gamma (z^2 + 1)$, $\gamma: y = x$. $\qquad\qquad$ **2.** $\int_\gamma (z^2 + 1)$, $\gamma: y = x^2$.

Calcular $\int_\gamma \bar{z}\,dz$; de $z = i$ a $z = 1$ sobre las curvas indicadas.

3. a) $\gamma: y = 1 - x$. $\quad$ **b)** $\gamma: y = (1 - x)^2$. $\quad$ **c)** $\gamma: y = 1 - x^2$. $\quad$ **d)** $\gamma: y = x^2 + y^2 = 1$.

Calcular la integral $\int_\gamma e^z\,dz$ sobre las curvas y entre los límites indicados.

4. a) $\gamma: y = 0$ de $z = 0$ a $z = 1$. $\qquad$ **b)** $\gamma: x = 1$, de $z = 1$ a $z = 1 + i$.

c) $\gamma: y = x$, de $z = 0$ a $z = 1 + i$.

Calcular $\int_\gamma e^z dz$ de $z = i\pi$ a $z = 1$, sobre las curvas indicadas.

5. $\gamma: y = -\pi x + \pi$. $\quad$ **6.** γ: siguiendo los ejes coordenados.

Usar la representación paramétrica $z = z_0 + \rho e^{i\theta}$, para resolver sobre las curvas indicadas.

7. $\int_\gamma \frac{z+2}{z}dz$, **a)** γ: la semicircunferencia $z = 2e^{i\theta}$, con $-\pi \leq \theta \leq 0$. **b)** γ: la semicircunferencia $z = 2e^{i\theta}$, con $0 \leq \theta \leq \pi$. **c)** γ: la semicircunferencia $z = 2e^{i\theta}$, con $-\frac{\pi}{2} \leq \theta \leq \frac{\pi}{2}$.

8. $\int_\gamma (z - 1)\,dz$, **a)** γ: la semicircunferencia $z - 1 = e^{i\theta}$, con $-\pi \leq \theta \leq 0$. **b)** γ: el segmento de recta $y = 0$, con $0 \leq x \leq 2$.

Respuestas:

1. $R: \frac{1}{3} + \frac{5}{3}i$. **2.** $R: \frac{1}{3} + \frac{5}{3}i$. **3. a)** $R: -i$. **b)** $R: \frac{i}{6}$. **c)** $R: -\frac{4}{3}i$. **d)** $R: 1 - i\frac{\pi}{2}$. **4. a)** $R: e - 1$. **b)** $R: e\left(e^i - 1\right)$. **c)** $R: e^{1+i} - 1$. **5.** $R: 1 + e$. **6.** $R: 1 + e$. **a)** $R: 2\pi i + 4$. **b)** $R: 2\pi i - 4$. **c)** $R: 2\pi i + 4i$. **8. a)** $R: 0$. **b)** $R: 0$.

3.3 El Teorema de Cauchy

En esta sección, presentamos el teorema de *Cauchy* en una de sus versiones más simples. Entre las diferentes versiones del teorema, sus diferencias están más en el contenido topológico que en el analítico, todas ellas afirman que; si γ es una curva cerrada contenida en un dominio Ω, y si γ y Ω satisfacen ciertas condiciones, entonces se anula la integral sobre γ de toda función holomorfa en Ω.

3.3.1. *Teorema de Cauchy*. Si $f(z)$ es analítica dentro y sobre una curva γ, cerrada simple, entonces $\oint_\gamma f(z)\,dz = 0$.

    Prueba: Probaremos el teorema, recurriendo al *lema de Green* que establece; si $P(x, y)$ y $Q(x, y)$ son dos funciones continuas, con derivada continua en una región R, cerrada por un contorno γ figura 3.3.1, entonces

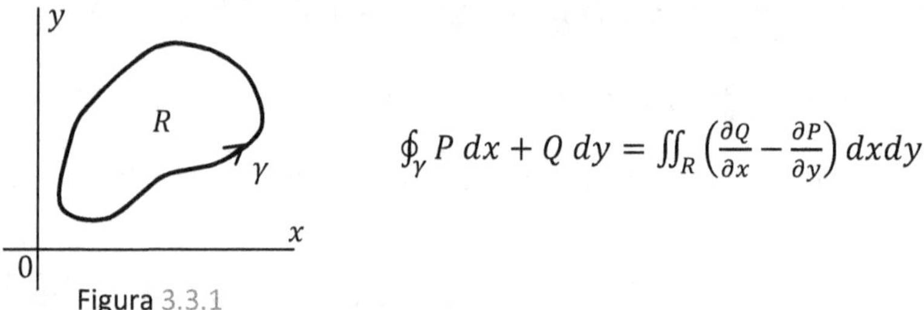

$$\oint_\gamma P\,dx + Q\,dy = \iint_R \left(\frac{\partial Q}{\partial x} - \frac{\partial P}{\partial y}\right) dx\,dy$$

Figura 3.3.1

Aplicamos ahora el lema de *Green* a la integral $\oint_\gamma f(z)\,dz$, con $dz = dx + i\,dy$ y $f(z) = u(x, y) + i\,v(x, y)$ holomorfa dentro y sobre γ

$$\oint_\gamma f(z)\,dz = \oint_\gamma u\,dx - v\,dy + i \oint_\gamma v\,dx + u\,dy$$

Para la primera integral del segundo miembro, aplicando el lema de *Green* tenemos

$$\oint_\gamma u\,dx - v\,dy = \iint_R \left(-\frac{\partial v}{\partial x} - \frac{\partial u}{\partial y}\right) dx\,dy = \iint_R -\left(\frac{\partial v}{\partial x} + \frac{\partial u}{\partial y}\right) dx\,dy = 0$$

ya que el integrando es $\left(\frac{\partial v}{\partial x} + \frac{\partial u}{\partial y}\right) = 0$, por la segunda condición de *Cauchy-Riemann*; $\frac{\partial u}{\partial y} = -\frac{\partial v}{\partial x}$ que se cumple en todo R por ser f holomorfa ahí. De la misma forma, encontramos que la segunda integral se anula, ya que según el lema de *Green*

$$\oint_\gamma v\,dx + u\,dy = \iint_R \left(\frac{\partial u}{\partial x} - \frac{\partial v}{\partial y}\right)dxdy = 0$$

en tanto su integrando es $\left(\frac{\partial u}{\partial x} - \frac{\partial v}{\partial y}\right) = 0$, por la primera condición de *Cauchy-Riemann*; $\frac{\partial u}{\partial x} = \frac{\partial v}{\partial y}$, que se cumple en cada punto de R por ser f holomorfa en R.

Hemos probado entonces que $\oint_\gamma f(z)\,dz = 0 \blacklozenge$

Posteriormente, *Goursat* demostró que el teorema es demostrable prescindiendo de la hipótesis de continuidad de la derivada, por lo que con frecuencia se lo denomina Teorema de *Cauchy-Goursat*.

Este teorema nos asegura entonces que, $\oint_\gamma dz = 0$, $\oint_\gamma z\,dz = 0$, $\oint_\gamma sen\,z\,dz = 0$, para cualquier curva cerrada γ en el plano complejo, en tanto las funciones integradas son holomorfas en $\mathbb{C}$.

3.3.2. *Flujo plano*. Interpretamos ahora los resultados de 3.3.1, describiendo el movimiento de un fluido incompresible, que consideramos compuesto por capas planas y paralelas de forma tal que en cada capa, la velocidad **V** puede describirse en términos de dos componentes $u(x, y)$ y $v(x, y)$, que en cada punto del plano se mantienen fijas en el tiempo, definiendo un campo *estacionario de velocidades*.

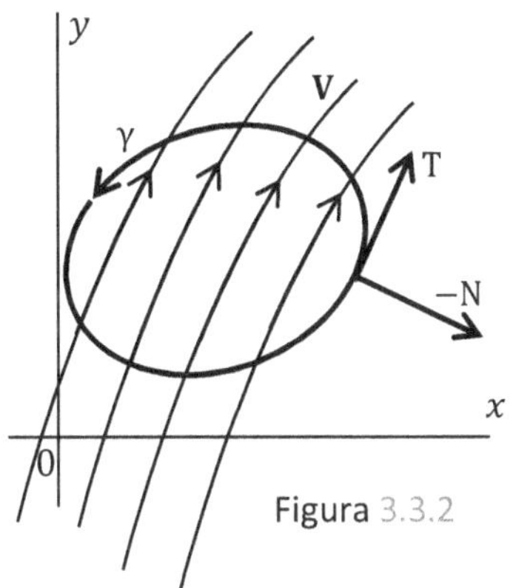

Figura 3.3.2

El vector de velocidad **V**, se describe como $\mathbf{V} = u(x,y)\mathbf{i} + v(x,y)\mathbf{j}$, y el vector $d\mathbf{z} = dx\,\mathbf{i} + dy\,\mathbf{j}$, es paralelo a la dirección T tangente a la curva γ figura 3.3.2, por lo que la proyección tangencial a γ del vector **V**, es $\mathbf{V}.d\mathbf{z} = (u\mathbf{i} + v\mathbf{j}).(dx\,\mathbf{i} + dy\,\mathbf{j}) = u\,dx + v\,dy$. La integral de $\mathbf{V}.d\mathbf{z}$ a lo largo de γ, nos dará una medida de cómo está circulando el fluido en torno a la curva γ o bien, del trabajo neto para desplazar una partícula material alrededor de la curva γ, que es atravesada por el flujo, de hecho esta integral es la *circulación* de **V**.

$$\oint_{\gamma} \mathbf{V}.d\mathbf{z} = \oint_{\gamma} u\,dx + v\,dy = Trabajo\ de\ \mathbf{V}$$

Si no hay turbulencias en el flujo que atraviesa el contorno γ, la integral $\oint_{\gamma} \mathbf{V}.d\mathbf{z}$ será nula, digamos que el trabajo aportado sobre media curva cuando vamos corriente abajo, es el mismo que debemos restituir sobre la otra mitad de la curva, una vez que dimos la vuelta y vamos corriente arriba.

La proyección de **V** sobre la dirección normal $-N$, a la que es paralelo el vector $d\mathbf{n} = -dy\,\mathbf{i} + dx\,\mathbf{j}$ ortogonal a $d\mathbf{z}$ es, $-\mathbf{V}.d\mathbf{n} = -(u\mathbf{i} + v\mathbf{j}).(-dy\,\mathbf{i} + dx\,\mathbf{j}) = u\,dy - v\,dx$, y es la componente del flujo **V**, normal a la curva γ. La integral a lo largo de la curva γ de esta componente normal, es el flujo neto o *gasto* de fluido a través de la frontera γ, y si dentro de la frontera γ no hay fuentes o sumideros, la integral será nula.

$$\oint_{\gamma} \mathbf{V}.d\mathbf{n} = \oint_{\gamma} u\,dy - v\,dx = Flujo\ de\ \mathbf{V}$$

Podemos entonces componer una integral compleja de la forma

$$\oint_{\gamma} u\,dx + v\,dy + i\oint_{\gamma} u\,dy - v\,dx = Trabajo + i\,Flujo$$

que comparada con la integral de 3.3.1

$$\oint_{\gamma} f(z)\,dz = \oint_{\gamma} u\,dx - v\,dy + i\oint_{\gamma} v\,dx + u\,dy$$

sobre la que demostramos el teorema de *Cauchy*, muestra que una función $f(z) = u - iv$, que cumpla las condiciones de *Cauchy-Riemann* dentro y sobre γ, describe satisfactoriamente un flujo con las características del que hemos tratado.

3.3.3. *Dominios múltiplemente conexos y deformación de contornos.* El teorema de *Cauchy*, se extiende a dominios múltiplemente conexos, modificando la trayectoria γ. Consideremos el caso de un dominio doblemente conexo Ω, que contiene una región R donde f deja de ser holomorfa figura 3.3.3.a.

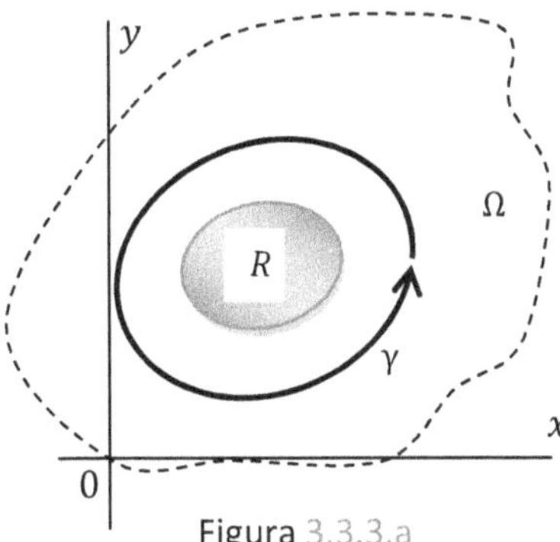
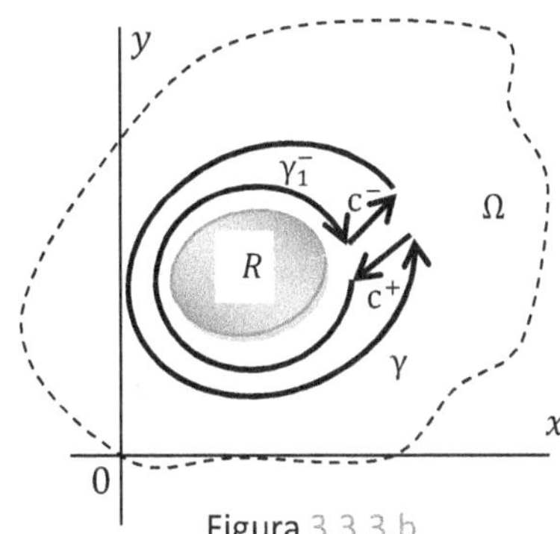

Figura 3.3.3.a   Figura 3.3.3.b

Dentro de la curva γ, que rodea a R en el sentido antihorario que consideramos positivo, incluimos una segunda curva γ_1^- orientada en sentido horario o negativo, que aisla la región R. A continuación unimos las dos curvas γ y γ_1^-, con un doble corte c desde γ hasta γ_1^- figura 3.3.3.b. Queda así establecido un trayecto $\Gamma = \gamma \cup c^+ \cup \gamma_1^- \cup c^-$, que es la reunión de la curva original γ, el trayecto c recorrido en sentido positivo como c^+, el giro entorno a R dado por γ_1^- en sentido horario o negativo, y el corte c recorrido en sentido negativo como c^-. El trayecto Γ así formado, es una curva cerrada que deja fuera la región R y solo encierra puntos donde la función es holomorfa, por lo que $\oint_\Gamma f = 0$, y siendo $\Gamma = \gamma \cup c^+ \cup \gamma_1^- \cup c^-$

$$\oint_\Gamma f = \oint_\gamma f + \oint_{c^+} f + \oint_{\gamma_1^-} f + \oint_{c^-} f = 0$$

Las integrales $\oint_{c^+} f$ y $\oint_{c^-} f$ se cancelan naturalmente porque son la misma integral sobre caminos opuestos y entonces

$$\oint_\Gamma f = \oint_\gamma f + \oint_{\gamma_1^-} f = 0$$

o bien
$$\oint_\gamma f = -\oint_{\gamma_1^-} f = \oint_{\gamma_1} f$$

la última expresión muestra que la curva γ, puede ser sustituida por cualquier otra curva γ_1 que se obtenga por *deformación continua* de γ, sin tocar puntos donde f deje de ser holomorfa.

3.3.4. *La integral indefinida.* Si en un dominio conexo simple Ω, dos puntos z y z_0 se unen con dos caminos; c_1 en sentido positivo, que identificamos como el que deja a la izquierda la región que rodea, y c_2 en el sentido negativo c_2^- que es el que atribuimos a las agujas del reloj o bien, el que tiene a su derecha la región que rodea figura 3.3.4, queda formada una curva cerrada simple

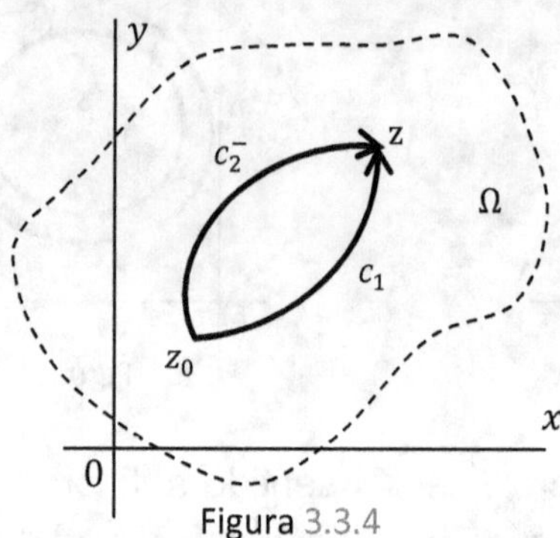

Figura 3.3.4

$\gamma = c_1 \cup c_2^-$, sobre la que se verificará para toda función holomorfa en Ω, $\oint_\gamma f = 0$ o bien, por la forma en que obtuvimos γ

$$\oint_{c_1} f + \oint_{c_2^-} f = 0$$

que equivale a
$$\oint_{c_1} f = -\oint_{c_2^-} f = \oint_{c_2} f$$

resultado que por lo demás, ya habíamos anticipado en 3.2.7 para una integral que se anula en una curva cerrada, lo que tiene como consecuencia, que su valor solo depende de los extremos de integración.

En consecuencia; si $\int_{z_0}^{z} f$, no depende del camino que une los extremos de integración, podemos definir una función F del límite superior z como

$$F(z) = \int_{z_0}^{z} f(s)\, ds$$

Esta función del límite superior z, definida por la integral $F(z) = \int_{z_0}^{z} f(s)\, ds$, como en el caso de las funciones de variable real, tiene derivada y es; $F'(z) = f(z)$, como probaremos en el siguiente teorema.

3.3.5. *Teorema fundamental del cálculo.* La integral definida $F(z) = \int_{z_0}^{z} f(s)\,ds$ entre dos puntos z_0 y z de un dominio Ω donde $f(s)$ holomorfa, es una función de su límite superior y su derivada, es $F'(z) = f(z)$.

Prueba: F' se define como $F'(z) = \lim_{\Delta z \to 0} \frac{\Delta F}{\Delta z}$, y queremos probar que $F'(z) = f(z)$, entonces, formamos el cociente $\frac{\Delta F}{\Delta z}$ y probamos que $\left|\frac{\Delta F}{\Delta z} - f(z)\right| < \varepsilon$ si $\Delta z \to 0$

$$\frac{\Delta F}{\Delta z} = \frac{F(z + \Delta z) - F(z)}{\Delta z} = \frac{\int_{z_0}^{z+\Delta z} f(s)\,ds - \int_{z_0}^{z} f(s)\,ds}{\Delta z} = \frac{\int_{z}^{z+\Delta z} f(s)\,ds}{\Delta z}$$

a continuación formamos la diferencia

$$\left|\frac{\Delta F}{\Delta z} - f(z)\right| = \left|\frac{\int_{z}^{z+\Delta z} f(s)\,ds}{\Delta z} - f(z)\right|$$

ahora, teniendo en cuenta que z no es variable de integración, $f(z)$ puede escribirse como; $f(z) = \frac{\int_{z}^{z+\Delta z} f(z)\,ds}{\Delta z} = f(z)\frac{\Delta z}{\Delta z}$. Podemos entonces reescribir la última expresión como

$$\left|\frac{\Delta F}{\Delta z} - f(z)\right| = \left|\frac{\int_{z}^{z+\Delta z}[f(s) - f(z)]\,ds}{\Delta z}\right| \leq \frac{\int_{z}^{z+\Delta z}|[f(s) - f(z)]ds|}{|\Delta z|}$$

y para el último término, se prueba que $\frac{\int_{z}^{z+\Delta z}|[f(s)-f(z)]ds|}{|\Delta z|} < \varepsilon$ si $\Delta z \to 0$.

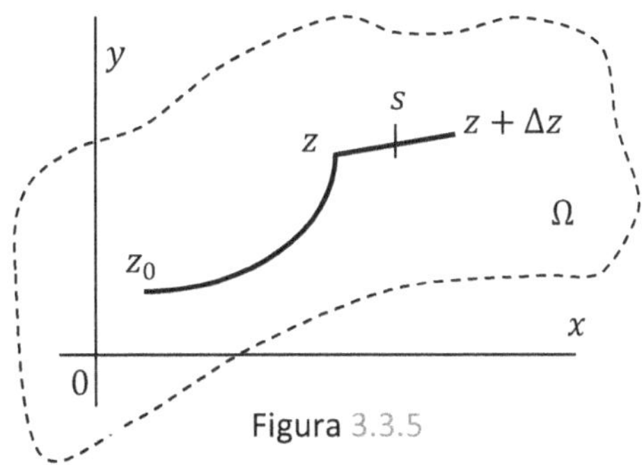

Figura 3.3.5

Efectivamente, siendo f holomorfa, debe ser continua y si es continua se cumplirá que $|f(s) - f(z)| < \varepsilon$ si $|s - z| < \delta$, y esta última condición, se cumple con $\Delta z \to 0$ porque s está entre z y $z + \Delta z$ de modo que, $|s - z| < |\Delta z|$ figura 3.3.5. Si elegimos $|\Delta z| < \delta$, entonces $|s - z| < \delta$ y en consecuencia $|f(s) - f(z)| < \varepsilon$, por lo que

$$\frac{\int_z^{z+\Delta z}|[f(s)-f(z)]ds|}{|\Delta z|} < \frac{\varepsilon \int_z^{z+\Delta z}|ds|}{|\Delta z|} = \varepsilon \frac{|\Delta z|}{|\Delta z|} = \varepsilon$$

y entonces $\left|\frac{\Delta F}{\Delta z} - f(z)\right| < \varepsilon$ como queríamos probar♦

Retornando a la definición de $F(z) = \int_{z_0}^{z} f(s)\, ds$, podemos poner

$$F(b) - F(a) = \int_{z_0}^{b} f(z)\, dz - \int_{z_0}^{a} f(z)\, dz = \int_{a}^{b} f(z)\, dz$$

3.3.6. *Ejemplo.* **a.** $\int_0^{1+i}(z^2+1)\,dz = \left(\frac{z^3}{3}+z\right)\Big|_0^{1+i} = \frac{1}{3}+\frac{5}{3}i$, ver el ejercicio 1 de 3.2.

b. $\int_0^{1+i} e^z\, dz = e^z|_0^{1+i} = e^{1+i} - 1$, ver el ejercicio 4.c de 3.2. **c.** $\int_i^1 \bar z\, dz$, no se puede calcular como integral definida porque $\bar z$ no es una función holomorfa, ver el ejercicio 3 de 3.2.

3.4 Fórmula Integral de Cauchy

Obtendremos en esta sección la *fórmula integral de Cauchy*, que es una representación de la función, en términos de los valores que toma sobre un contorno, y probaremos que si una función es holomorfa en cierto dominio, entonces existen sus derivadas de cualquier orden y puede representarse como una serie de potencias o sea, la función es analítica.

3.4.1. *Fórmula integral de Cauchy.* Probaremos ahora que, si $f(z)$ es holomorfa en un dominio D del plano complejo, y γ cualquier curva cerrada simple en D, que rodee al punto $z = z_0$, entonces

$$f(z_0) = \frac{1}{2\pi i} \oint_\gamma \frac{f(z)}{z-z_0}\, dz$$

Prueba: Recurriendo a la deformación del contorno γ como en 3.3.3, podemos reemplazar $\oint_\gamma \frac{f(z)}{z-z_0}\, dz$ por $\oint_c \frac{f(z)}{z-z_0}\, dz$, siendo c la circunferencia con centro en $z = z_0$ y radio $R > 0$ figura 3.4.1, entonces

$$\oint_\gamma \frac{f(z)}{z-z_0}\, dz = \oint_c \frac{f(z)}{z-z_0}\, dz$$

Si a $f(z)$ en la integral de la derecha le restamos y sumamos $f(z_0)$, tenemos

$$\oint_\gamma \frac{f(z)}{z-z_0}dz = \oint_c \frac{f(z)-f(z_0)+f(z_0)}{z-z_0}dz = \oint_c \frac{f(z)-f(z_0)}{z-z_0}dz + \oint_c \frac{f(z_0)}{z-z_0}dz$$

la integral $\oint_c \frac{f(z_0)}{z-z_0}dz = 2\pi i f(z_0)$, por ser $f(z_0)$ una constante y $\oint_c \frac{dz}{z-z_0} = 2\pi i$ según el resultado que obtuvimos en el ejemplo 3.2.9, de modo que si demostramos que $\oint_c \frac{f(z)-f(z_0)}{z-z_0}dz = 0$, habremos demostrado el teorema, y se prueba fácilmente por acotación que $\oint_c \frac{f(z)-f(z_0)}{z-z_0}dz < 2\pi\varepsilon$, $\varepsilon > 0$, recurriendo a la continuidad de f.

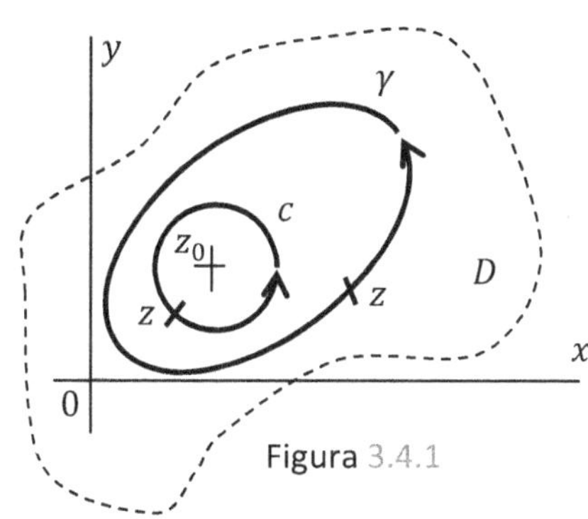

Figura 3.4.1

La función f es continua en el dominio D por ser holomorfa, y siendo continua será $|f(z)-f(z_0)| < \varepsilon$ si $|z-z_0| < \delta$, lo que se consigue eligiendo para la circunferencia c, un radio $R < \delta$, entonces $|z-z_0| = R < \delta$ y $|f(z)-f(z_0)| < \varepsilon$, por lo que podemos acotar la integral como

$$\left| \oint_c \frac{f(z)-f(z_0)}{z-z_0}dz \right| \leq \oint_c \frac{|f(z)-f(z_0)|}{|z-z_0|}|dz| \leq \frac{\varepsilon}{R}\oint_c |dz| = \frac{\varepsilon}{R}2\pi R = \varepsilon 2\pi \blacklozenge$$

3.4.2. *Ejemplo.* **a.** Calculamos $\oint_\gamma \frac{sen\,z}{z-2}dz$. Si $\gamma: |z| = 1$, entonces $h = \frac{sen\,z}{z-2}$ es una función holomorfa dentro y sobre la circunferencia $|z| = 1$ figura 3.4.2.a, por lo que $\oint_\gamma \frac{sen\,z}{z-2}dz = \oint_\gamma h(z)\,dz = 0$. Si $\gamma: |z-2| = 1$ figura 3.4.2.b, entonces $f(z) = sen\,z$ es holomorfa dentro y sobre la circunferencia de centro $z = 2$ y radio $R = 1$, entonces aplicando la fórmula de *Cauchy*, $f(z_0) = \frac{1}{2\pi i}\oint_\gamma \frac{f(z)}{z-z_0}dz$ o bien, $\oint_\gamma \frac{f(z)}{z-z_0}dz = 2\pi i f(z_0)$, con $f(z) = sen\,z$ y $z_0 = 2$, se tiene; $\oint_\gamma \frac{sen\,z}{z-2}dz = 2\pi i\,(sen\,z)|_{z=2} = 2\pi i\,sen\,2$.

b. Calculamos $\oint_\gamma \frac{cos\,z}{z^2-1}dz$, $\gamma: |z| = 2$. En este caso, $f(z) = cos\,z$ es una función holomorfa dentro y sobre la circunferencia $|z| = 2$ figura 3.4.2.c, pero el denominador del integrando es $z^2 - 1$, y no tiene la forma $z - z_0$. La descomposición en factores del denominador es $z^2 - 1 = (z+1)(z-1)$, entonces, transformamos la curva γ como se hizo en 3.3.3, en la suma de dos componentes γ_1 y γ_2 alrededor de $z = 1$ y $z = -1$ respectivamente figura 3.4.2.d.

Las curvas γ_1 y γ_2, se conectan con γ mediante los cortes c_1 y c_2 como se muestra en la figura 3.4.2.d. Sobre los cortes c_1 y c_2 la integración es nula, en tanto son caminos que se recorren en uno y otro sentido, por lo que la integración sobre γ es equivalente a la integración sobre γ_1 y γ_2. Entonces; $\oint_\gamma \frac{\cos z}{z^2-1} dz = \oint_{\gamma_1} \frac{\cos z}{z^2-1} dz + \oint_{\gamma_2} \frac{\cos z}{z^2-1} dz = \oint_{\gamma_1} \frac{\cos z}{(z+1)(z-1)} dz + \oint_{\gamma_2} \frac{\cos z}{(z+1)(z-1)} dz$. A cada una de las integrales sobre las curvas γ_1 y γ_2, le aplicamos la fórmula de *Cauchy* y obtenemos:

$$\oint_{\gamma_1} \frac{\cos z}{(z+1)(z-1)} dz = \oint_{\gamma_1} \frac{\frac{\cos z}{z+1}}{z-1} dz = 2\pi i \left(\frac{\cos z}{z+1}\right)\Big|_{z=1} = \pi i \cos 1, \text{ asumiendo } f(z) = \frac{\cos z}{z+1} \text{ y } z_0 = 1.$$

$$\oint_{\gamma_2} \frac{\cos z}{(z+1)(z-1)} dz = \oint_{\gamma_2} \frac{\frac{\cos z}{z-1}}{z+1} dz = 2\pi i \left(\frac{\cos z}{z-1}\right)\Big|_{z=-1} = -\pi i \cos(-1), \text{ con } f(z) = \frac{\cos z}{z-1} \text{ y } z_0 = -1.$$

Sumando los dos resultado; $\oint_\gamma = \oint_{\gamma_1} + \oint_{\gamma_2} = \pi i \cos 1 - \pi i \cos 1 = 0$.

c. Calculamos $\oint_\gamma \frac{dz}{z^2+1}$, $\gamma: |z - i| = 1$. En este caso, γ incluye el punto $z = i$ dejando fuera $z = -i$ y entonces; $\oint_\gamma \frac{dz}{z^2+1} = \oint_\gamma \frac{dz}{(z+i)(z-i)} = \oint_\gamma \frac{\frac{1}{z+i}}{z-i} dz = 2\pi i \left(\frac{1}{z+i}\right)\Big|_{z=i} = \pi$, donde hemos designado $f(z) = \frac{1}{z+i}$ y $z_0 = i$.

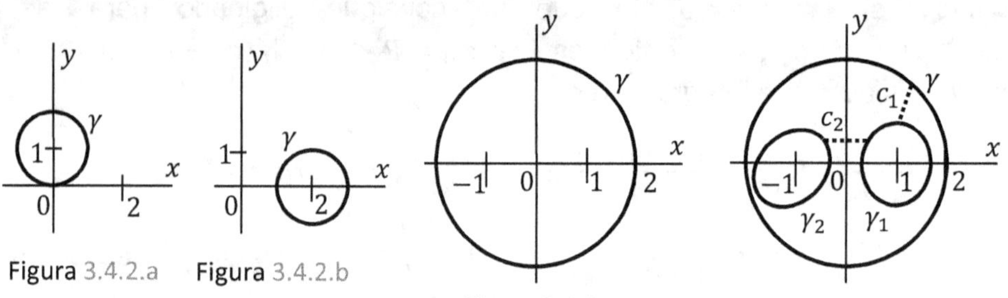

Figura 3.4.2.a   Figura 3.4.2.b   Figura 3.4.2.c   Figura 3.4.2.d

3.4.3. *Fórmula de Cauchy para la derivada*. De la fórmula de *Cauchy*

$$f(z_0) = \frac{1}{2\pi i} \oint_\gamma \frac{f(z)}{z-z_0} dz$$

obtenemos, a condición de que la integral pueda ser derivada con respecto z_0, una expresión para la derivada en todo z_0 interior a γ

$$f'(z_0) = \frac{1}{2\pi i} \oint_\gamma \frac{f(z)}{(z-z_0)^2} dz$$

derivando nuevamente $\quad f''(z_0) = \frac{2!}{2\pi i} \oint_\gamma \frac{f(z)}{(z-z_0)^3} dz$

y continuando con los otros ordenes, concluimos que

$$f^N(z_0) = \frac{n!}{2\pi i} \oint_\gamma \frac{f(z)}{(z-z_0)^{n+1}} dz$$

que con un ligero cambio de notación es

$$f^N(z) = \frac{n!}{2\pi i} \oint_\gamma \frac{f(s)}{(s-z)^{n+1}} ds$$

Si estas fórmulas son válidas, como ciertamente lo son, una función holomorfa en un punto z tiene derivadas de todos los órdenes en z, con la consecuencia; que la derivada de una función holomorfa, también es holomorfa.

Prueba: Probaremos la fórmula para $N = 1$ mostrando que; siendo $f'(z) = \lim_{\Delta z \to 0} \frac{\Delta f}{\Delta z}$, si $f'(z) = \frac{1}{2\pi i} \oint_\gamma \frac{f(s)}{(s-z)^2} ds$, entonces puede hacerse $\left| \frac{\Delta f}{\Delta z} - \frac{1}{2\pi i} \oint_\gamma \frac{f(s)}{(s-z)^2} ds \right| < \varepsilon$, con $\varepsilon > 0$, cuando la curva γ está incluida en un dominio de holomorfía D.

Siendo $\qquad\qquad \frac{\Delta f}{\Delta z} = \frac{1}{\Delta z}[f(z + \Delta z) - f(z)]$

con la fórmula integral de *Cauchy* para $f(z) = \frac{1}{2\pi i} \oint_\gamma \frac{f(s)}{s-z} ds$, escribimos

$$\frac{\Delta f}{\Delta z} = \frac{1}{\Delta z}\left[\frac{1}{2\pi i}\left(\oint_\gamma \frac{f(s)}{s-(z+\Delta z)} ds - \oint_\gamma \frac{f(s)}{s-z} ds \right)\right] = \frac{1}{\Delta z}\left[\frac{1}{2\pi i}\left(\oint_\gamma \frac{f(s)[s-z-(s-z-\Delta z)]}{[s-(z+\Delta z)](s-z)} ds \right)\right]$$

$$\frac{\Delta f}{\Delta z} = \frac{1}{2\pi i} \oint_\gamma \frac{f(s)}{[s-(z+\Delta z)](s-z)} ds$$

entonces $\qquad \left| \frac{\Delta f}{\Delta z} - f' \right| = \left| \frac{1}{2\pi i} \oint_\gamma \frac{f(s)}{[s-(z+\Delta z)](s-z)} ds - \frac{1}{2\pi i} \oint_\gamma \frac{f(s)}{(s-z)^2} ds \right|$

$$\left| \frac{\Delta f}{\Delta z} - f' \right| = \left| \frac{1}{2\pi i} \oint_\gamma \frac{f(s)[(s-z)-(s-(z+\Delta z))]}{(s-z)^2[s-(z+\Delta z)]} ds \right| = \frac{1}{2\pi}\left| \Delta z \oint_\gamma \frac{f(s)}{(s-z)^2[s-(z+\Delta z)]} ds \right|$$

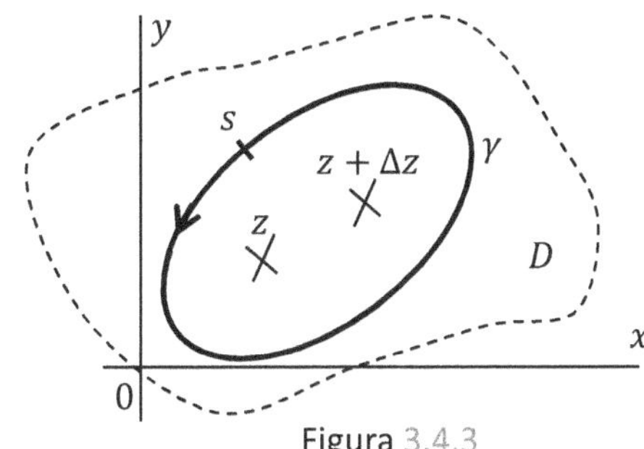

Figura 3.4.3

El último término se acota considerando que, siendo f holomorfa sobre γ debe ser acotada, y entonces $|f(s)| < M$ sobre la curva γ, y además se cumplirá que $|s - z| < d$, siendo d la mayor distancia de z a la curva γ figura 3.4.3, por lo que

$$\left|\frac{\Delta f}{\Delta z} - f'\right| = \frac{1}{2\pi}\left|\Delta z \oint_\gamma \frac{f(s)}{(s-z)^2[s-(z+\Delta z)]}\,ds\right| < \frac{M}{2\pi}|\Delta z|\oint_\gamma \frac{|ds|}{|(s-z)^2[s-(z+\Delta z)]|}$$

$$\left|\frac{\Delta f}{\Delta z} - f'\right| < \frac{M}{2\pi}\frac{|\Delta z|}{d^2(d-|\Delta z|)}\left|\oint_\gamma |ds|\right| = \frac{M}{2\pi}\frac{|\Delta z|L}{d^2(d-|\Delta z|)}$$

donde $L = \left|\oint_\gamma |ds|\right|$ y entonces

$$\left|\frac{\Delta f}{\Delta z} - f'\right| = \frac{ML}{2\pi\, d^2(d-|\Delta z|)}|\Delta z|$$

y es evidente que, siendo en el segundo miembro, el factor $\dfrac{ML}{2\pi\, d^2(d-|\Delta z|)}$, una cantidad finita, puede hacerse $\left|\frac{\Delta f}{\Delta z} - f'\right| < \varepsilon$, si $\Delta z \to 0\,\blacklozenge$

Por lo tanto, si f es holomorfa en z, existen sus derivadas de cualquier orden en z y entonces, f es representable en serie de *Taylor*, desarrollo que obtendremos en el próximo capítulo. Las funciones representables en serie de *Taylor* se denominan *analíticas*, y se prueba que una función analítica es holomorfa por lo que se puede concluir que, el conjunto de las funciones holomorfas es igual al de las funciones analíticas, por ello se usan indistintamente los términos holomorfa y analítica.

3.4.4. *Ejemplo.* **a.** Calculamos $\oint_\gamma \frac{sen\,z}{(z-1)^3}\,dz$, $\gamma\colon |z - 1| = 2$. La función $f(z) = sen\,z$ es analítica dentro y sobre γ, aplicamos entonces la fórmula de la derivada segunda $f''(z_0) = \frac{2!}{2\pi i}\oint_\gamma \frac{f(z)}{(z-z_0)^3}\,dz$ o bien $\oint_\gamma \frac{f(z)}{(z-z_0)^3}\,dz = \frac{2\pi i f''(z_0)}{2!}$, con $f(z) = sen\,z$ y $z_0 = 1$. Entonces; $\oint_\gamma \frac{sen\,z}{(z-1)^3}\,dz = \pi i (sen\,z)''|_{z=1} = \pi i(-sen\,z)|_{z=1} = -\pi i\,sen\,1$.

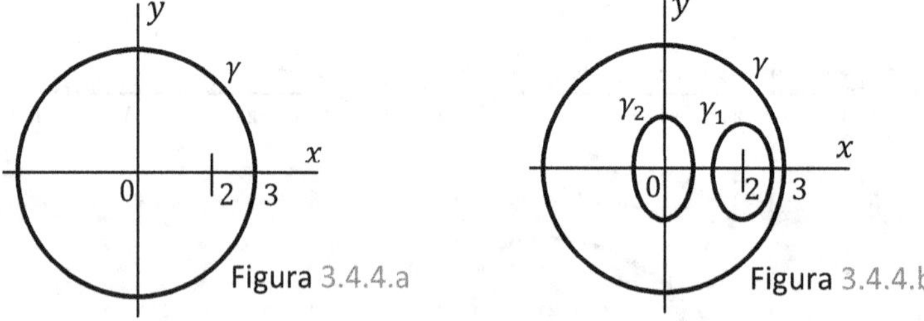

Figura 3.4.4.a

Figura 3.4.4.b

b. Calculamos $\oint_\gamma \frac{e^z}{z^2(z-2)}\,dz$, $\gamma\colon |z| = 3$. Recurrimos a la deformación del contorno γ para calcular; $\oint_\gamma \frac{e^z}{z^2(z-2)}\,dz = \oint_{\gamma_1} \frac{e^z}{z^2(z-2)}\,dz + \oint_{\gamma_2} \frac{e^z}{z^2(z-2)}\,dz$ figuras 3.4.4.a y 3.4.4.b, donde se han obviado los cortes que conectan γ, γ_1 y γ_2. Para calcular la integral sobre γ_1, la reescribimos como $\oint_{\gamma_1} \frac{e^z}{z^2(z-2)}\, dz = \oint_{\gamma_1} \frac{\frac{e^z}{z^2}}{z-2}\, dz$ y aplicamos la fórmula de

Cauchy; $f(2) = \frac{1}{2\pi i}\oint_{\gamma_1} \frac{\frac{e^z}{z^2}}{z-2}\, dz$, o bien $\oint_{\gamma_1} \frac{\frac{e^z}{z^2}}{z-2}\, dz = 2\pi i f(2)$, con $f(z) = \frac{e^z}{z^2}$ y $z_0 = 2$.

Entonces; $\oint_{\gamma_1} \frac{e^z}{z^2(z-2)}\, dz = \oint_{\gamma_1} \frac{\frac{e^z}{z^2}}{z-2}\, dz = 2\pi i \left(\frac{e^z}{z^2}\right)\Big|_{z=2} = \pi i \frac{e^2}{2}$.

A la integral sobre γ_2, la reescribimos como $\oint_{\gamma_2} \frac{e^z}{z^2(z-2)}\, dz = \oint_{\gamma_2} \frac{\frac{e^z}{z-2}}{z^2}\, dz$, y empleamos

la fórmula de *Cauchy* para la derivada primera; $f'(0) = \frac{1}{2\pi i}\oint_{\gamma_2} \frac{\frac{e^z}{z-2}}{z^2}\, dz$, o bien

$\oint_{\gamma_2} \frac{\frac{e^z}{z-2}}{z^2}\, dz = 2\pi i f'(0)$, donde asumimos $f(z) = \frac{e^z}{z-2}$, y desde luego $z^2 = (z-0)^2$.

Entonces; $\oint_{\gamma_2} \frac{e^z}{z^2(z-2)}\, dz = \oint_{\gamma_2} \frac{\frac{e^z}{z-2}}{z^2}\, dz = \pi i \left(\frac{e^z}{z-2}\right)'\Big|_{z=0} = \pi i \frac{e^z(z-2)-e^z}{(z-2)^2}\Big|_{z=0} = -\frac{3}{4}\pi i$.

Sumando las dos integrales tenemos:

$$\oint_{\gamma} \frac{sen\, z}{(z-1)^3}\, dz = \oint_{\gamma_1} \frac{e^z}{z^2(z-2)}\, dz + \oint_{\gamma_2} \frac{e^z}{z^2(z-2)}\, dz = \left(\frac{e^2}{2} - \frac{3}{4}\right)\pi i.$$

3.4.5. *Teorema de Morera.* Como recíproco del teorema de *Cauchy* 3.3.1, se tiene este teorema; Si $f(z)$ es continua en un dominio Ω conexo simple, y para toda curva γ cerrada simple contenida en Ω se cumple que $\oint_{\gamma} f(z)\, dz = 0$, entonces f es analítica en Ω.

Prueba: Si $f(z)$ es continua en Ω, entonces se puede definir $F(z) = \int_{z_0}^{z} f(z)\, dz$ y, si además $\oint_{\gamma} f(z)\, dz = 0$ para toda curva γ en Ω, entonces $F(z) = \int_{z_0}^{z} f(z)\, dz$ es función de su límite superior, y para todo z en Ω existe; $F'(z) = f(z)$. Ahora bien, si $F(z)$ tiene derivada $F'(z) = f(z)$, se concluye que F analítica, pero la derivada de una función analítica es también analítica, por lo que $f(z)$ es analítica en $\Omega \blacklozenge$

3.4.6. *Desigualdad de Cauchy.* De la fórmula de *Cauchy* para la N-derivada $f^N(z) = \frac{n!}{2\pi i}\oint_{\gamma} \frac{f(s)}{(s-z)^{n+1}}\, ds$, se obtiene directamente una expresión para la acotación de las derivadas de una función analítica, como

$$|f^N(z)| = \frac{n!}{2\pi}\left|\oint_{\gamma} \frac{f(s)}{(s-z)^{n+1}}\, ds\right| \leq \frac{n!}{2\pi}\oint_{\gamma} \frac{|f(s)|}{|(s-z)^{n+1}|}\, |ds|$$

suponiendo que la curva de integración γ sea la circunferencia de centro z y radio R, contenida en un dominio de analiticidad, siendo f analítica es acotada sobre la circunferencia, esto es $|f(z)| < M$ para $|s - z| = R$, entonces

$$|f^N(z)| \leq \frac{n!}{2\pi} \oint_\gamma \frac{|f(s)|}{|(s-z)^{n+1}|} |ds| \leq \frac{n!M}{2\pi\,R^{n+1}} \oint_\gamma |ds| = \frac{n!M\,2\pi R}{2\pi\,R^{n+1}}$$

o bien
$$|f^N| \leq \frac{n!M}{R^n}\blacklozenge$$

La última expresión se conoce como *desigualdad de Cauchy*.

3.4.7. *Teorema de Liouville*. Si $f(z)$ es *analítica y acotada* en todo el plano complejo, necesariamente es una constante.

Prueba: Con la desigualdad de *Cauchy* $|f^N| \leq \frac{n!M}{R^n}$, para $N = 1$ se tiene que $|f'| \leq \frac{M}{R}$, de donde surge que $f' \to 0$ si $R \to \infty$ porque f es acotada en todo el plano z, esto es $|f| < M$ y M no depende de R. Si $f' = 0$, f es constante $\blacklozenge$

3.4.8. *Teorema fundamental del álgebra*. Todo polinomio de grado $n > 0$ tiene una raíz.

Prueba: Supongamos que $P_n(z) = a_n z^n + a_{n-1} z^{n-1} + \cdots + a_1 z + a_0 \neq 0$ para todo z o sea, P_n no tiene raíces en el plano z, entonces la función $f(z) = \frac{1}{P_n(z)}$ es analítica en todo el plano y como $|f| = \frac{1}{|z^n|\left|a_n + \cdots + \frac{a_0}{z^n}\right|}$, se tiene que $|f|$ es acotado para todo z, y entonces por el teorema de *Liouville* 3.4.7 f debe ser una constante, lo que contradice la suposición de que el grado $n > 0$, por lo que P_n tiene al menos una raíz $\blacklozenge$

3.4.9. *Teorema del módulo máximo*. Si $f(z)$ es analítica en una región cerrada R del plano complejo, el máximo valor de $|f(z)|$, se alcanza sobre la frontera de R.

Prueba: Si $f(z)$ es analítica también lo es $[f(z)]^n$, y aplicando la fórmula de *Cauchy* a $[f(z)]^n$ se tiene

$$[f(z)]^n = \frac{1}{2\pi i} \oint_\gamma \frac{[f(s)]^n}{s-z}\, ds$$

si M es el máximo valor que toma $|f(s)|$ sobre la curva γ, L la longitud de γ y d es la mínima distancia de z a γ, podemos acotar la integral como

$$|f(z)|^n = \left|\frac{1}{2\pi i}\oint_\gamma \frac{[f(s)]^n}{s-z}\,ds\right| \leq \frac{1}{2\pi}\oint_\gamma \frac{|f(s)|^n}{|s-z|}\,|ds| \leq \frac{M^n}{2\pi d}\oint_\gamma |ds| = \frac{M^n L}{2\pi d}$$

o bien
$$|f(z)| \leq M\left(\frac{L}{2\pi d}\right)^{1/n}$$

y para n suficientemente grande; $|f(z)| \leq M$. Si $|f(z)| \leq M$, entonces $|f(z)|$ no puede superar para ningún z interior a γ, el máximo M que asume la función f en algún punto de la frontera γ ♦

3.4.10. *Teorema de Gauss del valor medio*. Si $f(z)$ es analítica en un dominio Ω conexo simple, entonces para toda circunferencia $c\colon |z - z_0| = R$ incluida en Ω, el valor de $f(z_0)$, es la media integral de los valores de $f(z)$ sobre c.

Prueba: Si γ es cualquier curva cerrada simple en Ω, por la fórmula de *Cauchy*, $f(z_0) = \frac{1}{2\pi i}\oint_\gamma \frac{f(z)}{z-z_0}\,dz$, que podemos reemplazar por $f(z_0) = \frac{1}{2\pi i}\oint_c \frac{f(z)}{z-z_0}\,dz$, siendo c una circunferencia cualquiera dentro de γ, y sobre c; $z = z_0 + Re^{i\theta}$ y $dz = iRe^{i\theta}d\theta$, entonces

$$f(z_0) = \frac{1}{2\pi i}\oint_\gamma \frac{f(z)}{z-z_0}\,dz = \frac{1}{2\pi i}\oint_c \frac{f(z)}{z-z_0}\,dz = \frac{1}{2\pi i}\int_0^{2\pi}\frac{f(z_0+Re^{i\theta})}{Re^{i\theta}}\,iRe^{i\theta}\,d\theta$$

$$f(z_0) = \frac{1}{2\pi}\int_0^{2\pi} f(z_0 + Re^{i\theta})\,d\theta \;♦$$

3.4.11. *Fórmula integral de Poisson*. Obtendremos ahora la fórmula integral de *Poisson* que es una solución al problema de *Dirichlet*; encontrar una función armónica que satisface ciertas condiciones sobre un contorno.

Comenzamos por determinar para un punto z del plano complejo, su simétrico z^* respecto de una circunferencia de radio R y centro z_0 figura 3.4.11.

Se define el simétrico de z respecto de una circunferencia de radio R y centro z_0, al número z^* para el que se cumple $|z-z_0||z^* - z_0| = R^2$ y $Arg\,z^* = Arg\,z$, lo que significa que ambos puntos z y z^*, están sobre el rayo de $Arg = \theta$.

Como casos particulares; los puntos sobre la circunferencia son simétricos de si mismos, $z = 0$ es simétrico de $z = \infty$ y el conjugado $\overline{z}$, es simétrico de z respecto del eje x.

Si $z_0 = 0$ y z se expresa como $z = \rho e^{i\theta}$ figura 3.4.11, teniendo en cuenta que $|z^*||z| = R^2$, $z = |z|e^{i\theta}$, $z^* = |z^*|e^{i\theta}$, con $|z^*| = \dfrac{R^2}{|z|}$ se tiene; $z^* = \dfrac{R^2}{|z|}e^{i\theta} = \dfrac{R^2}{|z|e^{-i\theta}} = \dfrac{R^2}{\bar{z}}$, y siendo la circunferencia c descripta como $s = Re^{i\phi}$, con $R^2 = s\bar{s}$, obtenemos $z^* = \dfrac{s\bar{s}}{\bar{z}}\blacklozenge$

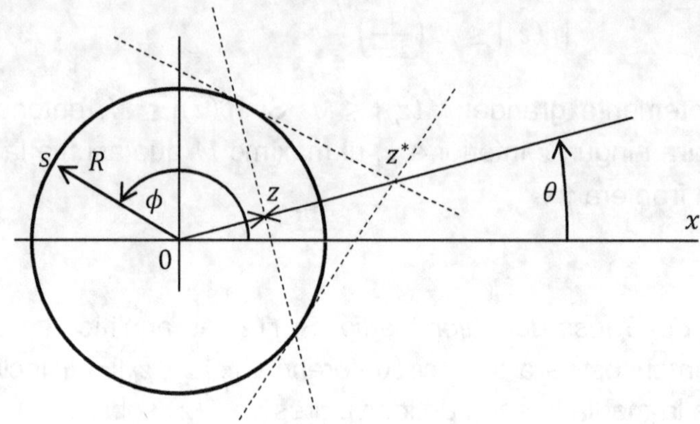

Figura 3.4.11

Hechas estas consideraciones previas, pasamos a deducir la fórmula integral de *Poisson*: partimos de la representación integral de *Cauchy* para $f(z)$

$$f(z) = \frac{1}{2\pi i}\oint_c \frac{f(s)}{s-z}\,ds$$

ahora observamos que, estando el punto z^* fuera de la curva c, la integral $\dfrac{1}{2\pi i}\oint_c \dfrac{f(s)}{s-z^*}\,ds = 0$, en tanto el integrando $\dfrac{f(s)}{s-z^*}$ es una función analítica dentro y sobre c. Se puede en consecuencia restar a la integral $f(z) = \dfrac{1}{2\pi i}\oint_c \dfrac{f(s)}{s-z}\,ds$, la integral $\dfrac{1}{2\pi i}\oint_c \dfrac{f(s)}{s-z^*}\,ds$ sin que cambie su valor, y entonces

$$f(z) = \frac{1}{2\pi i}\oint_c \frac{f(s)}{s-z}\,ds - \frac{1}{2\pi i}\oint_c \frac{f(s)}{s-z^*}\,ds = \frac{1}{2\pi i}\oint_c f(s)\left(\frac{1}{s-z} - \frac{1}{s-z^*}\right)ds$$

Sobre la circunferencia $c: s = Re^{i\phi}$, es $ds = iRe^{i\phi}d\phi = is\,d\phi$ y $f(z)$ es entonces

$$f(z) = \frac{1}{2\pi i}\int_0^{2\pi} f(s)\left(\frac{s}{s-z} - \frac{s}{s-z^*}\right)i\,d\phi$$

y con $z^* = \dfrac{s\bar{s}}{\bar{z}}$; $\left(\dfrac{s}{s-z} - \dfrac{s}{s-z^*}\right) = \left(\dfrac{s}{s-z} - \dfrac{s}{s-\frac{s\bar{s}}{\bar{z}}}\right) = \left(\dfrac{s}{s-z} - \dfrac{\bar{z}}{\bar{z}-\bar{s}}\right) = \dfrac{s\bar{s}-z\bar{z}}{|s-z|^2} = \dfrac{R^2-\rho^2}{|s-z|^2}$

por lo que $\qquad \left(\dfrac{s}{s-z} - \dfrac{s}{s-z^*}\right) = \dfrac{R^2-\rho^2}{R^2-2R\rho\,\cos(\theta-\phi)+\rho^2}$

y se denomina *núcleo de Poisson* a

$$\frac{R^2 - \rho^2}{R^2 - 2R\rho \cos (\theta - \phi) + \rho^2} = P(R, \rho, \theta - \phi)$$

Reemplazando en la integral que define a $f(z)$

$$f(z) = \frac{1}{2\pi} \int_0^{2\pi} \frac{R^2 - \rho^2}{R^2 - 2R\rho \cos (\theta - \phi) + \rho^2} \, f(s) \, d\phi$$

o bien $\qquad\qquad f(z) = \frac{1}{2\pi} \int_0^{2\pi} P(R, \rho, \theta - \phi) \, f(s) \, d\phi$

Si $f(z) = u(\rho, \theta) + i \, v(\rho, \theta)$, con la propiedad $Re[\int f(z)] = \int Re[f(z)]$, separando de $f(z)$ su parte real $u(\rho, \theta)$, tenemos

$$u(\rho, \theta) = \frac{1}{2\pi} \int_0^{2\pi} P(R, \rho, \theta - \phi) \, u(R, \phi) \, d\phi \blacklozenge$$

La última integral es la integral de *Poisson*.

Si en el núcleo $P(R, \rho, \theta - \phi)$, $\rho = 0$, se tiene $P = \frac{R^2}{R^2} = 1$ y la integral de *Poisson* se transforma en la media integral del teorema 3.4.10, ya que

$$u(0) = \frac{1}{2\pi} \int_0^{2\pi} u(R, \phi) \, d\phi$$

expresa el teorema del valor medio.

La función $u(\rho, \theta)$, en tanto es la parte real de la función analítica $f(z)$, define una función armónica dentro de la frontera $|z| = R$, con la sola condición de que $u(R, \phi)$ sea continua en dicha frontera.

Se puede observar aún que el núcleo $P = \frac{|s|^2 - |z|^2}{|s - z|^2}$, es la parte real de $\frac{s+z}{s-z}$, ya que $\frac{s+z}{s-z} = \frac{(s+z)\overline{(s-z)}}{|s-z|^2}$ y a su vez;

$$\frac{s+z}{s-z} = \frac{1 + \frac{z}{s}}{1 - \frac{z}{s}} = \left(1 + \frac{z}{s}\right) \Sigma_0 \left(\frac{z}{s}\right)^n = \Sigma_0 \left(\frac{z}{s}\right)^n + \Sigma_0 \left(\frac{z}{s}\right)^{n+1} = 1 + 2\Sigma_1 \left(\frac{z}{s}\right)^n$$

entonces, con $z = \rho e^{i\theta}$ y $s = R e^{i\phi}$

$$\frac{s+z}{s-z} = 1 + 2\Sigma_1 \left(\frac{\rho}{R}\right)^n [\cos n(\theta - \phi) + i \, sen \, n(\theta - \phi)]$$

y como

$$P(R, \rho, \theta - \theta) = Re \left[\frac{s+z}{s-z}\right] = Re \left[1 + 2\Sigma_1 \left(\frac{\rho}{R}\right)^n [\cos n(\theta - \phi) + i \, sen \, n(\theta - \phi)]\right]$$

$$P = 1 + 2\sum_1 \left(\frac{\rho}{R}\right)^n \cos n(\theta - \phi)$$

Teniendo en cuenta que $\cos n(\theta - \phi) = \cos n\theta \cos n\phi + sen\, n\theta\, sen\, n\phi$

$$P = 1 + 2\sum_1 \left(\frac{\rho}{R}\right)^n [\cos n\theta \cos n\phi + sen\, n\theta\, sen\, n\phi]$$

que reemplazado en $u(\rho, \theta) = \frac{1}{2\pi}\int_0^{2\pi} P\, u(R, \phi)\, d\phi$ da

$$u(\rho, \theta) = a_0 + \sum_1 \left(\frac{\rho}{R}\right)^n [a_n \cos n\theta + b_n\, sen\, n\theta]$$

donde
$$a_0 = \frac{1}{2\pi}\int_0^{2\pi} u(R, \phi)\, d\phi$$

$$a_n = \frac{1}{\pi}\int_0^{2\pi} u(R, \phi) \cos n\phi\, d\phi$$

$$b_n = \frac{1}{\pi}\int_0^{2\pi} u(R, \phi)\, sen\, n\phi\, d\phi.$$

Tenemos entonces $u(\rho, \theta)$ representada por una serie que, para $\rho = R$, es una *serie de Fourier*, que estudiaremos en el capítulo 5.

Ejercicios 3.4

Con las fórmulas integrales de Cauchy calcular:

1. $\oint_c \frac{z}{z-1}\, dz$, con $c: |z| = 2$. **2.** $\oint_c \frac{sen\, z}{(z-1)(z-i)}\, dz$, con $c: |z| = 2$.

3. $\oint_c \frac{dz}{e^z(z-1)}$, con $c: |z| = x^2 + y^2 = 2$. **4.** $\oint_c \frac{\cosh z}{z^2-z-2}\, dz$, con $c: |z - 1| = 4$.

5. $\oint_c \frac{z-1}{z(2z^2-18)}\, dz$, con $c: |z - 2| = 3$. **6.** $\oint_c \frac{\cos z}{(z^2+9)}\, dz$, con $c: |z - i| = 3$.

7. $\oint_c \frac{\tan\frac{z}{2}}{(z-x_0)^2}\, dz$, con $|x_0| < 2$, c: el cuadrado $x = \pm 2, y = \pm 2$.

8. $\oint_c \frac{e^{iz}}{z^4}\, dz$, con $c: |z| = 1$. **9.** $\oint_c \frac{1}{(z^2+4)^2}\, dz$, con $c: |z - i| = 2$.

10. $\oint_c \frac{e^z}{z(1-z)^3}\, dz$, con $c: |z - 1| = 2$. **11.** $\oint_c \frac{\cos z}{z^2(z-1)^3}\, dz$, con $c: |z - 1| = 2$.

Aplicar el teorema del valor medio para calcular las siguientes integrales.

12. $\int_0^{2\pi} e^{e^{i\theta}}\, d\theta$. **13.** $\int_0^{2\pi} (\cos\theta + i\, sen\,\theta)\, d\theta$. **14.** $\int_{-\pi}^{\pi} \cos(\cos\theta)\cosh(sen\,\theta)\, d\theta$.

Respuestas:

1. $R: 2\pi i$. **2.** $R: \frac{2\pi i}{1-i} (sen\ 1 - i\ senh\ 1)$. **3.** $R: \frac{2\pi i}{e}$. **4.** $R: 2\pi i \left(\frac{cosh\ 2}{3} - cosh\ 1\right)$. **5.** $R: \frac{2\pi i}{9}$. **6.** $R: \frac{\pi}{3} cosh\ 3$. **7.** $R: \pi i\ sec^2 \frac{x_0}{2}$. **8.** $R: \frac{\pi}{3}$. **9.** $R: \frac{\pi}{16}$. **10.** $R: \pi i(2 + e)$. **11.** $R: -i\pi(6 + 5\ cos\ 1 + 4\ sen\ 1)$. **12.** $R: 2\pi$. **13.** $R: 2\pi$. **14.** $R: 2\pi$.

Bibliografía: ver final del cap. 4.

4 SERIES DE POTENCIAS

La representación de una función mediante series de potencias, tiene interesantes consecuencias que estudiaremos en este capítulo, aplicando las series al estudio y caracterización de las funciones, la clasificación de sus singularidades y el cálculo directo de algunas integrales.

4.1 Sucesiones y Series

Suponemos conocida la teoría elemental de las series por lo que repasaremos solo algunas definiciones, revisándolas en el contexto de la variable compleja.

4.1.1. *Sucesiones*. Si a cada número natural n le asignamos un número complejo z_n, tenemos una sucesión de números complejos, que indicamos como $\{z_n\} = z_1, z_2, \ldots, z_n, \ldots$ Cada z_n de la sucesión es un *término*, y decimos que la sucesión $\{z_n\}$ tiende a un límite z o converge a z, si $\lim_{n\to\infty} z_n = z$ o bien, $|z_n - z| < \varepsilon$, si $n \geq N \in N$, con lo que indicamos que z_n se mantiene próximo a z cuando el subíndice n, toma valores iguales o superiores a cierto número natural N que en general, dependerá de ε.

Siendo $z = x + iy$ y $z_n = x_n + iy_n$, de la condición de existencia del límite; $|z - z_n| < \varepsilon$, si $n \geq N \in N$, obtenemos

$$|z_n - z| = |(x - x_n) + i(y - y_n)| < \varepsilon, \ \ \text{si} \ n \geq N \in N$$

y como en toda cantidad compleja z, $|z| = \sqrt{[Re(z)]^2 + [Im(z)]^2}$, por lo que $|Re(z)| \leq |z|$ y $|Im(z)| \leq |z|$, obtenemos

$$|x - x_n| < \varepsilon, \ \text{y} \ |y - y_n| < \varepsilon, \ \ \text{si} \ n \geq N \in N$$

En pocas palabras, si la sucesión converge, convergen juntas la sucesión de partes reales y la sucesión de partes imaginarias de los términos de la sucesión.

4.1.2. *Series*. Asociada a la sucesión $\{z_n\} = z_1, z_2, \ldots, z_n, \ldots$ tenemos la sucesión de sumas parciales $\{S_n\} = S_1, S_2, \ldots, S_n, \ldots$ que son; $S_1 = z_1$, $S_2 = z_1 + z_2$, $S_n = z_1 + z_2 + \cdots + z_n$ y llamamos *serie*, a la sucesión $\{S_n\} = S_1, S_2, \ldots, S_n, \ldots$.

Si la sucesión $\{S_n\}$, tiende a un límite S, o sea, $|S_n - S| < \varepsilon$, si $n \geq N \in \mathbb{N}$, decimos que la sucesión es *convergente al límite S*. En otro caso decimos que $\{S_n\}$ *no converge*.

Como en 4.1.1; de la condición de convergencia $|S_n - S| < \varepsilon$, si $n \geq N \in \mathbb{N}$, notando $S = X + iY$ y $S_n = X_n + iY_n$, con $X_n = \sum x_n$ y $Y_n = \sum y_n$

$$|S_n - S| = |(\sum x_n + i \sum y_n) - (X + iY)| < \varepsilon, \text{ si } n \geq N \in \mathbb{N}$$

$$|S_n - S| = |(\sum x_n - X) + i(\sum y_n - Y)| < \varepsilon, \text{ si } n \geq N \in \mathbb{N}$$

y debe cumplirse entonces; $|\sum x_n - X| < \varepsilon$, $|\sum y_n - Y| < \varepsilon$, si $n \geq N \in \mathbb{N}$

Queda claro entonces, como podía esperarse, que la convergencia de la serie implica la convergencia la parte real e imaginaria simultáneamente. Como para las series de términos reales, designamos el resto $R_n = S - S_n$, y si la serie ha de ser convergente, es decir $\lim_\infty S_n = S$; *necesariamente* debe cumplirse que $\lim_\infty R_n = 0$, o bien que $R_n < \varepsilon$ si $n \geq N \in \mathbb{N}$. Notemos demás que

$$R_n = S - S_n = (z_1 + z_2 + \cdots + z_n + \cdots) - (z_1 + z_2 + \cdots + z_n)$$

$$R_n = (z_{n+1} + z_{n+2} + \cdots + z_{m+n} + \cdots)$$

y si $R_n < \varepsilon$ cuando sea $n \geq N$, entonces a partir de $n \geq N$, se tiene $R_N = z_{N+1} + z_{N+2} + \cdots < \varepsilon$, y esto significa que de $n = N$ en adelante, pueden despreciarse los z_n, y que es condición necesaria para la convergencia que $\lim_\infty z_n = 0$.

4.1.3. *La serie geométrica.* La serie $a + a.q + a.q^2 + a.q^3 + \cdots + a.q^n + \cdots$, en la que cada término se obtiene multiplicando el anterior por una razón q, se llama serie geométrica, si $a = 1$ la serie es $1 + q + q^2 + q^3 + \cdots + q^n + \cdots$. Probaremos que la suma parcial $S_n = 1 + q + q^2 + q^3 + \cdots + q^{n-1}$ de n términos, tiende a $\frac{1}{1-q}$ si $n \to \infty$ y $|q| < 1$ o sea; $\sum_0 q^n = \frac{1}{1-q}$, si $|q| < 1$.

Para probarlo, restaremos $S_n . q$ de S_n

$$S_n = 1 + q + q^2 + \cdots + q^{n-2} + q^{n-1}$$

$$\underline{-S_n . q = q + q^2 + q^3 + \cdots + q^{n-1} + q^n}$$

$$S_n(1 - q) = 1 - q^n$$

de donde $S_n = \frac{1-q^n}{1-q}$, poniendo $S_n = \frac{1}{1-q} - \frac{q^n}{1-q}$, es inmediato ver que $\lim_\infty S_n = \frac{1}{1-q}$ si $|q| < 1$, porque $\lim_\infty \frac{q^n}{1-q} = 0$ si $|q| < 1$, y también que S_n diverge si $|q| > 1$. Además, si $q = 1$, la suma $\sum_0 q^n = 1 + 1 + 1 + \cdots$, y si $q = -1$ la suma $\sum_0 q^n = 1 - 1 + 1 - + \cdots$ por lo que S_n no converge en ninguno de los dos casos.

Entonces; la serie $1 + q + \cdots + q^n + \cdots$ converge si $-1 < q < 1$ y $S_n = \sum_0 q^n \to \frac{1}{1-q}$ ◆

Para la serie geométrica entonces, es inmediato determinar su carácter convergente o divergente, y en cualquier caso calcular su suma $S_n = \frac{1-q^n}{1-q}$. Si S_n diverge, claro está que S_n es computable solo para un número n finito de términos.

4.1.4. *Ejemplo.* **a.** $S = 1 + \frac{1}{2} + \frac{1}{4} + \frac{1}{8} + \cdots$. $q = \frac{1}{2}$, $S = \sum_0 q^n = \sum_0 \left(\frac{1}{2}\right)^n = \frac{1}{1-\frac{1}{2}} = 2$. **b.**

$0.99999\ldots\ldots = \frac{9}{10} + \frac{9}{10^2} + \frac{9}{10^3} + \cdots = 9\sum_1 \frac{1}{10^n} = 9\left(\sum_0 \frac{1}{10^n} - 1\right) = 9\left(\frac{1}{1-\frac{1}{10}} - 1\right) = 1$. **c.**

$1.3333\ldots = 1 + \frac{3}{10} + \frac{3}{10^2} + \frac{3}{10^3} + \cdots = 1 + 3\left(\sum_0 \frac{1}{10^n} - 1\right) = 1 + \frac{1}{3}$.

4.1.5. *El desarrollo de* $\frac{1}{1-q}$. Podemos obtener un desarrollo para $\frac{1}{1-q}$, a partir de la suma S_N, de un número finito N, de términos de la serie geométrica

$$S_N = \overbrace{1 + q + q^2 + \cdots + q^{N-1}}^{N\ terminos}$$

de $S_N = \frac{1}{1-q} - \frac{q^N}{1-q}$ que obtuvimos en 4.1.3

$$\frac{1}{1-q} = S_N + \frac{q^N}{1-q} = 1 + q + q^2 + \cdots + q^{N-1} + \frac{q^N}{1-q} ◆$$

4.2 La Serie de Taylor

Conocemos para las funciones de variable real, su representación en serie de *Taylor* como $f(x) = \sum \frac{f^N(a)}{n!}(x - a)^n$, que nos permite aproximar los valores de una función f, en serie de potencias de $(x - a)$.

El problema que nos planteamos ahora en el campo complejo, tal como en su momento lo hicimos en el campo real es: Conocido el valor de la función analítica $f(z)$ en un punto $z = z_0$, aproximar su valor en un punto vecino z.

4.2.1. *Obtención de la serie.* Si $f(z)$ es analítica en una región Ω del plano complejo, y conocemos su valor en el punto z_0 de la región Ω, nos proponemos encontrar una expresión para f en un punto z próximo a z_0, donde f continúa siendo analítica.

Comenzamos por trazar una circunferencia c de radio ρ y centro z_0, contenida en Ω que incluya a z, y a la distancia entre z_0 y z la designamos como ρ_1 figura 4.2.1. Con la fórmula de representación de *Cauchy*, podemos expresar

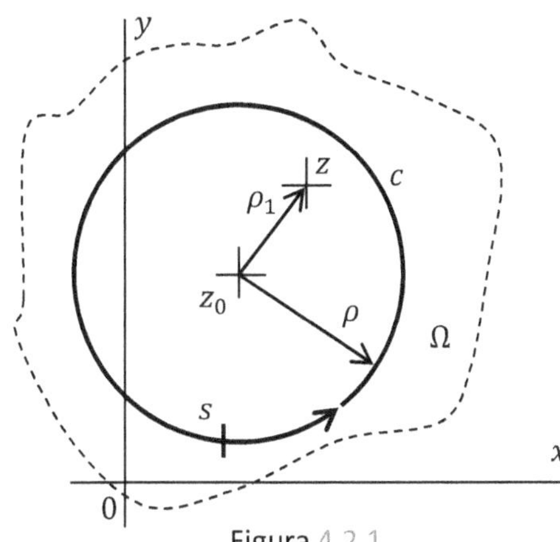

Figura 4.2.1

$$f(z) = \frac{1}{2\pi i} \oint_c \frac{f(s)}{s - z}\,ds$$

A continuación desarrollamos el factor $\dfrac{1}{s-z}$ del integrando como

$$\frac{1}{s-z} = \frac{1}{(s-z_0)-(z-z_0)} = \frac{1}{(s-z_0)\left(1 - \frac{z-z_0}{s-z_0}\right)}$$

$$\frac{1}{s-z} = \frac{1}{s-z_0}\,\frac{1}{\left(1 - \frac{z-z_0}{s-z_0}\right)}$$

Desarrollamos ahora como en 4.1.5 el término $\dfrac{1}{\left(1 - \frac{z-z_0}{s-z_0}\right)}$, en la forma $\dfrac{1}{1-q} = 1 + q + q^2 + \cdots + q^{N-1} + \dfrac{q^N}{1-q}$, con $q = \dfrac{z-z_0}{s-z_0}$, y obtenemos

$$\frac{1}{s-z} = \frac{1}{s-z_0}\left[1 + \frac{z-z_0}{s-z_0} + \left(\frac{z-z_0}{s-z_0}\right)^2 + \cdots + \left(\frac{z-z_0}{s-z_0}\right)^{N-1} + \frac{\left(\frac{z-z_0}{s-z_0}\right)^N}{1 - \frac{z-z_0}{s-z_0}}\right]$$

Introduciendo en el paréntesis $\dfrac{1}{s-z_0}$

$$\frac{1}{s-z} = \left[\frac{1}{s-z_0} + \frac{z-z_0}{(s-z_0)^2} + \frac{(z-z_0)^2}{(s-z_0)^3} + \cdots + \frac{(z-z_0)^{N-1}}{(s-z_0)^N} + \frac{\left(\frac{z-z_0}{s-z_0}\right)^N}{s-z}\right]$$

y finalmente

$$\frac{1}{s-z} = \left[\frac{1}{s-z_0} + \frac{z-z_0}{(s-z_0)^2} + \frac{(z-z_0)^2}{(s-z_0)^3} + \cdots + \frac{(z-z_0)^{N-1}}{(s-z_0)^N} + \frac{(z-z_0)^N}{(s-z_0)^N(s-z)}\right]$$

que en forma más compacta es

$$\frac{1}{s-z} = \sum_{n=0}^{N-1} \frac{(z-z_0)^n}{(s-z_0)^{n+1}} + \frac{(z-z_0)^N}{(s-z_0)^N(s-z)}$$

Introduciendo esta expresión que obtuvimos para $\frac{1}{s-z}$, en la integral que representa a $f(z)$

$$f(z) = \frac{1}{2\pi i}\oint_c \frac{f(s)}{s-z}ds = \frac{1}{2\pi i}\oint_c f(s)\left[\sum_{n=0}^{N-1} \frac{(z-z_0)^n}{(s-z_0)^{n+1}} + \frac{(z-z_0)^N}{(s-z_0)^N(s-z)}\right]ds$$

Como la última integral opera sobre un número finito de funciones, la podemos expresar como suma de integrales

$$f(z) = \sum_{n=0}^{N-1} \frac{1}{2\pi i}\oint_c f(s)\frac{(z-z_0)^n}{(s-z_0)^{n+1}}\,ds + \frac{1}{2\pi i}\oint_c f(s)\frac{(z-z_0)^N}{(s-z_0)^N(s-z)}ds$$

$$f(z) = \sum_{n=0}^{N-1}\left[\frac{1}{2\pi i}\oint_c \frac{f(s)}{(s-z_0)^{n+1}}\,ds\right](z-z_0)^n + R_N$$

En la última expresión, hemos puesto $R_N = \frac{1}{2\pi i}\oint_c f(s)\frac{(z-z_0)^N}{(s-z_0)^N(s-z)}ds$ y las integrales bajo la suma, se pueden escribir como $\frac{1}{2\pi i}\oint_c \frac{f(s)}{(s-z_0)^{n+1}}\,ds = \frac{f^n(z_0)}{n!}$ según vimos en 3.4.3 y entonces escribir

$$f(z) = \sum_{n=0}^{N-1} \frac{f^n(z_0)}{n!}(z-z_0)^n + R_N$$

Si $\lim_\infty R_n = 0$, como efectivamente probaremos, la suma $f(z) = \sum_{n=0}^{N} \frac{f^n(z_0)}{n!}(z-z_0)^n$ converge cuando $N \to \infty$ y puede escribirse

$$f(z) = \sum_{n=0}^{\infty} \frac{f^n(z_0)}{n!}(z-z_0)^n \blacklozenge$$

La última expresión, es la serie de *Taylor* que representa a la función $f(z)$, y como en las funciones de variable real, si $z_0 = 0$ se tiene la serie de *Mc. Laurin*

$$f(z) = \sum_{n=0}^{\infty} \frac{f^n(0)}{n!} z^n$$

4.2.2. *Ejemplo.* **a.** Si $f(z) = e^z$ y $z_0 = 0$. $f(z) = \sum_{n=0}^{\infty} \frac{f^n(0)}{n!} z^n$, entonces, siendo $f(z) = e^z$; $f' = e^z$, $f'' = e^z$, ..., $f^N = e^z$ y $f^N(z)|_{z=0} = 1$, la serie es: $f(z) = 1 + z + \frac{z^2}{2!} + \frac{z^3}{3!} + \cdots + \frac{z^n}{n!} + \cdots = \sum_0 \frac{z^n}{n!}$. **b.** Si $f(z) = sen\, z$ y $z_0 = 0$. $f(z) = \sum_{n=0}^{\infty} \frac{f^n(0)}{n!} z^n$, entonces, siendo $f(z) = sen\, z$; $f' = cos\, z$, $f'' = -sen\, z$, $f''' = -cos\, z$ ..., $f^{IV} = sen\, z$, y $f(z)|_{z=0} = sen\, z|_{z=0} = 0$, $f'(z)|_{z=0} = cos\, z|_{z=0} = 1$, $f''(z)|_{z=0} = -sen\, z|_{z=0} = 0$, $f'''(z)|_{z=0} = -cos\, z|_{z=0} = -1$, $f^{IV}(z)|_{z=0} = sen\, z|_{z=0} = 0$, la serie es: $f(z) = z - \frac{z^3}{3!} + \frac{z^5}{5!} - \cdots = \sum_0 (-)^n \frac{z^{2n+1}}{(2n+1)!}$. **c.** Si $f(z) = sen\, z$ y $z_0 = \frac{\pi}{2}$. $f(z) = \sum_{n=0}^{\infty} \frac{f^n\left(\frac{\pi}{2}\right)}{n!} \left(z - \frac{\pi}{2}\right)^n$, entonces, siendo $f(z) = sen\, z$; $f' = cos\, z$, $f'' = -sen\, z$, $f''' = -cos\, z$ ..., $f^{IV} = sen\, z$, y $f(z)|_{z=\frac{\pi}{2}} = sen\, z|_{z=\frac{\pi}{2}} = 1$, $f'(z)|_{z=\frac{\pi}{2}} = cos\, z|_{z=\frac{\pi}{2}} = 0$, $f''(z)|_{z=\frac{\pi}{2}} = -sen\, z|_{z=\frac{\pi}{2}} = -1$, $f'''(z)|_{z=\frac{\pi}{2}} = -cos\, z|_{z=\frac{\pi}{2}} = 0$, $f^{IV}(z)|_{z=\frac{\pi}{2}} = sen\, z|_{z=\frac{\pi}{2}} = 1$, la serie es: $f(z) = 1 - \frac{\left(z-\frac{\pi}{2}\right)^2}{2!} + \frac{\left(z-\frac{\pi}{2}\right)^4}{4!} - \cdots = \sum_0 (-)^n \frac{\left(z-\frac{\pi}{2}\right)^{2n}}{(2n)!}$.

4.2.3. *Acotación de R_N y disco de convergencia.* Probaremos que el resto R_N tiende a cero, acotando la integral que lo define; $R_n = \frac{1}{2\pi i} \oint_c f(s) \frac{(z-z_0)^N}{(s-z_0)^N(s-z)} ds$.

$$|R_N| = \frac{1}{2\pi} \left| \oint_c f(s) \frac{(z-z_0)^N}{(s-z_0)^N(s-z)} ds \right| \leq \frac{1}{2\pi} \oint_c \frac{|f(s)||z-z_0|^N}{|s-z_0|^N|s-z|} |ds|$$

En la figura 4.2.1 observamos que; $|z - z_0| = \rho_1 < \rho$, $|s - z_0| = \rho$ y además, $|s - z| = |(s - z_0) - (z - z_0)| \geq |s - z_0| - |z - z_0| = \rho - \rho_1$, y siendo f analítica sobre la circunferencia c, debe mantenerse acotada como $|f(s)| < M$. Entonces, siendo $\oint_c |ds| = 2\pi\rho$, la longitud de c, se tiene

$$|R_N| \leq \frac{M\rho_1^N}{2\pi} \frac{1}{\rho^N(\rho - \rho_1)} \oint_c |ds| = \frac{M\rho_1^N}{2\pi} \frac{2\pi\rho}{\rho^N(\rho - \rho_1)}$$

$$|R_N| \leq \left(\frac{\rho_1}{\rho}\right)^N \frac{M}{\left(1 - \frac{\rho_1}{\rho}\right)} \blacklozenge$$

La última expresión muestra que, siendo $\frac{\rho_1}{\rho} < 1$, $|R_N| \to 0$ si $N \to \infty$. Si $|R_N| \to 0$, la serie converge en toda Ω, la región donde f es analítica, que para algunos casos particulares como $sen\, z$ y e^z; es todo el plano complejo. La serie de *Taylor*, pierde validez si f deja de ser analítica en algún punto dentro o sobre la curva c, en tanto pierden validez las integrales usadas para obtenerla.

La distancia desde el *centro del desarrollo* z_0 hasta la singularidad más próxima, es el *radio de convergencia* del desarrollo y es la distancia hasta la que se puede extender su validez. El círculo determinado por el radio de convergencia, es el *disco de convergencia* o *círculo de convergencia* del desarrollo.

4.2.4. *Unicidad de la serie*. Es pertinente preguntarse si habrá una serie de potencias de la forma $\sum c_n(z - z_0)^n$, que represente a la función $f(z)$, y sea distinta a la serie de *Taylor* con centro en $z = z_0$, que representa a $f(z)$. La respuesta es *no*, toda serie de potencias con centro en $z = z_0$, convergente a $f(z)$, es la serie de *Taylor* de $f(z)$. Para probarlo, supongamos que una serie de potencias con coeficientes arbitrarios c_n, representa a $f(z)$ en un disco de centro z_0, de modo que

$$f(z) = \sum_0 c_n(z - z_0)^n = c_0 + c_1(z - z_0) + c_2(z - z_0)^2 + c_3(z - z_0)^3 + \cdots$$

entonces derivando sucesivamente se encuentra que

$$f'(z) = c_1 + 2c_2(z - z_0) + 3c_3(z - z_0)^2 + \cdots \quad \text{y} \quad f'(z_0) = c_1$$

$$f''(z) = 2.1c_2 + 3.2c_3(z - z_0) + \cdots \quad \text{y} \quad f''(z_0) = 2.1c_2 \text{ o } c_2 = \frac{f''(z_0)}{2.1}$$

y así continuando, encontramos que $c_n = \frac{f^N(z_0)}{n!}$ o sea, cada c_n de la serie es igual al correspondiente coeficiente de *Taylor* y en consecuencia, la serie $\sum_0 c_n(z - z_0)^n$ es la serie de *Taylor* que representa a f.

La conclusión que acabamos de obtener es de gran importancia práctica porque, si debemos obtener un desarrollo de *Taylor* para una función $f(z)$, no importa el procedimiento que utilicemos para obtenerlo, mientras sea un procedimiento lícito, el resultado será siempre el mismo; la serie de *Taylor*.

4.2.5. *Ejemplo*. **a.** $f = \frac{1}{z}$, $z_0 = 1$. Podemos obtener los coeficientes $\frac{f^n(1)}{n!}$ del desarrollo de $f(z) = \sum_{n=0}^{\infty} \frac{f^n(1)}{n!}(z - 1)^n$, por derivación sucesiva de $f = \frac{1}{z}$ y valuación de cada derivada en $z_0 = 1$, dividiendo después por el correspondiente factorial, pero es más directo, usar los desarrollos; $\frac{1}{1-q} = 1 + q + q^2 + \cdots$ o $\frac{1}{1+q} = \frac{1}{1-(-q)} = 1 - q + q^2 - \cdots$. Si $z_0 = 1$, debemos obtener un desarrollo de la forma $\sum c_n(z - 1)^n$, para obtenerlo, sumamos y restamos 1 en el denominador de

$f = \frac{1}{z}$, con lo que $f = \frac{1}{z} = \frac{1}{1+z-1}$, que tiene la forma $\frac{1}{1+q}$ con $q = z - 1$, entonces;

$f = \frac{1}{1+z-1} = 1 - (z-1) + (z-1)^2 - (z-1)^3 + \cdots = \sum_0 (-)^n (z-1)^n$. La condición de convergencia es que $|q| = |z - 1| < 1$, y el radio de convergencia es $R = 1$, que es la distancia desde $z_0 = 1$ hasta $z = 0$ donde f no es analítica. El disco de convergencia es $D_1(1)$ figura 4.2.5.a. **b.** $f = \frac{1}{z}$, $z_0 = 1 + i$. Si $z_0 = 1 + i$, debemos obtener un desarrollo de la forma $\sum c_n [z - (1+i)]^n$, para obtenerlo, sumamos y restamos $1 + i$ en el denominador de $f = \frac{1}{z}$ con lo que; $f = \frac{1}{z} = \frac{1}{1+i+z-(1+i)} = $

$\frac{1}{(1+i)\left[1 + \frac{z-(1+i)}{1+i}\right]} = \frac{1}{1+i} \frac{1}{\left[1 + \frac{z-(1+i)}{1+i}\right]}$ que tiene la forma $\frac{1}{1+i} \frac{1}{1+q}$, con $q = \frac{z-(1+i)}{1+i}$ y entonces,

$f = \frac{1}{1+i}\left[1 - \left(\frac{z-(1+i)}{1+i}\right) + \left(\frac{z-(1+i)}{1+i}\right)^2 - \left(\frac{z-(1+i)}{1+i}\right)^3 + \cdots\right] = \frac{1}{1+i}\sum_0(-)^n\left(\frac{z-(1+i)}{1+i}\right)^n$. La condición de convergencia es que $|q| = \left|\frac{z-(1+i)}{1+i}\right| < 1$ o bien $|z - (1+i)| < |1 + i| = \sqrt{2}$, que es justamente la distancia desde $z_0 = 1 + i$ hasta $z = 0$ donde f no es analítica. El círculo de convergencia es $D_{\sqrt{2}}(1 + i)$ figura 4.2.5.b. **c.** $f = \frac{1}{1-z}$, $z_0 = 0$. Con $z_0 = 0$, debemos obtener un desarrollo de la forma $\sum c_n z^n$, y entonces el desarrollo es directo $f = \frac{1}{1-z} = 1 + z + z^2 + z^3 + \cdots$, que es válido si $|q| = |z| < 1$ y el radio de convergencia es $R = 1$, que es la distancia desde $z_0 = 0$ hasta $z = 1$ donde f no es analítica. El círculo de convergencia es $D_1(0)$ figura 4.2.5.c. **d.** $f = \frac{z}{z^2-1}$, $z_0 = 0$.

Si $z_0 = 0$, el desarrollo debe ser de la forma $\sum c_n z^n$; $f = \frac{z}{(z+1)(z-1)}$, que

descompuesta en fracciones simples es $f = \frac{1/2}{z+1} + \frac{1/2}{z-1}$. El término $\frac{1/2}{z+1}$ es $\frac{1}{2}\frac{1}{1+z} = $

$\frac{1}{2}(1 - z + z^2 - z^3 + \cdots) = \frac{1}{2}\sum_0(-)^n z^n$, que converge si $|z| < 1$ y el radio de convergencia es $R = 1$, que es la distancia desde $z_0 = 0$ hasta $z = -1$ donde f no es analítica, el disco de convergencia es $D_1(0)$, figura 4.2.5.d. El término $\frac{1/2}{z-1}$ es

$\frac{1}{2}\frac{-1}{1-z} = \frac{-1}{2}(1 + z + z^2 + z^3 + \cdots) = -\frac{1}{2}\sum_0 z^n$, que converge si $|z| < 1$ y el radio de convergencia es $R = 1$, que es la distancia desde $z_0 = 0$ hasta $z = 1$ donde f no es analítica, el círculo de convergencia es $D_1(0)$, figura 4.2.5.d. Sumando los dos términos desarrollados, se tiene $f = \frac{1}{2}\sum_0(-)^n z^n - \frac{1}{2}\sum_0 z^n$. **e.** $h = \frac{1}{z^2}$, $z_0 = 1$. En el ejemplo 4.2.5.a obtuvimos el desarrollo $f = \frac{1}{z} = \sum_0(-)^n(z-1)^n$. Ahora podemos obtener el desarrollo $h = \frac{1}{z^2}$ como $h = f^2 = f.f$, esto es $h = [\sum_0(-)^n(z-1)^n][\sum_0(-)^n(z-1)^n]$, que no es un producto necesariamente difícil de calcular, basta escribir solo algunos términos de la serie repetida, y cuando calculan unos pocos términos, se evidencia la secuencia que siguen los coeficientes del producto. Más expeditivo es calcular f' a partir del resultado conocido $f = \sum_0(-)^n(z-1)^n$ y como $h = -f'$, el resultado es inmediato; $f = \sum_0(-)^n(z-1)^n$

entonces; $\quad f' = \sum_0 (-)^n n(z-1)^{n-1}$, $\quad$ de $\quad$ donde $\quad$ $h = -\sum_0 (-)^n n(z-1)^{n-1} = \sum_0 (-)^{n+1} n(z-1)^{n-1}$. Vale también como ejemplo el procedimiento de integrar una serie conocida: $sen\ z = \int cos\ z$, intégrese el resultado del ejemplo 4.2.2.b y se obtendrá la serie de $-cos\ z$, si se hace la constante de integración $k = -1$.

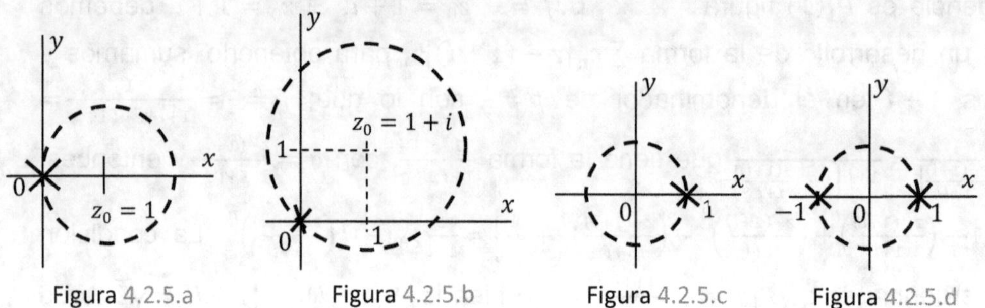

Figura 4.2.5.a Figura 4.2.5.b Figura 4.2.5.c Figura 4.2.5.d

4.2.6. *Los ceros de una función analítica*. Si una función $f(z)$ analítica en un dominio Ω, se anula en un punto z_0 de Ω, se dice que $f(z)$ tiene un *cero* en $z = z_0$. Si además $f'(z_0) = f''(z_0) = \cdots = f^{M-1}(z_0) = 0$ y $f^M(z_0) \neq 0$, se dice que $f(z)$ tiene un *cero de orden m* en $z = z_0$. La función $f = sen\ z$, tiene ceros de primer orden en los puntos $z = n\pi, n \in \mathbb{Z}$, porque en esos puntos $sen\ z = 0$ pero, $f' = cos\ z \neq 0$ si $z = n\pi, n \in \mathbb{Z}$, y la función $h = (z-2)^3$, tiene un cero de tercer orden en $z = 2$, porque $h(2) = h'(2) = h''(2) = 0$ y $h'''(2) = 6 \neq 0$.

Siendo una función $f(z)$ analítica en z_0, tiene una representación en serie de *Taylor* con centro en z_0

$$f(z) = \sum_{n=0}^{\infty} \frac{f^n(z_0)}{n!}(z-z_0)^n = \sum_{n=0}^{\infty} a_n (z-z_0)^n$$

$$f(z) = a_0 + a_1(z-z_0) + a_2(z-z_0)^2 + a_3(z-z_0)^3 + \cdots$$

y se observa entonces que; si $f(z_0) = 0$, significa que $a_0 = 0$, de la misma forma si $f'(z_0) = 0$, significa que $a_1 = 0$, etc. de modo que, si $f(z)$ tiene un cero de orden m en z_0, deben ser $a_0 = a_1 = \cdots = a_{m-1} = 0$, y la serie $f(z) = a_0 + a_1(z-z_0) + a_2(z-z_0)^2 + a_3(z-z_0)^3$ resulta

$$f(z) = a_m(z-z_0)^m + a_{m+1}(z-z_0)^{m+1} + a_{m+2}(z-z_0)^{m+2} + \cdots$$

o bien $\qquad f(z) = (z-z_0)^m [a_m + a_{m+1}(z-z_0) + a_{m+2}(z-z_0)^2 + \cdots]$

$$f(z) = (z-z_0)^m \sum_{j=0} a_{m+j} (z-z_0)^j$$

que podemos expresar como

$$f(z) = (z - z_0)^m h(z)$$

donde $h(z) = \sum_{j=0} a_{m+j} (z - z_0)^j$, es una función analítica en z_0 y $h(z_0) = a_m \neq 0$.

Se prueba que los ceros de una función f analítica en un dominio Ω, son aislados en Ω si $f \not\equiv 0$, y forman un conjunto a lo sumo *numerable*. Hemos visto en 3.4.9 que el módulo de una función analítica $|f|$, no puede permanecer constante en torno a un punto, excepto que sea $f = k$, una constante, y entonces si f no es constante y $|f|$ se anula en $z = z_0$, debe ser $|f| \neq 0$ en un entorno de z_0.

Cuando $f(z_0) = 0$, el orden del cero es importante para caracterizar el comportamiento de la función en torno a z_0. Según vimos en 2.2.3, el mapeo deja de ser conforme donde se anula la derivada; ahora supongamos que en un punto z_0, se anule f' junto con todas las sucesivas derivadas hasta el orden $n - 1$, esto es $f'(z_0) = f''(z_0) = \cdots = f^{N-1}(z_0) = 0$ y $f^N(z_0) \neq 0$, o bien los correspondientes coeficientes de *Taylor* $a_1 = a_2 = \cdots = a_{n-1} = 0$ y $a_n \neq 0$. Entonces para $w = f(z)$, su representación en serie de *Taylor* es

$$w(z) = w(z_0) + a_n(z - z_0)^n + a_{n+1}(z - z_0)^{n+1} + a_{n+2}(z - z_0)^{n+2} + \cdots$$

de donde $\quad w(z) - w(z_0) = (z - z_0)^n[a_n + a_{n+1}(z - z_0) + a_{n+2}(z - z_0)^2 + \cdots]$

o bien $\quad\quad \Delta w(z_0) = [\Delta z(z_0)]^n[a_n + a_{n+1}(z - z_0) + a_{n+2}(z - z_0)^2 + \cdots]$

y debe cumplirse entonces para los argumentos

$$Arg[\,\Delta w(z_0)] = n\,Arg[\Delta z(z_0)] + Arg[a_n + a_{n+1}(z - z_0) + \cdots]$$

Con lo que se comprueba que el argumento de un segmento Δw trazado a partir de w_0 tiene un argumento igual al del segmento Δz trazado a partir de z_0, multiplicado por n, el orden de la primera derivada no nula, mas una constante $Arg[a_n]$ a la que tiende el segundo término de la derecha si $z \to z_0$.

En el ejemplo 2.2.4, la función $w = z^2$, tiene un cero de segundo orden en $z = 0$ y por eso, duplica el ángulo entre los ejes x e y, figuras 2.2.4.a y 2.2.4.b.

4.2.7. *Ejemplo.* **a.** $f = z^2 + 1$. $f = 0$ si $z = \pm i$ y $f' = 2z \neq 0$ si $z = \pm i$, por lo que f tiene ceros de primer orden o ceros simples en $z = \pm i$. **b.** $f = z^4 + 4z^2$. $f = z^2(z^2 + 4) = 0$, si $z = 0$ o $z = \pm 2i$. $f' = 4z^3 + 8z \neq 0$ si $z = \pm 2i$ y entonces f tiene ceros simples en $z = \pm 2i$. $f' = 4z^3 + 8z = 0$ si $z = 0$ y $f'' = 12z^2 + 8 \neq 0$ si $z = 0$, por lo que f tiene un cero de segundo orden o cero doble en $z = 0$. **c.** $f = z^3(z - i)^4(z - 2)$. f tiene un cero de tercer orden en $z = 0$, un cero de cuarto orden en $z = i$ y un cero simple en $z = 2$, como se ve de considerar sucesivamente; $f = z^3 h_1(z)$ con $h_1(z) = (z-i)^4(z-2) \neq 0$ en $z = 0$; $f = (z-i)^4 h_2(z)$ con $h_2(z) = z^3(z-2) \neq 0$ en $z = i$; $f = (z-2)h_3(z)$ con $h_3(z) = z^3(z-i)^4 \neq 0$ en $z = 2$.

Ejercicios 4.2

Desarrollar en serie de *Taylor* dando el disco de convergencia.

1. $f(z) = \cos z;\ z_0 = \dfrac{\pi}{2}.$ **2.** $f(z) = \ln(1+z);\ z_0 = 0.$

3. $f(z) = \dfrac{1}{z};$ **a)** $z_0 = -1.$ **b)** $z_0 = -2.$

4. $f(z) = z^2;\ z_0 = 1.$ **a)** sin usar la derivación. **b)** con los coeficientes de *Taylor*.

5. $f(z) = \dfrac{z}{z^2 - 2z - 3};\ z_0 = 0.$

Encontrar el orden y la posición de los ceros de las siguientes funciones.

6. $f(z) = \cos z.$ **7.** $f(z) = \dfrac{e^z - 1}{z}.$ **8.** $f(z) = \ln z.$ **9.** $f(z) = z^3 sen\ z.$

10. $f(z) = (z-1)^3(z-i)^2 \ln(z-1).$ **11.** $f(z) = (z-1)^3 sen^2 z.$

Respuestas:

1. $R: f = \sum_0 (-)^{n+1} \dfrac{\left(z - \frac{\pi}{2}\right)^{2n+1}}{(2n+1)!};\ D_\infty(0).$ **2.** $R: f = \sum_1 (-)^{n+1} \dfrac{z^n}{n};\ D_1(0).$ **3. a)** $R: f = -\sum_0 (z+1)^n;\ D_1(-1).$ **b)** $R: f = -\dfrac{1}{2}\sum_0 \left(\dfrac{z+2}{2}\right)^n;\ D_2(-2).$ **4.** $R: f = (z-1)^2 + 2(z-1) + 1;\ D_\infty(1).$ **5.** $R: f = \dfrac{1}{4}\sum_0 (-)^{n+1} z^n - \dfrac{1}{4}\sum_0 \left(\dfrac{z}{3}\right)^n;\ D_1(0).$ **6.** $f(z) = \cos z.$ $R: z = k\pi: k \in \mathbb{Z}, n = 1.$ **7.** $R: \lim_0 f = 1; f\ no\ tiene\ ceros.$ **8.** $R: z = 1, n = 1.$ **9.** $R: z = 0, n = 4; z = k\pi: k \in \mathbb{Z}^{\neq 0}, n = 1.$ **10.** $R: z = 1, n = 3; z = i, n = 3; z = 2, n = 1.$ **11.** $R: z = 1, n = 3; z = k\pi: k \in \mathbb{Z}, n = 2.$

4.3 La Serie de Laurent

Obtendremos ahora el desarrollo de *Laurent*, que permite aproximar una función $f(z)$ alrededor de puntos singulares, como se requiere con frecuencia. El centro z_0 del desarrollo ahora será un punto de no analiticidad, y la serie será convergente en un anillo y no en un círculo como es el caso de la serie de *Taylor*, mientras que su forma general será $f(z) = \sum_{-\infty}^{\infty} c_n (z - z_0)^n$.

4.3.1. *Obtención de la serie*. Se trata de obtener un desarrollo que aproxime la función $f(z)$, en un punto z vecino a un punto singular z_0, de una región Ω del plano complejo donde $f(z)$ es analítica, excepto en $z = z_0$.

Comenzamos por rodear el punto z_0 con una circunferencia c_1 de radio ρ_1 y centro en z_0, que incluya al punto z próximo a z_0 figura 4.3.1.a. A continuación aislamos z_0 con una segunda circunferencia c_2, centrada en z_0 de radio $\rho_2 < \rho_1$, y rodeamos el punto z con una tercera circunferencia γ, incluida en el anillo determinado por c_1 y c_2 figura 4.3.1.a.

Considerando positivos los recorridos antihorarios sobre las tres circunferencias, observamos que: efectuando un corte a que conecte c_1 con γ y un segundo corte b que conecte γ con c_2 figura 4.3.1.b, queda determinado un contorno $\Gamma = c_1 \cup \gamma^- \cup c_2^-$, que solo encierra puntos donde $f(z)$ es analítica de modo que; $\oint_\Gamma f = \oint_{c_1} f + \oint_{\gamma^-} f + \oint_{c_2^-} f = 0$ en tanto f es analítica dentro y sobre Γ. Podemos entonces escribir $\oint_{c_1} f + \oint_{c_2^-} f = -\oint_{\gamma^-} f$ o bien; $\oint_\gamma f = \oint_{c_1} f - \oint_{c_2} f$.

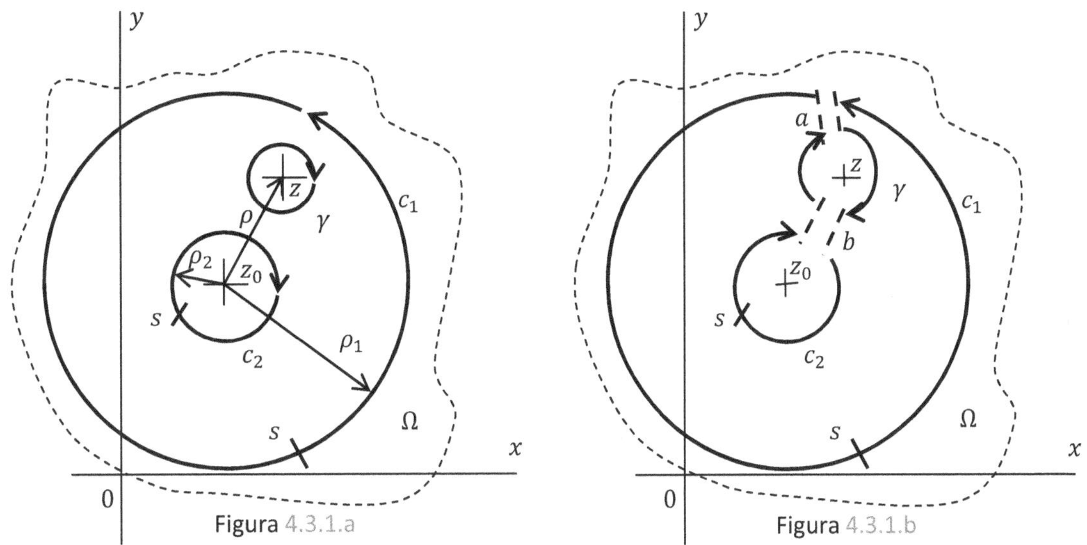

Figura 4.3.1.a

Figura 4.3.1.b

Con estas consideraciones, siendo f analítica dentro y sobre γ, y usando la representación integral de *Cauchy* para $f(z)$

$$f(z) = \frac{1}{2\pi i} \oint_\gamma \frac{f(s)}{s-z} ds = \frac{1}{2\pi i} \oint_{c_1} \frac{f(s)}{s-z} ds - \frac{1}{2\pi i} \oint_{c_2} \frac{f(s)}{s-z} ds$$

Desarrollamos a continuación el factor $\frac{1}{s-z}$ en las integrales sobre las curvas c_1 y c_2, con $\frac{1}{1-q} = 1 + q + q^2 + \cdots + q^{N-1} + \frac{q^N}{1-q}$ como lo hicimos para obtener el desarrollo de *Taylor* en 4.2.1 y para la primera integral, obtenemos la misma expresión que obtuvimos en 4.2.1

$$\frac{1}{s-z} = \sum_{n=0}^{N-1} \frac{(z-z_0)^n}{(s-z_0)^{n+1}} + \frac{(z-z_0)^N}{(s-z_0)^N(s-z)}$$

que reemplazado en la integral $\frac{1}{2\pi i} \oint_{c_1} \frac{f(s)}{s-z} ds$ da

$$\frac{1}{2\pi i} \oint_{c_1} \frac{f(s)}{s-z} ds = \sum_{n=0}^{N-1} \frac{1}{2\pi i} \oint_{c_1} f(s) \frac{(z-z_0)^n}{(s-z_0)^{n+1}} ds + \frac{1}{2\pi i} \oint_{c_1} f(s) \frac{(z-z_0)^N}{(s-z_0)^N(s-z)} ds$$

$$\frac{1}{2\pi i} \oint_{c_1} \frac{f(s)}{s-z} ds = \sum_{n=0}^{N-1} \left[\frac{1}{2\pi i} \oint_{c_1} \frac{f(s)}{(s-z_0)^{n+1}} ds \right] (z-z_0)^n + R_N$$

Donde hemos puesto, como anteriormente lo hicimos en 4.2.1, $R_N = \frac{1}{2\pi i} \oint_c f(s) \frac{(z-z_0)^N}{(s-z_0)^N(s-z)} ds$, con la diferencia que ahora, las integrales bajo la suma *no se pueden escribir* como $\frac{1}{2\pi i} \oint_c \frac{f(s)}{(s-z_0)^{n+1}} ds = \frac{f^n(z_0)}{n!}$, en tanto la circunferencia c_1 está rodeando al punto singular z_0. Identificamos estas integrales como $a_n = \frac{1}{2\pi i} \oint_{c_1} \frac{f(s)}{(s-z_0)^{n+1}} ds$ y entonces

$$\boxed{\frac{1}{2\pi i} \oint_{c_1} \frac{f(s)}{s-z} ds = \sum_{n=0}^{N-1} a_n (z-z_0)^n + R_N}$$

Para la integral $-\frac{1}{2\pi i} \oint_{c_2} \frac{f}{s-z} ds$, desarrollamos el factor $\frac{1}{s-z}$ como $-\frac{1}{s-z} = \frac{1}{z-s}$ para tener en cuenta el signo negativo de la integral, y entonces

$$\frac{1}{z-s} = \frac{1}{(z-z_0)-(s-z_0)} = \frac{1}{(z-z_0)\left(1-\frac{s-z_0}{z-z_0}\right)} = \frac{1}{z-z_0} \frac{1}{\left(1-\frac{s-z_0}{z-z_0}\right)}$$

$$\frac{1}{z-s} = \frac{1}{z-z_0}\frac{1}{\left(1-\frac{s-z_0}{z-z_0}\right)} = \frac{1}{z-z_0}\left[1 + \frac{s-z_0}{z-z_0} + \left(\frac{s-z_0}{z-z_0}\right)^2 + \cdots + \left(\frac{s-z_0}{z-z_0}\right)^{N-1} + \frac{\left(\frac{s-z_0}{z-z_0}\right)^N}{1-\frac{s-z_0}{z-z_0}}\right]$$

$$\frac{1}{z-s} = \left[\frac{1}{z-z_0} + \frac{s-z_0}{(z-z_0)^2} + \frac{(s-z_0)^2}{(z-z_0)^3} + \cdots + \frac{(s-z_0)^{N-1}}{(z-z_0)^N} + \frac{\left(\frac{s-z_0}{z-z_0}\right)^N}{z-s}\right]$$

$$\frac{1}{z-s} = \sum_0^{N-1}\frac{(s-z_0)^n}{(z-z_0)^{n+1}} + \frac{(s-z_0)^N}{(z-z_0)^N(s-z)} = \sum_1^N\frac{(s-z_0)^{n-1}}{(z-z_0)^n} + \frac{(s-z_0)^N}{(z-z_0)^N(z-s)}$$

$$\frac{1}{z-s} = \sum_1^N\frac{(z-z_0)^{-n}}{(s-z_0)^{-n+1}} + \frac{(s-z_0)^N}{(z-z_0)^N(z-s)}$$

Introduciendo este desarrollo en la integral $\frac{1}{2\pi i}\oint_{C_2}\frac{f(s)}{s-z}ds$ obtenemos

$$\frac{1}{2\pi i}\oint_{C_2}\frac{f(s)}{s-z}ds = \frac{1}{2\pi i}\oint_{C_2}f(s)\sum_1^N\frac{(z-z_0)^{-n}}{(s-z_0)^{-n+1}}ds + \frac{1}{2\pi i}\oint_{C_2}f(s)\frac{(s-z_0)^N}{(z-z_0)^N(z-s)}ds$$

como la primera integral del segundo término opera sobre un número finito de funciones, podemos permutar la suma con la integración y expresar

$$-\frac{1}{2\pi i}\oint_{C_2}\frac{f(s)}{s-z}ds = \sum_1^N\left[\frac{1}{2\pi i}\oint_{C_2}\frac{f(s)}{(s-z_0)^{-n+1}}ds\right](z-z_0)^{-n} + Q_n$$

donde hemos puesto $Q_N = \frac{1}{2\pi i}\oint_{C_2}f(s)\frac{(s-z_0)^N}{(z-z_0)^N(z-s)}ds$. Identificando las integrales bajo la suma como $b_n = \frac{1}{2\pi i}\oint_{C_2}\frac{f(s)}{(s-z_0)^{-n+1}}ds$, obtenemos

$$\boxed{-\frac{1}{2\pi i}\oint_{C_2}\frac{f(s)}{s-z}ds = \sum_1^N b_n(z-z_0)^{-n} + Q_N}$$

Entonces, regresando a la expresión que obtuvimos para $f(z)$ integrando sobre el contorno γ

$$f(z) = \frac{1}{2\pi i}\oint_\gamma\frac{f(s)}{s-z}ds = \frac{1}{2\pi i}\oint_{C_1}\frac{f(s)}{s-z}ds - \frac{1}{2\pi i}\oint_{C_2}\frac{f(s)}{s-z}ds$$

al reemplazar las expresiones obtenidas para las integrales sobre c_1 y c_2, obtenemos

$$f(z) = \sum_{n=0}^{N-1} a_n(z-z_0)^n + R_N + \sum_1^N b_n(z-z_0)^{-n} + Q_N$$

Si los restos; $R_N \to 0$ y $Q_N \to 0$, cuando N crece indefinidamente, entonces podemos omitirlos y escribir las sumas como

$$f(z) = \sum_{n=0}^{\infty} a_n \, (z - z_0)^n + \sum_{1}^{\infty} \frac{b_n}{(z-z_0)^n}$$

Con
$$a_n = \frac{1}{2\pi i} \oint_{c_1} \frac{f(s)}{(s-z_0)^{n+1}} \, ds \quad \text{y} \quad b_n = \frac{1}{2\pi i} \oint_{c_2} \frac{f(s)}{(s-z_0)^{-n+1}} \, ds.$$

En forma más general

$$f(z) = \sum_{-\infty}^{\infty} c_n \, (z - z_0)^n \quad \text{con} \quad c_n = \frac{1}{2\pi i} \oint_{c} \frac{f(s)}{(s-z_0)^{n+1}} \, ds.$$

La curva c que empleamos para calcular $c_n = \frac{1}{2\pi i} \oint_{c} \frac{f(s)}{(s-z_0)^{n+1}} \, ds$, es cualquier circunferencia entre c_2 y c_1 en tanto el anillo entre c_2 y c_1, es un dominio de analiticidad. Por lo demás, c_2 y c_1 pueden desplazarse de la misma forma, y aun reemplazarse por cualquier curva cerrada simple dentro del anillo, que rodee a z_0.

Si $z_0 = 0$, se tienen los correspondientes desarrollos

$$f(z) = \sum_{n=0}^{\infty} a_n \, z^n + \sum_{1}^{\infty} \frac{b_n}{z^n} \quad \text{y} \quad f(z) = \sum_{-\infty}^{\infty} c_n \, z^n$$

La parte del desarrollo que contiene las potencias negativas, $\sum_{1}^{\infty} \frac{b_n}{(z-z_0)^n}$, es la *parte principal*, y así se denomina debido a su importancia en la caracterización de las funciones.

Si la parte principal se anula, la serie de *Laurent* se transforma en una serie de *Taylor*, esto último sucede si el punto z_0 es un punto de analiticidad o bien, es *removida* la singularidad de f en z_0 y entonces; si $f(s)$ es analítica en $z = z_0$, se anulan todas las integrales que definen los coeficientes $b_n = \frac{1}{2\pi i} \oint_{c_2} \frac{f(s)}{(s-z_0)^{-n+1}} \, ds = 0, \forall n$, en tanto $n \in \mathbb{N}$ y el integrando es entonces de la forma $f(s)(s - z_0)^k$, con $k \geq 0$, una función que es analítica si $f(s)$ es analítica.

Se prueba que efectivamente $R_n \to 0$ con el mismo procedimiento empleado para la serie de *Taylor*, siendo $\rho_2 < \rho < \rho_1$.

4.3.2. *Acotación de Q_n y anillo de convergencia*. Probaremos que el resto Q_N tiende a cero, acotando la integral que lo define; $Q_n = \frac{1}{2\pi i} \oint_{c_2} f(s) \frac{(s-z_0)^N}{(z-z_0)^N (z-s)} \, ds$.

$$|Q_n| = \frac{1}{2\pi} \left| \oint_{c_2} f(s) \frac{(s-z_0)^N}{(z-z_0)^N(z-s)} \, ds \right| \leq \frac{1}{2\pi} \oint_{c_2} |f(s)| \frac{|s-z_0|^N}{|z-z_0|^N |z-s|} \, |ds|$$

Teniendo presente que la integración se realiza sobre la circunferencia c_2, en la figura 4.3.1.a observamos que $|s - z_0| = \rho_2 < \rho$, $\quad |z - z_0| = \rho$ y $\quad |z - s| =$

$|(z - z_0) - (s - z_0)| \geq |z - z_0| - |s - z_0| = \rho - \rho_2$, y siendo f analítica sobre la circunferencia c_2, debe mantenerse acotada como $|f(s)| < M$. Entonces, siendo $\oint_{c_2} |ds| = 2\pi\rho_2$, la longitud de c_2, se tiene

$$|Q_N| \leq \frac{M\rho_2^N}{2\pi} \frac{1}{\rho^N(\rho - \rho_2)} \oint_{c_2} |ds| = \frac{M\rho_2^N}{2\pi} \frac{2\pi\rho_2}{\rho^N(\rho - \rho_2)}$$

$$|Q_N| \leq \left(\frac{\rho_2}{\rho}\right)^N \frac{M}{\left(1 - \frac{\rho_2}{\rho}\right)} \blacklozenge$$

La última expresión muestra que, siendo $\frac{\rho_2}{\rho} < 1$, $|Q_N| \to 0$ si $N \to \infty$. Con el mismo procedimiento que usamos en 4.2.3, podemos demostrar que $|R_N| \to 0$ si $N \to \infty$, y entonces, si $|R_N| \to 0$ y $|Q_N| \to 0$, la serie converge en todo punto de Ω, la región donde f es analítica, excluido el punto z_0. La serie de *Laurent*, pierde validez si f deja de ser analítica en algún punto dentro o sobre la curva c_1, en tanto pierden validez las conjeturas que hicimos para aislar una región de analiticidad, con la curva $\Gamma = c_1 \cup \gamma^- \cup c_2^-$. La distancia desde el *centro del desarrollo* z_0 hasta la singularidad más próxima, es el *radio exterior de convergencia* del desarrollo, y es la distancia hasta la que se puede extender su validez, que a su vez está limitada por la circunferencia c_2. El anillo abierto determinado entre las circunferencias c_1 y c_2; $A_{\rho_2,\rho_1}(z_0) = \{z \in \mathbb{C} : \rho_2 < |z - z_0| < \rho_1\}$, es el *anillo de convergencia* de la serie de *Laurent*.

En la deducción del desarrollo de *Laurent*, se supuso que dentro de la curva c_2 solo había un punto singular z_0 para simplificar el argumento, pero nada impide que dentro del disco $D_{\rho_2}(z_0)$ haya más de una singularidad, mientras c_2 las aísle a todas.

4.3.3. *Ejemplo.* **a.** $f = \frac{1}{z}$. Si $z_0 = 0$, el desarrollo ya está completo; $f = \sum_{-\infty}^{\infty} c_n z^n$ tiene un solo coeficiente no nulo, $c_{-1} = 1$. La serie de un solo término $f = \frac{1}{z}$ converge en $\mathbb{C} \setminus \{0\}$ y el anillo de convergencia es el plano $\mathbb{C}$ perforado en $z = 0$, figura 4.3.3.a. **b.** $f = \frac{1}{z}$, $z_0 = 1$. En el ejemplo 4.2.5.a obtuvimos el desarrollo de *Taylor* de la forma $\sum_0 c_n(z - 1)^n$ convergente en el disco $D_1(1)$. Ahora obtendremos un desarrollo de la forma $\sum_{-\infty}^{\infty} c_n(z - 1)^n$, que represente a $f = \frac{1}{z}$ más allá de $z = 0$ con $z_0 = 1$, haciendo; $f = \frac{1}{z} = \frac{1}{1 + z - 1} = \frac{1}{(z-1)\left(1 + \frac{1}{z-1}\right)} = \frac{1}{z-1} \frac{1}{1 + \frac{1}{z-1}} =$

$\frac{1}{z-1}\left(1 - \frac{1}{z-1} + \left(\frac{1}{z-1}\right)^2 - \left(\frac{1}{z-1}\right)^3 + \cdots\right) = \sum_1 (-)^{n+1} \left(\frac{1}{z-1}\right)^n$, que converge si $|q| = \left|\frac{1}{z-1}\right| < 1$ o $|z - 1| > 1$, por lo que la serie converge por fuera de la circunferencia $C_1(1)$, figura 4.3.3.b. **c.** $f = \frac{1}{1-z}$, $z_0 = 0$. En el ejemplo 4.2.5.c se obtuvo un desarrollo convergente en $D_1(0)$, ahora obtendremos un desarrollo convergente *más allá* de $z = 1$ con: $f = \frac{1}{1-z} = \frac{1}{z\left(\frac{1}{z}-1\right)} = -\frac{1}{z}\frac{1}{1-\frac{1}{z}} = -\frac{1}{z}\Sigma_0\left(\frac{1}{z}\right)^n$ que converge si $|q| = \left|\frac{1}{z}\right| < 1$ o $|z| > 1$ figura 4.3.3.c.

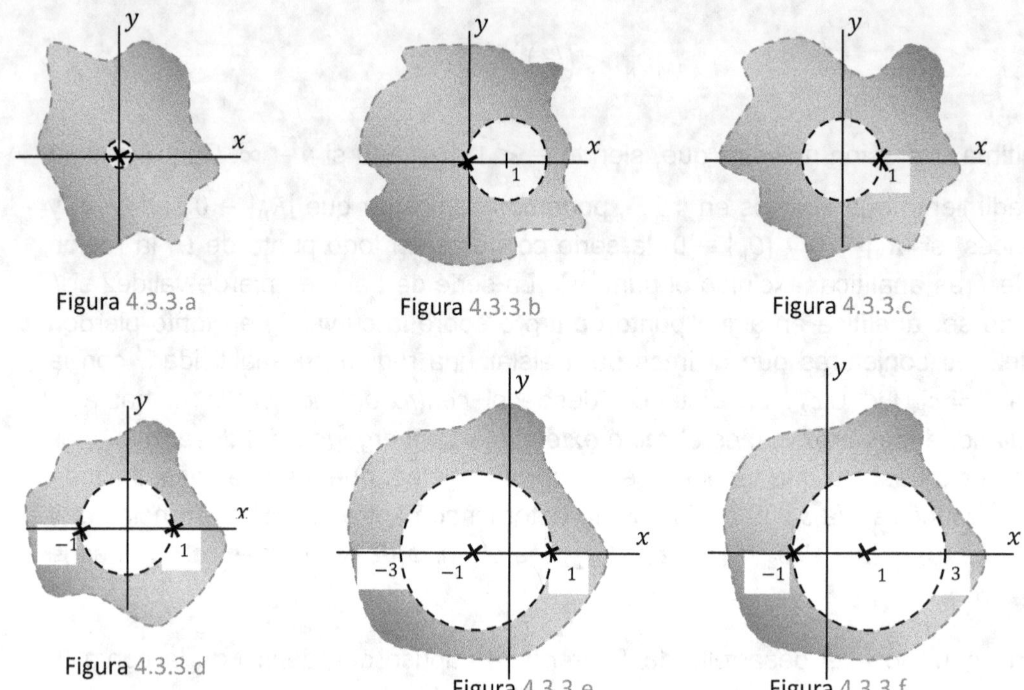

Figura 4.3.3.a   Figura 4.3.3.b   Figura 4.3.3.c

Figura 4.3.3.d   Figura 4.3.3.e   Figura 4.3.3.f

d. $f = \frac{z}{z^2-1} = \frac{1/2}{z+1} + \frac{1/2}{z-1}$ como en el ejemplo 4.2.5.d. Pero ahora obtendremos desarrollos con $z_0 = 0$, $z_0 = -1$ y $z_0 = 1$, que serán desarrollos de *Laurent* y no de *Taylor*. Si $z_0 = 0$ y queremos que el desarrollo sea convergente más allá de los puntos singulares $z = \pm 1$, hacemos $f = \frac{z}{z^2-1} = \frac{1/2}{z+1} + \frac{1/2}{z-1} = \frac{1/2}{z\left(1+\frac{1}{z}\right)} + \frac{1/2}{z\left(1-\frac{1}{z}\right)} = \frac{1}{2z}\Sigma_0(-)^n\frac{1}{z^n} + \frac{1}{2z}\Sigma_0\frac{1}{z^n}$, y cada término del desarrollo converge si $|q| = \left|\frac{1}{z}\right| < 1$, o $|z| > 1$ figura 4.3.3.d.

Si $z_0 = -1$, debemos tener un desarrollo de la forma $\Sigma_{-\infty}^{\infty} c_n(z+1)^n$, entonces $f = \frac{z}{z^2-1} = \frac{1/2}{z+1} + \frac{1/2}{z-1}$, ya tiene expresado el primer término como potencia de $(z+1)$ por lo que debemos desarrollar solo el segundo, entonces $f = \frac{1/2}{z+1} + \frac{1/2}{z+1-2} = \frac{1/2}{z+1} + \frac{1/2}{(z+1)\left(1-\frac{2}{z+1}\right)} = \frac{1}{2}\frac{1}{z+1} + \frac{1}{2}\frac{1}{z+1}\Sigma_0\left(\frac{2}{z+1}\right)^n$, que converge si $|q| = \left|\frac{2}{z+1}\right| < 1$, o $|z+1| > 2$, y la serie converge fuera de la circunferencia $C_2(-1)$ figura 4.3.3.e.

Si $z_0 = 1$, entonces debemos tener una serie de la forma $\sum_{-\infty}^{\infty} c_n(z-1)^n$, y $f = \frac{z}{z^2-1} = \frac{1/2}{z+1} + \frac{1/2}{z-1}$, ya tiene expresado el segundo término como potencia de $(z-1)$, por lo que solo debemos desarrollar el primer término; $f = \frac{1/2}{2+z-1} + \frac{1/2}{z-1} = \frac{1/2}{(z-1)\left(\frac{2}{z-1}+1\right)} + \frac{1/2}{z-1} = \frac{1}{2}\frac{1}{z-1}\sum_0(-)^n\left(\frac{2}{z-1}\right)^n + \frac{1}{2}\frac{1}{z-1}$, que converge si $|q| = \left|\frac{2}{z-1}\right| < 1$, o $|z-1| > 2$ figura 4.3.3.f.

Nota: En los ejemplos 4.3.3.a y 4.3.3.b, tenemos dos desarrollos o representaciones distintas de $f = \frac{1}{z}$, no podemos decir sin más que son iguales, solo serán intercambiables cuando se solapen sus dominios de definición, que son sus anillos de convergencia. Lo mismo podemos decir de los tres desarrollos que obtuvimos en el ejemplo 4.3.3.d, cada uno de ellos representa a la función en un anillo distinto y solo serán intercambiables, donde sus dominios tengan una intersección no vacía.

4.3.4. *Unicidad de la serie*. Como lo hicimos con el desarrollo de *Taylor*, probaremos que el desarrollo de *Laurent* es único, suponiendo que exista otro que lo reemplaza. Supongamos que: si $f(z)$ tiene una representación en serie de *Laurent* $f(z) = \sum_{-\infty}^{\infty} c_n(z-z_0)^n$ en un cierto anillo de convergencia, hay otra serie de la forma $\sum_{-\infty}^{\infty} a_n(z-z_0)^n$ que también representa a $f(z)$ en el mismo anillo de convergencia por lo que podemos poner

$$\sum_{-\infty}^{\infty} c_n(z-z_0)^n = \sum_{-\infty}^{\infty} a_n(z-z_0)^n$$

Multiplicando ambos miembros por $(z-z_0)^{-m-1}$ e integrando sobre una circunferencia c incluida en el anillo en que convergen las series, obtenemos

$$c_n = a_n \forall n$$

por lo que, si una serie de la forma $\sum_{-\infty}^{\infty} a_n(z-z_0)^n$ converge a f, esa serie es la serie de *Laurent* y no otra. La consecuencia inmediata es que si obtenemos un desarrollo $f(z) = \sum_{-\infty}^{\infty} c_n(z-z_0)^n$ por cualquier procedimiento, ese desarrollo *es el desarrollo de Laurent*, independientemente del procedimiento empleado para obtenerlo, en tanto sea un procedimiento lícito.

4.3.5. *Ejemplo*. **a.** $f = e^{\frac{1}{z}}$, $z_0 = 0$. Expresamos el desarrollo conocido del ejemplo 4.2.2.a cambiando z por u, $e^u = 1 + u + \frac{u^2}{2!} + \frac{u^3}{3!} + \cdots$, reemplazamos $u = \frac{1}{z}$, y obtenemos $f = e^{\frac{1}{z}} = 1 + \frac{1}{z} + \frac{1}{2!z^2} + \frac{1}{3!z^3} + \cdots$. **b.** $f = \frac{sen\, z}{z}$, $z_0 = 0$. Conocemos el desarrollo de $sen\, z = z - \frac{z^3}{3!} + \frac{z^5}{5!} - \cdots$ del ejemplo 4.2.2.b, que dividido por z da;

$$\frac{sen\, z}{z} = 1 - \frac{z^2}{3!} + \frac{z^4}{5!} - \cdots. \quad \textbf{c.} \quad f = \frac{e^z}{z^4}, \quad z_0 = 0. \quad f = \frac{e^z}{z^4} = \frac{1+z+\frac{z^2}{2!}+\frac{z^3}{3!}+\frac{z^4}{4!}+\frac{z^5}{5!}+\cdots}{z^4} = \frac{1}{z^4} + \frac{1}{z^3} +$$

$$\frac{1}{2!z^2} + \frac{1}{3!z} + \frac{1}{4!} + \frac{z}{5!} + \cdots.$$

4.3.6. *Las singularidades de* $f(z)$. Los puntos donde una función $f(z)$ deja de ser analítica, son puntos singulares de $f(z)$. Si $f(z)$ deja de ser analítica en un punto z_0 pero es analítica en un disco $D_R(z_0)$, excepto en z_0, se dice que *la singularidad está aislada*.

La función $sen\, \frac{1}{z}$, se anula en los puntos $z = \frac{1}{n\pi} : n = \pm 1, \pm 2, \dots$ por lo que la función $f = \frac{1}{sen\frac{1}{z}}$ tiene singularidades aisladas en todos esos puntos pero en $z = 0$, tiene una singularidad que no puede ser aislada puesto que $z = 0$, es punto de acumulación de los ceros de $sen\, \frac{1}{z}$.

La función $h = \frac{1}{z}$, tiene una singularidad aislada en $z = 0$, ya que en todo disco $D_R(0) : R > 0$ excluido $z = 0$, la función es analítica.

La función $\ln z$, tiene una singularidad en $z = 0$ que no puede aislarse de otras singularidades sobre el eje real negativo, y por lo tanto no está aislada.

Si z_0 es una singularidad aislada de la función $f(z)$, entonces en un disco $D_R(z_0)$ perforado en z_0, $f(z)$ puede representarse en serie de *Laurent* como

$$f(z) = \sum_0^\infty a_n(z - z_0)^n + \sum_1^\infty \frac{b_n}{(z - z_0)^n}$$

Observamos ahora que, en la parte principal del desarrollo $\sum_1^\infty \frac{b_n}{(z-z_0)^n}$, pueden presentarse tres situaciones:

i) Todos los b_n son cero y se anula la parte principal transformándose la serie en una serie de *Taylor*; $f(z) = \sum_0^\infty a_n(z - z_0)^n$. En este caso se dice que $f(z)$ tiene en $z = z_0$ una *singularidad evitable* o *no esencial*. Es el caso de la función $f = \frac{sen\, z}{z} = \frac{z - \frac{z^3}{3!} + \frac{z^5}{5!} - \cdots}{z}$ del ejemplo 4.3.5.b, podemos decir que en $z_0 = 0$ es analítica, en tanto su excepcionalidad en el punto, se debe más a la falta de información que a la naturaleza intrínseca de f. Si no se aclara que valor se asigna a $f(0)$, f resulta indefinida en $z = 0$.

ii) La parte principal del desarrollo tiene un número finito de términos, siendo $b_n = 0$ si $n > m$, por lo que la serie tiene la forma

$$f(z) = \sum_0^\infty a_n(z - z_0)^n + \frac{b_1}{z - z_0} + \cdots + \frac{b_m}{(z - z_0)^m}$$

En este caso, donde algunos o todos los b_n anteriores a b_m pueden ser cero pero $b_m \neq 0$, decimos que $f(z)$ tiene un *polo de orden m* en $z = z_0$. Si $m = 1$ se dice que el polo es un *polo simple*. Cuando la singularidad de $f(z)$ es de tipo polo, se puede obtener una función analítica $h(z)$, multiplicando $f(z)$ por el factor $(z - z_0)^m$ donde m es el orden del polo

$$h(z) = (z - z_0)^m f(z) = \sum_0^\infty a_n(z - z_0)^{n+m} + b_1(z - z_0)^{m-1} + \cdots + b_m$$

es el caso de la función $f = \frac{1}{z^4} + \frac{1}{z^3} + \frac{1}{2!z^2} + \frac{1}{3!z} + \frac{1}{4!} + \frac{z}{5!} + \cdots$ del ejemplo 4.3.5.c, que evidentemente si se multiplica por z^4, da la función analítica en $z = 0$; $h = z^4 f = 1 + z + \frac{z^2}{2!} + \cdots$. Siendo la función $h(z) = (z - z_0)^m f(z)$ analítica en $z = z_0$ con tal que se defina $h(z_0) = b_m$, $f(z)$ puede expresarse como

$$f(z) = \frac{h(z)}{(z - z_0)^m}$$

de modo que una función con una singularidad de tipo polo en $z = z_0$, puede expresarse como el cociente de una función $h(z)$ analítica en z_0, dividida por $(z - z_0)^m$ con m igual al orden del polo, tal como en 4.2.6 expresamos a la función $f(z)$ con un cero de orden m en z_0, como; $f(z) = (z - z_0)^m h(z)$ con h analítica en z_0 y $h(z_0) = a_m$.

Los polos, son por definición singularidades aisladas y su característica es que; $\lim_{z_0} f = \infty$ cuando f tiene un polo en z_0.

iii) La parte principal del desarrollo tiene infinitos términos no nulos. En este caso de dice que la función tiene una singularidad *esencial*. Es el caso de la función $f = e^{\frac{1}{z}} = 1 + \frac{1}{z} + \frac{1}{2!z^2} + \frac{1}{3!z^3} + \cdots$ del ejemplo 4.3.5.a.

El comportamiento de una función en torno a una singularidad esencial, es totalmente anómalo. Mientras en el entorno de un polo la función tiende a infinito, y en consecuencia su módulo también tiende a infinito, el módulo de la función no está siquiera definido en el entorno de una singularidad esencial. Al respecto pueden considerarse los valores que toma $\left|e^{\frac{1}{z}}\right|$ en las proximidades de $z = 0$, según que nos aproximemos al punto siguiendo el eje de las x o siguiendo el eje de las y. Se puede probar que en el entorno a una singularidad esencial, la imagen de la función es *densa en* $\mathbb{C}$, lo que significa que toma valores arbitrariamente próximos a cualquier punto del plano complejo.

4.3.7. *Ejemplo.* **a.** $f = \frac{1}{z^2}$. Tiene un polo de segundo orden en $z = 0$, porque el denominador tiene un cero de segundo orden en $z = 0$. **b.** $f = \frac{z}{z}$ tiene una singularidad evitable en $z = 0$ porque el numerador y el denominador, se anulan con el mismo orden en $z = 0$, mientras que $g = \frac{z^2}{z^5}$ tiene un polo de tercer orden en $z = 0$ y $h = \frac{z^4}{z^2}$, no tiene polo en $z = 0$, tiene un cero de segundo orden. **c.** $f = \frac{z-3}{(z-1)^2(z-i)^3}$, tiene un polo de segundo orden en $z = 1$ y un polo de tercer orden en $z = i$, como se ve de considerar sucesivamente $f = \frac{h_1(z)}{(z-1)^2}$ con $h_1(z) = \frac{z-3}{(z-i)^3}$, analítica en $z = 1$; $f = \frac{h_2(z)}{(z-i)^3}$ con $h_2(z) = \frac{z-3}{(z-1)^2}$, analítica en $z = i$.

4.3.8. *Comportamiento de f en el infinito.* Cuando el desarrollo de *Laurent* de la función f es válido más allá de cierto radio R, se dice que f es analítica en torno a infinito o que es analítica en una vecindad perforada de ∞. Considerando $z_0 = 0$, el desarrollo de *Laurent* para $|z| > R$ es

$$f(z) = \sum_0^\infty a_n z^n + \sum_1^\infty \frac{b_n}{z^n}$$

entonces; en la serie $\sum_0^\infty a_n z^n$ que corresponde a las potencias positivas, pueden presentarse tres situaciones

i) Todos los coeficientes son nulos con la posible excepción $a_0 \neq 0$, entonces $f(z) = a_0 + \sum_1^\infty \frac{b_n}{z^n}$, y f tiene una singularidad removible en $z = \infty$, con $f(\infty) = a_0$.

ii) Hay un número finito m de coeficientes $a_n \neq 0$ por lo que el desarrollo es

$$f(z) = a_m z^m + \cdots + a_1 z + a_0 + \frac{b_1}{z} + \frac{b_2}{z^2} + \cdots$$

$$f(z) = z^m \left(a_m + \frac{a_{m-1}}{z} + \cdots + \frac{a_1}{z^{m-1}} + \frac{a_0}{z^m} + \frac{b_1}{z^{m+1}} + \frac{b_2}{z^{m+2}} + \cdots \right)$$

$$f(z) = z^m h(z)$$

donde $h(z)$ es una función analítica en ∞, con $h(\infty) = a_m \neq 0$, y se dice en este caso que f tiene un polo de orden m en $z = \infty$.

iii) Hay un número infinito de coeficientes $a_n \neq 0$ y entonces f tiene una singularidad esencial en ∞.

Consideremos ahora la sustitución $w = \frac{1}{z}$, y reexaminemos los tres casos que hemos visto.

En el primer caso

$$f(z) = a_0 + \frac{b_1}{z} + \frac{b_2}{z^2} + \cdots \text{ con } f(\infty) = a_0$$

que tiene una singularidad evitable en $z = \infty$, con la transformación $w = \frac{1}{z}$ se convierte en

$$f(w) = a_0 + b_1 w + b_2 w^2 + \cdots \text{ con } f(0) = a_0$$

En el segundo caso, en que hay un número finito de potencias positivas

$$f(z) = a_m z^m + \cdots + a_0 + \frac{b_1}{z} + \frac{b_2}{z^2} + \cdots$$

$$f(z) = z^m \left(a_m + \cdots + \frac{a_0}{z^m} + \frac{b_1}{z^{m+1}} + \frac{b_2}{z^{m+2}} + \cdots \right)$$

y f tiene un polo de orden m en $z = \infty$, con $w = \frac{1}{z}$ se convierte en

$$f(w) = \frac{1}{w^m} (a_m + \cdots + a_0\, w^m + b_1 w^{m+1} + \cdots) = \frac{1}{w^m} h(w)$$

$$f(w) = \frac{1}{w^m} h(w) \text{ con } h(w) \text{ analítica en } w = 0$$

y f tiene un polo de orden m en $w = 0$.

Por último, si f tiene una singularidad esencial en ∞, $f(z) = a_0 + a_1 z + \cdots + \frac{b_1}{z} + \frac{b_2}{z^2} + \cdots$

$$f(w) = a_0 + \frac{a_1}{w} + \cdots + b_1 w + b_2 w^2 + \cdots$$

tiene una singularidad esencial en $w = 0$.

Se nota entonces que el comportamiento de $f(z)$ en $z = \infty$ es el mismo que el de $f\left(\frac{1}{z}\right)$ en $z = 0$ y que, si $f(z) = (z - z_0)^m h(z)$ tiene un cero de orden m en $z = z_0$ entonces $\frac{1}{f(z)}$ tiene un polo de orden m en $z = z_0$.

Ejercicios 4.3

Desarrollar en serie de *Taylor* o *Laurent* según corresponda, dando el disco o anillo de convergencia.

1. $f(z) = \frac{1}{z+1}$. **a)** válido para; $|z - i| < \sqrt{2}$, con centro en $z_0 = i$. **b)** valido para $|z - i| > \sqrt{2}$, con centro en $z_0 = i$.

2. $f(z) = \frac{z}{(z-1)(z-2)}$. **a)** con centro en $z_0 = 0$, válido en $|z| < 1$. **b)** con centro en $z_0 = 0$, válido en $1 < |z| < 2$. **c)** con centro en $z_0 = 0$, válido en $|z| > 2$.

3. $f(z) = \frac{1}{z(z-1)}$. **a)** con centro en $z_0 = 0$, válido para $|z| < 1$. **b)** con centro en $z_0 = 1$, válido para $|z - 1| < 1$.

4. $f(z) = \frac{e^z - 1}{z}$, con centro en $z_0 = 0$.　　**6.** $f(z) = \frac{sen\, z}{z^3}$, con centro en $z_0 = 0$.

6. $f(z) = \frac{sen\, z - (z-1)^2}{z^3}$, con centro en $z_0 = 0$.

Determinar el orden y la posición de los polos de las siguientes funciones.

7. $f(z) = \frac{(z-1)^2}{(z-3)(z-2)^2(z-1)}$.　　**8.** $f(z) = \frac{e^{2z}}{z^2 - z + 1}$.　　**9.** $f(z) = \frac{1}{sen^2 z}$.

10. $f(z) = \frac{z}{z - sen\, z}$.　　**11.** $f(z) = \frac{(cosh\, z) - 1}{senh\, z - sen\, z}$.　　**12.** $f(z) = \frac{tan\, z}{sen\, z - z + \frac{z^3}{3!}}$.

Respuestas:

1. a) $R\colon f = \frac{1-i}{2}\sum_0 (-)^n \left(\frac{z-i}{1+i}\right)^n$; $D_{\sqrt{2}}(i)$. **b)** $R\colon f = \frac{1}{z-i}\sum_0 (-)^n \left(\frac{1+i}{z-i}\right)^n$; $\mathbb{C} \setminus \overline{D}_{\sqrt{2}}(i)$.

2. a) $R\colon f = \sum_0 z^n - \sum_0 \left(\frac{z}{2}\right)^n$; $D_1(0)$. **b)** $R\colon f = -\sum_0 \left(\frac{1}{z}\right)^{n+1} - \sum_0 \left(\frac{z}{2}\right)^n$; $A_{1;2}(0)$. **c)** $R\colon f = -\sum_0 \left(\frac{1}{z}\right)^{n+1} + \sum_0 \left(\frac{2}{z}\right)^{n+1}$; $\mathbb{C} \setminus \overline{D}_2(0)$. **3. a)** $R\colon f = -\sum_0 z^{n-1}$; $D_1(0) \setminus \{0\}$. **b)** $R\colon f = \sum_0 (-)^n (z-1)^{n-1}$; $D_1(1) \setminus \{1\}$. **4.** $R\colon f = \sum_0 \frac{z^n}{(n+1)!}$; $D_\infty(0)$. **5.** $R\colon f =$

$\sum_0(-)^n \frac{z^{2n-2}}{(2n+1)!}$; $\mathbb{C} \setminus \{0\}$. **6.** $R: f = \sum_0(-)^n \frac{z^{2n-2}}{(2n+1)!} - \frac{z^2-2z+1}{z^3}$; $\mathbb{C} \setminus \{0\}$. **7.** $R: z = 3, n =$
$1; z = 2, n = 2$. **8.** $R: z = 1 \pm i\sqrt{3}, n = 1$. **9.** $R: z = 0 + k\pi: k \in \mathbb{Z}, n = 2$. **10.** $R: z =$
$0, n = 2$. **11.** $R: z = 0, n = 1$. **12.** $R: z = 0, n = 4$.

4.4 Residuos e Integrales

En 4.3.6 vimos que, si z_0 es una singularidad aislada, $f(z)$ tiene una representación; $f(z) = \sum_0 a_n(z - z_0)^n + \sum_1 \frac{b_n}{(z-z_0)^n}$. Al número b_1 de la parte principal del desarrollo, se lo denomina *residuo* de $f(z)$ en $z = z_0$ y se lo indica como; $b_1 = Res[f(z), z_0]$.

Con la definición de los coeficientes $b_n = \frac{1}{2\pi i} \oint_c \frac{f(z)}{(z-z_0)^{-n+1}} dz$, se tiene para $n = 1$

$$b_1 = \frac{1}{2\pi i} \oint_c f(z)\, dz$$

de donde $\oint_c f(z)\, dz = 2\pi i b_1$, lo que significa que, conocido el valor de b_1, se conoce inmediatamente el valor de la integral $\oint_c f(z)\, dz$, con la curva c rodeando la singularidad aislada z_0.

4.4.1. *Cálculo de residuos.* Conocido el desarrollo de *Laurent* alrededor de una singularidad aislada, se tiene el residuo o coeficiente b_1 del desarrollo $f(z) = \sum_0 a_n(z - z_0)^n + \frac{b_1}{z-z_0} + \cdots$, pero si no se dispone el desarrollo, existe un modo directo de averiguar el valor de b_1 en $z = z_0$, si f tiene un polo de orden m en z_0.

Para simplificar la notación supondremos que $z_0 = 0$ y entonces, si en $z = 0$ f tiene un polo de primer orden

$$f = \sum_0 a_n z^n + \frac{b_1}{z}$$

multiplicando ambos miembros por z obtenemos

$$\phi = zf = \sum_0 a_n z^{n+1} + b_1$$

de donde se obtiene $b_1 = Res(f, 0) = \lim_0 \phi$, y para el caso en que $z_0 \neq 0$, $Res(f, z_0) = \lim_{z_0} \phi$ con $\phi = (z - z_0)f$.

Si en cambio el polo es de segundo orden

$$f = \sum_0 a_n z^n + \frac{b_1}{z} + \frac{b_2}{z^2}$$

entonces multiplicando por z^2 obtenemos

$$\phi = z^2 f = \sum_0 a_n z^{n+2} + b_1 z + b_2$$

ahora $\lim_0 \phi = b_2 \neq b_1$ pero como b_2 es una constante, se elimina por derivación con $\phi' = \sum_0 (n+2) a_n z^{n+1} + b_1$ y $b_1 = \lim_0 \phi'$. En el caso en que $z_0 \neq 0$; $b_1 = \lim_{z_0} \phi'$ con $\phi = (z - z_0)^2 f$. Continuando con este procedimiento, comprobamos que si f tiene un polo de orden m en $z = z_0$, entonces con $\phi = (z - z_0)^m f$

$$b_1 = \lim_{z \to z_0} \frac{\phi^{M-1}}{(m-1)!}$$

En forma más compacta; si f tiene un polo de orden m en $z = z_0$, su desarrollo de *Laurent* es $f = \sum_{-m}^{\infty} c_n (z - z_0)^n$, y entonces $\phi = (z - z_0)^m f = \sum_{-m}^{\infty} c_n (z - z_0)^{n+m} = \sum_0^{\infty} c_{n-m}(z - z_0)^n$, es una serie de *Taylor* cuyo coeficiente $c_{-1} = Res(f, z_0)$, es el coeficiente de la potencia $n = m - 1$. Calculamos entonces el residuo, como el correspondiente coeficiente de *Taylor* para la potencia $n = m - 1$.

$$c_{-1} = \frac{\phi^{M-1}(z_0)}{(m-1)!}$$

Si $f = \frac{p}{q}$ es una función racional, con $p(z) = p_0 + p_1 z + p_2 z^2 + \cdots$ y $q(z) = q_0 + q_1 z + q_2 z^2 + \cdots$, donde los p_n y q_n son los correspondientes coeficientes de *Taylor* de las funciones analíticas p y q, entonces para un polo de primer orden en $z = 0$ se tiene la siguiente fórmula

$$b_1 = \lim_{z \to 0} \frac{p(z)}{q'(z)} = \frac{p(0)}{q'(0)}$$

cuya comprobación es sencilla: si $f = \frac{p}{q}$ tiene un polo de primer orden en $z = 0$, $q(z)$ debe tener un cero de primer orden en $z = 0$ y por lo tanto es $q_0 = 0$, con lo que f es $f = \frac{p_0 + p_1 z + p_2 z^2 + \cdots}{q_1 z + q_2 z^2 + \cdots}$, y entonces $\phi = zf = \frac{p_0 + p_1 z + p_2 z^2 + \cdots}{q_1 + q_2 z + \cdots}$ y $\lim_0 \phi = \frac{p_0}{q_1}$, pero $p_0 = p(0)$ y $q_1 = q'(0)$ ♦

Desarrollando $p(z) = \sum p_n (z - z_0)^n$ y $q(z) = \sum q_n (z - z_0)^n$ se justifica la fórmula para un polo simple en $z = z_0$; $b_1 = \lim_{z_0} \frac{p(z)}{q'(z)} = \frac{p(z_0)}{q'(z_0)}$.

Con el mismo procedimiento se justifica la fórmula ; $b_1 = 2 \frac{p'(z_0)}{q''(z_0)} - \frac{2}{3} \frac{p(z_0) q'''(z_0)}{[q(z_0)]^2}$ para un polo de segundo orden en z_0.

Por último observamos que; si la singularidad de f en $z = z_0$ es de tipo esencial, no hay una forma práctica de obtener el residuo directamente a partir de f y debemos recurrir al desarrollo de *Laurent*.

4.4.2. *Ejemplo.* **a.** $f = \frac{z}{z^2+1}$. Tiene polos simples en $z = \pm i$; $Res(f, i) = \lim_i (z - i)\frac{z}{(z+i)(z-i)} = \lim_i \frac{z}{(z+i)} = \frac{1}{2}$ y $Res(f, -i) = \lim_{-i}(z + i)\frac{z}{(z+i)(z-i)} = \lim_{-i}\frac{z}{(z-i)} = \frac{1}{2}$. Usando la fórmula $Res(f, \pm i) = \frac{p(\pm i)}{q'(\pm i)}$ se tiene; $Res(f, i) = \frac{z}{2z} = \frac{1}{2}$ y $Res(f, -i) = \frac{z}{2z} = \frac{1}{2}$ **b.** $f = \tan z$, tiene polos simples en $z = \frac{\pi}{2} + k\pi : k \in \mathbb{Z}$, y usando la fórmula $b_1 = \frac{p}{q'}$; $Res\left(f, \frac{\pi}{2} + k\pi\right) = \frac{sen\, z}{-sen\, z}\Big|_{z=\frac{\pi}{2}+k\pi} = -1$. **c.** $f = \frac{z-1}{z^2(z+2)}$, tiene un polo doble en $z = 0$ y un polo simple en $z = -2$. En $z = 2$, $Res(f, -2) = \lim_{-2}\frac{z-1}{z^2} = -\frac{3}{4}$. En $z = 0$, $\phi = z^2 f = z^2\frac{z-1}{z^2(z+2)} = \frac{z-1}{(2+2)}$, $\phi' = \frac{3}{(z+2)^2}$ y $b_1 = \lim_0\frac{3}{(z+2)^2} = \frac{3}{4}$. **d.** $f = z^2 e^{\frac{1}{z}}$ tiene una singularidad esencial en $z = 0$. Haciendo el desarrollo entorno a $z_0 = 0$; $f = z^2\left(1 + \frac{1}{z} + \frac{1}{2!z^2} + \frac{1}{3!z^3} + \frac{1}{4!z^4} + \cdots\right) = z^2 + z + \frac{1}{2!} + \frac{1}{3!z} + \frac{1}{4!z^2} + \cdots$, se observa que el coeficiente de z^{-1} es; $\frac{1}{3!}$.

4.4.3. *Teorema de los residuos.* El teorema de los residuos provee un método para integrar una función analítica sobre una curva que rodea más de una singularidad asegurando: Si $f(z)$ es analítica dentro y sobre una curva c, excepto un número finito de singularidades aisladas en puntos $z_1, z_2, \dots, z_n$ dentro de la curva c, se cumple que, considerada la curva c en sentido positivo

$$\oint_c f(z)\, dz = 2\pi i \sum_{j=1}^{n} Res\big[f(z),\, z_j\big]$$

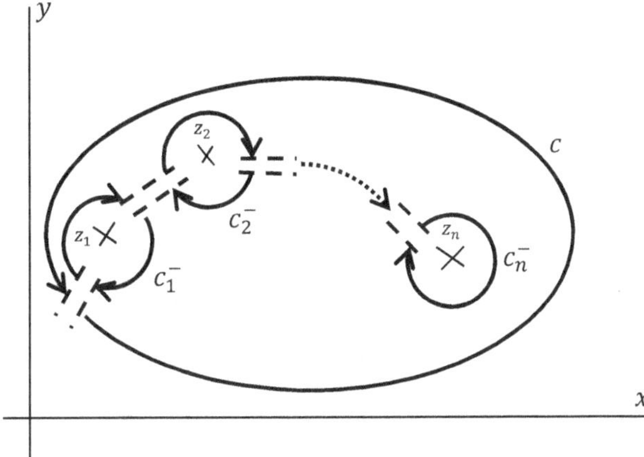

Figura 4.4.3

Prueba: La curva c, recorrida en sentido positivo, encierra las singularidades $z_1, z_2, \ldots, z_n$, que están aisladas por las curvas $c_1^-, c_2^-, \ldots, c_n^-$, recorridas en sentido negativo, conectadas entre si y con la curva c, mediante cortes como se indica en la figura 4.4.3, constituyendo el conjunto una curva γ que deja fuera de su recorrido todas las singularidades y por lo tanto, solo encierra puntos de analiticidad de $f(z)$, con lo que $\oint_\gamma f(z)\,dz = 0$ figura 4.4.3.

La $\int f(z)\,dz$ se anula en los cortes que conectan las curvas c, $c_1^-, \ldots, c_n^-$, por ser recorridos los cortes dos veces en sentidos opuestos, por lo que podemos poner, omitiendo la integración a lo largo de los cortes

$$\oint_\gamma f(z)\,dz = \oint_c f(z)\,dz + \oint_{c_1^-} f(z)\,dz + \oint_{c_2^-} f(z)\,dz + \cdots + \oint_{c_n^-} f(z)\,dz = 0$$

$$\oint_c f(z)\,dz = -\oint_{c_1^-} f(z)\,dz - \oint_{c_2^-} f(z)\,dz - \cdots - \oint_{c_n^-} f(z)\,dz$$

$$\oint_c f(z)\,dz = -\sum_j \oint_{c_j^-} f(z)\,dz = \sum_j \oint_{c_j} f(z)\,dz$$

pero para cada integral bajo la suma se tiene $\oint_{c_j} f(z)\,dz = 2\pi i\, Res[f(z), z_j]$ y entonces

$$\oint_c f(z)\,dz = 2\pi i \sum_j Res[f(z), z_j] \blacklozenge$$

4.4.4. *Ejemplo*. **a.** $\oint_c \frac{cos\,z}{z^2-1}\,dz$, $c: |z| = 2$. Dentro de la circunferencia $|z| = 2$, hay dos polos simples en $z = \pm 1$, los residuos correspondientes son: $Res\left[\frac{cos\,z}{z^2-1}, -1\right] = \lim_{-1} \frac{cos\,z}{2z} = -\frac{cos\,1}{2}$, $\quad Res\left[\frac{cos\,z}{z^2-1}, 1\right] = \lim_1 \frac{cos\,z}{2z} = \frac{cos\,1}{2}$, y entonces $\oint_c \frac{cos\,z}{z^2-1}\,dz = 2\pi i\left(-\frac{cos\,1}{2} + \frac{cos\,1}{2}\right) = 0$, ver ejemplo 3.4.2.b. **b.** $\oint_c \frac{sen\,z}{(z-1)(z-i)}\,dz$, $c: |z| = 2$. Dentro de la circunferencia $|z| = 2$, hay dos polos simples en $z = 1$ y $z = i$, los residuos correspondientes son: $Res\left[\frac{sen\,z}{(z-1)(z-i)}, 1\right] = \frac{sen\,1}{1-i}$, $Res\left[\frac{sen\,z}{(z-1)(z-i)}, i\right] = \frac{sen\,i}{i-1} = -i\frac{senh\,1}{1-i}$, y entonces $\oint_c \frac{sen\,z}{(z-1)(z-i)}\,dz = 2\pi i\left(\frac{sen\,1}{1-i} - i\frac{senh\,1}{1-i}\right) = \frac{2\pi i}{1-i}(sen\,1 - i\,senh\,1)$, ver ejercicio 2 de la sección 3.4.

4.4.5. *Cálculo de integrales de la forma* $\int_{-\infty}^{\infty} f(x)\,dx$. Aplicaremos ahora el teorema del residuo al cálculo de integrales reales impropias de la forma $\int_{-\infty}^{\infty} f(x)\,dx$, donde $f = \frac{p}{q}$ es una función racional de los polinomios $p(x)$ y $q(x)$, sin factores comunes, con el grado de q mayor en dos unidades que el grado de p y $q \neq 0$ sobre el eje real.

Recordamos que una integral $\int_a^b f(x)\,dx$ es impropia, si alguno de los límites de integración es ∞ o bien, $f(x)$ se hace ∞ en uno de los extremos del intervalo de integración.

El caso $\int_a^\infty f$, se resuelve como $\int_a^\infty f = \lim_{R\to\infty}\int_a^R f$, y si existe el $\lim_{R\to\infty}\int_a^R f$, se dice que la integral existe o *converge*.

La integral $\int_{-\infty}^\infty f$ existe, si existen separadamente los límites $\int_{-\infty}^0 f = \lim_{R\to\infty}\int_{-R}^0 f$ y $\int_0^\infty f = \lim_{R\to\infty}\int_0^R f$. Cuando las integrales $\int_{-\infty}^0 f$ y $\int_0^\infty f$ no existen por separado pero existe el límite $\lim_{R\to\infty}\int_{-R}^R f = V.P.$ se dice que existe el *valor principal de Cauchy* de la integral $\int_{-\infty}^\infty f$ y se indica como

$$V.P.\int_{-\infty}^\infty f = \lim_{R\to\infty}\int_{-R}^R f$$

De la definición de $V.P.$ surge que, si f es una *función impar*, tal que $f(x) = -f(-x);\ V.P.\int_{-\infty}^\infty f = 0$. Si f es una función par, tal que $f(x) = f(-x);\ V.P.\int_{-\infty}^\infty f = 2\int_0^\infty f$ cuando exista $\lim_{R\to\infty}\int_0^R f$.

4.4.6. *Ejemplo.* **a.** $I = \int_{-\infty}^\infty x$. No existe $I_1 = \int_{-\infty}^0 x$, porque no existe $\lim_{R\to\infty}\left.\frac{x^2}{2}\right|_{-R}^0 = -\infty$, y por la misma razón, tampoco existe $I_2 = \int_0^\infty x = \infty$, pero si existe $V.P.\int_{-\infty}^\infty x = \lim_{R\to\infty}\left.\frac{x^2}{2}\right|_{-R}^R = 0$, por una compensación de áreas, figura 4.4.6.a. **b.** $I = \int_{-\infty}^\infty \frac{1}{1+x^2}$. En este caso, $V.P.\int_{-\infty}^\infty \frac{1}{1+x^2} = 2\int_0^\infty \frac{1}{1+x^2}$, figura 4.4.6.b.

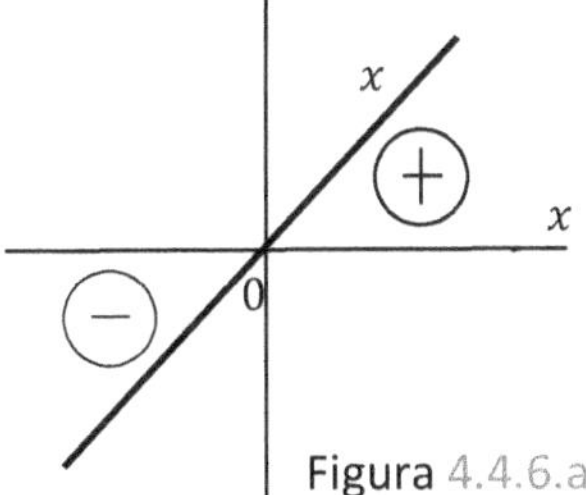

Figura 4.4.6.a

Figura 4.4.6.b

A continuación, ilustramos el método para resolver integrales de la forma $\int_{-\infty}^\infty f(x)\,dx$, aplicando el teorema del residuo con un ejemplo elemental: comenzamos por observar que en $\int_{-\infty}^\infty \frac{dx}{1+x^2}$, el integrando $\frac{1}{1+x^2}$, es el valor de la función analítica $f(z) = \frac{1}{1+z^2}$ sobre el eje real, que es justamente la trayectoria de integración de $\int_{-\infty}^{\infty} \frac{dx}{1+x^2}$. Consideramos entonces la integral de contorno $\oint_c f(z)dz$ donde $f(z) = \frac{1}{1+z^2}$ y el contorno c, es la curva formada por el eje real en el intervalo $[-R, R]$, y la curva γ_R que es la semicircunferencia de centro $z = 0$ y radio R figura 4.4.6.c.

Intuitivamente podemos ver que la integral $\int_{\gamma_R} f(z)dz \to 0$ si $R \to \infty$, en tanto el integrando será del orden de $\frac{1}{R^2}$ y la longitud de la trayectoria γ_R es πR, entonces $\oint_c f(z)dz = \int_{-R}^{R} f(z)dz$.

Si $R \to \infty$, la curva c abarcará todo el semiplano superior y el valor de $\oint_c f(z)dz$, será la suma de los residuos de la función $f(z)$ en el semiplano superior multiplicada por $2\pi i$; $\oint_c f(z)dz = 2\pi i \sum Res[f, sp. s.]$.

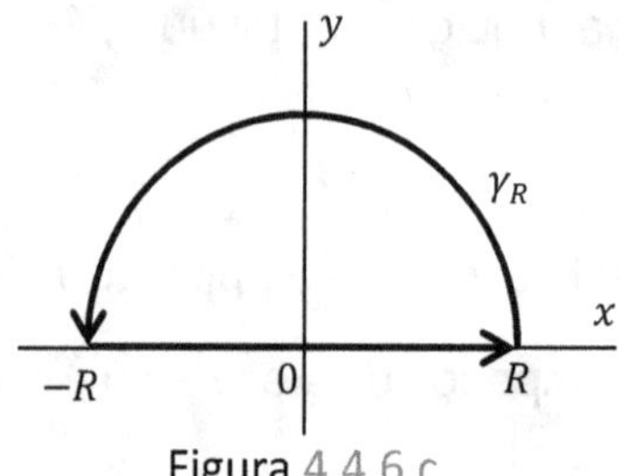

Figura 4.4.6.c

La función $f = \frac{1}{1+z^2}$ tiene dos polos simples en $z = \pm i$, pero solo el correspondiente a $z = i$ está en el semiplano superior, siendo el residuo de f en ese punto, $Res\left[\frac{1}{1+z^2}, z = i\right] = \frac{1}{2i}$ y entonces

$$\int_{-\infty}^{\infty} \frac{dx}{1+x^2} = \oint_c f(z)dz = 2\pi i \frac{1}{2i} = \pi$$

La curva γ_R se puede tomar en sentido horario o negativo sobre el semiplano inferior, entonces el residuo a tener en cuenta es el correspondiente a $z = -i$, $Res\left[\frac{1}{1+z^2}, z = -i\right] = -\frac{1}{2i}$, pero la curva que estamos considerando es c^-, y $\oint_{c^-} f(z)dz = 2\pi i \left(-\frac{1}{2i}\right) = -\pi$, por lo que $\oint_c f(z)dz = \pi$.

La aplicación del método, supone que no hay polos sobre el eje real, y que el grado de q en $f = \frac{p}{q}$ supera en dos unidades al grado de p, hecho que surge como condición necesaria, al acotar $\oint_{\gamma_R} f(z)dz = \int_0^{\pi} \frac{p(Re^{i\theta})}{q(Re^{i\theta})} iRe^{i\theta} d\theta$ como

$$\left| \oint_{\gamma_R} f(z)dz \right| \leq \int_0^\pi \frac{\left| p_0 + p_1 Re^{i\theta} + \ldots + p_m R^m e^{im\theta} \right|}{\left| q_0 + q_1 Re^{i\theta} + \ldots + q_n R^n e^{in\theta} \right|} \left| iRe^{i\theta} \right| d\theta$$

$$\left| \oint_{\gamma_R} f(z)dz \right| \leq R \int_0^\pi \frac{|p_m|R^m + |p_{m-1}|R^{m-1} + \ldots + |p_1|R + |p_0|}{|q_n|R^n - |q_{n-1}|R^{n-1} - \ldots - |q_1|R - |q_0|} \, d\theta$$

$$\left| \oint_{\gamma_R} f(z)dz \right| \leq R \int_0^\pi \frac{|p_m|R^m}{|q_n|R^n} \frac{\left(1 + \frac{|p_{m-1}|R^{m-1}}{|p_m|R^m} + \ldots + \frac{|p_1|R}{|p_m|R^m} + \frac{|p_0|}{|p_m|R^m} \right)}{\left(1 - \frac{|q_{n-1}|R^{n-1}}{|q_n|R^n} - \ldots - \frac{|q_1|R}{|q_n|R^n} - \frac{|q_0|}{|q_n|R^n} \right)} \, d\theta$$

Podemos elegir R suficientemente grande para que sea $1 + \frac{|p_{m-1}|R^{m-1}}{|p_m|R^m} + \ldots +$

$\frac{|p_1|R}{|p_m|R^m} + \frac{|p_0|}{|p_m|R^m} \leq 2$ y $1 - \frac{|q_{n-1}|R^{n-1}}{|q_n|R^n} - \ldots - \frac{|q_1|R}{|q_n|R^n} - \frac{|q_0|}{|q_n|R^n} \geq \frac{1}{2}$ entonces

$$\left| \oint_{\gamma_R} f(z)dz \right| \leq R \int_0^\pi \frac{|p_m|}{|q_n|} \frac{4 \, d\theta}{R^{n-m}} = \frac{4\pi|p_m|}{|q_n|R^{n-m-1}}$$

y entonces $\left| \oint_{\gamma_R} f(z)dz \right| \to 0$ cuando $R \to \infty$, si $n - m - 1 \geq 1$ o $n - m \geq 2$ ◆

4.4.7. *Cálculo de integrales de la forma* $\int_{-\infty}^\infty \frac{p(x)}{q(x)} \cos mx \, dx$ *y* $\int_{-\infty}^\infty \frac{p(x)}{q(x)} \operatorname{sen} mx \, dx$.
Aplicamos a estas integrales el método de la sección anterior, con una necesaria modificación debido a que; si estimamos la integral $\oint_{\gamma_R} \frac{p(z)}{q(z)} \cos z \, dz$, o la integral $\oint_{\gamma_R} \frac{p(z)}{q(z)} \operatorname{sen} z \, dz$, encontramos que; $\cos z = \frac{e^{ix-y} + e^{-ix+y}}{2}$, tiene un término que crece exponencialmente para valores de y grandes, y lo mismo sucede con $\operatorname{sen} z$, pero e^{iz} se mantiene acotado sobre γ_R, y $e^{iz} = \cos z + i \operatorname{sen} z$, por lo que integrando $\frac{p(z)}{q(z)} e^{iz}$, obtenemos simultáneamente el valor de las dos integrales, ya que

$$\int_{-\infty}^\infty \frac{p(x)}{q(x)} e^{ix} \, dx = \int_{-\infty}^\infty \frac{p(x)}{q(x)} \cos x \, dx + i \int_{-\infty}^\infty \frac{p(x)}{q(x)} \operatorname{sen} x \, dx$$

y entonces

$$\oint_c \frac{p(z)}{q(z)} \cos mz \, dz = Re\left[\oint_c \frac{p(z)}{q(z)} e^{imz} \, dz \right] \text{ y } \oint_c \frac{p(z)}{q(z)} \operatorname{sen} mz \, dz = Im\left[\oint_c \frac{p(z)}{q(z)} e^{imz} \, dz \right]$$

Así para calcular $\int_{-\infty}^\infty \frac{\cos x}{1+x^2} \, dx$, calculamos $\oint_c \frac{e^{iz}}{1+z^2} dz$ con el contorno c igual que en 4.4.6, y como $\frac{e^{iz}}{1+z^2}$ tiene polos simple en $z = \pm i$, calculando el único residuo correspondiente al semiplano superior, $Res\left(\frac{e^{iz}}{1+z^2}, i \right) = \frac{e^{-1}}{2i}$

$$\oint_c \frac{e^{iz}}{1+z^2} dz = 2\pi i \frac{e^{-1}}{2i} = \frac{\pi}{e}$$

de donde

$$\int_{-\infty}^{\infty} \frac{\cos x}{1+x^2}\, dx = Re\left[\oint_{c} \frac{e^{iz}}{1+z^2}\, dz\right] = Re\left[\frac{\pi}{e}\right] = \frac{\pi}{e}$$

4.4.9. *Cálculo de integrales de la forma* $\int_{0}^{2\pi} R[sen\,\theta, cos\,\theta]\, d\theta$. Este tipo de integrales, donde $R[sen\,\theta, cos\,\theta]$ es una función racional de $sen\,\theta$ y $cos\,\theta$, acotada en $0 \le \theta \le 2\pi$, se evalúan haciendo la sustitución $e^{i\theta} = z$, con lo que $dz = ie^{i\theta}d\theta = iz\, d\theta$ y $d\theta = \frac{dz}{iz}$, $cos\,\theta = \frac{e^{i\theta}+e^{-i\theta}}{2} = \frac{z+z^{-1}}{2}$, $sen\,\theta = \frac{z-z^{-1}}{2i}$. Con estas sustituciones, $R[sen\,\theta, cos\,\theta]$ se transforma en una función racional $f(z)$ sobre el círculo $|z| \le 1$ y entonces; $\int_{0}^{2\pi} R[sen\,\theta, cos\,\theta]\, d\theta = \oint_{c} f(z)\, dz$. A la integral $\oint_{|z|=1} f(z)\, dz$ se aplica el teorema del residuo y, siendo el contorno c la circunferencia $|z| = 1$, su valor es la suma de los residuos de $f(z)$ dentro del círculo unidad, multiplicada por $2\pi i$.

Si $f(z) = R\left[\frac{z-z^{-1}}{2i}, \frac{z+z^{-1}}{2}\right]$ tiene un polo sobre la circunferencia $|z| = 1$, entonces $R[sen\,\theta, cos\,\theta]$ tiene un polo en el intervalo $[0, 2\pi]$ y no es integrable.

La integral $\int_{0}^{\pi} \frac{1}{2+cos\,\theta}\, d\theta$, se resuelve como $\frac{1}{2}\int_{0}^{2\pi} \frac{1}{2+cos\,\theta}\, d\theta = \frac{1}{2}\oint_{|z|=1} \frac{1}{2+\frac{z+z^{-1}}{2}} \frac{dz}{iz} = \frac{1}{2}\oint_{|z|=1} \frac{-2i}{z^2+4z+1}\, dz = 2\pi Res\left[\left(\frac{1}{z^2+4z+1}\right), -2+\sqrt{3}\right] = \frac{\pi}{\sqrt{3}}$.

4.4.10. *Principio del argumento*. El principio del argumento establece que: Si $f(z)$ es analítica dentro y sobre una curva c cerrada simple y orientada positivamente, excepto por un número finito de polos en el interior de c, y $f(z) \ne 0$ sobre c

$$\frac{1}{2\pi i}\oint_{c} \frac{f'(z)}{f(z)}\, dz = N - P$$

donde N y P son respectivamente, los números de ceros y polos dentro de c, contados con sus multiplicidades.

Prueba: Si aplicamos el teorema del residuo al cálculo de $\oint_{c} \frac{f'(z)}{f(z)}\, dz$, debemos reemplazar la curva c por una suma de curvas, cada una de las cuales aislará un cero o un polo de $f(z)$, y el valor de la integral $\oint_{c} \frac{f'(z)}{f(z)}\, dz$, será la suma de las integrales $\oint_{c_0} \frac{f'(z)}{f(z)}\, dz$, sobre cada curva c_0 que aísle un cero o un polo.

Habremos probado entonces el principio del argumento, si probamos que $\oint_{c_0} \frac{f'(z)}{f(z)} dz$ alrededor de un cero de orden n es $\oint_{c_0} \frac{f'(z)}{f(z)} dz = 2\pi i\, n$, a la vez que alrededor de un polo de orden p, es $\oint_{c_0} \frac{f'(z)}{f(z)} dz = -2\pi i\, p$.

Según se vio en 4.2.6, alrededor de un punto z_0, donde f tiene un cero de orden n, f puede expresarse como

$$f = (z - z_0)^n h$$

Entonces $\qquad \dfrac{f'}{f} = \dfrac{n(z-z_0)^{n-1}h + (z-z_0)^n h'}{(z-z_0)^n h} = \dfrac{n}{z-z_0} + \dfrac{h'}{h}$

por lo que, siendo c_0 la curva que aísla el punto z_0, la integral $\oint_{c_0} \frac{f'(z)}{f(z)} dz$, es

$$\oint_{c_0} \frac{f'(z)}{f(z)} dz = \oint_{c_0} \frac{n}{z-z_0} dz + \oint_{c_0} \frac{h'}{h} dz = 2\pi i\, n \blacklozenge$$

Para el resultado que acabamos de obtener, queda claro que; $\oint_{c_0} \frac{h'}{h} dz = 0$ porque $\frac{h'}{h}$ es analítica dentro y sobre c_0, en tanto h' es analítica por ser derivada de una función analítica, y $h \neq 0$ dentro y sobre c_0. El resultado de $\oint_{c_0} \frac{n}{z-z_0} dz = 2\pi i\, n$, nos es conocido desde 3.2.9.

Para probar la segunda parte, recordamos de 4.3.6 que, si f tiene un polo de orden p en z_0, puede expresarse en torno a z_0 como

$$f = \frac{h}{(z-z_0)^p}$$

Entonces $\qquad \dfrac{f'}{f} = \dfrac{-p(z-z_0)^{-p-1}h + (z-z_0)^{-p}h'}{(z-z_0)^{-p}h} = \dfrac{-p}{z-z_0} + \dfrac{h'}{h}$

por lo que, siendo ahora c_0 la curva que aísla el polo en z_0, la integral $\oint_{c_0} \frac{f'(z)}{f(z)} dz$, es

$$\oint_{c_0} \frac{f'(z)}{f(z)} dz = \oint_{c_0} \frac{-p}{z-z_0} dz + \oint_{c_0} \frac{h'}{h} dz = -2\pi i\, p \blacklozenge$$

Nuevamente; $\oint_{c_0} \frac{h'}{h} dz = 0$ porque $\frac{h'}{h}$ es analítica dentro y sobre c_0, ya que h' es analítica por ser derivada de una función analítica, y $h \neq 0$ dentro y sobre c_0, porque en z_0 hay un polo y no un cero.

Si la suma de todas las integrales en torno a los ceros dentro de c es $\sum 2\pi i\, n = 2\pi i\, N$, y la suma de todas las integrales en torno a los polos dentro de c es $\sum -2\pi i\, p = -2\pi i\, P$, entonces;

$$\oint_c \frac{f'(z)}{f(z)}\, dz = 2\pi i(N - P) \text{ o bien } \frac{1}{2\pi i}\oint_c \frac{f'(z)}{f(z)}\, dz = N - P \blacklozenge$$

Al valor de $\oint_c \frac{f'(z)}{f(z)}\, dz$, se lo denomina *residuo logarítmico* de la función f respecto de la curva c, y la expresión *principio del argumento*, proviene de: si elegimos una rama de la función analítica $w = \ln f$, se tiene $dw = d\ln f = \frac{f'}{f}\, dz$, entonces

$$\frac{1}{2\pi i}\oint_c \frac{f'(z)}{f(z)}\, dz = \frac{1}{2\pi i}\oint_c dw = \frac{1}{2\pi i}\oint_c d\ln|w| + \frac{1}{2\pi i}\oint_c i\, d[arg\,(w)]$$

La primera integral de la derecha se anula porque $|w|$ tiene el mismo valor inicial y final, mientras que la segunda computa el cambio en $[arg\,(w)]$, cuando z recorre la curva c, y $\frac{[arg\,(w)]}{2\pi}$, es el *número de vueltas* del vector w en torno al origen en el plano $u - v$.

4.4.11. *Ejemplo.* Deseamos averiguar cuantos ceros tiene $f(z) = P_7(z) = z^7 - 2z - 5$, en el semiplano derecho o sea, cuantos ceros con parte real positiva pose el polinomio $P_7(z)$. Aplicamos el principio del argumento, empleando como curva de integración c, la semicircunferencia γ_R de radio $R \to \infty$ y su diámetro D sobre el eje imaginario figura 4.4.11

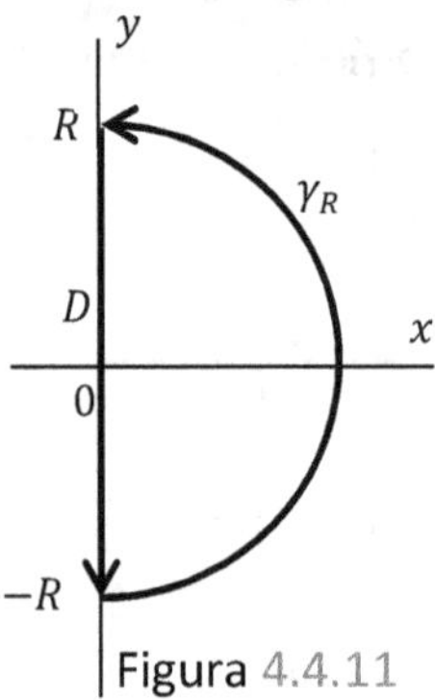

Figura 4.4.11

Sobre la curva $c = \gamma_R \cup D$, el principio del argumento asegura que $N = \frac{\Delta_c arg[P_7(z)]}{2\pi}$, en tanto no hay polos, pero $\Delta_c arg[P_7(z)] = \Delta_{\gamma_R} arg[P_7(z)] + \Delta_D arg[P_7(z)]$ y $P_7(z) = z^7\left(1 - \frac{2}{z^6} - \frac{5}{z^7}\right)$, entonces; $\Delta_{\gamma_R} arg[P_7(z)] = \Delta_{\gamma_R} arg\,(z^7) + \Delta_{\gamma_R} arg\left(1 - \frac{2}{z^6} - \frac{5}{z^7}\right) = 7\Delta_{\gamma_R} arg\, z + \Delta_{\gamma_R} arg\left(1 - \frac{2}{z^6} - \frac{5}{z^7}\right)$. Cuando $R \to \infty$, $\lim_{R\to\infty} \Delta_{\gamma_R} arg[P_7(z)] =$

$7\Delta_{\gamma_R} arg\, z = 7\pi$, ya que $\lim_{R\to\infty} \Delta_{\gamma_R} arg\left(1 - \frac{2}{z^6} - \frac{5}{z^7}\right) = 0$, y $arg\, z$ cambia de $-\frac{\pi}{2}$ a $\frac{\pi}{2}$ al desplazarse sobre γ_R.

Debemos ahora computar el cambio $\Delta_D arg[P_7(z)]$ haciendo que z se desplace sobre D desde iR a $-iR$, haciendo $z = it$ con $-R \le t \le R$, y entonces sobre D; $P_7(z) = (it)^7 - 2it - 5 = -it^7 - 2it - 5 = -5 - it(t^6 + 2)$ de donde obtenemos las dos ecuaciones $\begin{cases} u = -5 \\ v = -t(t^6 + 2) \end{cases}$, y $u = -5 \ne 0$, significa que $f(z) = P_7(z)$ no tiene ceros sobre el eje imaginario, por lo que es aplicable el principio del argumento, y el cambio de argumento de $P_7(z)$ pasando de iR a $-iR$ es; $-\pi$. Concluimos entonces que $\Delta_c arg[P_7(z)] = 7\pi - \pi = 6\pi$, y el número N de ceros en el semiplano derecho es; $N = \frac{6\pi}{2\pi} = 3$.

4.4.12. *Teorema de Rouché.* Si $f(z)$ y $g(z)$ son analíticas en un dominio simplemente conexo D y sobre una curva cerrada simple c, orientada positivamente e incluida en D, $|f| > |g|$, entonces f y $f + g$, tiene el mismo número de ceros en la región limitada por c.

Prueba: Si el teorema es cierto, aplicando el principio del argumento 4.4.10 se tiene; si $\frac{1}{2\pi i}\oint_c \frac{f'}{f} = N$, entonces también $\frac{1}{2\pi i}\oint_c \frac{(f+g)'}{f+g} = N$, por lo que $\frac{1}{2\pi i}\oint_c \left(\frac{f'}{f} - \frac{f'+g'}{f+g}\right) = 0$, como efectivamente podemos comprobar haciendo $g = fF$, con $|F| < 1$ porque $|g| < |f|$ sobre c, y entonces

$$\frac{1}{2\pi i}\oint_c \left(\frac{f'}{f} - \frac{f'+g'}{f+g}\right) = \frac{1}{2\pi i}\oint_c \left(\frac{f'}{f} - \frac{f'+f'F+fF'}{f+fF}\right) = \frac{1}{2\pi i}\oint_c \left(\frac{f'}{f} - \frac{f'(1+F)+fF'}{f(1+F)}\right)$$

$$\frac{1}{2\pi i}\oint_c \left(\frac{f'}{f} - \frac{f'+g'}{f+g}\right) = \frac{1}{2\pi i}\oint_c \left(-\frac{F'}{1+F}\right) = \frac{-1}{2\pi i}\oint_c F' \Sigma_0 (-)^n F^n = 0$$

La integral $\oint_c F' \Sigma_0 (-)^n F^n = 0$, se anula por ser suma de integrales de funciones analíticas, pudiéndose intercambiar la suma con la integración, porque $|F| < 1$ asegura la convergencia de la serie $\Sigma_0 (-)^n F^n$ ◆

4.4.13. *Ejemplo.* Deseamos averiguar cuantos ceros posee el polinomio $P_8(z) = z^8 - 4z^5 + z^2 - 1$ en el interior de la circunferencia $|z| = 1$. Para aplicar el teorema de *Rouché*, separamos de $P_8(z)$ dos funciones, $f = -4z^5$ y $g = z^8 + z^2 - 1$, que sobre la curva $c: |z| = 1$, verifican; $|f| = 4$ y $|g| = |z^8 + z^2 - 1| \le |z^8| + |z^2| + |1| = 3$, por lo que $|f| > |g|$ sobre la curva c como lo requiere el teorema, y como

$f = -4z^5$ tiene un cero de quinto orden en el origen, la función $P_8(z) = f + g$, tiene cinco ceros dentro $|z| = 1$.

Ejercicios 4.4

Calcular los residuos de las siguientes funciones en todos sus polos.

1. a) $f(z) = \frac{z-1}{z+1}$. **b)** $f(z) = z^3\,sen\frac{1}{z^2}$.   **2. a)** $f(z) = \frac{1}{(z^2-1)^2}$. **b)** $f(z) = \frac{1}{z^3-i}$.

3. a) $f(z) = z\,cos\,\frac{1}{z}$. **b)** $f(z) = \frac{z}{cos\,z}$.   **4. a)** $f(z) = \frac{3e^{2z}}{z^4}$. **b)** $f(z) = \frac{tan\,z}{sen^2 z}$.

5. a) $f(z) = \frac{z}{z - sen\,z}$. **b)** $f(z) = \frac{1}{(z^2+1)\,\ln z}$.

Calcular las siguientes integrales usando el teorema de los residuos.

6. $\oint_C \frac{z}{z-1}\,dz$, $c\colon |z| = 2$.   **7.** $\oint_C \frac{1}{sen\,z}\,dz$, $c\colon |z - 6| = 4$.

8. $\oint_C \frac{(z-1)e^{\frac{1}{z}}}{z}\,dz$, $c\colon |z| = \frac{1}{2}$..   **9.** $\oint_C \frac{1}{e^z(z^2-1)}\,dz$, $c\colon |z - 1| = \frac{3}{2}$.

10. $\oint_C z^2 e^{\frac{1}{z}}\,dz$, $c\colon |z| = \frac{1}{2}$.   **11.** $\oint_C \frac{1}{e^{(z-1)}(z-1)^2}\,dz$, $c\colon |z - 1| = 1$.

12. $\oint_C \frac{1}{z^3(z-1)}\,dz$, $c\colon |z - 1| = 2$.   **13.** $\oint_C \frac{e^z}{cosh\,z}\,dz$, $c\colon |z| = 5$.

Calcular las siguientes integrales empleando residuos.

14. $\int_0^{2\pi} \frac{1}{5-4\,cos\,\theta}\,d\theta$.   **15.** $\int_0^{\pi} \frac{1}{3+2\,cos\,\theta}\,d\theta$.   **16.** $\int_0^{2\pi} \frac{1}{5-4\,sen\,\theta}\,d\theta$.

17. $\int_0^{\pi} \frac{cos^2\theta}{13-5\,cos\,2\theta}\,d\theta$.   **18.** $\int_0^{\infty} \frac{1}{(1+x^2)^2}\,dx$.   **19.** $\int_{-\infty}^{\infty} \frac{x}{(x^2-2x+2)^2}\,dx$.

20. $\int_{-\infty}^{\infty} \frac{x^2}{(x^2-2x+2)^2}\,dx$.   **21.** $\int_{-\infty}^{\infty} \frac{1+x^2}{1+x^4}\,dx$.   **22.** $\int_{-\infty}^{\infty} \frac{cos\,3x}{x^2+4}\,dx$.

23. $\int_{-\infty}^{\infty} \frac{x\,sen\,3x}{x^2+4}\,dx$.   **24.** $\int_{-\infty}^{\infty} \frac{sen\,x}{x^2+x+1}\,dx$.   **25.** $\int_0^{\infty} \frac{x\,sen\,x}{x^4+1}\,dx$.

Respuestas:

1. a) $R\colon Res[-1] = -2$. **b)** $R\colon Res[0] = 0$. **2.**   **a)** $R\colon Res[-1] = \frac{1}{4}$; $Res[1] = -\frac{1}{4}$.   **b)**
$R\colon Res_1[\sqrt[3]{i}] = \frac{1-i\sqrt{3}}{6}$; $Res_2[\sqrt[3]{i}] = \frac{1+i\sqrt{3}}{6}$; $Res_3[\sqrt[3]{i}] = -\frac{1}{3}$.   **3.**   **a)** $R\colon Res[0] = \frac{1}{2}$.   **b)**

$R: Res\left[\frac{\pi}{2} + k\pi\right] = (-)^{k+1}\left(\frac{\pi}{2} + k\pi\right).$ **4.** **a).** $R: Res[0] = 4.$ **b)** $R: Res[k\pi] = 1; Res\left[\frac{\pi}{2} + k\pi\right] = -1.$ **5.** **a)** $R: Res[0] = 0.$ **b).** $R: Res[i] = -\frac{1}{\pi}; Res[-i] = -\frac{1}{\pi}; Res[1] = \frac{1}{2}.$ **6.** $R: 2\pi i.$ **7.** $R: 2\pi i.$ **8.** $R: 0.$ **9.** $R: \frac{\pi i}{e}.$ **10.** $R: \frac{\pi i}{3}.$ **11.** $R: -2\pi i.$ **12.** $R: 0.$ **13.** $R: 8\pi i.$ **14.** $R: \frac{2\pi}{3}.$ **15.** $R: \frac{\pi}{\sqrt{5}}.$ **16.** $R: \frac{2\pi}{3}.$ **17.** $R: \frac{\pi}{20}.$ **18.** $R: \frac{\pi}{4}.$ **19.** $R: \frac{\pi}{2}.$ **20.** $R: \pi.$ **21.** $R: \pi\sqrt{2}.$ **22.** $R: \frac{\pi}{2} e^{-6}.$ **23.** $R: \frac{3\pi}{4} e^{-6}.$ **24.** $R: -\frac{2\pi}{\sqrt{3}} e^{-\frac{\sqrt{3}}{2}} sen\, \frac{1}{2}.$ **25.** $R: \frac{\pi}{2} e^{-\frac{\sqrt{2}}{2}} sen\, \frac{\sqrt{2}}{2}.$

Bibliografía:

— Churchill, Ruel V. *Variables complejas y sus aplicaciones*. Hay varias ediciones en distintos idiomas desde 1940. Actualmente se edita como — Brown, James W. y Churchill, Ruel V. *Variables complejas y sus aplicaciones*. Mc Graw-Hill. Madrid, 2004.

— Derrick, William R. *Variable compleja con aplicaciones*. Grupo Editorial Iberoamérica. México, 1987.

— Krasnov, M. L; Kiseliov, A. I; Makarenko,G. I. *Funciones de variable compleja, cálculo operacional y teoría de la estabilidad.* Ed. Reverté. Barcelona, 1976.

— Markushevich, A. *Teoría de las funciones analíticas*. Ed. MIR. Moscú, 1970.

— Polya, George y Latta, Gordon. *Variable compleja*. Ed, Limusa. México, 1961.

— Spiegel, Murray R. *Variable compleja*. Ed. Mc Graw–Hill. México, 1991.

—Trejo, Cesar. *Funciones de variable compleja*. Ed, Harla. México, 1974.

— Wunsch, David A. *Variable compleja con aplicaciones*. Ed. Pearson Educación. México, 1999.

Para una lectura más avanzada:

— Ahlfors, Lars. *Análisis de variable compleja*. Ed. Aguilar, Madrid, 1971.

— Apostol, Tom. M. *Análisis matemático*. Ed. Reverté. Barcelona, 1996.

— López-Gómez, Julián. *Ecuaciones diferenciales y variable compleja*. Ed. Prentice-Hall. Madrid, 2001.

— Rudin, Walter. *Análisis real y complejo*. Ed. Alhambra. Madrid, 1979.

5 SERIES DE FOURIER

El uso de series trigonométricas, se remonta a 1753 con *D. Bernoulli* en su estudio de la cuerda vibrante, con la solución para la ecuación $y_{tt} = y_{xx}$, que para el caso de un movimiento armónico simple, puede expresarse como $f(x, t) = A\, sen\, nx\, cos\, (nt - \alpha)$, y la solución para movimientos armónicos múltiples, se puede obtener por superposición de movimientos simples como; $f(x, t) = \sum_1^N A_n\, sen\, nx\, cos\, (nt - \alpha_n)$.

En 1807, *J. Fourier* presentó sus estudios sobre la transmisión de calor al *Institut de France* pero su trabajo no fue aceptado. Posteriormente en 1822, presentó su *Théorie Analitique de la Chaleur*, donde desarrolló en forma más completa su teoría, de ahí la denominación; *series de Fourier*.

5.1 La Serie de Fourier

Podemos proponer sin más, que una función arbitraria $f(x)$ tenga una representación en serie de términos trigonométricos de la forma

$$f(x) = a_0 + \sum_1^\infty (a_n\, cos\, nx + b_n\, sen\, nx)$$

Si tal serie existe, como luego justificaremos, debemos averiguar que forma tienen los coeficientes que la definen, los números; a_0, a_n, b_n. Previo al cálculo de los coeficientes, repasaremos algunos conceptos seguramente adquiridos en los cursos previos de cálculo.

5.1.1. *Funciones seccionalmente continuas.* Las funciones seccionalmente continuas, también *continuas por tramos* o *continuas por partes*, difieren de las funciones continuas en un intervalo $[a, b]$, cuyo conjunto se indica como $C[a, b]$, en que, si son *seccionalmente continuas* en $[a, b]$, admiten un número finito de discontinuidades del tipo *salto finito* en $[a, b]$ figura 5.1.1.a, y se indican como $CP[a, b]$, notando así al conjunto de todas las funciones *continuas por partes*, definidas en el intervalo $[a, b]$. Con más precisión; Una función de valores reales $f(x)$ es continua por partes en $[a, b]$ o bien $f \in CP[a, b]$ si se cumple

i) Excepto un número finito de puntos, f está definida y es continua en todo $[a, b]$.

ii) Para cada punto x_0 de $[a, b]$, donde f deja de ser continua, existen los límites laterales

$$\lim_{x_0^-} f(x) = f(x_0^-) \text{ y } \lim_{x_0^+} f(x) = f(x_0^+)$$

requiriéndose en los extremos de $[a, b]$, solamente; $\lim_{a^+} f(x) = f(a^+)$ y $\lim_{b^-} f(x) = f(b^-)$. Cuando los límites laterales coincidan y $f(x_0^-) = f(x_0^+)$, la discontinuidad será *no esencial*, y cuando se cumpla que $f(x_0^-) = f(x_0^+) = f(x_0)$, entonces f será continua en x_0.

La diferencia $f(x_0^+) - f(x_0^-)$ es el *salto* de f en x_0 figura 5.1.1.b. Las funciones con discontinuidades del tipo salto infinito figura 5.1.1.c, no son continuas por partes y tampoco aquellas cuya *oscilación*, no estuviera bien definida como es el caso de $sen\dfrac{1}{x}$ en $x = 0$.

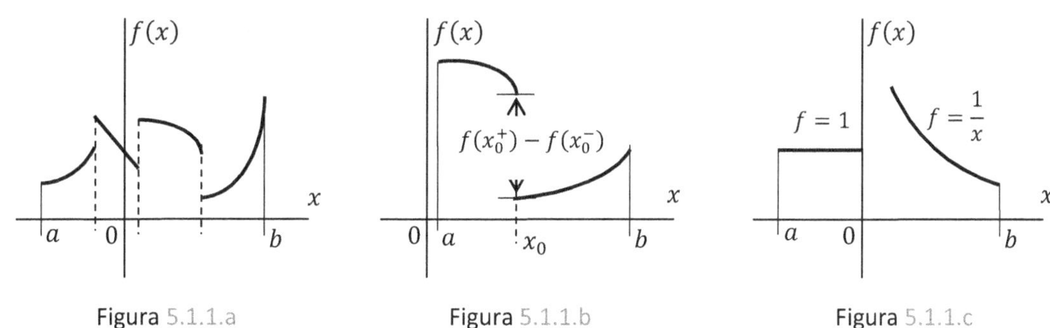

Figura 5.1.1.a Figura 5.1.1.b Figura 5.1.1.c

5.1.2. *Funciones pares e impares*. Una función f definida en un intervalo centrado en el origen, se dice par si $f(x) = f(-x)$ figura 5.1.3.a, y se dice impar si $f(x) = -f(-x)$ figura 5.1.3.b. En otro caso, f no tiene paridad definida figura 5.1.3.c.

Además, la integral de una función impar en un intervalo simétrico $[-a, a]$ se anula, y la integral de una función par en un intervalo simétrico $[-a, a]$, es el doble de la integral en el semiintervalo $[-a, 0]$, o en el semiintervalo $[0, a]$, según se ve en

$$\int_{-a}^{a} f(x) = \int_{-a}^{0} f(x) + \int_{0}^{a} f(x) = \int_{0}^{a} f(x) - \int_{0}^{-a} f(x) =$$

$$\int_{0}^{a}[f(x) + f(-x)] = \begin{cases} 0, \ si \ f \ es \ impar \\ 2\int_{0}^{a} f(x), si \ f \ es \ par \end{cases}$$

Resumiendo; $\int_{-a}^{a} f = 0$ si f es impar y $\int_{-a}^{a} f = 2\int_{0}^{a} f$ si f es par, hecho que ya observamos en el ejemplo 4.4.6.

En particular, $cos\,x = cos\,(-x)$ es par, por lo que $\int_{-a}^{a} cos\,x = 2\int_{0}^{a} cos\,x$ y $sen\,x = -sen\,(-x)$ es impar, por lo que $\int_{-a}^{a} sen\,x = 0$. Una función impar como $sen\,z = z -$

$\frac{z^3}{3!} + \frac{z^5}{5!} - \cdots = \sum_0 (-)^n \frac{z^{2n+1}}{(2n+1)!}$, solo tiene potencias impares en su desarrollo de *Taylor*, ejemplo 4.2.2.b, mientras que una función par como $cos\, z = 1 - \frac{z^2}{2!} + \frac{z^4}{4!} - \cdots = \sum_0 (-)^n \frac{z^{2n}}{(2n)!}$ tiene solo potencias pares en su desarrollo de *Taylor*.

Una función que no es ni par ni impar como $f = e^z$, tiene un desarrollo de *Taylor* con potencias pares e impares; $e^z = 1 + z + \frac{z^2}{2!} + \frac{z^3}{3!} + \cdots + \frac{z^n}{n!} + \cdots = \sum_0 \frac{z^n}{n!}$, ejemplo 4.2.2.a. Por lo demás, todo función f puede expresarse en $[-a, a]$, como la suma de una función par $f_P = \frac{f(x)+f(-x)}{2}$ y una función impar $f_I = \frac{f(x)-f(-x)}{2}$.

En tanto los desarrollos de *Taylor* de las funciones pares e impares, contienen solo potencias pares o impares respectivamente, queda claro que el producto entre dos funciones pares o entre dos funciones impares, será una función par, y el producto entre funciones de distinta paridad, dará una función impar.

5.1.3. *Ejemplo*. **a.** Los ejemplos más sencillos de funciones pares son $1, x^2, \ldots, x^{2n}, \frac{1}{x^2}, \frac{1}{x^4}, \ldots, \frac{1}{x^{2n}}$, así como los de funciones impares son $x, x^3, \ldots x^{2n+1}, \frac{1}{x}, \frac{1}{x^3}, \ldots, \frac{1}{x^{2n+1}}$. **b.** $f = x + 1$. La función no tiene paridad definida, $f_P = \frac{x+1+(-x+1)}{2} = 1$ y $f_I = \frac{x+1-(-x+1)}{2} = x$. **c.** $f = e^x$. $f_P = \frac{e^x+e^{-x}}{2} = cosh\, x$; $f_I = \frac{e^x-e^{-x}}{2} = senh\, x$. **d.** $h = sen\, nx\, cos\, mx$. Es impar por ser producto de la función impar $sen\, nx$, con la función par $cos\, mx$, y entonces $\int_{-\pi}^{\pi} sen\, nx\, cos\, mx = 0, \forall m, n$.

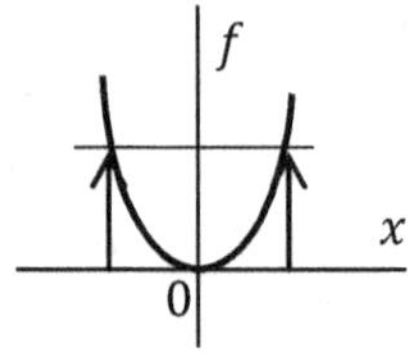
Figura 5.1.3.a

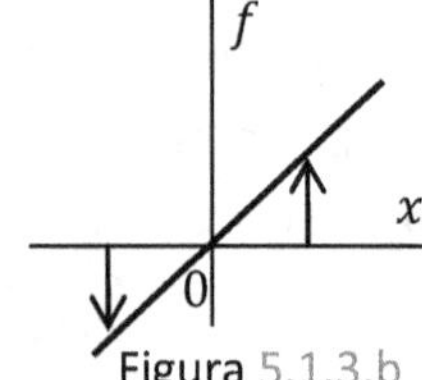
Figura 5.1.3.b

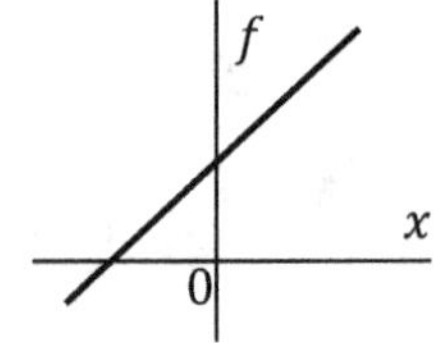
Figura 5.1.3.c

e. Si $h = fg$, entonces; si f y g son pares; $h(-x) = f(-x)g(-x) = f(x)g(x) = h(x)$, y h es par. Si f y g son impares; $h(-x) = -f(x)[-g(x)] = f(x)g(x) = h(x)$, y h es par. Si f es par y g es impar; $h(-x) = f(x)[-g(x)] = -f(x)g(x) = -h(x)$, y h es impar.

5.1.4. *Periodicidad de $sen\, x$ y $cos\, x$.* Se define como función periódica, a aquella en la que $f(x) = f(x + p)$, y el menor valor de p para el que se verifica $f(x) =$

$f(x + p)$, se llama *período* de f. De la definición surge que, si $f(x + p) = f(x)$, entonces también $f(x + np) = f(x)$, $n \in \mathbb{Z}$.

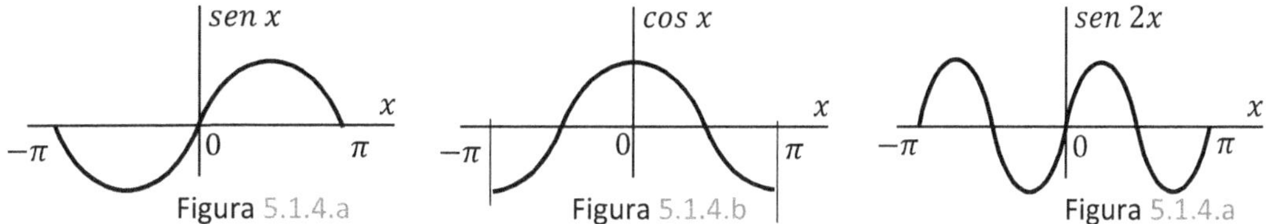

Figura 5.1.4.a   Figura 5.1.4.b   Figura 5.1.4.a

Las funciones $sen\,x$ y $cos\,x$ tienen período $p = 2\pi$ y las funciones $sen\,nx$ y $cos\,nx$ tienen período $p = \frac{2\pi}{n}$. Además las funciones $sen\,nx$ y $cos\,nx$ tienen la siguiente propiedad; $\int_{-\pi}^{\pi} sen\,nx = 0, n \in \mathbb{Z}$ y $\int_{-\pi}^{\pi} cos\,nx = 0, n \in \mathbb{N}$.

5.1.5. *Ejemplo.* **a.** $\int_{-\pi}^{\pi} sen\,mx = \left.\frac{-cos\,mx}{m}\right|_{-\pi}^{\pi} = 0. \int_{-\pi}^{\pi} cos\,mx = \left.\frac{sen\,mx}{m}\right|_{-\pi}^{\pi} = 0.$

b. $sen\,nx\,sen\,mx = \frac{1}{2} cos\,(nx - mx) - \frac{1}{2} cos\,(nx + mx) = \frac{1}{2} cos\,(n - m)x - \frac{1}{2} cos\,(n + m)x.$

Si $n \neq m$, $n - m = p \in \mathbb{Z}$ y $n + m = q \in \mathbb{Z}$, entonces $sen\,nx\,sen\,mx = \frac{1}{2} cos\,px - \frac{1}{2} cos\,qx$, y como $\int_{-\pi}^{\pi} coz\,px = 0, n \in \mathbb{N}$ y $\int_{-\pi}^{\pi} cos\,qx = 0, n \in \mathbb{N}$; $\int_{-\pi}^{\pi} sen\,nx\,sen\,mx = 0.$ Si $n = m$, $\int_{-\pi}^{\pi} sen\,nx\,sen\,mx = \int_{-\pi}^{\pi} sen^2\,mx = \int_{-\pi}^{\pi} \frac{1 - cos\,2mx}{2} = \int_{-\pi}^{\pi} \frac{1}{2} + \frac{1}{2} \int_{-\pi}^{\pi} cos\,2mx = \pi + 0.$

c. $sen\,nx\,cos\,mx$, es el producto de la función impar $sen\,nx$ con la función par $cos\,mx$, y en consecuencia es una función impar por lo que $\int_{-\pi}^{\pi} sen\,nx\,cos\,mx = 0.$

d. $cos\,nx\,cos\,mx = \frac{1}{2} cos\,(nx + mx) + \frac{1}{2} cos\,(nx - mx) = \frac{1}{2} cos\,(n + m)x - \frac{1}{2} cos\,(n - m)x.$

Si $m \neq n$, $m + n = p \in \mathbb{Z}$ y $n - m = q \in \mathbb{Z}$, entonces $cos\,nx\,cos\,mx = \frac{1}{2} cos\,px + \frac{1}{2} cos\,qx$ y como $\int_{-\pi}^{\pi} cos\,px = 0$ y $\int_{-\pi}^{\pi} cos\,qx = 0$; $\int_{-\pi}^{\pi} cos\,nx\,cos\,mx = 0.$ Si $m = n$, $\int_{-\pi}^{\pi} cos\,nx\,cos\,mx = \int_{-\pi}^{\pi} cos^2\,mx = \int_{-\pi}^{\pi} \frac{1 + cos\,2mx}{2} = \int_{-\pi}^{\pi} \frac{1}{2} + \frac{1}{2} \int_{-\pi}^{\pi} cos\,2mx = \pi + 0.$

Concluyendo: $\int_{-\pi}^{\pi} sen\,nx\,sen\,mx = \int_{-\pi}^{\pi} cos\,nx\,cos\,mx = 0, si\,m \neq n,$

$\int_{-\pi}^{\pi} sen\,nx\,cos\,mx = 0$, $\forall\,m, n$ y $\int_{-\pi}^{\pi} sen^2\,mx = \int_{-\pi}^{\pi} cos^2\,mx = \pi$. Las tres primeras integrales, son las *relaciones de ortogonalidad* de las funciones $sen\,x$ y $cos\,x$, que emplearemos en 5.1.6.

5.1.6. *Los coeficientes de Fourier.* Dada la serie

$$f(x) = a_0 + \sum_{1}^{\infty}(a_n\,cos\,nx + b_n\,sen\,nx)$$

obtendremos los coeficientes de *Fourier*, recurriendo a las propiedades de paridad y periodicidad de las funciones $sen\, mx$ y $cos\, mx$, $m \in \mathbb{Z}$.

Estas propiedades de $sen\, x$ y $cos\, x$, hacen que; integrando en $[-\pi, \pi]$, ambos miembros de la serie propuesta, obtengamos

$$\int_{-\pi}^{\pi} f(x) = \int_{-\pi}^{\pi} a_0 + \int_{-\pi}^{\pi} [\Sigma_1^{\infty}(a_n\, cos\, nx + b_n\, sen\, nx)]$$

$$\int_{-\pi}^{\pi} f(x) = 2\pi a_0 + \Sigma_1^{\infty} \left(a_n \int_{-\pi}^{\pi} cos\, nx + b_n \int_{-\pi}^{\pi} sen\, nx \right)$$

y como $\int_{-\pi}^{\pi} cos\, nx = 0$, $\forall n$ y $\int_{-\pi}^{\pi} sen\, nx = 0$, $\forall n$, hemos obtenido el primer coeficiente de *Fourier*

$$a_0 = \frac{1}{2\pi} \int_{-\pi}^{\pi} f(x)$$

al que podemos atribuir un significado inmediato; es *el valor medio de f en* $[-\pi, \pi]$.

Siempre aprovechando las propiedades de las funciones $sen\, mx$ y $cos\, mx$, obtenemos los restantes coeficientes. Si multiplicamos ambos miembros de la serie por $cos\, mx$ e integramos en $[-\pi, \pi]$ obtenemos

$$\int_{-\pi}^{\pi} f(x)\, cos\, mx = a_m \int_{-\pi}^{\pi} cos^2\, mx$$

ya que todas las integrales de la forma $\int_{-\pi}^{\pi} sen\, nx\, cos\, mx$ se anulan por ser su integrando impar como en el ejemplo 5.1.3.d, y las integrales de la forma $\int_{-\pi}^{\pi} cos\, nx\, cos\, mx$, se anulan también si $n \neq m$ como se vio en el ejemplo 5.1.5.d. Queda entonces solamente la integral $\int_{-\pi}^{\pi} cos^2\, mx = \pi$, y así despejamos a_m

$$a_m = \frac{1}{\pi} \int_{-\pi}^{\pi} f(x)\, cos\, mx$$

Para obtener los coeficientes b_n, multiplicamos los dos miembros de la serie por $sen\, mx$, e integrando en $[-\pi, \pi]$ obtenemos

$$\int_{-\pi}^{\pi} f(x)\, sen\, mx = b_m \int_{-\pi}^{\pi} sen^2\, mx$$

en tanto las integrales de la forma $\int_{-\pi}^{\pi} cos\, mx\, sen\, nx$ se anulan por paridad según ya vimos, y las integrales de la forma $\int_{-\pi}^{\pi} sen\, nx\, sen\, mx$, resultarán finalmente nulas si $n \neq m$ como en el ejemplo 5.1.5.b y solo subsiste si $n = m$; $\int_{-\pi}^{\pi} sen^2 mx = \pi$. Podemos entonces despejar b_m

$$b_m = \frac{1}{\pi} \int_{-\pi}^{\pi} f(x)\, sen\ mx$$

Nota: La función f, que hemos supuesto definida en $[-\pi, \pi)$, tiene en su expresión $f = a_0 + \sum_1^{\infty}(a_n\, cos\, nx + b_n\, sen\, nx)$, una representación periódica en todo el eje x, debido a la periodicidad de las funciones $sen\, nx$ y $cos\, nx$, y damos por cierto, que la suma converge y puede permutarse con las integrales.

5.1.7. *Ejemplo.* $f = \begin{cases} 0, & si -\pi \leq x < 0 \\ 1, & si\ 0 \leq x < \pi \end{cases}$ *periodica.*

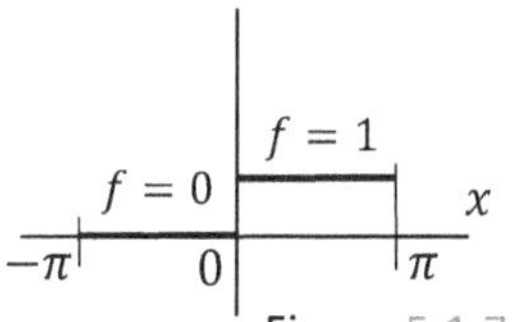

Para reconstruir el desarrollo

$$f = a_0 + \sum_1^{\infty}(a_n\, cos\, nx + b_n\, sen\, nx),$$

Figura 5.1.7

calculamos sus coeficientes: $a_0 = \frac{1}{2\pi}\int_{-\pi}^{\pi} f = \frac{1}{2\pi}\int_{-\pi}^{0} 0 + \frac{1}{2\pi}\int_0^{\pi} 1 = \frac{1}{2\pi} x|_0^{\pi} = \boxed{\frac{1}{2}}$, valor de por si evidente si se observa en la figura 5.1.7, que el área integral es $A = \pi$, y siendo a_0 el valor medio de f en $[-\pi, \pi)$, debe ser $a_0 = \frac{A}{2\pi} = \frac{\pi}{2\pi} = \frac{1}{2}$.

$$a_m = \frac{1}{\pi}\int_{-\pi}^{\pi} f\, cos\, mx = \frac{1}{\pi}\int_{-\pi}^{0} 0\, cos\, mx + \frac{1}{\pi}\int_0^{\pi} 1\, cos\, mx = \frac{1}{\pi}\frac{sen\, mx}{m}\Big|_0^{\pi} = \boxed{0}, \forall m.$$

$$b_m = \frac{1}{\pi}\int_{-\pi}^{\pi} f\, sen\, mx = \frac{1}{\pi}\int_{-\pi}^{0} 0\, sen\, mx + \frac{1}{\pi}\int_0^{\pi} 1\, sen\, mx = \frac{1}{\pi}\frac{-cos\, mx}{m}\Big|_0^{\pi} = \frac{1}{\pi}\frac{cos\, mx}{m}\Big|_{\pi}^{0} =$$

$$\frac{1-cos\, m\pi}{m\pi}, \text{ entonces; } b_m = \frac{1-cos\, m\pi}{m\pi} = \begin{cases} \boxed{0}, si\ m = 2n \\ \boxed{\dfrac{2}{m\pi}}, si\ m = 2n+1 \end{cases}, \ n = 0,1,2,3, ...$$

Con estos coeficientes; $f = \boxed{\dfrac{1}{2} + \dfrac{1}{\pi}\sum_1^{\infty}\dfrac{2}{2n+1}\, sen\,(2n+1)x}$.

Nota: El coeficiente $a_0 = \frac{1}{2\pi}\int_{-\pi}^{\pi} f$, puede calcularse como

$a_m = \frac{1}{\pi}\int_{-\pi}^{\pi} f\, cos\, mx$ con $m = 0$, pero entonces la serie debe escribirse como

$$f = \frac{a_0}{2} + \sum_1^{\infty}(a_n\, cos\, nx + b_n\, sen\, nx).$$

5.1.8. *Desarrollos de funciones pares e impares.* Si la función que representamos en serie de *Fourier* es una función par o impar, se tiene una simplificación importante del desarrollo. Si f es par se anulan todos los coeficientes b_n, en tanto se definen como $b_n = \frac{1}{\pi}\int_{-\pi}^{\pi} f\, sen\, nx$, y si f es par, siendo $sen\, nx$ impar, el producto $f\, sen\, nx$ será una función impar y su integral $\int_{-\pi}^{\pi} f\, sen\, nx$, se anulará.

Simétricamente, si f es impar se anulan todos los coeficientes a_n, puesto que se definen como $a_n = \frac{1}{\pi}\int_{-\pi}^{\pi} f \cos nx$, y si f es impar, siendo $\cos nx$ par, el producto $f \cos nx$ será una función impar y entonces su integral $\int_{-\pi}^{\pi} f \cos nx = 0$.

5.1.9. *Ejemplo.* **a.** Deseamos desarrollar $f\colon [-\pi, \pi) \to x^2, periodica$.

Siendo f una función par, no deberemos calcular los b_n.

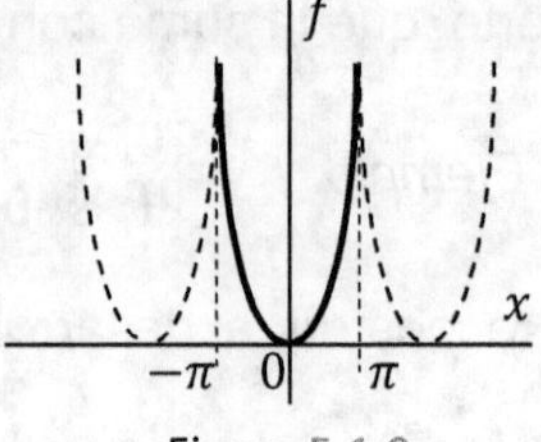

Figura 5.1.9.a

$$a_0 = \frac{1}{2\pi}\int_{-\pi}^{\pi} x^2 = \frac{x^3}{6\pi}\Big|_{-\pi}^{\pi} = \frac{2\pi^3}{6\pi} = \boxed{\frac{\pi^2}{3}}. \quad a_m = \frac{1}{\pi}\int_{-\pi}^{\pi} x^2 \cos mx =$$

$$\left[\frac{2x}{m^2}\cos mx + \left(\frac{x^2}{m} - \frac{2}{m^3}\right)\operatorname{sen} mx\right]\Big|_{-\pi}^{\pi} = \frac{2x \cos mx}{m^2}\Big|_{-\pi}^{\pi}$$

$$a_m = \frac{2x \cos mx}{m^2}\Big|_{-\pi}^{\pi} = \frac{4\pi \cos mx}{m^2} = \begin{cases} \boxed{\frac{4\pi}{m^2}}, & si\ m = 2n \\[2mm] \boxed{-\frac{4\pi}{m^2}}, & si\ n = 2n+1 \end{cases} \qquad \text{y } f(x) = \frac{\pi^2}{3} + 4\pi\sum_1^{\infty}(-)^n\frac{\cos nx}{n^2}.$$

b. Para la función $f = \begin{cases} 0, & si -\pi \le x < 0 \\ 1, & si\ 0 \le x < \pi \end{cases} periodica$,

del ejemplo 5.1.7, obtuvimos el desarrollo

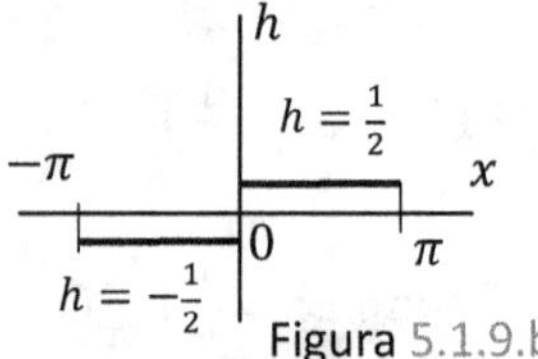

Figura 5.1.9.b

$$f = \frac{1}{2} + \frac{1}{\pi}\sum_1^{\infty}\frac{2}{2n+1}\operatorname{sen}(2n+1)x, \text{ que es de la forma}$$

$f = a_0 + \sum b_n \operatorname{sen} nx$. Se observa que $h = f - \frac{1}{2}$ figura 5.1.9.b, define una función impar que se obtiene al desplazar al desplazar f en el eje vertical. Este es un recurso sencillo para obtener nuevos desarrollos a partir de uno ya conocido.

Ejercicios 5.1

Determinar la paridad de las siguientes funciones.

1. a) $f = \tan x$.   **b)** $f = e^{x^2}$.   **c)** $f = \frac{x+1}{x-1}$.

2. a) $f = \ln|x|$.   **b)** $f = \frac{x}{(x+1)(x-1)}$.   **c)** $f = \operatorname{sen}^{-1}x$.

Descomponer las siguientes funciones, en sus partes par e impar.

3. a) $f = \frac{x+1}{x-1}$. **b)** $f = \frac{1}{x+1}$.   **4. a)** $f = x\cos x - \cos 2x$. **b)** $f = \frac{x^2+1}{x-1}$.

Dar los desarrollos de *Fourier* de las siguientes funciones.

5. $f = \begin{cases} -1: -\pi \leq x < 0 \\ 1: 0 \leq x < \pi \end{cases}$.

6. $f = |x|: -\pi \leq x < \pi$.

7. $f = x: -\pi \leq x < \pi$.

8. $f = \begin{cases} 1: -\pi \leq x < 0 \\ \frac{1}{2}: 0 \leq x < \pi \end{cases}$.

9. $f = e^x: -\pi \leq x < \pi$.

10. $f = x \cos x: -\pi \leq x < \pi$.

Respuestas:

1. a) $R: imp.$ **b)** $R: par.$ **c)** $R: ind.$ **2. a)** $R: par.$ **b)** $R: imp.$ **c)** $R: imp.$ **3. a)** $R: f_P = \frac{x^2+1}{x^2-1}$; $f_I = \frac{2x}{x^2-1}$. **b)** $R: f_P = \frac{1}{1-x^2}$; $f_I = \frac{x}{x^2-1}$. **4. a)** $R: f_P = -\cos 2x$; $f_I = x \cos 2x$. **b)** $R: f_P = \frac{x^2+1}{x^2-1}$; $f_I = \frac{x(x^2+1)}{x^2-1}$. **5.** $R: f = \frac{4}{\pi}\sum_0 \frac{sen\,(2n+1)x}{2n+1}$. **6.** $R: f = \frac{\pi}{2} - \frac{4}{\pi}\sum_0 \frac{\cos\,(2n+1)x}{(2n+1)^2}$. **7.** $R: f = 2\sum_1 (-)^{n+1} \frac{sen\,nx}{n}$. **8.** $R: f = \frac{3}{4} + \frac{1}{2\pi}\sum_1 (-)^n \frac{sen\,nx}{n}$.

9. $R: f = \frac{senh\,\pi}{\pi} + \frac{2\,senh\,\pi}{\pi}\sum_1 (-)^n \frac{\cos nx - n\,sen\,nx}{n^2+1}$. **10.** $R: f = -\frac{1}{2} sen\,x + \frac{4\,sen\,2x}{1.3} - \frac{6\,sen\,3x}{3.5} + \frac{8\,sen\,4x}{5.7} - \cdots$.

5.2 Conjuntos ortogonales

Recordamos que un conjunto de vectores $\mathbf{x}_1, \mathbf{x}_2, \ldots, \mathbf{x}_n$, todos ellos distintos de cero, es *ortogonal* si; $\mathbf{x}_i . \mathbf{x}_j = 0$ siempre que $i \neq j$, y si además $\mathbf{x}_i . \mathbf{x}_j = 1$ cuando $i = j$, se dice que es *ortonormal*, lo que se nota en forma mas compacta como $\mathbf{x}_i . \mathbf{x}_j = \delta_{ij}$, donde δ_{ij} es la *delta de Kronecker* definida como $\delta_{ij} = \begin{cases} 0, si\, i \neq j \\ 1, si\, i = j \end{cases}$

5.2.1. *Vectores en* $\mathbb{R}^3$. En $\mathbb{R}^3$, con coordenadas x, y, z respecto de la base usual $\{\mathbf{i}, \mathbf{j}, \mathbf{k}\}$, un vector $\mathbf{X}$ se representa como

$$\mathbf{X} = x\mathbf{i} + y\mathbf{j} + z\mathbf{k}$$

La ortonormalidad de $\{\mathbf{i}, \mathbf{j}, \mathbf{k}\}$, o sea, que la terna es ortogonal. y sus componentes tienen módulo unitario, permite obtener las coordenadas de $\mathbf{X}$ como

$$x = \mathbf{X}.\mathbf{i}, \; y = \mathbf{X}.\mathbf{j}, \; z = \mathbf{X}.\mathbf{k}$$

en tanto $\qquad \mathbf{X}.\mathbf{i} = (x\mathbf{i} + y\mathbf{j} + z\mathbf{k})\mathbf{i} = x\mathbf{i}\mathbf{i} + y\mathbf{j}\mathbf{i} + z\mathbf{k}\mathbf{i} = x\mathbf{i}^2 = x$

y de la misma forma obtenemos $y = \mathbf{X}.\mathbf{j}$ y $z = \mathbf{X}.\mathbf{k}$, ya que $\mathbf{i}^2 = \mathbf{j}^2 = \mathbf{k}^2 = 1$, y $\mathbf{i}.\mathbf{j} = \mathbf{i}.\mathbf{k} = \mathbf{j}.\mathbf{k} = 0$

De cualquier base *linealmente independiente*, podemos obtener una base ortogonal mediante el proceso de *ortogonalización* de *Gram-Schmidt,* y luego eventualmente, normalizar la base obtenida para hacerla ortonormal.

Extendemos la representación de un vector en $\mathbb{R}^3$, a un espacio n-dimensional $\mathbb{R}^n$ en el que introducimos una base ortogonal y normalizada $\{\mathbf{e}_j\}$, como

$$V = x_1\mathbf{e}_1 + x_2\mathbf{e}_2 + \cdots + x_n\mathbf{e}_n = \sum_1^n x_j\mathbf{e}_j$$

con x_j coordenada de $\mathbf{V}$ respecto de la base ortonormal $\{\mathbf{e}_j\}$, y siendo la base ortonormal

$$x_i = \mathbf{V}\mathbf{e}_i = (x_1\mathbf{e}_1 + x_2\mathbf{e}_2 + \cdots + x_i\mathbf{e}_i + \cdots + x_n\mathbf{e}_n)\mathbf{e}_i = x_i\mathbf{e}_i.\mathbf{e}_i = x_i$$

5.2.2. *Generalización a infinitas dimensiones.* Generalizamos esta representación de un vector, para un espacio infinito-dimensional con una base $\{\mathbf{v}_j\}$, como

$$V = x_1\mathbf{v}_1 + x_2\mathbf{v}_2 + \cdots + x_n\mathbf{v}_n + \cdots = \sum_1^\infty x_j\mathbf{v}_j.$$

entonces, si la base $\{\mathbf{v}_j\}$ es ortogonal

$$\mathbf{V}.\mathbf{v}_j = x_j(\mathbf{v}_j.\mathbf{v}_j) = x_j|\mathbf{v}_j|^2$$

Si normalizamos la base $\{\mathbf{v}_j\}$ haciendo $\mathbf{u}_j = \dfrac{\mathbf{v}_j}{|\mathbf{v}_j|}$, obtenemos la base unitaria $\{\mathbf{u}_j\}$ respecto de la cual expresamos $\mathbf{V}$ como

$$V = \sum y_j\mathbf{u}_j$$

con y_j coordenada de $\mathbf{V}$ respecto de la base $\{\mathbf{u}_j\}$, y como $|\mathbf{u}_j| = 1$

$$\mathbf{V}.\mathbf{u}_j = y_j(\mathbf{u}_j.\mathbf{u}_j) = y_j|\mathbf{u}_j|^2 = y_j$$

Entonces podemos escribir $\mathbf{V} = \sum y_j\mathbf{u}_j$ como

$$V = \sum y_j\mathbf{u}_j = \sum(\mathbf{V}.\mathbf{u}_j)\mathbf{u}_j$$

y como $\mathbf{u}_j = \dfrac{\mathbf{v}_j}{|\mathbf{v}_j|}$ $\qquad\qquad V = \sum y_j\mathbf{u}_j = \sum \dfrac{(\mathbf{V}.\mathbf{v}_j)}{|\mathbf{v}_j|^2}\mathbf{v}_j$

finalmente,
$$\mathbf{V} = \sum a_j \mathbf{v}_j \text{ con } a_j = \frac{(\mathbf{V} \cdot \mathbf{v}_j)}{|\mathbf{v}_j|^2}$$

Queda claro que un vector en $\mathbb{R}^n$ es $\mathbf{V} = x_1 \mathbf{v}_1 + x_2 \mathbf{v}_2 + \cdots + x_n \mathbf{v}_n = \sum_1^n x_j \mathbf{v}_j$, y su convergencia está asegurada en tanto se trata de una suma finita. Para la suma infinita $\mathbf{V} = x_1 \mathbf{v}_1 + x_2 \mathbf{v}_2 + \cdots + x_n \mathbf{v}_n + \cdots = \sum_1^\infty x_j \mathbf{v}_j$, hay que asegurarla, pero posponemos esa discusión, suponiendo que hay convergencia.

5.2.3. *Construcción de una base.* Construiremos ahora, una base *funcional* para un espacio de funciones seccionalmente continuas y para ello, definimos el *producto interno de funciones* en $[-L, L]$, como

$$f \cdot g = \int_{-L}^{L} f \cdot g$$

El intervalo $[-L, L]$ donde acabamos de definir el producto $f.g$, es arbitrario y $\{f, g\} \in CP[-L, L]$. También se usan las notaciones $\langle f | g \rangle = (f.g) = f.g$, con esta definición de producto, podemos definir la *norma* $\|f\|$ de la función f, como

$$\|f\| = \sqrt{f \cdot f} = \sqrt{f^2} = \left(\int_{-L}^{L} f^2 \right)^{1/2}$$

En general, sobre un conjunto de funciones $\{f_i\}$, definidas en $[-L, L]$, $i = 1,2,3,\ldots$

$$f_i \cdot f_j = \int_{-L}^{L} f_i \cdot f_j \quad \text{y} \quad \|f_i\| = \left(\int_{-L}^{L} f_i \cdot f_i \right)^{1/2}$$

si, como para vectores ordinarios, se cumple que

$$f_i \cdot f_j = \begin{cases} 0, & si\ i \neq j \\ \|f_i\|^2, & si\ i = j \end{cases} \qquad i, j = 1,2,3,\ldots$$

decimos que el conjunto $\{f_i\}$ es ortogonal, y si además $\|f_i\|^2 = 1$ para toda f_i del conjunto, decimos que el conjunto es *ortonormal*, y lo expresamos como

$$f_i \cdot f_j = \delta_{ij} \begin{cases} 0, si\ i \neq j \\ 1, si\ i = j \end{cases} \qquad i, j = 1,2,3,\ldots$$

5.2.4. *Ortogonalidad e independencia lineal.* Es inmediato comprobar que un conjunto ortogonal u ortonormal es linealmente independiente ya que, si para el conjunto ortogonal $\{\mathbf{x}_1, \mathbf{x}_2, \ldots, \mathbf{x}_n\}$, se verifica

$$c_1 \mathbf{x}_1 + c_2 \mathbf{x}_2 + \cdots + c_n \mathbf{x}_n = 0$$

entonces
$$c_1\mathbf{x}_1.\mathbf{x}_1 + c_2\mathbf{x}_2.\mathbf{x}_1 + \cdots + c_n\mathbf{x}_n.\mathbf{x}_1 = c_1\mathbf{x}_1.\mathbf{x}_1 = c_1|\mathbf{x}_1|^2 = 0$$

por lo que se concluye que $c_1 = 0$, y de la misma forma $c_2 = 0, \dots, c_n = 0$. Comprobamos entonces que $\{c_1 = c_2 = \cdots = c_n = 0 \}$, es el único conjunto que satisface la combinación lineal $c_1\mathbf{x}_1 + c_2\mathbf{x}_2 + \cdots + c_n\mathbf{x}_n = 0$ y consecuentemente, el conjunto $\{\mathbf{x}_1, \mathbf{x}_2, \dots, \mathbf{x}_n\}$ es linealmente independiente.

5.2.5. *Normalización de la base.* Si el conjunto $\{f_i\}$ de funciones que deseamos normalizar es el conjunto $\{1, cos\ x, sen\ x, cos\ 2x, sen\ 2x, \dots\}$, que como enseguida verificaremos es linealmente independiente, así como normalizamos un conjunto de vectores $\{\mathbf{v}_j\}$ en 5.2.1, para obtener el conjunto $\left\{\mathbf{u}_j = \dfrac{\mathbf{v}_j}{|\mathbf{v}_j|}\right\}$, para normalizar cada $f_i \in \{f_j\}$ debemos calcular $\|f_i\|$, por lo que la normalización estará referida a un determinado intervalo previamente establecido, como puede ser $[-L, L]$.

Si elegimos $[-L, L] = [-\pi, \pi]$, comenzamos por probar la ortogonalidad del conjunto $\{1, cos\ x, sen\ x, cos\ 2x, sen\ 2x, \dots\}$ en $[-\pi, \pi]$, propiedad esta que como vimos en 5.2.4, garantizará la independencia lineal del conjunto.

Entonces, verificamos

$$\int_{-\pi}^{\pi} sen\ mx = 0 \ \ \forall m, \text{ por lo que } 1.\,sen\ mx = 0$$

$$\int_{-\pi}^{\pi} cos\ mx = 0 \ \ \forall m, \text{ por lo que } 1.\,cos\ mx = 0$$

concluimos entonces que 1 es ortogonal a $sen\ mx$ y que también 1 es ortogonal a $cos\ mx$, situaciones que en adelante, expresaremos como $1 \perp sen\ mx$ y $1 \perp cos\ mx$.

Podemos verificar también que, como se vio en el ejemplo 5.1.5

$$\int_{-\pi}^{\pi} sen\ mx.\,cos\ nx = 0, \ \ \forall\ m, n$$

$$\int_{-\pi}^{\pi} sen\ mx.\,sen\ nx = 0, si\ m \neq n$$

$$\int_{-\pi}^{\pi} cos\ mx.\,cos\ nx = 0, si\ m \neq n$$

por lo que concluimos que; $sen\ nx \perp sen\ mx$, $cos\ nx \perp cos\ mx$ y $sen\ nx \perp cos\ mx$.

Además, según lo visto en el ejemplo 5.1.5, y aplicando la definición de norma de una función $\|f\| = \sqrt{f.f}$ que vimos en 5.2.3, de donde surge que $\|f\|^2 = f.f$, obtenemos los siguientes cuadrados de las normas

$$\|1\|^2 = \int_{-\pi}^{\pi} 1^2 = 2\pi$$

$$\|sen\ mx\|^2 = \int_{-\pi}^{\pi}(sen\ mx)^2 = \int_{-\pi}^{\pi}\frac{1-cos\ 2mx}{2} = \pi$$

$$\|cos\ mx\|^2 = \int_{-\pi}^{\pi}(cos\ mx)^2 = \int_{-\pi}^{\pi}\frac{1+cos\ 2mx}{2} = \pi$$

Tenemos así un conjunto de funciones seccionalmente continuas en $[-\pi,\pi]$ y linealmente independientes en $[-\pi,\pi]$, en tanto hemos probado su ortogonalidad en $[-\pi,\pi]$, y podemos normalizar entonces estas funciones como; $\frac{1}{\|1\|}$, $\frac{sen\ x}{\|sen\ x\|}$, $\frac{cos\ x}{\|cos\ x\|}$, etc.

Con este conjunto de funciones normalizadas, podemos construir una base para el espacio $CP[-\pi,\pi]$, del conjunto de todas las funciones seccionalmente continuas en $[-\pi,\pi]$, y con esta base, así como al final de 5.2.1 escribimos

$$\mathbf{V} = \sum a_j\mathbf{v}_j \text{ con } a_j = \frac{(\mathbf{V}.\mathbf{v}_j)}{|\mathbf{v}_j|^2}$$

ahora podemos escribir

$$f(x) = \frac{f.1}{\|1\|^2} + \sum_1\left(\frac{f.cos\ mx}{\|cos\ mx\|^2}cos\ mx + \frac{f.sen\ mx}{\|sen\ mx\|^2}sen\ mx\right)$$

que es la serie de *Fourier*

$$f(x) = a_0 + \sum_1(a_m cos\ mx + b_m sen\ mx)$$

donde
$$a_0 = \frac{f.1}{\|1\|^2} = \frac{1}{2\pi}\int_{-\pi}^{\pi}f,$$

$$a_m = \frac{f.cos\ mx}{\|cos\ mx\|^2} = \frac{1}{\pi}\int_{-\pi}^{\pi}f.cos\ mx,$$

$$b_m = \frac{f.sen\ mx}{\|sen\ mx\|^2} = \frac{1}{\pi}\int_{-\pi}^{\pi}f.sen\ mx$$

5.2.6. *Cambio de intervalo.* Si en lugar de definir una cierta función $f(x)$ con período 2π en el intervalo $[-\pi,\pi)$, se define $f(t)$ con período arbitrario $2L$ en el intervalo $[-L,L)$ para una variable t, la proporcionalidad entre los períodos, nos muestra que

$$\frac{x}{2\pi} = \frac{t}{2L}, \text{ de donde } x = \frac{\pi t}{L} \text{ y } dx = \frac{\pi}{L}dt$$

además; si x asume el valor del límite inferior de integración $x = -\pi$, entonces de $x = \frac{\pi t}{L}$, deducimos que t debe tomar el valor $t = -L$, y cuando x alcance el valor del límite superior de integración $x = \pi$, el límite superior de integración para t, será $t = L$ por lo que reemplazando en las integrales

$$a_0 = \frac{1}{2\pi}\int_{-\pi}^{\pi} f(x)dx = \frac{1}{2\pi}\int_{-L}^{L} f(t)\frac{\pi}{L}dt = \frac{1}{2L}\int_{-L}^{L} f(t)\,dt,$$

$$a_m = \frac{1}{\pi}\int_{-\pi}^{\pi} f(x)\cos mx\,dx = \frac{1}{\pi}\int_{-L}^{L} f(t)\cos\frac{m\pi}{L}t\frac{\pi}{L}dt = \frac{1}{L}\int_{-L}^{L} f(t)\cos\frac{m\pi}{L}t\,dt,$$

$$b_m = \frac{1}{\pi}\int_{-\pi}^{\pi} f(x)\,sen\,mx\,dx = \frac{1}{\pi}\int_{-L}^{L} f(t)\,sen\frac{m\pi}{L}t\frac{\pi}{L}dt = \frac{1}{L}\int_{-L}^{L} f(t)\,sen\frac{m\pi}{L}t\,dt$$

y entonces

$$f(t) = a_0 + \sum_1\left(a_m\cos\frac{m\pi}{L}t + b_m\,sen\frac{m\pi}{L}t\right)$$

5.2.7. *Ejemplo.* $f = \begin{cases} 0, & si -2 \leq x < 0 \\ 1, & si\; 0 \leq x < 2 \end{cases}$ *periodica.*

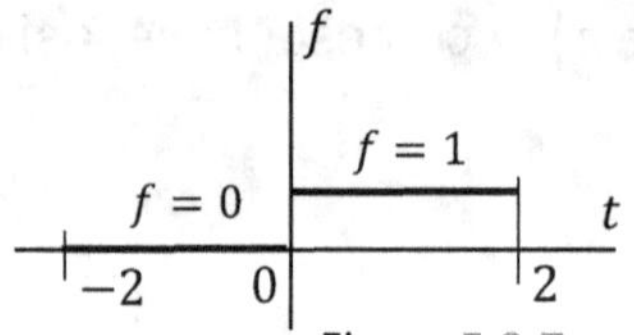

Para reconstruir el desarrollo de la función

$$f = a_0 + \sum_1^{\infty}\left(a_n\cos\frac{m\pi}{2}t + b_n\,sen\frac{m\pi}{2}t\right),$$

Figura 5.2.7

calculamos sus coeficientes: $a_0 = \frac{1}{4}\int_{-2}^{2} f = \frac{1}{2}\int_{-2}^{0} 0 + \frac{1}{4}\int_{0}^{2} 1 = \frac{1}{4}t\big|_0^2 = \boxed{\frac{1}{2}}$, valor de por si evidente, si se observa en la figura 5.2.7, que el área integral es $A = 2$, y siendo a_0 el valor medio de f en $[-2,2)$, debe ser; $a_0 = \frac{A}{2} = \frac{2}{4} = \frac{1}{2}$.

$$a_m = \frac{1}{2}\int_{-2}^{2} f\cos\frac{m\pi}{2}t = \frac{1}{2}\int_{-2}^{0} 0\cos\frac{m\pi}{2}t + \frac{1}{2}\int_{0}^{2} 1\cos\frac{m\pi}{2}t = \frac{1}{m\pi}\,sen\frac{m\pi}{2}t\,\bigg|_0^2 = \boxed{0},\,\forall m.$$

$$b_m = \frac{1}{2}\int_{-2}^{2} f\,sen\frac{m\pi}{2}t = \frac{1}{2}\int_{-2}^{0} 0\,sen\frac{m\pi}{2}t + \frac{1}{2}\int_{0}^{2} 1\,sen\frac{m\pi}{2}t = \frac{1}{m\pi}\left(-\cos\frac{m\pi}{2}t\right)\bigg|_0^2 =$$

$$\frac{1}{m\pi}\cos\frac{m\pi}{2}t\,\bigg|_2^0 = \frac{1-\cos\frac{m\pi}{2}2}{m\pi}, \text{ entonces } b_m = \frac{1-\cos m\pi}{m\pi} = \begin{cases} \boxed{0}, & si\; m = 2n \\ \boxed{\frac{2}{m\pi}}, & si\; m = 2n+1 \end{cases}, \; n = 0,1,2.$$

Con estos coeficientes; $f = \boxed{\frac{1}{2} + \frac{1}{\pi}\sum_1^{\infty}\frac{2}{2n+1}\,sen\frac{(2n+1)\pi}{2}t}$.

5.2.8. *Series en senos y cosenos.* Si la función f está definida y es integrable en el semiintervalo $[0, L]$, y solo se desea una representación de f en $[0, L]$, puede optarse por desarrollar de una función par g, definida en $[0, L]$, que contenga solo términos en cosenos y coincida con f en $[0, L]$, o bien puede optarse por desarrollar una función impar h, definida en $[0, L]$ que contenga solo términos en senos, y coincida con f en $[0, L]$.

Debido al hecho de que las representaciones solo son válidas en el semiintervalo $[0, L]$, estos desarrollos se conocen como *desarrollos de medio intervalo* o *desarrollos de medio rango*.

5.2.9. *Ejemplo.* $f = x: 0 \leq x \leq 1$ figura 5.2.9.a, coincide con la función par $g = |x|: -1 \leq x < 1$ figura 5.2.9.b y con la función impar $h = x: -1 \leq x < 1$ figura 5.2.9.c, en el semiintervalo $[-1,1)$

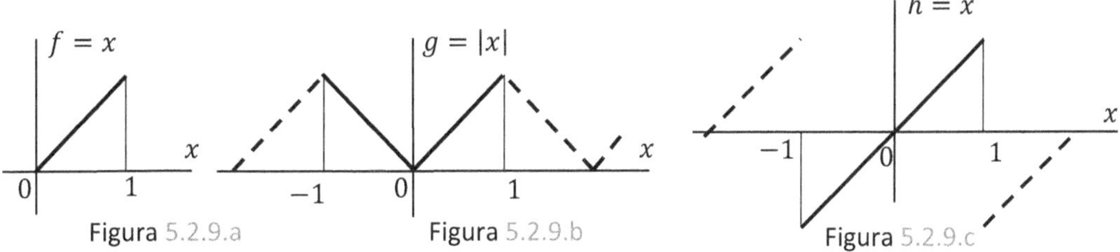

Figura 5.2.9.a   Figura 5.2.9.b   Figura 5.2.9.c

El desarrollo de g es: $a_0 = \frac{1}{2}\int_{-1}^{1}|x| = \frac{2}{2}\int_{0}^{1}x = \frac{x^2}{2}\Big|_0^1 = \frac{1}{2}$, $a_m = \int_{-1}^{1}|x|\cos m\pi x =$

$2\int_{0}^{1}x\cos m\pi x = 2\left(\frac{\cos m\pi x}{m^2\pi^2} + \frac{x\,sen\,m\pi x}{m\pi}\right)\Big|_0^1 = 2\frac{\cos m\pi x - 1}{m^2\pi^2} = \begin{cases} 0, si\ m = 2n \\ \frac{-4}{\pi^2 m^2}, si\ m = 2n+1 \end{cases}$

$g(x) = \frac{1}{2} - \frac{4}{\pi^2}\Sigma_0\frac{\cos(2n+1)\pi x}{(2n+1)^2}$

El desarrollo de h es: $b_m = \int_{-1}^{1}x\,sen\,m\pi x = 2\int_{0}^{1}x\,sen\,m\pi x = \left(\frac{sen\,m\pi x}{m^2\pi^2} + \right.$

$\left.\frac{x\cos m\pi x}{m\pi}\right)\Big|_0^1 = -2\frac{\cos m\pi}{m\pi} = \begin{cases} \frac{-2}{m\pi}, si\ n = 2n \\ \frac{2}{m\pi}, si\ n = 2n+1 \end{cases}$

$h(x) = \frac{2}{\pi}\Sigma_1(-)^{n+1}\frac{sen\,n\pi x}{n\pi}$.

5.2.10. *La forma de ángulo de fase de la serie de Fourier.* Si en la serie $f(x) = \frac{a_0}{2} + \Sigma_1(a_n\cos nx + b_n sen\,nx)$, multiplicamos y dividimos cada término por $\sqrt{a_n^2 + b_n^2}$, podemos interpretar los cocientes $\frac{a_n}{\sqrt{a_n^2+b_n^2}}$ y $\frac{b_n}{\sqrt{a_n^2+b_n^2}}$ como el coseno y seno de cierto *ángulo de fase* θ_n como se muestra en la figura 5.2.10, entonces escribimos la serie como

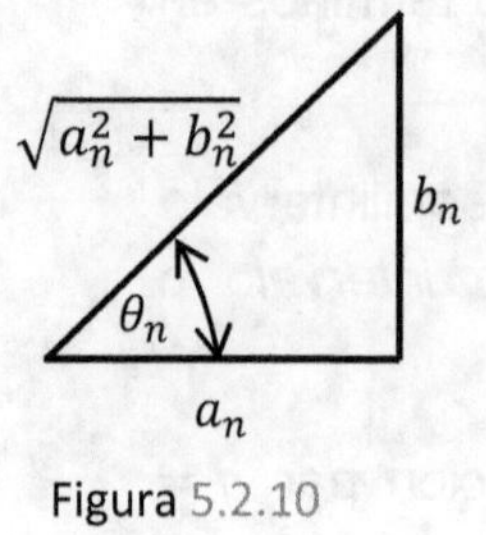

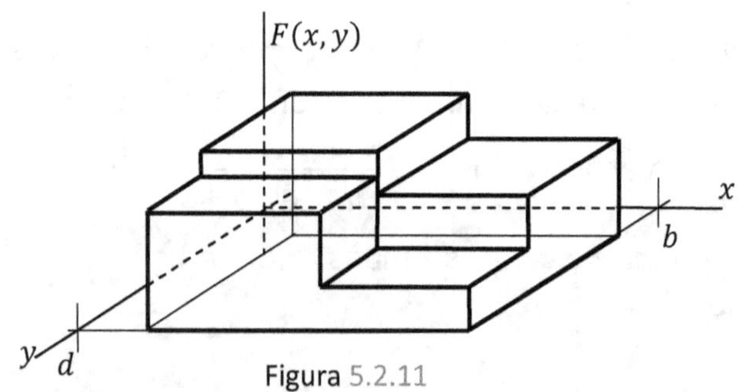

$$f(x) = \frac{a_0}{2} + \sum_1 \left(\sqrt{a_n^2 + b_n^2}\right)\left(\frac{a_n}{\sqrt{a_n^2+b_n^2}}\cos nx + \frac{b_n}{\sqrt{a_n^2+b_n^2}} sen\, nx\right)$$

$$f(x) = \frac{a_0}{2} + \sum_1 A_n(\cos \theta_n . \cos nx + sen\, \theta_n . sen\, nx)$$

$$f(x) = \frac{a_0}{2} + \sum_1 A_n \cos(\theta_n - nx) = \sum_0 A_n \cos(\theta_n - nx)$$

$$f(x) = \sum_0 A_n \cos(\theta_n - nx) \blacklozenge$$

Figura 5.2.10

De la misma forma podemos obtener; $f(x) = \sum_0 B_n sen\,(\theta_n + nx)$.

5.2.11. *Series dobles de Fourier*. La idea de expresar una función como combinación lineal de funciones ortogonales, que hemos aplicado a funciones de una variable, se extiende a funciones de más variables.

Examinaremos el caso en que $F = F(x, y)$ es función de dos variables, y al conjunto de funciones ortogonales $\{f_i(x)\}$, agregaremos entonces un conjunto $\{g_i(y)\}$ y aceptaremos que el conjunto de productos $\{f_i(x)g_j(y)\}$, $i = 1,2,3,...$, $j = 1,2,3,...$, es una base de $CP(R)$, el espacio de las funciones seccionalmente continuas en R, siendo R el rectángulo que se describe como $a \leq x \leq b$, $c \leq y \leq d$ figura 5.2.11, entendiéndose por *continuidad en partes* en R, de una función $F = F(x, y)$ que

i) $F(x, y)$ es continua por todo R y en su frontera, con la posible excepción de un número finito de puntos y/o, a lo largo de un número finito de arcos suaves simples.

ii) Existe el $\lim_{(x,y)\to(x_0,y_0)} F(x, y)$ en los puntos de discontinuidad (x_0, y_0), siempre que (x, y) se aproxime a (x_0, y_0) desde el interior de una región de continuidad, delimitada por los arcos de discontinuidad.

Figura 5.2.11

Ahora expresaremos F como

$$F(x,y) = \sum \alpha_{ij} f_i(x) g_j(y)$$

con
$$\alpha_{ij} = \frac{F f_i g_j}{(f_i g_j)^2} = \frac{\iint_R F(x,y) f_i(x) g_j(y) dR}{\iint_R [f_i(x)]^2 [g_j(y)]^2 dR}$$

5.2.12. *Ejemplo.* **a.** $\{f_i\}\{g_j\} = \begin{Bmatrix} sen\ mx \\ cos\ px \end{Bmatrix} \begin{Bmatrix} sen\ ny \\ cos\ qy \end{Bmatrix} = \{sen\ mx\ sen\ ny,\ sen\ mx\ cos\ qy,$

$cos\ px\ sen\ ny, cos\ px\ cos\ qy\},\ m,n,p,q = 1,2,3,\dots,\ -\pi \leq x \leq \pi,\ -\pi \leq y \leq \pi.$

Para períodos arbitrarios $-L_1 \leq x < L_1$ y $-L_2 \leq y < L_2$, tenemos el conjunto

$$\left\{ sen\ \frac{m\pi}{L_1}x\ sen\ \frac{n\pi}{L_2}y,\ sen\ \frac{m\pi}{L_1}x\ cos\frac{q\pi}{L_2}y,\ cos\ \frac{p\pi}{L_1}x\ sen\ \frac{n\pi}{L_2}y, cos\ \frac{p\pi}{L_1}x\ cos\frac{q\pi}{L_2}y \right\},$$
$m,n,p,q = 1,2,3,\dots.$

b. Si $F(x,y) = xy:\ -\pi \leq x < \pi,\ -\pi \leq y < \pi$, buscamos los α_{ij} con respecto a la base $\{sen\ mx\ sen\ ny,\ sen\ mx\ cos\ qy,\ cos\ px\ sen\ ny, cos\ px\ cos\ qy\}$, que son; α_{mn}, α_{mq}, α_{pn} y α_{pq}, con $m,n,p,q = 1,2,3,\dots$

$$\alpha_{mq} = \frac{\int_{-\pi}^{\pi}\int_{-\pi}^{\pi}(x\ cos\ mx.y\ cos\ qy)dxdy}{\int_{-\pi}^{\pi}\int_{-\pi}^{\pi} cos^2\ mx\ cos^2\ qy dxdy} = \boxed{0},\ \alpha_{pn} = \frac{\int_{-\pi}^{\pi}\int_{-\pi}^{\pi}(x\ cos\ px.y\ sen\ ny)dxdy}{\int_{-\pi}^{\pi}\int_{-\pi}^{\pi} cos^2\ px\ sen^2\ ny dxdy} = \boxed{0},$$

$$\alpha_{pq} = \frac{\int_{-\pi}^{\pi}\int_{-\pi}^{\pi}(x\ cos\ px.y\ cos\ qy)dxdy}{\int_{-\pi}^{\pi}\int_{-\pi}^{\pi} cos^2\ px\ cos^2\ qy dxdy} = \boxed{0}.$$

Los coeficientes α_{mq} se anulan por la paridad de $x\ cos\ mx$, de la misma forma que los α_{pn} se anulan por la paridad de $x\ cos\ px$ y de igual manera se anula α_{pq}.

Solo debemos calcular entonces; $\alpha_{mn} = \dfrac{\int_{-\pi}^{\pi}\int_{-\pi}^{\pi} xy(sen\ mx.sen\ ny)dxdy}{\int_{-\pi}^{\pi}\int_{-\pi}^{\pi} sen^2\ mx\ sen^2\ ny}$

$$\alpha_{mn} = \frac{\int_{-\pi}^{\pi} x\ sen\ mx\ dx \int_{-\pi}^{\pi} y\ sen\ ny\ dy}{\pi.\pi} = \frac{4}{\pi^2} \int_0^{\pi} x\ sen\ mx\ dx \int_0^{\pi} y\ sen\ ny\ dy =$$

$\boxed{\dfrac{4}{\pi^2}\left[(-)^{m+1}\dfrac{\pi}{m}\right]\left[(-)^{n+1}\dfrac{\pi}{n}\right]}$. Con estos coeficientes

$$F(x,y) = xy = 4\sum_{m,n=1}(-)^{m+n}\frac{sen\ mx.sen\ ny}{mn}.$$

5.2.13. *El método ortogonalización* de *Gram-Schmidt*. Se trata encontrar un conjunto ortogonal de vectores $\{\mathbf{e}_k\}$, $k = 1,2,\dots,n$, en $\mathbb{R}^n$, a partir de otro conjunto $\{\mathbf{x}_k\}$, $k = 1,2,\dots,n$, que es linealmente independiente en $\mathbb{R}^n$, pero no ortogonal. Comenzamos por asignar $\mathbf{x}_1 = \mathbf{e}_1$, y tenemos el primer vector de $\{\mathbf{e}_k\}$. A continuación, formamos $\mathbf{e}_2 = \mathbf{x}_2 - \alpha\mathbf{e}_1$, que es el segundo vector de la base que buscamos construir, formado por $\mathbf{x}_2$, sustraída su componente según $\mathbf{e}_1$ que ya ha sido determinado, figura 5.2.13.

Para determinar el coeficiente α, nos valemos de la ortogonalidad de $\mathbf{e}_1$ y $\mathbf{e}_2$; siendo $\mathbf{e}_2 = \mathbf{x}_2 - \alpha\mathbf{e}_1$, y $\mathbf{e}_2.\mathbf{e}_1 = 0$

$$\mathbf{e}_2.\mathbf{e}_1 = \mathbf{x}_2.\mathbf{e}_1 - \alpha\mathbf{e}_1.\mathbf{e}_1 = 0$$

de donde $$\alpha = \frac{\mathbf{x}_2.\mathbf{e}_1}{\mathbf{e}_1.\mathbf{e}_1}$$

Continuando el proceso con $\mathbf{x}_3$, formamos $\mathbf{e}_3 = \mathbf{x}_3 - \alpha_1\mathbf{e}_1 - \alpha_2\mathbf{e}_2$, restando de $\mathbf{x}_3$, sus componentes según $\mathbf{e}_1$ y $\mathbf{e}_2$. Para determinar los coeficientes α_1 y α_2, recurrimos al hecho de que $\mathbf{e}_2.\mathbf{e}_1 = 0$, $\mathbf{e}_3.\mathbf{e}_1 = 0$ y $\mathbf{e}_3.\mathbf{e}_2 = 0$

$$\mathbf{e}_3 = \mathbf{x}_3 - \alpha_1\mathbf{e}_1 - \alpha_2\mathbf{e}_2 \begin{cases} \mathbf{e}_3.\mathbf{e}_1 = \mathbf{x}_3.\mathbf{e}_1 - \alpha_1\mathbf{e}_1.\mathbf{e}_1 - \alpha_2\mathbf{e}_2.\mathbf{e}_1 = 0 \\ \mathbf{e}_3.\mathbf{e}_2 = \mathbf{x}_3.\mathbf{e}_2 - \alpha_1\mathbf{e}_1.\mathbf{e}_2 - \alpha_2\mathbf{e}_2.\mathbf{e}_2 = 0 \end{cases}$$

de la primera ecuación obtenemos $\alpha_1 = \frac{\mathbf{x}_3.\mathbf{e}_1}{\mathbf{e}_1.\mathbf{e}_1}$, y de la segunda $\alpha_2 = \frac{\mathbf{x}_3.\mathbf{e}_2}{\mathbf{e}_2.\mathbf{e}_2}$.

Finalmente definimos; $\mathbf{e}_n = \mathbf{x}_n - \alpha_1\mathbf{e}_1 - \cdots - \alpha_{n-1}\mathbf{e}_{n-1}$, y obtenemos los α_k como

$$\alpha_k = \frac{\mathbf{x}_n.\mathbf{e}_k}{\mathbf{e}_k.\mathbf{e}_k}, \ k = 1,2,\dots,n-1$$

Figura 5.2.13

5.2.14. *Ejemplo*. **a.** Ortogonalizamos el conjunto; $\mathbf{x}_1 = (1,1,0)$, $\mathbf{x}_2 = (0,1,0)$, $\mathbf{x}_3 = (1,1,1)$. Comenzamos por asignar $\mathbf{x}_1 = \boxed{(1,1,0)} = \mathbf{e}_1$. A continuación definimos; $\mathbf{e}_2 = \mathbf{x}_2 - \alpha\mathbf{e}_1$ con $\alpha = \frac{\mathbf{x}_2.\mathbf{e}_1}{\mathbf{e}_1.\mathbf{e}_1}$, $\mathbf{x}_2.\mathbf{e}_1 = (0,1,0)(1,1,0) = 1$ y $\mathbf{e}_1.\mathbf{e}_1 = (1,1,0)(1,1,0) = 2$. Entonces $\alpha = \frac{1}{2}$ y; $\mathbf{e}_2 = \mathbf{x}_2 - \alpha\mathbf{e}_1 = (0,1,0) - \frac{(1,1,0)}{2} = \boxed{\left(-\frac{1}{2},\frac{1}{2},0\right)}$.

Luego determinamos $\mathbf{e}_3 = \mathbf{x}_3 - \alpha_1\mathbf{e}_1 - \alpha_2\mathbf{e}_2$, con los coeficientes $\alpha_1 = \frac{\mathbf{x}_3.\mathbf{e}_1}{\mathbf{e}_1.\mathbf{e}_1} = \frac{(1,1,1)(1,1,0)}{(1,1,0)(1,1,0)} = \frac{2}{2} = 1$ y $\alpha_2 = \frac{\mathbf{x}_3.\mathbf{e}_2}{\mathbf{e}_2.\mathbf{e}_2} = \frac{(1,1,1)\left(-\frac{1}{2},\frac{1}{2},0\right)}{\left(-\frac{1}{2},\frac{1}{2},0\right)\left(-\frac{1}{2},\frac{1}{2},0\right)} = 0$, con lo que resulta; $\mathbf{e}_3 = (1,1,1) - (1,1,0) = \boxed{(0,0,1)}$. **b.** El conjunto $\{f_1, f_2, f_3\} = \{1, x, x^2\}$ es linealmente independiente pero no ortogonal, y deseamos obtener a partir de el, un conjunto $\{h_1, h_2, h_3\}$ ortogonal en $[-1,1]$.

Comenzamos por obtener $\|f\|^2$ para cada función del conjunto original; $\|1\|^2 = \int_{-1}^{1} 1 = x|_{-1}^{1} = \boxed{2}$, $\|x\|^2 = \int_{-1}^{1} x^2 = \frac{x^3}{3}\Big|_{-1}^{1} = \boxed{\frac{2}{3}}$, $\|x^2\|^2 = \int_{-1}^{1} x^4 = \frac{x^5}{5}\Big|_{-1}^{1} = \boxed{\frac{2}{5}}$.

Entonces; $h_1 = f_1 = 1$, $h_2 = f_2 - \alpha h_1$ con $\alpha = \frac{\langle x|1\rangle}{\|1\|^2} = \frac{\int_{-1}^{1} x}{2} = 0$, por lo que $h_2 = f_2$.

A continuación obtenemos h_3 como; $h_3 = f_3 - \alpha_1 h_1 - \alpha_2 h_2$, con $\alpha_1 = \frac{\langle x^2|1\rangle}{\|1\|^2} = \frac{\int_{-1}^{1} x^2}{2} = \frac{1}{3}$ y $\alpha_2 = \frac{\langle x^2|x\rangle}{\|x\|^2} = \frac{\int_{-1}^{1} x^3}{\|x\|^2} = 0$. Entonces; $h_3 = x^2 - \frac{1}{3}$.

Resumiendo: $\{h_1, h_2, h_3\} = \left\{1, x, x^2 - \frac{1}{3}\right\}$.

Ejercicios 5.2

Dar los desarrollos de *Fourier* de las siguientes funciones.

1. $f = |sen\, x|$. $\qquad\qquad$ **2.** $f = x: 0 \leq x < 1$. $\qquad$ **3.** $f = \begin{cases} x - 2: 2 \leq x < 3 \\ 4 - x: 3 \leq x < 4 \end{cases}$.

4. $f = \pi - x: 0 \leq x < \pi$. $\qquad\qquad\qquad$ **5.** $f = \begin{cases} 0, si -2 \leq x < 0 \\ 1, si\, 0 \leq x < 2 \end{cases}$.

Dar los desarrollos en serie doble de *Fourier* para $-\pi \leq x < \pi$, $-\pi \leq y < \pi$, de las siguientes funciones.

6. $F(x,y) = x$. $\qquad\qquad\qquad\qquad$ **7.** $F(x,y) = xy^2$.

Ortogonalizar cada una de las siguientes bases en $\mathbb{R}^3$.

8. $(1,1,0)$, $(-1,1,0)$, $(-1,1,1)$. $\qquad\qquad$ 9. $(1,0,0)$, $(0,1,0)$, $(-1,0,1)$.

Ortogonalizar en $C[0,1]$, cada uno de los siguientes conjuntos.

10. a) e^x, e^{-x}. $\qquad$ **b)** e^x, e^{2x}. $\qquad$ **c)** 1, $2\,x$, e^x.

Respuestas:

1. $R\colon f = \frac{2}{\pi} - \frac{4}{\pi}\sum_1 \frac{cos\, 2nx}{n}$. **2.** $R\colon f = \frac{1}{2} - \frac{1}{\pi}\sum_1 \frac{1}{n} sen\, 2n\pi x$. **3.** $R\colon f = \frac{1}{2} - \frac{4}{\pi^2}\sum_1 \frac{1}{n^2}\, cos\, n\pi x$.

4. $R\colon f = \frac{\pi}{2} + \sum_1 \frac{sen\, 2nx}{n}$. **5.** $R\colon f = \frac{1}{2} + \frac{2}{\pi}\sum_1 \frac{sen\, (2n-1)x}{2n-1}$. **6.** $R\colon F(x) = 2\sum_1 (-)^{n+1}\frac{sen\, nx}{n}$.

7. $R\colon F(x,y) = 8\sum_{q=m=1} \frac{(-)^{m+1+q}}{mq^2} sen\, mx\, cos\, qy$. **8.** $R\colon (1,1,0)$, $(-1,1,0)$, $(0,0,1)$.

9. R: $(1,0,0)$, $(0,1,0)$, $(0,0,1)$. **10. a)** R: $e^x, e^{-x} - \frac{2}{e^2-1}e^x$. **b)** R: $e^x, e^{2x} - \frac{2(e^2+e+1)}{3(e+1)}e^x$.

c) R: $1, 2x - 1, e^x + 6(e-3)x + 10 - 4e$.

5.3 Convergencia de la Serie de Fourier

Hasta el momento hemos obtenido desarrollos de *Fourier* dando por cierto que existen, es decir, que convergen a $f(x)$. Nos ocuparemos primeramente de la *convergencia en media*, dejando para el final del capítulo, la *convergencia puntual*.

Según vimos en 4.1.2, si una sucesión de sumas S_n converge a un valor S, entonces $|S_n - S| < \varepsilon$, si $n \geq N \in \mathbb{N}$, de igual forma, ahora diremos que la sucesión $\{S_n\}$ converge a f si; $|S_n - f| < \varepsilon$, cuando $n \geq N \in \mathbb{N}$. En particular, cuando $|S_n(x_0) - f(x_0)|$ se mantenga pequeño a partir de cierto n, diremos que $S_n(x)$, *converge puntualmente* a $f(x)$ en x_0.

Por ahora solo usaremos la *convergencia en media*, que definimos de la siguiente forma: Decimamos que la serie S_n *converge en la media* a f en $[-L, L]$, si; $\|f - S_n\|^2 < \varepsilon$ cuando $n \geq N \in \mathbb{N}$.

5.3.1. *La identidad de Parseval*. Probaremos ahora la identidad de *Parseval*; $\frac{1}{L}\int_{-L}^{L} f^2 = 2a_0^2 + \sum_1^{\infty}(a_m^2 + b_m^2)$, que es una generalización del teorema de *Pitágoras*.

Prueba: Si representamos una función f como

$$f(x) = a_0 + \sum_1^{\infty}\left(a_m \cos\frac{m\pi}{L}x + b_m \, sen\frac{m\pi}{L}x\right)$$

entonces, integrando f^2 en $[-L, L]$ como

$$\frac{1}{L}\int_{-L}^{L} f \cdot f = \frac{1}{L}\int_{-L}^{L} f \cdot \left[a_0 + \sum_1^{\infty}\left(a_m \cos\frac{m\pi}{L}x + b_m \, sen\frac{m\pi}{L}x\right)\right]dx$$

$$\frac{1}{L}\int_{-L}^{L} f^2 = \frac{a_0}{L}\int_{-L}^{L} f + \sum_1^{\infty}\left(a_m \frac{1}{L}\int_{-L}^{L} f \cdot \cos\frac{m\pi}{L}x + b_m \frac{1}{L}\int_{-L}^{L} f \cdot sen\frac{m\pi}{L}x\right)$$

$$\frac{1}{L}\int_{-L}^{L} f^2 = 2a_0^2 + \sum_1^{\infty}(a_m^2 + b_m^2) \blacklozenge$$

La última expresión es la identidad de *Parseval*.

Si definimos la suma parcial de *Fourier* S_M, limitada a una cantidad finita de términos $M = 1,2,3, ...$, se tiene la sucesión de sumas parciales S_1, S_2, S_3, ..., cuya suma límite es la representación de $f(x)$.

$$S_M = a_0 + \sum_1^M \left(a_m \cos \frac{m\pi}{L} x + b_m \, sen \frac{m\pi}{L} x \right)$$

De la misma forma que integramos $\frac{1}{L} \int_{-L}^{L} f^2$ para obtener la identidad de *Parseval*, podemos ahora integrar $\frac{1}{L} \int_{-L}^{L} S_M^2$; para probar que

$$\frac{1}{L} \int_{-L}^{L} S_M^2 = 2a_0^2 + \sum_1^M (a_m^2 + b_m^2) \blacklozenge$$

5.3.2. *Error cuadrático medio y desigualdad de Bessel.* Se define el error cuadrático medio E_{CM} como

$$E_{CM} = \frac{1}{2L} \int_{-L}^{L} (f - S_M)^2 dx \geq 0$$

y su forma de definición, nos asegura que el E_{CM}, no se anulará en $[-L, L]$ por compensación de valores positivos y negativos de $(f - S_M)$, tal como sucede con $\int_{-L}^{L} \left(sen \frac{m\pi}{L} x - 0 \right) dx = \int_{-L}^{L} sen \frac{m\pi}{L} x \, dx = 0$, mientras que; $\int_{-L}^{L} \left(sen \frac{m\pi}{L} x - 0 \right)^2 dx = \pi$.

Entonces, $E_{CM} \geq 0$ necesariamente, porque lo define una integral de integrando no negativo, que desarrollado es

$$E_{CM} = \frac{1}{2L} \int_{-L}^{L} (f^2 - 2f.S_M + S_M^2) dx \geq 0$$

de donde
$$\frac{1}{2L} \int_{-L}^{L} f^2 dx \geq \frac{1}{2L} \int_{-L}^{L} (2f.S_M - S_M^2) dx$$

pero $f.S_M = S_M^2$, porque todos los a_m y b_m de S_M, cuando sea $m > M$ son nulos, por lo que

$$\frac{1}{L} \int_{-L}^{L} f^2 \geq \frac{1}{L} \int_{-L}^{L} S_M^2 = 2a_0^2 + \sum_1^M (a_m^2 + b_m^2)$$

y con la identidad de *Parseval*; $\frac{1}{L} \int_{-L}^{L} f^2 = 2a_0^2 + \sum_1^\infty (a_m^2 + b_m^2)$

$$\sum_1^\infty (a_m^2 + b_m^2) \geq \sum_1^M (a_m^2 + b_m^2) \blacklozenge$$

la última expresión es la *desigualdad de Bessel* que, si $M \to \infty$, se convierte en la identidad de *Parseval*. La identidad de *Parseval* y la desigualdad de *Bessel*, nos muestran que el $E_{CM} \to 0$, cuando la aproximación S_M es tal que $M \to \infty$, y esto, se relaciona con la *plenitud* de la base, puesto que muestra que si se suprime algún término cualquiera sea, no se conseguirá que $E_{CM} \to 0$.

5.3.3. *Lema de Riemann-Lebesgue*. De la identidad de *Parseval*, que justificamos en 5.3.1, surge que la suma $2a_0^2 + \sum_1^\infty (a_m^2 + b_m^2)$ converge, y con mas precisión, converge a $\frac{1}{\pi}\int_{-\pi}^{\pi} f^2$, pues eso expresa la identidad de *Parseval*

$$\frac{1}{\pi}\int_{-\pi}^{\pi} f^2 = 2a_0^2 + \sum_1^\infty (a_m^2 + b_m^2)$$

Por otra parte, por la desigualdad de *Bessel*, sabemos que $\frac{1}{\pi}\int_{-\pi}^{\pi} f^2$ acota superiormente la sucesión de sumas S_M, y por cierto, la condición de convergencia será que $\int_{-\pi}^{\pi} f^2$ sea convergente. Cuando sea $\int_{-\pi}^{\pi} f^2 < \infty$, diremos que f es de *cuadrado integrable* en $[-\pi, \pi]$ y entonces, si $\int_{-\pi}^{\pi} f^2$ converge, la suma $2a_0^2 + \sum_1^M (a_m^2 + b_m^2)$ es *monótona creciente* por ser suma de términos positivos, y siendo acotada superiormente, debe ser convergente.

Si es convergente, entonces se debe verificar la condición necesaria de convergencia, a saber; $\lim_\infty a_m = 0$ y $\lim_\infty b_m = 0$. Podemos entonces expresar

$$\lim_{n\to\infty} \int_{-\pi}^{\pi} f(x)\, sen\, nx = 0 \text{ y } \lim_{n\to\infty} \int_{-\pi}^{\pi} f(x)\, cos\, nx = 0$$

que es el lema de *Riemann-Lebesgue*♦

5.3.4. *La óptima aproximación*. Probaremos ahora que, si existe una suma $S = \alpha_0 + \sum_1^M (\alpha_n cos\, nx + \beta_n sen\, nx)$, donde los coeficientes $\alpha_i, i = 0,1,2,\dots$ y $\beta_j, j = 1,2,3,\dots$ son arbitrarios, y esa suma converge a f cuando $M \to \infty$, entonces la elección de los α_i y β_j, que hace mínimo el error de la aproximación, es justamente la de los coeficientes de *Fourier*.

Prueba: Comenzamos por hacer un cambio en la notación; a la base normalizada que obtuvimos en 5.2.5 $\left\{\frac{1}{\|1\|}, \frac{sen\, x}{\|sen\, x\|}, \frac{cos\, x}{\|cos\, x\|}, \frac{sen\, 2x}{\|sen\, 2x\|}, \frac{cos\, 2x}{\|cos\, 2x\|}, \dots\right\}$, la indicaremos como $\{\varphi_j\}$ con $j = 0,1,2,\dots$ identificando $\varphi_0 = \frac{1}{\sqrt{2\pi}}$, $\varphi_1 = \frac{sen\, x}{\sqrt{\pi}}$, $\varphi_2 = \frac{cos\, x}{\sqrt{\pi}}$, $\varphi_3 = \frac{sen\, 2x}{\sqrt{\pi}}$, etc. Entonces, con coeficientes apropiados c_n, podemos expresar f como

$$f = \sum_0^\infty c_n \varphi_n$$

donde los c_j se obtienen como $c_j = f \cdot \varphi_j = (\sum_0^\infty c_n \varphi_n) \cdot \varphi_j$, en tanto $\|\varphi_n\| = 1, \forall n$.

Ahora consideramos como en 5.3.1, la suma

$$S_M = \sum_0^M c_n \varphi_n$$

donde los c_j son los coeficientes de *Fourier*, calculados como

$$c_j = S_M \cdot \varphi_j = (\sum_0^M c_n \varphi_n) \cdot \varphi_j$$

y por otra parte, consideramos una suma arbitraria

$$S = \sum_0^M \alpha_n \varphi_n$$

con la que también se pretende aproximar a la función f y cuyos coeficientes $\alpha_j, j = 0,1,2, \ldots$ son arbitrarios.

Se comprueba inmediatamente que el error cuadrático medio, referido a las dos aproximaciones, se hace mínimo si los α_j, se eligen como coeficientes de *Fourier*, ya que

$$(S_M - S)^2 = S_M^2 - 2S_M \cdot S + S^2 \geq 0$$

$$(S_M - S)^2 = \sum_0^M c_n \varphi_n \cdot \sum_0^M c_m \varphi_m - 2 \sum_0^M c_n \varphi_n \cdot \sum_0^M \alpha_m \varphi_m + \sum_0^M \alpha_n \varphi_n \cdot \sum_0^M \alpha_m \varphi_m \geq 0$$

y siendo la base $\{\varphi_j\}$ ortonormal, por lo que $\varphi_m \cdot \varphi_n = \delta_{mn} = \begin{cases} 0, si\ m \neq n \\ 1, si\ m = n \end{cases}$, se tiene

$$(S_M - S)^2 = \sum_0^M c_n^2 - 2 \sum_0^M c_n\, \alpha_n + \sum_0^M \alpha_n^2 = \sum_0^M (c_n - \alpha_n)^2 \geq 0$$

y es claro entonces, que $(S_M - S)^2$ es mínimo si los coeficientes α_n son; $\alpha_n = c_n$, los coeficientes de *Fourier*♦

En otras palabras, la serie de la forma $\sum \alpha_n \varphi_n \approx f$ que mejor aproxima a f, es la serie de *Fourier* o bien; la aproximación es óptima cuando los coeficientes se calculan como $\alpha_j = f \cdot \varphi_j$.

5.3.5. *Fórmula de Dirichlet*. Previo al estudio de la convergencia punto por punto de la serie de *Fourier*, obtendremos la fórmula de *Dirichlet*, que es una expresión integral de la suma parcial

$$S_M = a_0 + \sum_1^M \left(a_m \cos\frac{m\pi}{L}x + b_m \, sen\frac{m\pi}{L}x \right)$$

que definimos en 5.3.1.

Comenzamos por expresar S_M, con sus coeficientes puestos en términos de integrales

$$S_M = \frac{1}{2\pi}\int_{-\pi}^{\pi} f(t) + \sum_1^M \left[\left(\frac{1}{\pi}\int_{-\pi}^{\pi} f(t)\cos mt\right)\cos mx + \left(\frac{1}{\pi}\int_{-\pi}^{\pi} f(t)\,sen\,mt\right)sen\,mx \right]$$

o bien $\qquad S_M = \frac{1}{2\pi}\int_{-\pi}^{\pi} f(t) + \sum_1^M \int_{-\pi}^{\pi} f(t)\,(\cos mt\cos mx + sen\,mt\,sen\,mx)$

y con la expresión del coseno de la diferencia entre dos ángulos

$$S_M = \frac{1}{2\pi}\int_{-\pi}^{\pi} f(t) + \frac{1}{\pi}\sum_1^M \int_{-\pi}^{\pi} f(t)\cos m(t-x)$$

de donde $\qquad S_M = \frac{1}{\pi}\int_{-\pi}^{\pi} f(t)\left[\frac{1}{2} + \sum_1^M \cos m(t-x)\right]$

Ahora bien, sabemos que; $\;sen\left(m+\frac{1}{2}\right)s - sen\left(m-\frac{1}{2}\right)s = 2\,sen\,\frac{s}{2}\cos ms$,

entonces $\cos ms = \dfrac{sen\left(m+\frac{1}{2}\right)s - sen\left(m-\frac{1}{2}\right)s}{2\,sen\frac{s}{2}}$, y como m se suma de 1 a M, empleando la

Identidad de Lagrange, $\frac{1}{2} + \sum_1^M \cos ms = \dfrac{sen\left(M+\frac{1}{2}\right)s}{2\,sen\frac{s}{2}}$, que justificaremos en 5.5.9, se

tiene

$$S_M(x) = \frac{1}{\pi}\int_{-\pi}^{\pi} f(t)\,\frac{sen\left(M+\frac{1}{2}\right)(t-x)}{2\,sen\frac{s}{2}}\,dt$$

si x es fija, y definimos $s = t - x$

$$S_M(x) = \frac{1}{\pi}\int_{-\pi-x}^{\pi-x} f(x+s)\,\frac{sen\left(M+\frac{1}{2}\right)s}{2\,sen\frac{s}{2}}\,ds$$

si f es periódica, se puede cambiar el intervalo de integración $\left[-\pi-x, \pi-x\right]$ por $\left[-\pi,\pi\right]$, y entonces

$$S_M(x) = \frac{1}{\pi}\int_{-\pi}^{\pi} f(x+s)\,\frac{sen\left(M+\frac{1}{2}\right)s}{2\,sen\frac{s}{2}}\,ds$$

que es la fórmula de *Dirichlet*♦

5.3.6. *Convergencia por puntos de la serie de Fourier.* Ahora probaremos un hecho importante, que la serie de *Fourier* de una función f, converge punto por punto a f, y extraeremos de ello una consecuencia práctica, a saber; que si x_0 es un punto de discontinuidad de f, entonces f tiende a $\frac{f(x_0^-)+f(x_0^+)}{2}$, que es justamente $f(x_0)$, en el caso de que x_0 sea un punto de continuidad.

Que la serie de f sea convergente a $f(x)$ en $x = x_0$, significa que; $|S_M - f| < \varepsilon$ si $M \to \infty$, y eso es lo que probaremos.

Habiendo establecido en 5.3.5 la fórmula de *Dirichlet* para calcular la suma S_M, podemos demostrar el siguiente teorema.

5.3.7. *Teorema.* Si $f \in CP(\mathbb{R})$ con período 2π, y para toda x: $f(x) = \frac{f(x^-)+f(x^+)}{2}$. Entonces la serie de *Fourier* de f converge en cada punto x_0, donde existan $f'(x_0^-)$ y $f'(x_0^+)$.

    Prueba: Debemos demostrar que la sucesión de sumas parciales S_M, converge f en todo punto de continuidad x_0, en las condiciones del teorema. Esto es; $[S_M(x_0) - f(x_0)] \to 0$ si $M \to \infty$. Entonces, con la expresión para S_M que obtuvimos en 5.3.5, y teniendo en cuenta que

$$\int_{-\pi}^{\pi} \frac{sen\left(M+\frac{1}{2}\right)s}{2\,sen\frac{s}{2}}\,ds = \pi, \text{ por lo que } f(x_0) = \frac{1}{\pi}\int_{-\pi}^{\pi} f(x_0)\frac{sen\left(M+\frac{1}{2}\right)s}{2\,sen\frac{s}{2}}\,ds$$

podemos expresar en $x = x_0$

$$[S_M(x_0) - f(x_0)] = \frac{1}{\pi}\int_{-\pi}^{\pi} f(x_0+s)\frac{sen\left(M+\frac{1}{2}\right)s}{2\,sen\frac{s}{2}} - \frac{1}{\pi}\int_{-\pi}^{\pi} f(x_0)\frac{sen\left(M+\frac{1}{2}\right)s}{2\,sen\frac{s}{2}}$$

$$[S_M(x_0) - f(x_0)] = \frac{1}{\pi}\int_{-\pi}^{\pi} \left[\frac{f(x_0+s)-f(x_0)}{s}\,\frac{\frac{s}{2}}{sen\frac{s}{2}}\right] sen\left(M+\frac{1}{2}\right)s\,ds$$

que con $h(s) = \frac{f(x_0+s)-f(x_0)}{s}\,\frac{\frac{s}{2}}{sen\frac{s}{2}}$, podemos expresar

$$[S_M(x_0) - f(x_0)] = \frac{1}{\pi}\int_{-\pi}^{\pi} h(s)\,sen\left(M+\frac{1}{2}\right)s\,ds = 0$$

Donde hemos aplicado el lema de *Riemann-Lebesgue* 5.3.3 para anular la integral con $M \to \infty$, y por lo tanto, hemos probado que $[S_M(x_0) - f(x_0)] \to 0$, si $M \to \infty$ ♦

No obstante, se advertirá que la prueba del teorema no es completa, en tanto no hemos probado el caso en que x_0 sea un punto de discontinuidad.

Si x_0 es un punto de discontinuidad, debe probarse que la serie de *Fourier* $f(x) = a_0 + \sum_1^{\infty}(a_m \cos mx + b_m\,sen\,mx)$, es $f(x_0) = a_0 + \sum_1^{\infty}(a_m \cos mx_0 + b_m\,sen\,mx_0) = \frac{f(x_0^-)+f(x_0^+)}{2} = f(x_0)$, lo que se verifica si la función $F(x) = f(x_0 + x) - f(x_0)$ converge a 0 en $x = 0$.

Siendo $F(x) = F_P(x) + F_I(x)$, la suma de su parte par y su parte impar, se comprueba que $F_I(x_0) = \frac{f(x_0+x)-f(x_0-x)}{2} = 0$, si $x = 0$ y por otra parte, $F_P(x_0) = \frac{f(x_0+x)+f(x_0-x)}{2}$, con lo que $F_P(x_0)$ es continua en $x = x_0$ y estamos en el caso de que x_0 es un punto de continuidad y $F_P(x_0)$ converge a $F_P(x_0) = \frac{F_P(x_0^-)+F_P(x_0^+)}{2}$ como se demostró en la primera parte del teorema y con esto se completa la demostración $\blacklozenge$

5.3.8. *Ejemplo.* **a.** La función del ejemplo 5.1.7, tiene una discontinuidad de salto finito $f(0^+) - f(0^-) = 1 - 0 = 1$ en $x = 0$, y se comprueba en $f = \frac{1}{2} + \frac{1}{\pi}\sum_1^\infty \frac{2}{2n+1} sen\,(2n + 1)x$, que $f(0) = \frac{f(0^+)+f(0^-)}{2} = \frac{1+0}{2} = \frac{1}{2}$. **b.** La función del ejemplo 5.1.9.b, tiene una discontinuidad de salto finito $h(0^+) - h(0^-) = \frac{1}{2} - \frac{-1}{2} = 1$ en $x = 0$, y se comprueba que la serie $h = \frac{1}{\pi}\sum_1^\infty \frac{2}{2n+1} sen\,(2n + 1)x$, tiende a $h(0) = \frac{h(0^+)+h(0^-)}{2} = 0$.

5.4 La Integral de Fourier

Cuando una función periódica $f(t)$, siendo t la variable tiempo que usaremos en adelante, se expresa como

$$f(t) = a_0 + \sum_1 \left(a_n cos\,\frac{n\pi}{L}t + b_n sen\,\frac{n\pi}{L}t\right)$$

estamos especificando todas sus componentes; $cos\,\frac{n\pi}{L}t$, $sen\,\frac{n\pi}{L}t$, en términos de las distintas frecuencias $\omega_n = \{\omega_0, \omega_1, \omega_2, ...\} = \left\{\frac{\pi}{L}, \frac{2\pi}{L}, \frac{3\pi}{L}, ...\right\}$, y este conjunto, se denomina *espectro de frecuencias*.

La serie de *Fourier*, es la *receta* para representar la función f, indicando con los coeficientes a_n y b_n, cuanto entra en la composición de f, de cada onda componente.

Una vez definida f, podemos determinar su espectro, lo que equivale a obtener su desarrollo de *Fourier*. Inversamente, conocido el espectro, podemos obtener f, por lo que podemos representar a f en dos maneras; en el *dominio del tiempo* como lo hicimos hasta ahora, bien que la variable usada fuera x en el lugar de t, o en el *dominio de la frecuencia*.

Comenzaremos por obtener una nueva forma de la serie de *Fourier*, la *forma compleja*.

5.4.1. *La forma exponencial o compleja de la serie de Fourier.* Transformaremos ahora la forma trigonométrica de la serie de *Fourier*, para obtener la forma compleja o exponencial de la serie y, aún cuando debiera ser obvio, advertimos que para facilitar los cálculos, al coeficiente a_0 lo expresaremos como $a_0 = \frac{1}{L}\int_{-L}^{L} f(t)\, cos\, \frac{n\pi}{L}t$, con $m = 0$, por lo que en la serie escribiremos; $\frac{a_0}{2}$ en lugar de a_0.

Si en la serie

$$f(t) = \frac{a_0}{2} + \Sigma_1 \left(a_n cos\, \frac{n\pi}{L}t + b_n sen\, \frac{n\pi}{L}t \right)$$

reemplazamos $cos\, \frac{n\pi}{L}t = \dfrac{e^{i\frac{n\pi}{L}t} + e^{-i\frac{n\pi}{L}t}}{2}$ y $sen\, \frac{n\pi}{L}t = \dfrac{e^{i\frac{n\pi}{L}t} - e^{-i\frac{n\pi}{L}t}}{2i}$

obtenemos $\qquad f(t) = \frac{a_0}{2} + \Sigma_1 \left(a_n \dfrac{e^{i\frac{n\pi}{L}t} + e^{-i\frac{n\pi}{L}t}}{2} - ib_n \dfrac{e^{i\frac{n\pi}{L}t} - e^{-i\frac{n\pi}{L}t}}{2} \right)$

y separando los exponenciales positivos de los negativos, se tiene

$$f(t) = \frac{a_0}{2} + \Sigma_1 e^{i\frac{n\pi}{L}t} \left(\frac{a_n - i\, b_n}{2} \right) + \Sigma_1 e^{-i\frac{n\pi}{L}t} \left(\frac{a_n + i\, b_n}{2} \right)$$

Si ahora definimos: $c_n = \left(\frac{a_n - i\, b_n}{2} \right)$ y $c_{-n} = \left(\frac{a_n + i\, b_n}{2} \right)$, podemos escribir f como

$$f(t) = \Sigma_{-\infty}^{\infty} c_n\, e^{i\frac{n\pi}{L}t}$$

donde los c_n están dados por; $c_n = \frac{1}{2L}\int_{-L}^{L} f(t)\, e^{-i\frac{n\pi}{L}t} dt$.

Observando que las funciones $e^{i\frac{n\pi}{L}t}$, tienen módulo unitario y son ortogonales en $[-L, L]$, nuevamente podemos obtener la identidad de *Parseval* a partir de la forma exponencial, ahora en forma más expeditiva

$$\frac{1}{L}\int_{-L}^{L} \|f\|^2 = \frac{1}{L}\int_{-L}^{L} f^* \cdot f = \frac{1}{L}\int_{-L}^{L} \left(\Sigma_{-\infty}^{\infty} c_n\, e^{i\frac{n\pi}{L}t} \right)^* . \Sigma_{-\infty}^{\infty} c_m\, e^{i\frac{m\pi}{L}t}$$

$$\frac{1}{L}\int_{-L}^{L} \|f\|^2 = \Sigma_{-\infty}^{\infty} c_n^*\, c_m \delta_{mn} = \Sigma_{-\infty}^{\infty} c_n^2$$

y hemos empleado la notación f^*, para indicar la función conjugada, en tanto que si f es compleja, debe ser $f^* f = \|f\|^2$.

5.4.2. *La integral de Fourier.* Cuando desarrollamos una función en serie de *Fourier*, hemos dicho que la estamos expresando en términos de sus componentes de distintas frecuencias en el dominio del tiempo.

Sucede a veces, que queremos representar un *pulso* en lugar de una función periódica, eso equivale a considerar un período infinito, en tanto que, si el período se hace infinito, en lugar de una función periódica tenemos un pulso figura 5.4.2.

Para obtener una representación de un pulso, es más apropiada una integral, que obtendremos a partir de la forma compleja de la serie de *Fourier*, haciendo tender el semiperíodo L hacia infinito, y transformando la expresión $f(t) = \sum_{-\infty}^{\infty} c_n\, e^{i\frac{n\pi}{L}t}$, después de haber reemplazado $c_n = \frac{1}{2L}\int_{-L}^{L} f(t)\, e^{-i\frac{n\pi}{L}t} dt$, en una integral de la forma $f(t) = \int_{-\infty}^{\infty} \frac{1}{2L}\int_{-L}^{L} f(t)\, e^{-i\frac{n\pi}{L}t} dt\, e^{i\frac{n\pi}{L}t} d\omega$, donde los límites $-L$ y L serán cambiados por $-\infty$ y ∞, y esa será justamente la *integral de Fourier*.

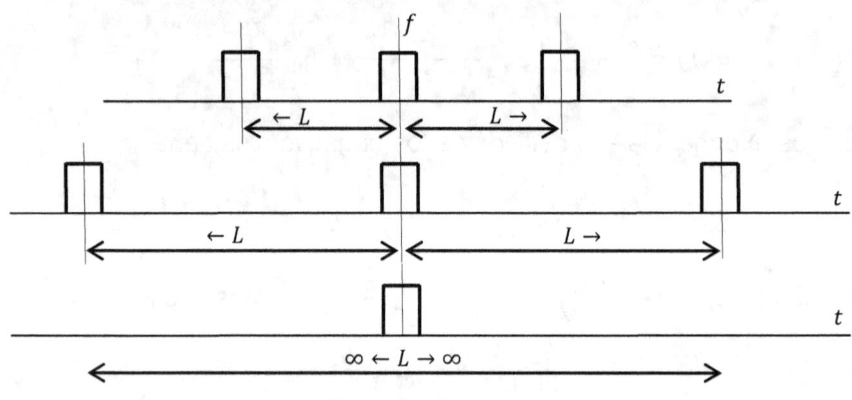

Figura 5.4.2

Para obtener la integral de *Fourier*, en la forma exponencial de la serie de *Fourier* $f(t) = \sum_{-\infty}^{\infty} c_n\, e^{i\frac{n\pi}{L}t}$, reemplazamos los coeficientes c_n, por su expresión integral $c_n = \frac{1}{2L}\int_{-L}^{L} f(t)\, e^{-i\frac{n\pi}{L}t} dt$, para obtener

$$f(t) = \sum_{-\infty}^{\infty} c_n\, e^{i\frac{n\pi}{L}t} = \frac{1}{2L}\sum_{-\infty}^{\infty}\left[\int_{-L}^{L} f(t)\, e^{-i\frac{n\pi}{L}t} dt\right] e^{i\frac{n\pi}{L}t}$$

Para transformar la sumatoria en integral, designamos $\omega_n = \frac{n\pi}{L}$ y $\omega_{n+1} = \frac{(n+1)\pi}{L}$, entonces $\Delta\omega = \omega_{n+1} - \omega_n = \frac{\pi}{L}$ o bien, $\frac{1}{L} = \frac{\Delta\omega}{\pi}$, que reemplazado en la última expresión da como resultado

$$f(t) = \frac{\Delta\omega}{2\pi} \sum_{-\infty}^{\infty}\left[\int_{-L}^{L} f(t)\, e^{-i\frac{n\pi}{L}t} dt\right] e^{i\frac{n\pi}{L}t}$$

$$f(t) = \frac{1}{2\pi} \sum_{-\infty}^{\infty}\left[\int_{-L}^{L} f(t)\, e^{-i\frac{n\pi}{L}t} dt\right] e^{i\frac{n\pi}{L}t}\, \Delta\omega$$

Siendo $\Delta\omega = \frac{\pi}{L}$, tendremos que, si $L \to \infty$, $\Delta\omega \to 0$ o bien, $\Delta\omega \to d\omega$ transformando la sumatoria en una integral, y la integral en $[-L, L]$ se transformará en una integral impropia en $[-\infty, \infty]$, y las distintas frecuencias $\omega_n = \frac{n\pi}{L}$, serán parte de un espectro continuo ω, por lo que

$$f(t) = \int_{-\infty}^{\infty} \frac{1}{2\pi}\left[\int_{-\infty}^{\infty} f(t)\, e^{-i\omega t} dt\right] e^{i\omega t}\, d\omega \blacklozenge$$

la última expresión es la integral de *Fourier*.

La integral dentro del corchete, es una función de ω que se conoce como transformada de *Fourier* de $f(t)$ y designamos como $F(\omega)$

$$F(\omega) = \int_{-\infty}^{\infty} f(t)\, e^{-i\omega t} dt$$

entonces, la integral de *Fourier* puede escribirse como

$$f(t) = \int_{-\infty}^{\infty} \frac{1}{2\pi} F(\omega) e^{i\omega t}\, d\omega$$

y se observa que tenemos un par de funciones; $f(t)$ y $F(\omega)$ cuya simetría es tal que

$$F(\omega) = \int_{-\infty}^{\infty} f(t)\, e^{-i\omega t} dt \quad y \quad f(t) = \int_{-\infty}^{\infty} \frac{1}{2\pi} F(\omega) e^{i\omega t}\, d\omega$$

o, repartiendo el factor $\frac{1}{2\pi}$ como $\frac{1}{2\pi} = \frac{1}{\sqrt{2\pi}}\frac{1}{\sqrt{2\pi}}$, tenemos

$$F(\omega) = \frac{1}{\sqrt{2\pi}}\int_{-\infty}^{\infty} f(t)\, e^{-i\omega t} dt \quad y \quad f(t) = \frac{1}{\sqrt{2\pi}}\int_{-\infty}^{\infty} F(\omega) e^{i\omega t}\, d\omega \blacklozenge$$

Usaremos para indicar la transformada de *Fourier* la notación

$$\mathcal{F}[f(t)] = F(\omega)$$

5.4.3. *La función* $\delta(t)$, *delta* de *Dirac*. La función $\delta(t)$, es una *función generalizada* que permite representar cargas eléctricas, fuerzas o pulsos, muy concentrados, que actúan en un tiempo o espacio reducido y, en una primera aproximación, podemos definir $\delta(t)$, o $\delta(x)$ si la variable es espacial, como

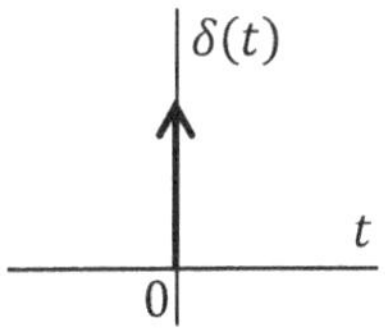

$$\delta(t) = \begin{cases} 0, \, si \, t \neq 0 \\ \infty, \, si \, t = 0 \end{cases}$$

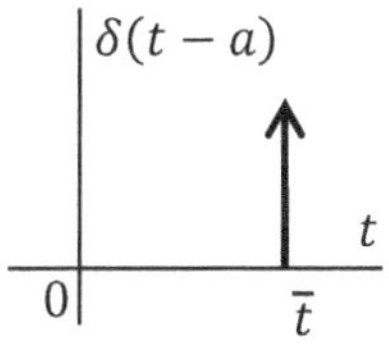

$$\delta(t - a) = \begin{cases} 0, \, si \, t \neq a \\ \infty, \, si \, t = a \end{cases}$$

Figura 5.4.3.a

Figura 5.4.3.b

La figura 5.4.3.a, representa a la función $\delta(t)$, como un pulso de base cero y altura infinita, centrado en el origen. En la figura 5.4.3.b, se representa la función $\delta(t - a)$ como un desplazamiento de $\delta(t)$, a unidades hacia la derecha.

Relacionaremos ahora la función δ con la transformada de *Fourier:* La integral de *Fourier*, es

$$f(t) = \int_{-\infty}^{\infty} \frac{1}{2\pi} \left[\int_{-\infty}^{\infty} f(t)\, e^{-i\omega t} dt \right] e^{i\omega t}\, d\omega$$

podemos reagrupar términos y poner

$$f(t) = \int_{-\infty}^{\infty} f(\bar{t}) \frac{1}{2\pi} \left[\int_{-\infty}^{\infty} e^{-i\omega(\bar{t}-t)}\, d\omega \right] d\bar{t}$$

$$f(t) = \int_{-\infty}^{\infty} f(\bar{t})\, d\bar{t} \left[\frac{1}{2\pi} \int_{-\infty}^{\infty} e^{-i\omega(\bar{t}-t)}\, d\omega \right]$$

que escribimos como

$$f(t) = \int_{-\infty}^{\infty} f(\bar{t})\, \delta(\bar{t} - t)\, d\bar{t}$$

donde $\delta(\bar{t} - t) = \frac{1}{2\pi} \int_{-\infty}^{\infty} e^{-i\omega(\bar{t}-t)}\, d\omega$. Esto nos induce a considerar; $\delta(\bar{t} - t) = 0, \forall\, \bar{t} \neq t$, y que la integral de $\delta(\bar{t} - t)$ en todo intervalo que contenga a t, será $\int_{-\infty}^{\infty} \delta(\bar{t} - t)\, dt = 1$. Así, la función

$$\delta(\bar{t} - t) = \frac{1}{2\pi} \int_{-\infty}^{\infty} e^{-i\omega(\bar{t}-t)}\, d\omega$$

se anula para todo valor de $\bar{t}$, salvo $\bar{t} = t$ donde tiene un máximo infinitamente alto y se pude entonces definir δ como

$$\begin{cases} \delta(t) = 0,\, si\ t \neq 0,\ y\ \int_{-\infty}^{\infty} \delta(t) dt = 1 \\ \delta(t - a) = 0,\, si\ t \neq a,\ y\ \int_{-\infty}^{\infty} \delta(t - a) dt = 1 \end{cases}$$

Lo que implica $\int_{-\infty}^{\infty} f(t)\delta(t) dt = f(0)$ o $\int_{-\infty}^{\infty} f(t)\delta(t - a) dt = f(a)$

5.4.4. *La transformada de* $\delta(t)$. Para obtener la transformada $\mathcal{F}\{\delta(t)\}$, representamos a $\delta(t)$, como un pulso rectangular con altura $\frac{1}{2\varepsilon}$, definido en $\left[-\varepsilon, \varepsilon \right]$, de modo que su área valga siempre la unidad si $\varepsilon \to 0$, y la base del pulso, sea un punto en $t = 0$ cuando $\varepsilon \to 0$, o sea $\delta(t) = \begin{cases} \frac{1}{2\varepsilon}, & si\ |t| \leq \varepsilon \\ 0, & si\ |t| > \varepsilon \end{cases}, \varepsilon \to 0$, entonces

$$\mathcal{F}\{\delta(t)\} = \lim_{\varepsilon \to 0} \int_{-\varepsilon}^{\varepsilon} \frac{1}{2\varepsilon} e^{-i\omega t}\, dt = \lim_{\varepsilon \to 0} \frac{1}{2\varepsilon} \frac{e^{-i\omega t}}{-i\omega}\bigg|_{-\varepsilon}^{\varepsilon}$$

$$\mathcal{F}\{\delta(t)\} = \lim_{\varepsilon \to 0} \frac{e^{i\omega\varepsilon} - e^{-i\omega\varepsilon}}{2\varepsilon\, i\omega}$$

la última expresión, es una indeterminación de la forma $\frac{0}{0}$, que eliminamos tomando límite del cociente de derivadas respecto de ε

$$\mathcal{F}\{\delta(t)\} = \lim_{\varepsilon \to 0} \frac{i\omega\left(e^{i\omega\varepsilon} + e^{-i\omega\varepsilon}\right)}{2i\omega} = 1 \blacklozenge$$

De igual forma, podríamos obtener la transformada de $\delta(t - a)$, describiendo a la función $\delta(t - a)$ como un rectángulo de base 2ε y altura $\frac{1}{2\varepsilon}$, centrado en $t = a$. No obstante, si se aplica la definición de δ dada en 5.4.3, se tiene

$$\mathcal{F}\{\delta(t)\} = \int_{-\infty}^{\infty} \delta(t)\, e^{-i\omega t}\, dt = e^{-i\omega t}\big|_{t=0} = 1$$

$$\mathcal{F}\{\delta(t - a)\} = \int_{-\infty}^{\infty} \delta(t - a)\, e^{-i\omega t}\, dt = e^{-i\omega t}\big|_{t=a} = e^{-i\omega a} \blacklozenge$$

Vemos entonces que la transformada de la función $\delta(t)$, es una constante en el dominio de la frecuencia, lo que significa que la función, se compone por igual de todas la frecuencias.

Simétricamente, si transformamos una constante en el tiempo, obtendremos un pulso en el dominio de la frecuencia, ejercicio 2 de esta sección. Este hecho particular, está relacionado con el *principio de incertidumbre*, que atañe a todo fenómeno descripto en términos ondulatorios; si deseamos fijar una posición en el tiempo, precisamente en $t = a$ o en $t = 0$, debemos echar mano de todas las infinitas frecuencias, por lo que el sistema quedará indeterminado en la frecuencia, si en cambio usamos una sola frecuencia o unas pocas, quedará indeterminada la posición en el tiempo.

5.4.5. *Producto de convolución*. Definimos el producto de convolución $[f * g]$ de dos funciones $f(t)$ y $g(t)$ como

$$[f * g] = \int_{-\infty}^{\infty} f(t - \tau)\, g(\tau)\, d\tau$$

y se asegura que: Si $\mathcal{F}[f(t)] = F(\omega)$ y $\mathcal{F}[g(t)] = G(\omega)$, entonces

$$\mathcal{F}[f * g] = F(\omega) * G(\omega)$$

o sea: La transformada del producto de convolución de dos funciones, es igual al producto de las transformadas de dichas funciones.

Prueba: La transformada $\mathcal{F}[f * g]$ del producto de convolución es

$$\mathcal{F}[f * g] = \int_{-\infty}^{\infty} \int_{-\infty}^{\infty} f(t - \tau)\, g(\tau) d\tau\, e^{-i\omega t} dt$$

haciendo el cambio de variable $t - \tau = u$, se tiene que; si $\tau = constante$, $dt = du$ permaneciendo iguales los límites de integración. Con estos reemplazos en la integral de la transformada del producto de convolución

$$\mathcal{F}[f * g] = \int_{-\infty}^{\infty} \int_{-\infty}^{\infty} f(u)\, g(\tau) d\tau\, e^{-i\omega(u+\tau)} du$$

$$\mathcal{F}[f * g] = \int_{-\infty}^{\infty} f(u) e^{-i\omega u} du \int_{-\infty}^{\infty} g(\tau) e^{-i\omega \tau}\, d\tau$$

$$\mathcal{F}[f * g] = \mathcal{F}[f(t)]\mathcal{F}[g(t)] = F(\omega)G(\omega) \blacklozenge$$

Resumiendo, *la transformada del producto es igual al producto de las transformadas*, bien entendido que en esta conclusión, está involucrado el producto de convolución, que no es un producto ordinario.

Ejercicios 5.4

Obtener la transformada de Fourier de las siguientes funciones.

1. $f(t) = \begin{cases} 1: |t| < a \\ 0: |t| > a \end{cases}$.

2. $f(t) = \begin{cases} \frac{1}{2\varepsilon}: |t| < 1 \\ 0: |t| > 1 \end{cases}$, calcular $\lim_{\varepsilon \to 0} F(\omega)$.

3. $f(t) = e^{-t^2}$.

4. $f = \frac{1}{1+t^2}$.

Respuestas:

1. $R: 2a\dfrac{sen\, \omega a}{\omega a}$. **2.** $R: F(\omega) = \dfrac{sen\, \omega}{\varepsilon \omega}$; $\lim_{\varepsilon \to 0} F(\omega) = \infty$. **3.** $R: F(\omega) = e^{-\frac{\omega^2}{4}}$. **4.** $R: F(\omega) = \pi e^{\omega}$.

5.5 Complementos de trigonometría

5.5.1. *La circunferencia trigonométrica.* Se define la circunferencia trigonométrica fijando su centro en el origen del sistema de coordenadas $x - y$, con radio $r = 1$, figura 5.5.1.a. Con esta definición de la circunferencia trigonométrica, para todo punto P situado sobre la circunferencia, cuyas coordenadas son x e y, y que notamos como $P(x, y)$, se ha de verificar $x^2 + y^2 = 1$. Los ángulos se miden a partir de la semirrecta positiva x y se adopta como orientación positiva del ángulo, el sentido de giro antihorario, figura 5.5.1.a.

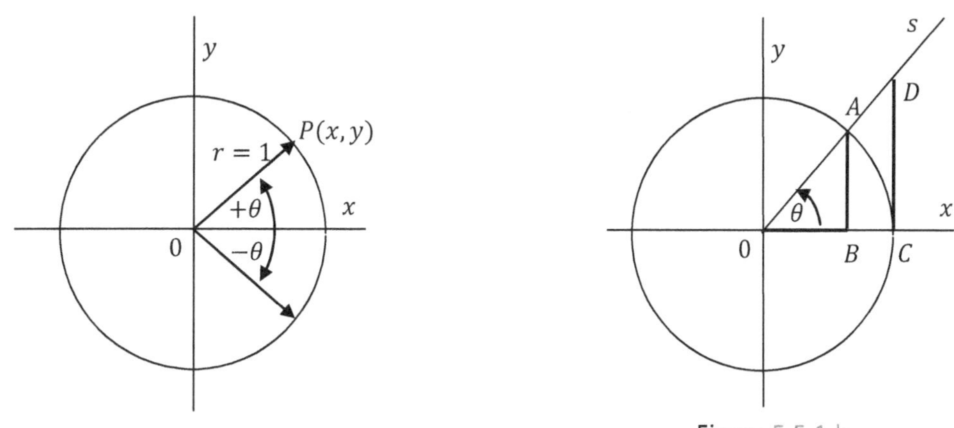

Figura 5.5.1.a   Figura 5.5.1.b

5.5.2. *Funciones trigonométricas.* Si a partir del centro 0 de la circunferencia trigonométrica, trazamos una semirrecta s orientada con un ángulo θ, que corta a la circunferencia en el punto A figura 5.5.1.b, *se define* el seno del ángulo θ, $sen\,\theta$, como la ordenada del punto A, o bien longitud del segmento $\overline{BA}$, perpendicular al eje x cuyo extremo inferior B está sobre el eje x y cuyo extremo superior A es la intersección de la semirrecta s con la circunferencia. El coseno del ángulo θ, $cos\,\theta$, se define como la longitud del segmento $\overline{OB}$, que se extiende sobre el eje x desde el centro 0 hasta el punto B que es la abscisa del punto A, donde la semirrecta s intersecta la circunferencia figura 5.5.1.b. La tangente del ángulo θ, $tan\,\theta$, *se define* como el segmento $\overline{CD}$ figura 5.5.1.b, y por proporcionalidad de los triángulos $OBA \sim OCD$, se cumple que $\dfrac{\overline{CD}}{\overline{OC}=1} = \dfrac{\overline{BA}=sen\,\theta}{\overline{OB}=cos\,\theta}$, o bien que; $tan\,\theta = \dfrac{sen\,\theta}{cos\,\theta}$.

Se extiende fácilmente la definición de las funciones trigonométricas a cualquier triángulo rectángulo observando en la figura 5.5.2.a que: por proporcionalidad de los triángulos semejantes $0BA \sim 0CD \sim 0FE$ de las figuras 5.5.2.a y 5.5.2.b se deducen las relaciones

$$sen\ \theta = \frac{\overline{BA}=sen\ \theta}{\overline{0A}=1} = \frac{\overline{CD}}{\overline{0D}} = \frac{\overline{FE}}{\overline{0E}} = \frac{Cat.\ opuesto\ a\ \theta}{Hipotenusa}$$

$$cos\ \theta = \frac{\overline{0B}=cos\ \theta}{\overline{0A}=1} = \frac{\overline{0C}}{\overline{0D}} = \frac{\overline{0F}}{\overline{0E}} = \frac{Cat.\ adyacente\ a\ \theta}{Hipotenusa}$$

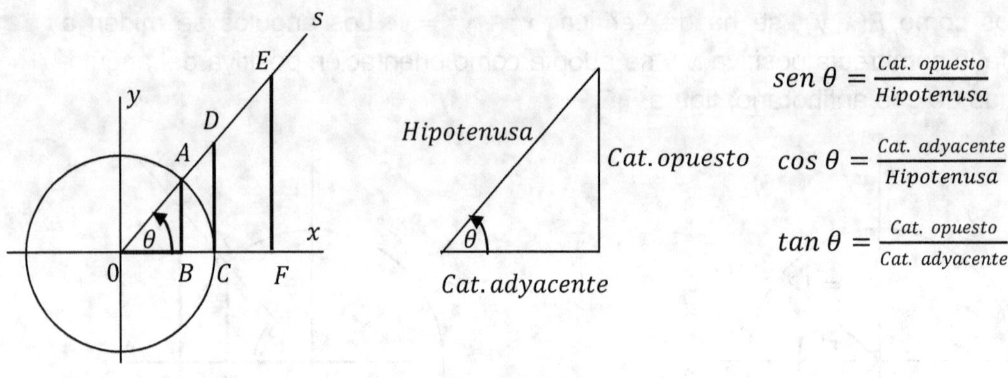

Figura 5.5.2.a   Figura 5.5.2.b

5.5.3. *Signo de las funciones trigonométricas.* En la figura 5.5.3.a se observa que $sen\ \theta = -sen(-\theta)$ por la reflexión del punto P en P', mientras que $cos\ \theta = cos(-\theta)$ porque la abscisa x permanece invariante con la reflexión respecto del eje x. El cambio de signo de $sen\ \theta$ y $cos\ \theta$ al recorrer los cuatro cuadrantes se muestra en las figuras 5.5.3.b y 5.5.3.c, y por la regla de los signos, deducimos el signo de la tangente, $tan\ \theta = \frac{sen\ \theta}{cos\ \theta}$, en los distintos cuadrantes, figura 5.5.3.d

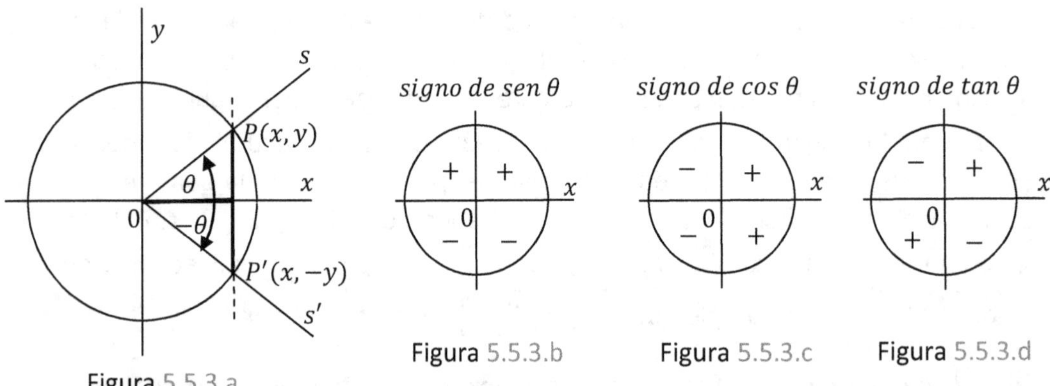

Figura 5.5.3.a   Figura 5.5.3.b   Figura 5.5.3.c   Figura 5.5.3.d

además por la forma en que definimos la circunferencia trigonométrica, se verifica que

$$sen^2\theta + cos^2\theta = 1$$

5.5.4. *Ángulos complementarios.* El ángulo complementario θ_c es el ángulo que sumado a θ completa los 90^0

$$\theta + \theta_c = 90^0 = \frac{\pi}{2}$$

en la figura 5.5.4.a se ve por simetría que $sen\,\theta_c = \overline{EA} = \overline{0B} = cos\,\theta$ y $cos\,\theta_c = \overline{0E} = \overline{BA} = sen\,\theta$. Definiendo la cotangente de θ, $cot\,\theta = \overline{FG}$; $tan\,\theta_c = \overline{FG} = cot\,\theta$ y en general siempre se tiene; $función(\theta) = cofunción\,(\theta_c)$.

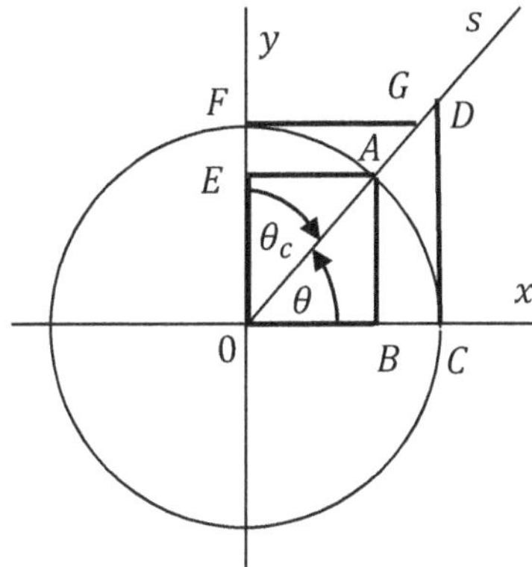

Figura 5.5.4.a

5.5.5. *Secante y cosecante.* Si se traza una recta tangente a la circunferencia trigonométrica, en el punto de intersección de la circunferencia con la recta s que determina el ángulo θ figura 5.5.5.a, quedan determinados sobre los ejes x e y dos segmentos que designamos secante de θ, $sec\,\theta$ y cosecante de θ, $cosec\,\theta$, y

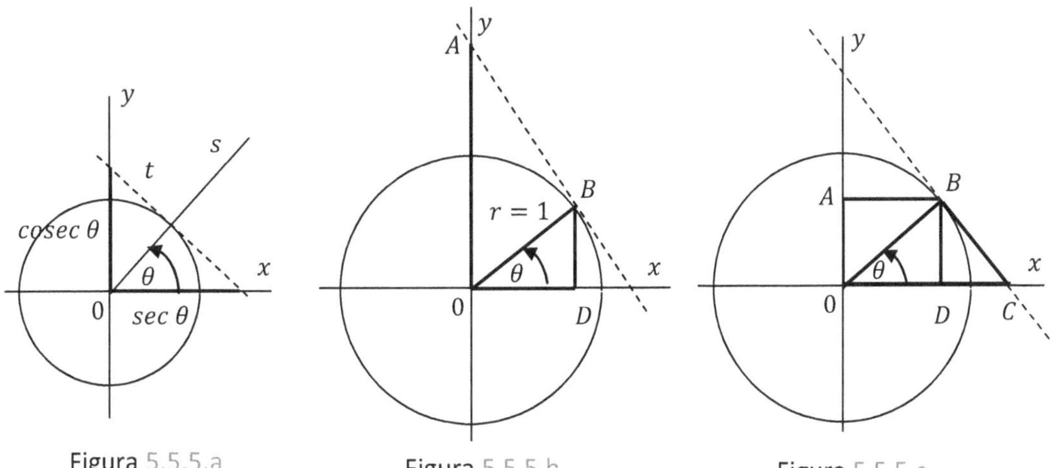

Figura 5.5.5.a Figura 5.5.5.b Figura 5.5.5.c

son respectivamente, la distancia desde el origen 0 a las intersecciones con los ejes x e y, con la tangente t que trazamos, figura 5.5.5.a

En la figura 5.5.5.b se ve que los triángulos $OBA\sim ODB$ son semejantes y entonces, si definimos la *cosec* θ como $cosec\,\theta = \dfrac{1}{sen\,\theta}$, en la figura 5.5.5.b vemos que se verifica las relación $\dfrac{\overline{OA}}{\overline{OB}=1} = \dfrac{\overline{OB}=1}{\overline{DB}=sen\,\theta}$, o bien $\overline{OA} = \dfrac{1}{sen\,\theta} = cosec\,\theta$.

De la misma forma en la figura 5.5.5.c, podemos comprobar por la semejanza de los triángulos $OBC\sim BAO$, que se cumple $\dfrac{\overline{OC}}{\overline{OB}=1} = \dfrac{\overline{OB}=1}{\overline{AB}=cos\,\theta}$, o bien que $\overline{OC} = \dfrac{1}{cos\,\theta} = sec\,\theta$.

5.5.6. *Seno y coseno de suma y diferencia de ángulos.* En la figura 5.5.6.a se observa que la semirrecta s determina un ángulo α, y a continuación, la semirrecta s' determina el ángulo β, de modo que entre el eje x y la semirrecta s' queda determinado el ángulo $\alpha + \beta$.

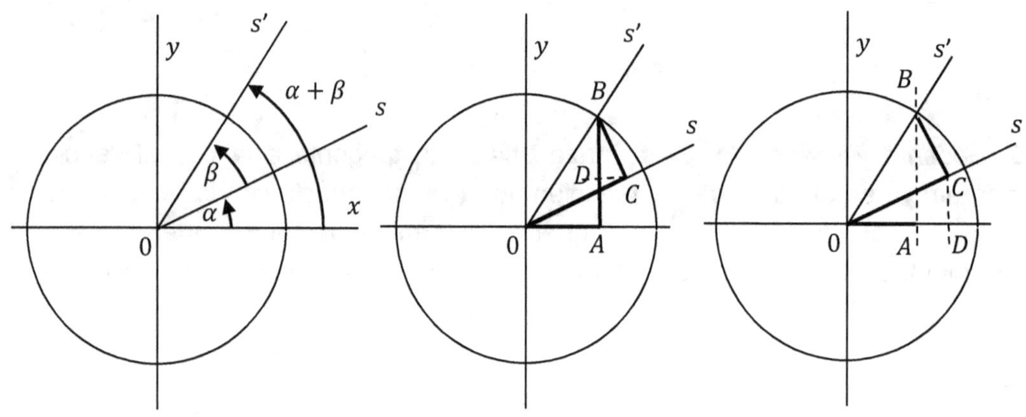

Figura 5.5.6.a   Figura 5.5.6.b   Figura 5.5.6.c

Determinaremos ahora el $sen\,(\alpha + \beta)$ observando en la figura 5.5.6.b que

$$sen\,(\alpha + \beta) = \overline{AD} + \overline{DB}$$

$$\overline{AD} = \overline{OC}\,sen\,\alpha = cos\,\beta.sen\,\alpha \ \ y \ \ \overline{DB} = \overline{BC}\,cos\,\alpha = sen\,\beta.cos\,\alpha,$$

$$sen\,(\alpha + \beta) = sen\,\alpha.cos\,\beta + sen\,\beta.cos\,\alpha$$

Si cambiamos β por $-\beta$; $sen\,(\alpha - \beta) = sen\,\alpha.cos\,(-\beta) + sen\,(-\beta).cos\,\alpha$

$$sen\ (\alpha - \beta) = sen\ \alpha.\cos \beta - sen\ \beta.\cos \alpha$$

Para determinar el $cos\ (\alpha + \beta)$ observamos en la figura 5.5.6.c que

$$cos\ (\alpha + \beta) = \overline{OD} - \overline{AD}$$

$$\overline{OD} = \overline{OC}\ cos\ \alpha = cos\ \beta.\cos \alpha \ \ y\ \ \overline{AD} = \overline{BC}\ sen\ \alpha = sen\ \beta.sen\ \alpha$$

$$cos\ (\alpha + \beta) = cos\ \alpha.\cos \beta - sen\ \alpha.sen\ \beta$$

Cambiando β por $-\beta$; $cos\ (\alpha - \beta) = cos\ \alpha.\cos\ (-\beta) - sen\ \alpha.sen\ (-\beta)$

$$cos\ (\alpha - \beta) = cos\ \alpha.\cos \beta + sen\ \alpha.sen\ \beta$$

5.5.7. *Relaciones del ángulo doble.* Si en la expresión para el coseno de la suma de dos ángulos, $cos\ (\alpha + \beta) = cos\ \alpha.\cos \beta - sen\ \alpha.\cos \beta$, hacemos $\alpha = \beta$, tenemos

$$cos\ (\alpha + \beta) = cos\ (2\alpha) = cos\ \alpha.\cos \alpha - sen\ \alpha.sen\ \alpha$$

$$cos\ 2\alpha = cos^2 \alpha - sen^2 \alpha$$

si sustituimos $-sen^2 \alpha = cos^2 \alpha - 1$, tenemos $cos\ 2\alpha = 2cos^2 \alpha - 1$, de donde obtenemos

$$cos^2 \alpha = \frac{1 + cos\ 2\alpha}{2}$$

Si en cambio, en $cos\ 2\alpha = cos^2 \alpha - sen^2 \alpha$, sustituimos $cos^2 \alpha = 1 - sen^2 \alpha$, obtenemos $cos\ 2\alpha = 1 - 2sen^2 \alpha$, de donde

$$sen^2 \alpha = \frac{1 - cos\ 2\alpha}{2}$$

5.5.8. *Transformación de suma o diferencia en producto.* Para transformar el coseno o el seno de una diferencia en un producto de funciones, restamos de $sen\ (\alpha + \beta)$, $sen\ (\alpha - \beta)$

$$sen\ (\alpha + \beta) = sen\ \alpha.\cos \beta + sen\ \beta.\cos \alpha$$

$$\underline{sen\ (\alpha - \beta) = sen\ \alpha.\cos \beta - sen\ \beta.\cos \alpha}$$

$$sen\ (\alpha + \beta) - sen\ (\alpha - \beta) = 2\ sen\ \beta.\cos \alpha$$

haciendo el reemplazo $p = \alpha + \beta$ y $q = \alpha - \beta$ se tiene $\alpha = \frac{p+q}{2}$, $\beta = \frac{p-q}{2}$, que reemplazados en la última expresión obtenida dan

$$sen\ p - sen\ q = 2\ sen\ \frac{p-q}{2} . cos\ \frac{p+q}{2}$$

Ahora podemos reasignar nuevamente las variables haciendo $p = \alpha$ y $q = \beta$

$$sen\ \alpha - sen\ \beta = 2\ sen\ \frac{\alpha-\beta}{2} . cos\ \frac{\alpha+\beta}{2}$$

5.5.9. *Identidad trigonométrica de Lagrange.* La identidad trigonométrica de *Lagrange* es

$$2\sum_{1}^{N} cos\ n\theta = \frac{sen\left(N+\frac{1}{2}\right)\theta}{sen\ \frac{\theta}{2}} - 1, \qquad sen\ \frac{\theta}{2} \neq 0$$

Prueba: Sabemos que $cos\ n\theta = \frac{e^{in\theta}+e^{-in\theta}}{2}$, entonces

$$2(cos\ \theta + cos\ 2\theta + \cdots + cos\ N\theta) = \sum_{1}^{N} e^{in\theta} + \sum_{1}^{N} e^{-in\theta}$$

y en 4.1.3, justificamos la suma $S_{N+1} = \sum_{0}^{N} q^n = \frac{1-q^{N+1}}{1-q}$, de donde $\sum_{1}^{N} q^n = \frac{1-q^{N+1}}{1-q} - 1$, entonces

$$\sum_{1}^{N} e^{in\theta} = \frac{1-e^{i(N+1)\theta}}{1-e^{i\theta}} - 1 = \frac{e^{i\theta}-e^{i(N+1)\theta}}{1-e^{i\theta}} = \frac{e^{i\theta}}{e^{i\frac{\theta}{2}}}\frac{1-e^{i(N)\theta}}{e^{-i\frac{\theta}{2}}-e^{i\frac{\theta}{2}}} = e^{i\frac{\theta}{2}}\frac{1-e^{i(N)\theta}}{e^{-i\frac{\theta}{2}}-e^{i\frac{\theta}{2}}} = \frac{e^{i\frac{\theta}{2}}-e^{i\left(N+\frac{1}{2}\right)\theta}}{e^{-i\frac{\theta}{2}}-e^{i\frac{\theta}{2}}}$$

$$\sum_{1}^{N} e^{-in\theta} = \frac{1-e^{-i(N+1)\theta}}{1-e^{-i\theta}} - 1 = \frac{e^{-i\theta}-e^{-i(N+1)\theta}}{1-e^{-i\theta}} = e^{-i\frac{\theta}{2}}\frac{1-e^{i(N)\theta}}{e^{i\frac{\theta}{2}}-e^{-i\frac{\theta}{2}}} = \frac{e^{-i\frac{\theta}{2}}-e^{-i\left(N+\frac{1}{2}\right)\theta}}{e^{i\frac{\theta}{2}}-e^{-i\frac{\theta}{2}}}$$

Sumando las expresiones anteriores de $\sum_{1}^{N} e^{in\theta}$ y $\sum_{1}^{N} e^{-in\theta}$ obtenemos

$$2\sum_{1}^{N} cos\ n\theta = \frac{e^{i\frac{\theta}{2}} - e^{i\left(N+\frac{1}{2}\right)\theta}}{e^{-i\frac{\theta}{2}} - e^{i\frac{\theta}{2}}} + \frac{e^{-i\frac{\theta}{2}} - e^{-i\left(N+\frac{1}{2}\right)\theta}}{e^{i\frac{\theta}{2}} - e^{-i\frac{\theta}{2}}}$$

$$2\sum_{1}^{N} cos\ n\theta = \frac{e^{i\left(N+\frac{1}{2}\right)\theta} - e^{-i\left(N+\frac{1}{2}\right)\theta}}{e^{i\frac{\theta}{2}} - e^{-i\frac{\theta}{2}}} - 1$$

$$2\sum_{1}^{N} cos\ n\theta = \frac{sen\left(N+\frac{1}{2}\right)\theta}{sen\ \frac{\theta}{2}} - 1 \blacklozenge$$

5.5.10. *Ángulos particulares.* Se determinan fácilmente las funciones trigonométricas de los ángulos particulares de 30^0, 45^0 y 60^0, recurriendo a un triángulo rectángulo de catetos unidad para el ángulo de 45^0 y a un triángulo equilátero de lado 2 para los otros dos casos;

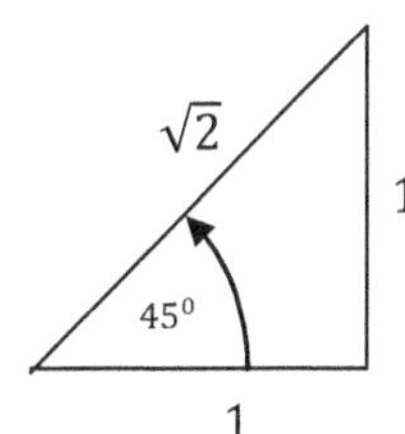

$$sen\ 45^0 = \frac{1}{\sqrt{2}} = \frac{\sqrt{2}}{2} \qquad cos\ 45^0 = \frac{1}{\sqrt{2}} = \frac{\sqrt{2}}{2} \qquad tan\ 45^0 = 1$$

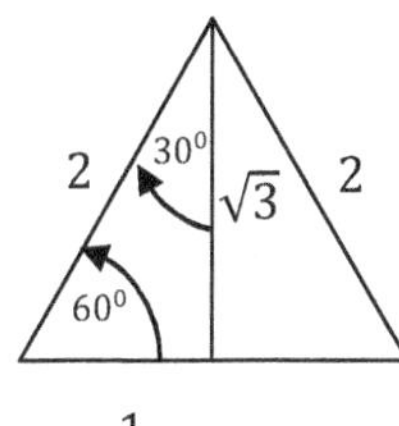

$$sen\ 60^0 = \frac{\sqrt{3}}{2} \qquad cos\ 60^0 = \frac{1}{2} \qquad tan\ 60^0 = \sqrt{3}$$

$$sen\ 30^0 = \frac{1}{2} \qquad cos\ 30^0 = \frac{\sqrt{3}}{2} \qquad tan\ 30^0 = \frac{1}{\sqrt{3}} = \frac{\sqrt{3}}{3}$$

Bibliografía:

— Kaplan, Wilfred. *Matemáticas avanzadas para estudiantes de ingeniería*. Ed. Fondo Educativo Interamericano. México, 1985.

— Kreider, Donald L; Kuller, Robert G; Ostberg, Donald, R; Perkins, Fred W. *Introducción al análisis lineal*. Ed. Fondo Educativo Interamericano, México, 1971.

— Kreyszig, Erwin. *Matemáticas avanzadas para ingeniería*. Ed. Limusa, México, 1979.

— Lathi, B. P. *Introducción a la teoría y sistemas de comunicación*. Ed. Limusa-Noriega. México, 1993.

— Mathews, J.; Walker, R. L. *Matemáticas para físicos*. Ed. Reverté. Barcelona, 1979.

— O´Neil, Peter V. *Matemáticas avanzadas para ingeniería*. Ed. Cengaje Learning. México, 2008.

Para una lectura más avanzada:

— Apostol, Tom. M. *Análisis matemático*. Ed. Reverté. Barcelona, 1996.

— Churchill, Ruel V. *Series de Fourier y problemas de contorno*. Ed. Mc. Graw-Hill. Madrid, 1966.

— Pinsky, Mark, A. *Introducción al análisis de Fourier y ondoletas*. Ed. Thompson, México, 2003.

— Rey Pastor, J; Py Calleja, P; Trejo C. A. *Análisis Matemático (8ª ed.)*. Ed. Kapeluz. Buenos Aires, 1969.

6 TRANSFORMADA DE LAPLACE

Un *operador* es un procedimiento para asociar funciones con funciones, en este capítulo estudiaremos el operador de *Laplace* cuya aplicación inmediata es la solución de ecuaciones diferenciales por métodos algebraicos. La ventaja del método es que permite estudiar las propiedades de las soluciones, sin el paso previo de la integración.

6.1 El Operador de Laplace

Definimos el operador de *Laplace* $\mathcal{L}$, para una función de valor real $f(t)$, definida en $[0,\infty)$, como

$$\mathcal{L}\{f(t)\} = \int_0^\infty f(t)\ e^{-st}dt$$

La integral que define al operador es función del parámetro s y se indica como $F(s)$, de modo que $\mathcal{L}\{f(t)\} = F(s)$, y lo leemos como; la transformada de $f(t)$ es $F(s)$. El factor e^{-st}, hace que la integral impropia $\int_0^\infty f(t)\ e^{-st}dt$, sea convergente para un amplio número de funciones con interés práctico en las aplicaciones. Indicaremos el operador inverso o la *antitransformación* como $\mathcal{L}^{-1}$.

6.1.1. *Funciones de orden exponencial*. Antes de definir a la funciones de orden exponencial, diremos que nuestra atención se limitará a funciones de la clase $CP[0,\infty)$ que ya tratamos en 5.1.1, y cuya caracterización se resume, diciendo que son funciones continuas con a lo sumo, un número finito de discontinuidades de tipo salto finito. Notamos que si $f \in CP[a,b]$, entonces está bien definida la integral $\int_a^b f$, independientemente de los valores que asuma f en los puntos de discontinuidad, pudiendo no estar definida en esos puntos y, si f es discontinua por saltos finitos en los puntos $x_1, x_2, \dots, x_n$ figura 6.1.1, su integral se calcula como

$$\int_a^b f = \int_a^{x_1-\varepsilon} f + \int_{x_1+\varepsilon}^{x_2-\varepsilon} f + \cdots + \int_{x_n+\varepsilon}^b f$$

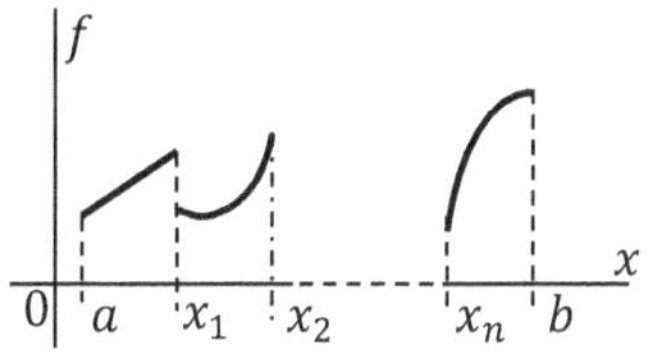

Figura 6.1.1

Si dos funciones f y g son tales que $f = g$ en $[a,b]$ o bien, que a lo sumo difieren en un conjunto finito de puntos $\{x_1, x_2, \dots, x_n\}$ del intervalo $[a,b]$, entonces será

$\int_a^b f = \int_a^b g$, y consideraremos que f y g son iguales en *casi todo* $[a, b]$, indicando así que la igualdad se verifica en todo $[a, b]$, excluido un subconjunto de *medida nula*.

Ahora definimos las funciones de *orden exponencial*; Una función f es de orden exponencial en $[0, \infty)$, si existen dos constantes α, C, tal que para todo $t > 0$

$$|f| \leq C e^{\alpha t}$$

6.1.2. *Ejemplo.* **a.** $f = e^{3t} \cos 3t$. Se verifica en $[0, \infty)$ que $|e^{3t} \cos 3t| \leq |e^{3t}|$, $C = 1$; $\alpha = 3$, f es de orden exponencial en $[0, \infty)$. **b.** $h = \frac{1}{x}$. No se verifica en $[0, \infty)$ que $\left|\frac{1}{x}\right| \leq C e^{\alpha t}$, h no es de orden exponencial en $[0, \infty)$.

6.1.3. *Convergencia de la transformada de Laplace.* Si f es continua por tramos y de orden exponencial, entonces existe un número real α tal que la integral $\int_0^\infty f(t)\, e^{-st} dt$, converge para todo $s > \alpha$.

$\qquad$ *Prueba*: Si f es de orden exponencial, se cumple que $|f| \leq C e^{\alpha t}$ y, si además f es continua por tramos en $[0, \infty]$, entonces podemos acotar la integral $\int_0^\infty f(t)\, e^{-st} dt$ como

$$\left|\int_0^\infty f(t)\, e^{-st} dt\right| \leq \int_0^\infty |f(t) e^{-st}|\, dt = C \int_0^\infty e^{-(s-\alpha)t}\, dt$$

$$\left|\int_0^\infty f(t)\, e^{-st} dt\right| \leq C \lim_{t \to \infty} \frac{e^{-(s-\alpha)}}{-(s-\alpha)}\Big|_0^\infty = \frac{C}{s-\alpha}\left[1 - \lim_{t \to \infty} e^{-(s-\alpha)t}\right]$$

$$\left|\int_0^\infty f(t)\, e^{-st} dt\right| \leq \frac{C}{s-\alpha}, \text{ si } s > \alpha \blacklozenge$$

Queda claro entonces que el dominio de definición de $\mathcal{L}[f]$ es (α, ∞) y el ínfimo s_0 del conjunto (α, ∞) es la abscisa de convergencia de $\mathcal{L}[f]$. En vista de de la acotación $F(s) \leq \frac{C}{s-\alpha}$, si $s > \alpha$, podemos afirmar que $\lim_{s \to \infty} F(s) = 0$, si $F(s)$ es la transformada de una función de orden exponencial y por ello, una función tal como $F = 1$, no puede ser la transformada de una función de orden exponencial.

6.1.4. *Ejemplo.* **a.** Si $f = e^{3t}$, $\mathcal{L}\{e^{3t}\} = \frac{1}{s-3}$ o bien $F(s) = \frac{1}{s-3}$, y $s_0 = 3$.

b. $f = 0$, $\mathcal{L}\{0\} = 0$ o bien $F(s) = 0$, y $s_0 = -\infty$.

6.2 Fórmulas de Transformación

Toda función de orden exponencial, es transformable por el operador de *Laplace*, según la fórmula

$$\mathcal{L}\{f(t)\} = \int_0^\infty f(t)\ e^{-st} dt$$

sin embargo, no es el modo más práctico de obtener $F(s)$, en general, procederemos por aplicación de fórmulas y teoremas básicos de transformación.

6.2.1. *Linealidad de la transformada de Laplace.* De la definición de la transformada, surge la propiedad de la linealidad ya que

$$\mathcal{L}\{a\,f(t) + b\,h(t)\} = \int_0^\infty [a\,f(t) + b\,h(t)]\ e^{-st} dt$$

$$\mathcal{L}\{a\,f(t) + b\,h(t)\} = a \int_0^\infty f(t)\ e^{-st} dt + b \int_0^\infty h(t)\ e^{-st} dt$$

$$\mathcal{L}\{a\,f(t) + b\,h(t)\} = a\,\mathcal{L}\{f(t)\} + b\,\mathcal{L}\{h(t)\}$$

y entonces, la transformada de $\mathcal{L}\{a\,f + b\,h\} = a\,\mathcal{L}\{f\} + b\,\mathcal{L}\{h\}$, donde estuvieran definidas $\mathcal{L}\{f\}$ y $\mathcal{L}\{h\}$.

6.2.2. *Primer teorema del corrimiento.* Si $\mathcal{L}\{f(t)\} = F(s)$, entonces $\mathcal{L}\{e^{\alpha t}\,f(t)\} = F(s-\alpha)$

$$Prueba\!: \mathcal{L}[e^{\alpha t}f(t)] = \int_0^\infty e^{\alpha t}f(t)\,e^{-st}dt = \int_0^\infty f(t)\,e^{-(s-\alpha)t}dt = F(s-\alpha) \blacklozenge$$

6.2.3. *Ejemplo.* **a.** $\mathcal{L}\{1\} = \int_0^\infty 1e^{-st}\,dt = \left.\frac{e^{-st}}{-s}\right|_0^\infty = \left.\frac{1-e^{-st}}{s}\right|_{t=\infty} = \frac{1}{s}$, entonces, el teorema asegura que $\mathcal{L}\{e^{4t}1\} = \frac{1}{s-4}$ y que $\mathcal{L}\{e^{-3t}1\} = \frac{1}{s+3}$. **b.** $\mathcal{L}\{cos\,at\} = \int_0^\infty cos\,at\,e^{-st}\,dt$, pero aplicando el teorema a $cos\,at = \frac{e^{iat}+e^{-iat}}{2}$; $\mathcal{L}\{cos\,at\} = \frac{1}{2}\left(\mathcal{L}\{e^{iat}\} + \mathcal{L}\{e^{-iat}\}\right) = \frac{1}{2}\left(\frac{1}{s-ia} + \frac{1}{s+ia}\right) = \frac{s}{s^2+a^2}$. **c.** $\mathcal{L}\{sen\,at\} = \int_0^\infty sen\,at\,e^{-st}\,dt$; aplicando el teorema, $\mathcal{L}\{sen\,at\} = \frac{1}{2i}\left(\mathcal{L}\{e^{iat}\} + \mathcal{L}\{e^{-iat}\}\right) = \frac{1}{2i}\left(\frac{1}{s-ia} + \frac{1}{s+ia}\right) = \frac{a}{s^2+a^2}$. **d.** $\mathcal{L}\{cosh\,at\} = \frac{1}{2}\left(\mathcal{L}\{e^{at}\} + \mathcal{L}\{e^{-at}\}\right) = \frac{1}{2}\left(\frac{1}{s-a} + \frac{1}{s+a}\right) = \frac{s}{s^2-a^2}$.

6.2.4. *La transformada de la derivada*. Si $f' \in CP[0,\infty)$ y es de orden exponencial, entonces; $\mathcal{L}\{f'\} = s\mathcal{L}\{f\} - f(0^+)$.

Prueba: Resolviendo por partes la transformada de f' se tiene

$$\int_0^\infty f'(t)\, e^{-st} dt = f(t)\, e^{-st}\big|_0^\infty - \int_0^\infty f(t)\,(-se^{-st})dt$$

el término integrado $f(t)\, e^{-st}\big|_0^\infty$, se anula en el límite superior por ser f de orden exponencial, y en el límite inferior vale $f(0^+)$, puesto que f admite una discontinuidad de salto finito en $t = 0$. La integral del segundo miembro es $-\int_0^\infty f(t)\,(-se^{-st})dt = s\mathcal{L}\{f\}$, por lo que $\mathcal{L}\{f'\} = s\mathcal{L}\{f\} - f(0^+)$ ♦

A partir de la fórmula de la transformada para la derivada primera, se deducen fácilmente las fórmulas para los órdenes superiores en tanto $f'' = Df'$, $f''' = Df''$, etc.

$$\mathcal{L}f'' = \mathcal{L}[f']' = s\mathcal{L}[f'] - f'(0^+)$$

y reemplazando $\mathcal{L}[f'] = s\mathcal{L}[f] - f(0^+)$

$$\mathcal{L}f'' = s^2\mathcal{L}[f] - sf(0^+) - f'(0^+)$$

y en general; $\mathcal{L}f^N = s^n\mathcal{L}[f] - s^{n-1}f(0^+) - s^{n-2}f'(0^+) - \cdots - f^{N-1}(0^+)$ ♦

6.2.5. *Ejemplo*. **a.** Si $f = sen\, t$, $D f = D\, sen\, t = cos\, t$ y entonces; $\mathcal{L}\{cos\, t\} = s\mathcal{L}\{sen\, t\} - sen(0^+) = s\frac{1}{s^2+1}$. **b.** Si $f = t^n$, entonces $D^N t^n = n!$ y, siendo $f(0) = 0^n = 0$, $f'(0) = f''(0) = \cdots = f^{N-1}(0) = 0$ y $f^N = n!$, se tiene; $\mathcal{L}[D^N t^n] = \mathcal{L}n! = \frac{n!}{s}$ y como $\mathcal{L}[D^N t^n] = s^n\mathcal{L}\{t^n\} - s^{n-1}t^n(0) - \cdots - D^{N-1}t^n(0) = s^n\mathcal{L}t^n$, obtenemos; $\mathcal{L}\{t^n\} = \frac{n!}{s^{n+1}}$.

6.2.6. *Solución de ecuaciones diferenciales*. Ahora que conocemos la transformada de la derivada, podemos resolver algunos casos muy simples de ecuaciones diferenciales con valores iniciales, sin buscar previamente la solución general. Para ello transformaremos las ecuaciones para obtener con las condiciones iniciales, la transformada de la función incógnita, y antitransformando ese resultado, tendremos la función incógnita.

6.2.7. *Ejemplo*. **a.** Queremos resolver la ecuación $y' + y = 0$ con la condición inicial $y(0) = 1$. Comenzamos por transformar ambos miembros de la ecuación: $\mathcal{L}\{y' + y\} = \mathcal{L}\{0\} = 0$ o bien $\mathcal{L}\{y'\} + \mathcal{L}\{y\} = 0$, y desarrollando la transformada de y', tenemos; $s\mathcal{L}\{y\} - y(0^+) + \mathcal{L}\{y\} = 0$. Ahora reemplazamos $y(0^+)$ por la condición inicial $y(0) = 1$ y obtenemos $s\,\mathcal{L}\{y\} - 1 + \mathcal{L}\{y\} = 0$, de donde despejamos $\mathcal{L}\{y\} = \frac{1}{s+1}$. Finalmente antitransformamos $F(s) = \frac{1}{s+1}$; para obtener $y = \mathcal{L}^{-1}\mathcal{L}\{y\} = \mathcal{L}^{-1}\left[\frac{1}{s+1}\right] = e^{-t}$. Para antitransformar $F(s) = \frac{1}{s+1}$; deducimos que $y = e^{-t}$, bien porque sabemos que $\frac{1}{s} = \mathcal{L}\{1\}$ y por lo tanto debe ser, $\frac{1}{s+1} = \mathcal{L}\{e^{-t}\}$, bien porque busquemos la antitransformada de $F(s) = \frac{1}{s+1}$, en una tabla de transformadas. **b.** Sea el problema del valor inicial $y'' - y = 0$, con $y(0) = 0$, $y'(0) = 1$. Transformando ambos miembros se tiene; $s^2\mathcal{L}\{y\} - sy(0) - y'(0) - \mathcal{L}\{y\} = \mathcal{L}\{0\} = 0$. Con las condiciones iniciales $y(0) = 0$, $y'(0) = 1$; $s^2\mathcal{L}\{y\} - 1 - \mathcal{L}\{y\} = 0$, entonces $\mathcal{L}\{y\} = \frac{1}{s^2-1}$, que es la transformada de $senh\,t$, por lo que; $y = \mathcal{L}^{-1}\left[\frac{1}{s^2-1}\right] = senh\,t$. **c.** Consideramos ahora el problema del valor inicial $y'' + 3y' = e^t$, con $y(0) = 0, y'(0) = -1$.

Con la notación $\mathcal{L}y = Y$, transformando los dos miembros de la ecuación tenemos; $s^2Y - sy(0) - y'(0) + 3[sY - y(0)] = \frac{1}{s-1}$ y, con las condiciones iniciales $y(0) = 0$, $y'(0) = -1$, se tiene; $s^2Y + 1 + 3sY = \frac{1}{s-1}$ o bien, $s(s+3)Y = \frac{2-s}{s-1}$, de donde podemos despejar la transformada $Y = \frac{2-s}{s(s+3)(s-1)}$, que podemos descomponer en fracciones simples como $Y = \frac{A}{s} + \frac{B}{s+3} + \frac{C}{s-1}$, y debe cumplirse entonces que, $A(s + 3)(s - 1) + Bs(s - 1) + Cs(s + 3) = 2 - s$. Dando sucesivamente a s los valores 0, -3, 1, se obtiene; $A = -\frac{2}{3}$, $B = \frac{5}{12}$, $C = \frac{1}{4}$. Con los coeficientes de descomposición se tiene, $Y = \frac{-2/3}{s} + \frac{5/12}{s+3} + \frac{1/4}{s-1}$ y entonces; $y = \mathcal{L}^{-1}Y = -\frac{2}{3}\mathcal{L}^{-1}\frac{1}{s} + \frac{5}{12}\mathcal{L}^{-1}\frac{1}{s+3} + \frac{1}{4}\mathcal{L}^{-1}\frac{1}{s-1} = -\frac{2}{3} + \frac{5}{12}e^{-3t} + \frac{1}{4}e^t$.

6.2.8. *La transformada de la integral.* Si f es continua por tramos y de orden exponencial en $[0, \infty)$, entonces $\mathcal{L}\left\{\int_0^t f(\tau)d\tau\right\} = \frac{1}{s}\mathcal{L}\{f\}$.

Prueba: Si definimos $F(t) = \int_0^t f(\tau)\,d\tau$, es $F(0) = 0$ y $F'(t) = f(t)$, entonces con la transformada de $F' = f$ se tiene; $\mathcal{L}f = \mathcal{L}F' = s\mathcal{L}F - F(0^+) = s\mathcal{L}F$, o bien, $\mathcal{L}F = \frac{1}{s}\mathcal{L}\{f\}$ que es $\mathcal{L}\left\{\int_0^t f(\tau)d\tau\right\} = \frac{1}{s}\mathcal{L}\{f\}$ ◆

6.2.9. *Ejemplo.* **a.** $\mathcal{L}[t] = \mathcal{L}\left[\int_0^t 1\right] = \frac{1}{s}\mathcal{L}[1] = \frac{1}{s^2}$; $\mathcal{L}[t^2] = \mathcal{L}\left[\int_0^t 2x\right] = 2\frac{1}{s}\mathcal{L}[t] = 2\frac{1}{s}\frac{1}{s^2} = \frac{2}{s^3}$. **b.** $sen\,t = \int_0^t cos\,x$, y $\mathcal{L}[sen\,t] = \frac{1}{s}\mathcal{L}[cos\,t] = \frac{1}{s}\frac{s}{s^2+1} = \frac{1}{s^2+1}$.

6.2.10. *La función escalón unitario*. La función escalón unitario figura 6.2.10, denominada también función de *Heaviside*, se define como

$$u_a(t) = u_a = \begin{cases} 0, si\ t \le a \\ 1, si\ t > a \end{cases}$$

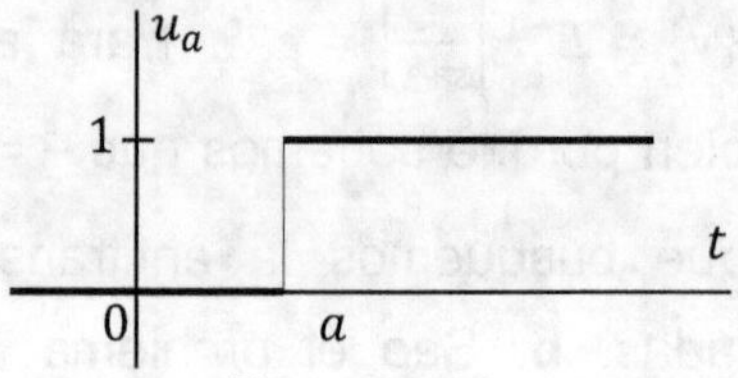

Figura 6.2.10

La transformada de la función escalón unitario es, aplicando directamente la fórmula de transformación;

$$\mathcal{L}[u_a] = \int_0^\infty u_a\, e^{-st} dt = \int_a^\infty e^{-st}\, dt$$

Reemplazando $\tau = t - a \begin{cases} dt = d\tau \\ \tau = 0, si\ t = a \end{cases}$, se tiene

$$\mathcal{L}[u_a] = \int_0^\infty e^{-s(\tau+a)}\, d\tau = e^{-sa} \int_0^\infty e^{-s\tau}\, d\tau = e^{-sa}\mathcal{L}[1] = e^{-sa}\frac{1}{s} \blacklozenge$$

La función $u_0(t) = u_0 = \begin{cases} 0, si\ t \le 0 \\ 1, si\ t > 0 \end{cases}$, ha sido usada implícitamente hasta ahora en todas las transformadas y es frecuente la notación

$$H(t) = \begin{cases} 0, si\ t \le 0 \\ 1, si\ t > 0 \end{cases} \quad y \quad H(t-a) = \begin{cases} 0, si\ t \le a \\ 1, si\ t > a \end{cases}.$$

6.2.11. *Segundo teorema del corrimiento*. Si $\mathcal{L}\{f(t)\} = F(s)$, entonces $\mathcal{L}\{u_a f(t - a)\} = e^{-as} F(s)$.

Prueba: La prueba es directa con solo tener en cuenta que la multiplicación de cualquier función por u_a figura 6.2.11.a, corta a la función en $t = a$ figuras 6.2.11.c y 6.2.11.d, anulándola para todo $t < a$. Teniendo esto presente

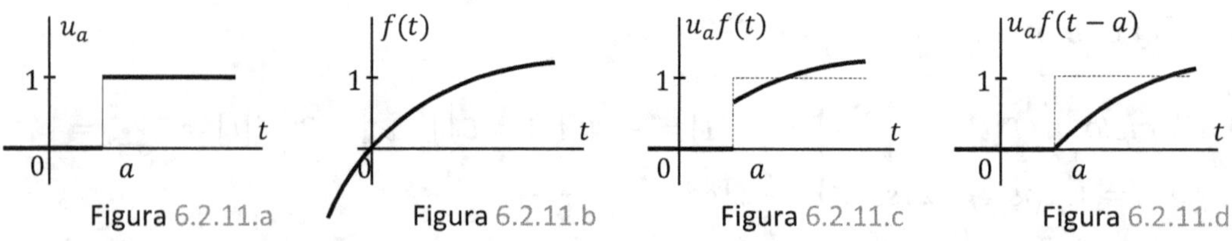

Figura 6.2.11.a   Figura 6.2.11.b   Figura 6.2.11.c   Figura 6.2.11.d

$$\mathcal{L}\{u_a f(t-a)\} = \int_0^\infty u_a f(t-a)e^{-st}\, dt = \int_a^\infty f(t-a)e^{-st}\, dt.$$

sustituyendo $t - a = \tau \begin{cases} dt = d\tau \\ \tau = 0, si\ t = a \end{cases}$

$$\mathcal{L}\{u_a f(t-a)\} = \int_0^\infty f(\tau)e^{-s(a+\tau)}\, d\tau = e^{-sa}\int_0^\infty f(\tau)e^{-s\tau}\, d\tau = e^{-as}F(s)\blacklozenge$$

6.2.12. *Ejemplo.* **a.** Sea transformar $f(t) = u_2\, cos\,(t-2)$. La transformada del $cos\ t$ es, $\mathcal{L}[cos\ t] = \frac{s}{s^2+1}$, entonces $\mathcal{L}[u_2\, cos\,(t-2)] = e^{-2s}\,\frac{s}{s^2+1}$. **b.** Sea transformar $h(t) = u_{\frac{\pi}{2}}\, cos\ t$. El teorema especifica como transformar $u_a f(t-a)$ y no $u_a f(t)$, como es el caso de $h(t) = u_{\frac{\pi}{2}}\, cos\ t$. Para estar en las especificaciones del teorema, reescribimos f como $f(t) = f[(t-a)+a]$ que en nuestro caso es, $cos\ t = cos\left[\left(t - \frac{\pi}{2}\right) + \frac{\pi}{2}\right] = cos\left(t - \frac{\pi}{2}\right)cos\,\frac{\pi}{2} - sen\left(t - \frac{\pi}{2}\right)sen\,\frac{\pi}{2}$, y como $cos\,\frac{\pi}{2} = 0$ y $sen\,\frac{\pi}{2} = 1$, se tiene $cos\ t = -sen\left(t - \frac{\pi}{2}\right)$. Podemos entonces escribir $h(t) = u_{\frac{\pi}{2}}\, cos\ t$, como $h(t) = -u_{\frac{\pi}{2}}\, sen\left(t - \frac{\pi}{2}\right)$, y su transformada según el teorema es; $-e^{-s\frac{\pi}{2}}\,\frac{1}{s^2+1}$, que es; $e^{-s\frac{\pi}{2}}\mathcal{L}[-sen\ t]$.

6.2.13. *Transformada de la función periódica.* Si $f(t)$ es periódica de período p, entonces $\mathcal{L}\{f(t)\} = \frac{\int_0^p f(t)e^{-st}dt}{1-e^{-sp}}$.

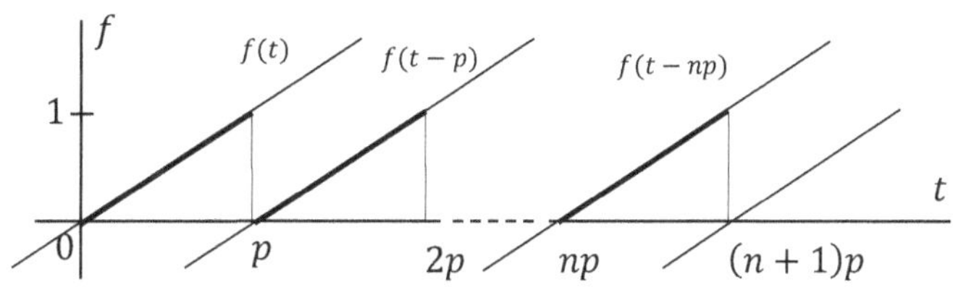

Figura 6.2.12

Prueba: Si $f(t)$ es periódica de período p, su transformada se puede escribir como

$$\mathcal{L}[f] = \int_0^\infty f(t)e^{-st}\, dt = \int_0^p f(t)e^{-st}dt + \int_p^{p+2p} f(t-p)e^{-st}dt + \cdots + \int_{np}^{(n+1)p} f(t-np)e^{-st}dt + \cdots$$

$$\mathcal{L}[f] = \sum_{n=0}^\infty \int_{np}^{(n+1)p} f(t-np)e^{-st}\, dt$$

haciendo la sustitución $t - np = u \begin{cases} dt = du \\ u = 0, si\ t = np \\ u = p, si\ t = (n+1)p \end{cases}$

$$\mathcal{L}[f] = \left(\sum_{n=0}^{\infty} e^{-nsp}\right) \int_0^p f(u)e^{-su}\, du = \frac{1}{1-e^{-sp}} \int_0^p f(t)e^{-st}\, dt \;\blacklozenge$$

6.2.14. *Ejemplo.* Si $f(t) = |sen\, t|$, $\mathcal{L}[f] = \dfrac{\int_0^{\pi} sen\, t\, e^{-st}dt}{1-e^{-s\pi}} = \dfrac{1}{1-e^{-s\pi}} \dfrac{e^{-st}(-s\, sent-cos\, t)\big|_0^{\pi}}{s^2+1} =$

$\dfrac{1+e^{-s\pi}}{(s^2+1)(1-e^{-s\pi})}.$

6.2.15. *La transformada de $t^n f$.* Si $\mathcal{L}\{f(t)\} = F(s)$, entonces $\mathcal{L}\{t^n f(t)\} = (-)^n \dfrac{d^n}{ds^n} F(s)$.

Prueba: $\dfrac{d}{ds} F(s) = \dfrac{d}{ds}\int_0^{\infty} f(t)e^{-st}\, dt = \int_0^{\infty} -tf(t)e^{-st}\, dt = -\mathcal{L}\{tf(t)\}$ y por inducción, se obtiene $\mathcal{L}\{t^n f(t)\} = (-)^n \dfrac{d^n}{ds^n} F(s)\;\blacklozenge$

6.2.16. *Ejemplo.* **a.** $\mathcal{L}[t] = -\dfrac{d}{ds}\mathcal{L}[1] = \dfrac{1}{s^2}$; $\mathcal{L}[t^2] = -\dfrac{d}{ds}\mathcal{L}[t] = \dfrac{2}{s^3}$, o $\mathcal{L}[t^2] =$

$-\dfrac{d^2}{ds^2}\mathcal{L}[1] = -\dfrac{d^2}{ds^2}\dfrac{1}{s} = \dfrac{2}{s^3}$; $\mathcal{L}[t^n] = \dfrac{n!}{s^{n+1}}$, resultado que obtuvimos en 6.2.5.b. **b.**

$\mathcal{L}[t\, sen\, at] = -\dfrac{d}{ds}\dfrac{a}{s^2+a^2} = \dfrac{2as}{(s^2+a^2)^2}.$ **c.** $\mathcal{L}[t\, e^{at}] = -\dfrac{d}{ds}\mathcal{L}[e^{at}] = -\dfrac{d}{ds}\dfrac{1}{s-a} = \dfrac{1}{(s-a)^2},$

idéntico resultado que se obtiene con el teorema del corrimiento 6.2.2, si $\mathcal{L}[t\,] = \dfrac{1}{s^2}$

entonces $\mathcal{L}[e^{at}t] = \dfrac{1}{(s-a)^2}.$

6.2.17. *El producto de convolución.* Se define el producto de convolución $[f(t) * g(t)]$ de dos funciones seccionalmente continuas, como

$$[f * g] = \int_0^t f(t-\tau)g(\tau)\, d\tau.$$

El producto de convolución es conmutativo; $[f * g] = [g * f]$, como se prueba haciendo $t - \tau = u$ en la integral que lo define, entonces $[f * g] = \int_0^t f(t-\tau)g(\tau)\, d\tau = \int_t^0 f(u)g(t-u)\,(-du) = \int_0^t g(t-u)f(u)\, du = [g * f].$

Si las funciones f y g admiten transformadas $\mathcal{L}\{f(t)\} = F(s)$ y $\mathcal{L}\{g(t)\} = G(s)$, entonces

$$\mathcal{L}[f * g] = F(s)\, G(s)$$

Prueba: La transformada del producto de convolución es

$$\mathcal{L}[f * g] = \int_0^{\infty} \left[\int_0^t f(t-\tau)g(\tau)\, d\tau\right] e^{-st} dt$$

Los límites de las integrales muestran respectivamente, que las variaciones de τ y t son; $0 \le \tau \le t$ y $0 \le t < \infty$, cubriendo la integración, la región del plano $t - \tau$ comprendida entre la semirrecta $t \ge 0$ y la recta $\tau = t$ figura 6.2.17.a.

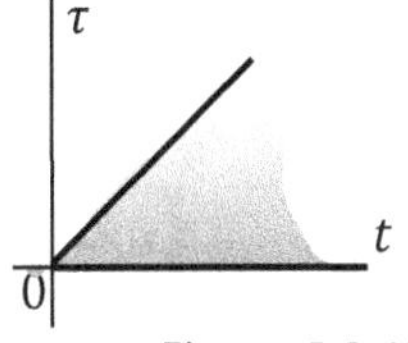

Figura 6.2.17.a

La misma región del plano, puede cubrirse haciendo variar t y τ como, $\tau \le t < \infty$ y $0 \le \tau < \infty$ figura 6.2.17.b, entonces escribimos la integral como

$$\mathcal{L}[f * g] = \int_\tau^\infty \left[\int_0^\infty f(t - \tau)g(\tau)\, d\tau\right] e^{-st} dt$$

cambiando el orden de integración

$$\mathcal{L}[f * g] = \int_0^\infty \left[\int_\tau^\infty f(t - \tau)g(\tau)e^{-st}\, dt\right] d\tau$$

haciendo la sustitución $t - \tau = u \begin{cases} dt = du, si\ \tau\ es\ fijo \\ u = 0, si\ t = \tau \\ u = \infty, si\ t = \infty \end{cases}$

$$\mathcal{L}[f * g] = \int_0^\infty \left[\int_0^\infty f(u)g(\tau)e^{-s(u+\tau)}\, du\right] d\tau$$

$$\mathcal{L}[f * g] = \int_0^\infty f(u)e^{-su} du \int_0^\infty g(\tau)e^{-s\tau}\, d\tau = F(s)G(s) \blacklozenge$$

El hecho de ser $\mathcal{L}[f * g] = F(s)G(s)$, tiene una importante consecuencia práctica para la operación de antitransformar ya que; si $\mathcal{L}[f] = F$, $\mathcal{L}[g] = G$, y $\mathcal{L}[f * g] = FG$, entonces

$$\mathcal{L}^{-1}\mathcal{L}[f * g] = [f * g] = \mathcal{L}^{-1}[FG]$$

pero $\mathcal{L}^{-1}F = f$ y $\mathcal{L}^{-1}G = g$, por lo que

$$\mathcal{L}^{-1}[FG] = [\mathcal{L}^{-1}F * \mathcal{L}^{-1}G] = [f * g]$$

6.2.18. *Ejemplo.* **a.** Deseamos antitransformar $\dfrac{1}{s(s^2+1)}$, que obviamente podemos expresar como $\dfrac{1}{s(s^2+1)} = \dfrac{1}{s} - \dfrac{s}{(s^2+1)}$ y entonces; $\mathcal{L}^{-1}\left[\dfrac{1}{s(s^2+1)}\right] = \mathcal{L}^{-1}\left[\dfrac{1}{s}\right] - \mathcal{L}^{-1}\left[\dfrac{s}{(s^2+1)}\right] = 1 - \cos t$. Aplicando el teorema, $\dfrac{1}{s(s^2+1)} = \dfrac{1}{s}\dfrac{1}{s^2+1} = FG$, con $F = \dfrac{1}{s}$ y $G = \dfrac{1}{s^2+1}$, entonces; siendo $f = \mathcal{L}^{-1}F = \mathcal{L}^{-1}\left[\dfrac{1}{s}\right] = t$ y $g = \mathcal{L}^{-1}G = \mathcal{L}^{-1}\left[\dfrac{1}{s^2+1}\right] = sen\ t$, se tiene;

$$\mathcal{L}^{-1}\left[\dfrac{1}{s(s^2+1)}\right] = \mathcal{L}^{-1}F * \mathcal{L}^{-1}G = [1 * sen\ t] = \int_0^t 1.sen\ \tau\, d\tau = -cos\ \tau\big|_0^t = 1 - cos\ t.$$

También $\quad \mathcal{L}^{-1}\left[\dfrac{1}{s(s^2+1)}\right] = \int_0^t 1.sen\ (t - \tau)\, d\tau = \int_0^t -sen\ (\tau - t)\, d\tau = cos\ (\tau - t)\big|_0^t = 1 - cos\ t.$

b. Sea antitransformar $\left[\frac{1}{s^2+1}\right]^2$. Podemos expresar $\left[\frac{1}{s^2+1}\right]^2 = \frac{1}{s^2+1}\frac{1}{s^2+1}$ y entonces,

siendo $\mathcal{L}^{-1}\left[\frac{1}{s^2+1}\right] = sen\ t$, $\mathcal{L}^{-1}\left[\frac{1}{s^2+1}\right]^2 = \mathcal{L}^{-1}\left[\frac{1}{s^2+1}\right] * \mathcal{L}^{-1}\left[\frac{1}{s^2+1}\right] = [sen\ t * sen\ t] =$
$\int_0^t [sen\ \tau.sen\ (t-\tau)]\ d\tau = \frac{1}{2}\int_0^t [\ cos\ (2\tau - t) - cos\ t]\ d\tau = \frac{1}{2}(sen\ t - t\ cos\ t)$.

6.2.19. *La función de Green*. Como veremos con más detalle en 7.3, una ecuación diferencial lineal con coeficientes constantes, $a_n y^N + a_{n-1}y^{N-1} + \cdots + a_1 y' + a_0 y = h$, puede escribirse en forma más compacta como

$$Ly(t) = h(t)$$

donde L es un operador lineal con coeficientes constantes de la forma

$$L = a_n D^n + a_{n-1}D^{n-1} + \cdots + a_1 D + a_0$$

que aplica la función $y(t)$ en la función $h(t)$.

La función $y(t)$, naturalmente, debe ser continuamente derivable hasta el orden n en cierto intervalo I, hecho que indicamos como $y(t) \in C^n(I)$, y $h(t)$ es continua en el mismo intervalo I, y lo notamos como $h(t) \in C(I)$. Entonces, se trata de encontrar un operador inverso derecho para L de modo que $L[G(h)] = h$.

En otras palabras; dada la ecuación diferencial

$$Ly = a_n y^N + a_{n-1}y^{N-1} + \cdots + a_1 y' + a_0 y = h$$

con segundo miembro h, que resulta de aplicar el operador L a alguna y con derivada de orden n continua, buscamos la transformación G que aplicada a h, restituya y como $G[h(t)] = y(t)$.

Inmediatamente se ve que la transformación $Ly = h$, no es uno a uno en tanto todas las funciones $y \in C^n(I)$, y difieran solo en una constante, tendrán idéntica derivada. Para salvar ese inconveniente, se introducen n *condiciones iniciales homogéneas*, $y(t_0) = y'(t_0) = \cdots = y^{N-1}(t_0) = 0$, que como *constantes de integración*, hagan única la solución de la ecuación $Ly = h$.

La elección de condiciones iniciales homogéneas, no significa una pérdida de generalidad, solo un desplazamiento del resultado. Con estas condiciones, es fácil probar que el inverso derecho G, es de la forma $G(h) = \int_{t_0}^t K(t,\tau)\ h(\tau)d\tau$, para lo que elegiremos $t_0 = 0$, y entonces si

$$Ly = a_n y^N + a_{n-1}y^{N-1} + \cdots + a_1 y' + a_0 y = h$$

con
$$y(0) = y'(0) = \cdots = y^{N-1}(0) = 0$$

tendremos, según se vio en 6.2.4, $\mathcal{L}[y'] = s\mathcal{L}[y]$, $\mathcal{L}[y''] = s^2\mathcal{L}[y]$, ..., $\mathcal{L}[y^N] = s^n\mathcal{L}[y]$, en tanto $y(0) = 0$, $y'(0) = 0$,..., $y^{N-1}(0) = 0$, y entonces $\mathcal{L}\{L[y]\} = \mathcal{L}[h]$ será

$$\mathcal{L}\{L[y]\} = a_n s^n \mathcal{L}[y] + a_{n-1} s^{n-1}\mathcal{L}[y] + \cdots + a_0 \mathcal{L}[y] = \mathcal{L}[h] = H(s)$$

o bien
$$p(s)\mathcal{L}[y] = H(s)$$

donde $p(s) = a_n s^n + a_{n-1}s^{n-1} + \cdots + a_0$ y $H(s) = \mathcal{L}[h]$. Podemos despejar entonces $\mathcal{L}[h]$, para obtener

$$\mathcal{L}[y] = \frac{1}{p(s)} H(s)$$

y ahora, aplicando producto de convolución a $\frac{1}{p(s)}H(s)$; siendo $\mathcal{L}^{-1}\left[\frac{1}{p(s)}\right] = g(t)$ y $\mathcal{L}^{-1}[H(s)] = h(t)$

$$y = \left[\mathcal{L}^{-1}\frac{1}{p(s)} * \mathcal{L}^{-1}H(s)\right] = \int_0^t g(t-\tau)h(\tau)\,d\tau \blacklozenge$$

La función $g(t)$, que obtuvimos como $\mathcal{L}^{-1}\left[\frac{1}{p(s)}\right]$, es la función de *Green* para $Ly = h$ cuando la escribimos como $g(t-\tau)$, y es la *única* que satisface el problema homogéneo de valores iniciales; $Ly = 0$ con $y(0) = y'(0) = \cdots = y^{N-2}(0) = 0$, $y^{N-1}(0) = 1$, como se comprueba por reemplazo directo de estas condiciones en $\mathcal{L}\{Ly\} = 0$. En consecuencia, podemos a partir del operador $L = a_n D^n + a_{n-1}D^{n-1} + \cdots + a_1 D + a_0$, construir la función $g(t)$ para todos los segundos miembros $h(t)$ admisibles.

Concluyendo; si $L = a_n D^n + a_{n-1}D^{n-1} + \cdots + a_1 D + a_0$ y $p(s) = a_n s^n + a_{n-1}s^{n-1} + \cdots + a_1 s + a_0$ es el polinomio auxiliar asociado al operador diferencial L, entonces

$$g(t) = \mathcal{L}^{-1}\left[\frac{1}{p(s)}\right]$$

y $g(t-\tau)$ es la función de *Green* para el operador L.

6.2.20. *Ejemplo.* **a.** En el ejemplo 6.2.7.a, resolvimos $y' + y = 0$ con la condición $y(0) = 1$. Su polinomio auxiliar es $p(s) = s + 1$, $g(t) = \mathcal{L}^{-1}\left[\frac{1}{s+1}\right] = e^{-t}$ y $g(t-\tau) = e^{-t+\tau}$. Si ahora queremos resolver la ecuación no homogénea $y' + y = e^t = h(t)$, tenemos la solución como $y = \int_0^t g(t-\tau)\,h(\tau)d\tau = \int_0^t e^{-t+\tau}e^\tau d\tau = e^{-t}\frac{e^{2\tau}}{2}\Big|_0^t = \frac{e^t-e^{-t}}{2} = senh\,t$. Si en cambio, lo que deseamos resolver es la ecuación no homogénea $y' + y = sen\,t$, tenemos la solución como $y = \int_0^t e^{-t+\tau}\,sen\,\tau\,d\tau =$ $e^{-t}\frac{e^\tau}{2}(sen\,\tau - cos\,\tau)\Big|_0^t = \frac{sen\,\tau - cos\,\tau}{2} - e^{-t}$. **b.** Para el operador con coeficientes constantes $\quad L = D^2 - 4D + 4, \quad\quad p(s) = s^2 - 4s + 4, \quad\quad g(t) = \mathcal{L}^{-1}\left[\frac{1}{s^2-4s+4}\right] =$ $\mathcal{L}^{-1}\left[\frac{1}{(s-2)^2}\right] = te^{2t}$ y $g(t-\tau) = (t-\tau)e^{2(t-\tau)}$. **c.** Resolvemos la ecuación $y'' + 4y = e^{2t}$ con las condiciones iniciales $y(0) = 0$, $y'(0) = 0$. Comenzamos por transformar la ecuación usando las condiciones iniciales y obtenemos $s^2\mathcal{L}y + 4\mathcal{L}y = \frac{1}{s-2}$, o bien $(s^2 + 4)\mathcal{L}y = \frac{1}{s-2}$, entonces $p(s) = s^2 + 4$ y $g(t) = \mathcal{L}^{-1}\left[\frac{1}{p(s)}\right] =$ $\mathcal{L}^{-1}\left[\frac{1}{s^2+4}\right] = \frac{1}{2}sen\,2t$, y $g(t-\tau) = \frac{1}{2}sen\,2(t-\tau)$. La convolución de $g(t)$ con $f(t) = e^{2t}$ es; $y = \int_0^t g(t-\tau)f(\tau)\,d\tau = \int_0^t \frac{sen\,2(t-\tau)}{2}e^{2\tau}\,d\tau$.

6.2.21. *La función $\delta(t)$, delta de Dirac.* En 5.4.3 introdujimos la función δ de *Dirac*, como un pulso de base cero y altura infinita, concluyendo que $\int_{-\infty}^{\infty}\delta(t)\,dt = 1$, o bien que $\int_{-\infty}^{\infty}\delta(t-a)\,dt = 1$. Obtendremos ahora los mismos resultados en forma más intuitiva considerando $\delta(t) = \begin{cases}0, si\ t \neq 0\\ \infty, si\ t = 0\end{cases}$, y representándola gráficamente, como el pulso rectangular $\delta(t) = \begin{cases}\frac{1}{\varepsilon}, si\ 0 < t < \varepsilon\\ 0, si\ t \geq \varepsilon\end{cases}$ figura 6.2.21.a

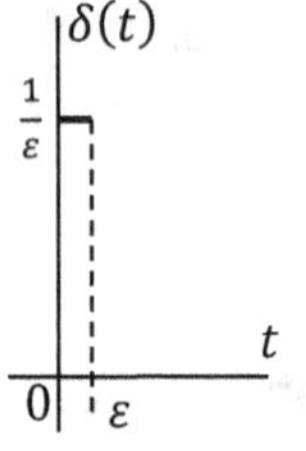

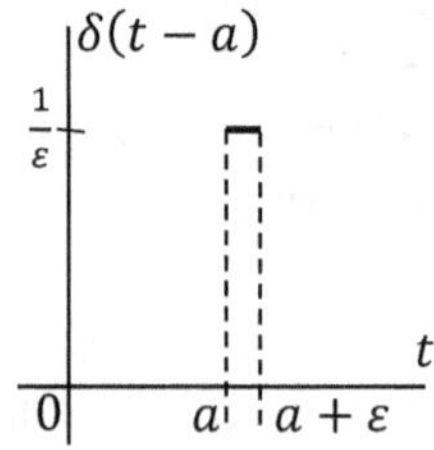

Figura 6.2.21.a   Figura 6.2.21.b

entonces tenemos una visualización de $\delta(t)$ que, como ya hemos dicho en 5.4.3, permite modelizar concentraciones de cargas en un espacio muy reducido o la acción de fuerzas impulsivas.

Examinamos a continuación algunas propiedades de la función delta de *Dirac*

i) Si $\delta(t) = \frac{1}{\varepsilon}$ cuando $0 < t < \varepsilon$, anulándose en todo instante posterior, entonces

$$\int_0^\infty \delta(t)\,dt = \lim_{\varepsilon\to 0}\int_0^\varepsilon \frac{1}{\varepsilon}\,dt = \lim_{\varepsilon\to 0}\frac{1}{\varepsilon}\int_0^\varepsilon dt = \lim_{\varepsilon\to 0}\frac{1}{\varepsilon}\varepsilon = 1\ \blacklozenge$$

$ii)$ Si $F(t) = \int f(t)$, entonces $F'(t) = f(t)$ y

$$\int_0^\infty f(t)\delta(t)\,dt = \lim_{\varepsilon \to 0} \int_0^\varepsilon \frac{1}{\varepsilon} f(t)dt = \lim_{\varepsilon \to 0} \frac{1}{\varepsilon} \int_0^\varepsilon f(t)\,dt = \lim_{\varepsilon \to 0} \frac{F(\varepsilon)-F(0)}{\varepsilon} = F'(0) = f(0) \blacklozenge$$

$iii)$ La transformada de $\delta(t)$ es

$$\mathcal{L}\{\delta(t)\} = \lim_{\varepsilon \to 0} \frac{1}{\varepsilon} \int_0^\varepsilon \frac{1}{\varepsilon} e^{-st} dt = \lim_{\varepsilon \to 0} \frac{e^{-st}}{-s\varepsilon}\Big|_0^\varepsilon = \lim_{\varepsilon \to 0} \frac{1-e^{-s\varepsilon}}{s\varepsilon} = \frac{0}{0}$$

La indeterminación se elimina tomando límite del cociente de derivadas y

$$\mathcal{L}\{\delta(t)\} = \lim_{\varepsilon \to 0} \frac{se^{-s\varepsilon}}{s} = 1 \blacklozenge$$

Si en lugar de $\delta(t)$ consideramos $\delta(t - a) = \begin{cases} 0, si\ 0 \leq t \leq a \\ \frac{1}{\varepsilon}, si\ a < t < a + \varepsilon \\ 0, si\ t \geq a \end{cases}$ figura 6.2.21.b,

se obtiene; $\int_0^\infty \delta(t - a)dt = 1$, $\int_0^\infty f(t)\delta(t - a)dt = f(a)$ y $\mathcal{L}\{\delta(t - a)\} = e^{-as} \blacklozenge$

6.2.22. *Relación con la transformada de Fourier.* Relacionar la transformada de *Laplace* con la de *Fourier*, nos permite antitransformar empleando el teorema de los residuos 4.4.3. Si en la definición de la transformada de *Laplace*, $F(s) = \int_0^\infty f(t)e^{-st}\,dt$ tal que $s \geq s_0$, hacemos el reemplazo $s = \sigma + i\omega$, tenemos

$$F(s) = \int_0^\infty f(t)e^{-st}\,dt = \int_0^\infty [f(t)e^{-\sigma t}]e^{-i\omega t}\,dt$$

la última integral, es la transformada de *Fourier* que definimos en 5.4.2, de la función

$$h(t) = \begin{cases} f(t)e^{-\sigma t}, si\ t \geq 0 \\ 0, si\ t < 0 \end{cases}$$

o sea, $F(s) = \mathcal{F}\{f(t)e^{-\sigma t}\}$ y entonces, según las propiedades de la transformada de *Fourier*, con $s = \sigma + i\omega$ y σ constante

$$f(t)e^{-\sigma t} = \int_{-\infty}^\infty \frac{1}{2\pi} F(\sigma + i\omega)\,e^{i\omega t} d\omega, \text{ o bien } f(t) = \frac{1}{2\pi} \int_{-\infty}^\infty F(\sigma + i\omega)\,e^{(\sigma+i\omega)t} d\omega$$

y con el reemplazo $s = \sigma + i\omega \begin{cases} d\omega = \dfrac{ds}{i} \\ s = \sigma \pm i\infty, \ si\ \omega = \pm\infty \end{cases}$

$$f(t) = \frac{1}{2\pi i} \int_{\sigma-i\infty}^{\sigma+i\infty} F(s)\,e^{st} ds \blacklozenge$$

La última expresión es la fórmula de inversión para la transformada de *Laplace* que permite obtener $f(t) = \mathcal{L}^{-1}F(s)$, para una F univaluada, siendo $s > s_0$, la abscisa de convergencia.

Si $F = \mathcal{L}f$, siendo f de orden exponencial, entonces se prueba como en 6.1.3 que $\lim_{s\to\infty} F(s) = 0$, ahora con $s \in \mathbb{C}$. De ahí que, si $s = \sigma + Re^{i\theta}$, con $\sigma > s_0$ las integrales

$$f(t) = \frac{-1}{2\pi i} \oint_{\gamma_1} F(s)e^{st}\, ds \text{ o } f(t) = \frac{1}{2\pi i} \oint_{\gamma_2} F(s)e^{st}\, ds$$

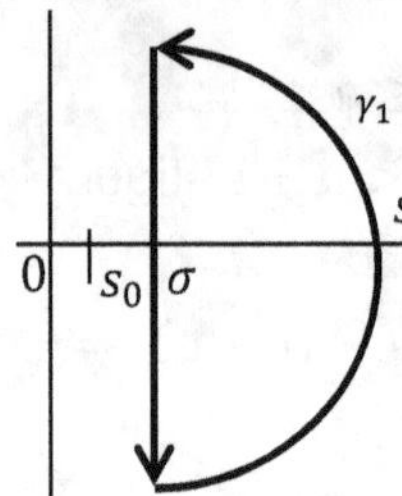

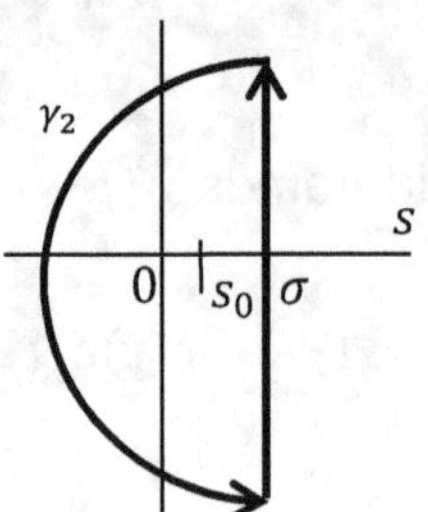

Figura 6.2.22.a　　　　　　　Figura 6.2.22.b

con los contornos que se muestran en las figuras 6.2.22.a y 6.2.22.b, formados por las rectas $s = \sigma$ y las semicircunferencias de centro $s = \sigma$ y radio $R \to \infty$, convergen a $f(t)$, en tanto la integral sobre las correspondientes semicircunferencias que componen γ_1 y γ_2, se anulan restando solo $\frac{\pm 1}{2\pi i} \int_{\sigma-i\infty}^{\sigma+i\infty} F(s)\, e^{st} ds$ según el caso, y el teorema del residuo asegura que el valor de las integrales en todo el contorno γ_1 o γ_2 es $\sum[\operatorname{Res} F(s)e^{st}]$ en todos sus polos, que son los polos de $F(s)$ en tanto e^{st} es una función entera.

6.2.23. *Ejemplo.* **a.** Sea antitransformar $F(s) = \frac{1}{s^2-1}, Re(s) > 1$. Los polos de F están en $s = \pm 1$, entonces $f(t) = \operatorname{Res}[\,F(s)e^{st}, z = -1] + \operatorname{Res}[\,F(s)e^{st}, z = 1] = \operatorname{Res}\left[\frac{e^{st}}{s^2-1}, z = -1\right] + \operatorname{Res}\left[\frac{e^{st}}{s^2-1}, z = 1\right] = \lim_{s\to-1}\frac{e^{st}}{2s} + \lim_{s\to1}\frac{e^{st}}{2s} = \frac{e^{-t}}{-2} + \frac{e^{t}}{2} = \operatorname{senh} t.$ **b.** Sea antitransformar $F(s) = \frac{2s+3}{s^2+4}, Re(s) > 0$. Los polos de F están en $s = \pm 2i$, entonces $f(t) = \operatorname{Res}\left[\frac{2s+3}{s^2+4}e^{st}, z = -2i\right] + \operatorname{Res}\left[\frac{2s+3}{s^2+4}e^{st}, z = 2i\right] = \frac{-4i+3}{-4i}e^{-2it} + \frac{4i+3}{4i}e^{2it} = \left(1 - \frac{3}{4i}\right)e^{-2it} + \left(1 + \frac{3}{4i}\right)e^{2it} = 2\cos 2t + \frac{3}{2}\operatorname{sen} 2t.$

Ejercicios 6.2

Obtener la transformada de Laplace de las siguientes funciones.

1. a) $f(t) = 1 + e^t + e^{3t} + sen\ 3t.$ **b)** $f(t) = e^{at+k}.$

2. a) $f(t) = 1 - cos\ 2t + 2t.$ **b)** $f(t) = sen^2 t.$

3. a) $f(t) = e^{-4t} sen\ 4t.$ **b)** $f(t) = e^t sen\ (t-1).$

c) $f(t) = sen\ \frac{2n\pi}{T} t.$ **d)** $f(t) = cos\ (\omega t - \alpha).$

4. $f(t) = te^{-t} cos\ t.$ **5.** $f(t) = (t-1)\ u_1(t).$ **6.** $f(t) = t\ u_2(t).$

7. $f(t) = sen\ t\ u_1(t).$ **8.** $f(t) = t\ e^{2t} f'(t).$ **9.** $f(t) = \int_0^t u\ cos\ u\ du.$

10. $f(t) = sen^2 t.$ **11.** $f(t) = \begin{cases} 3, si\ 0 < t < 1 \\ 2, si\ 1 < t < 2. \\ 0, si\ t > 2 \end{cases}$

12. $f(t) = \begin{cases} 1, si\ 0 < t < \pi \\ 0, si\ \pi < t < 2\pi \end{cases}, period.$ **13.** $f(t) = t, period.\ \pi.$

Obtener la antitransformada.

14. $F(s) = \frac{1}{s+1}.$ **15.** $F(s) = \frac{1}{(s+1)^2}.$ **16.** $F(s) = \frac{s+1}{s^2+2s-4}.$

17. $F(s) = \frac{e^{-4s}}{s^2+4}.$ **18.** $F(s) = \frac{1}{(s-2)(s+3)}.$ **19.** $F(s) = \frac{1}{s(s+2)^2}.$

20. $F(s) = \frac{e^{-s}}{s(s^2+5s+4)}.$ **21.** $F(s) = \frac{2\ s}{(s^2+1)^2}.$ **22.** $F(s) = \frac{4\ s^2}{(s^2+1)^2}.$

23. $F(s) = \frac{e^{-s}}{(s-1)(s-2)}.$

Con la transformada de Laplace, dar la solución del problema de valor inicial.

24. $y'' + y = 2:\ y(0) = 0;\ y'(0) = 3.$

25. $y'' - 4y = 0:\ y(0) = 0, y'(0) = -6.$

26. $y'' + 2y' + y = e^t:\ y(0) = 0;\ y'(0) = 0.$

27. $y'' - k\ y' = 0:\ y(0) = 2;\ y'(0) = k.$

28. $9\ y'' - 6\ y' + y = 0\quad y(0) = 3;\ y'(0) = 1.$

Respuestas:

1. a) $R: F(s) = \frac{1}{s} + \frac{1}{s-1} + \frac{1}{s-3} + \frac{3}{s^2+9}$. **b)** $R: F(s) = \frac{e^k}{s-a}$. **2. a)** $R: F(s) = \frac{1}{s} - \frac{s}{s^2+4} + \frac{2}{s^2}$. **b)** $R: F(s) = \frac{1}{2s} - \frac{s}{2(s^2+4)}$. **3. a)** $R: F(s) = \frac{4}{(s+4)^2+16}$. **b)** $R: F(s) = \frac{\cos 1}{(s+1)^2+1} - \frac{s\,sen\,1}{(s+1)^2+1}$.

c) $R: F(s) = \frac{\frac{2n\pi}{T}}{s^2+\left(\frac{2n\pi}{T}\right)^2}$. **d)** $R: F(s) = \frac{s\cos\alpha - \omega\,sen\,\alpha}{s^2+\omega^2}$. **4.** $R: F(s) = -\frac{(s+1)^2+1-2(s+1)^2}{[(s+1)^2+1]^2}$.

5. $R: F(s) = \frac{e^{-s}}{s^2}$. **6.** $R: F(s) = \frac{e^{-2s}}{s^2} + 2\frac{e^{-2s}}{s}$. **7.** $R: F(s) = (\cos 1 + s\,sen\,1)\frac{e^{-s}}{s^2+1}$.

8. $R: F(s) = -\frac{d}{ds}[(s-2)F(s-2) - F(0)]$. **9.** $R: F(s) = \frac{1}{s}\left[-\frac{s}{s^2+1}\right]'_s = \frac{1}{s}\frac{s^2-1}{(s^2+1)^2}$.

10. $R: F(s) = \frac{1}{2s} - \frac{1}{2}\frac{s}{s^2+4}$. **11.** $R: F(s) = 3\frac{1}{s} - \frac{e^{-s}}{s} - 2\frac{e^{-2s}}{s}$. **12.** $R: F(s) = \frac{1}{s(1+e^{-\pi s})}$.

13. $R: F(s) = \frac{1-e^{-s\pi}}{s^2} - \frac{e^{-s\pi}}{s}$. **14.** $R: f = e^{-t}$. **15.** $R: f = te^{-t}$. **16.** $R: f = e^{-t}\cosh\sqrt{5}t$.

17. $R: f = \frac{1}{2}sen\,2(t-4)$. **18.** $R: f = \frac{1}{5}(e^{-2t} - e^{-3t})$. **19.** $R: f = \frac{1}{4} - \frac{1}{2}te^{-2t} - \frac{1}{4}e^{-2t}$.

20. $R: u_1(t)\left[\frac{1}{4} - \frac{1}{3}e^{-(t-1)} + \frac{1}{2}e^{-4(t-1)}\right]$. **21.** $R: f = t\,sen\,t$. **22.** $R: f = 2\,sen\,t + 2t\cos t$. **23.** $R: u_1(t)\left[e^{2(t-1)} - e^{t-1}\right]$. **24.** $R: y = 2(1-\cos t) + 3\,sen\,t$. **25.** $R: y = -3\,senh\,2t$. **26.** $R: y = \frac{1}{4}e^t - \frac{1}{4}e^{-t} + \frac{1}{2}te^{-t}$. **27.** $R: y = e^{kt} + 1$. **28.** $R: y = 3e^{\frac{t}{3}}$.

6.3 Reglas y Fórmulas de Transformación

Reglas generales para Transformar

Función	Transformada
$f(t)$	$\mathcal{L}\{f(t)\} = \displaystyle\int_0^{\infty} f(t)e^{-st}\,dt$
$af(t) + b\,h(t)$	$a\,\mathcal{L}\{f(t)\} + b\,\mathcal{L}\{h(t)\}$
$f'(t)$	$s\mathcal{L}[f] - f(0^+)$
$f''(t)$	$s^2\mathcal{L}[f] - sf(0^+) - f'(0^+)$
$f^N(t)$	$s^n\mathcal{L}[f] - s^{n-1}f(0^+) \\ \qquad - s^{n-2}f'(0^+) - \cdots \\ \qquad - f^{N-1}(0^+)$
$\displaystyle\int_0^t f(\tau)d\tau$	$\dfrac{1}{s}\mathcal{L}[f]$
$e^{\alpha t}f(t)$	$F(s-a)\ \text{y}\ F(s) = \mathcal{L}[f]$
$t^n f(t)$	$(-)^n \dfrac{d^n}{ds^n}\mathcal{L}[f]$
$u_a f(t-a)$	$e^{-sa}\mathcal{L}[f]$
$\displaystyle\int_0^t f(t-\tau)g(\tau)d\tau$	$\mathcal{L}[f]\mathcal{L}[g]$
$f(t),\ de\ período\ p$	$\dfrac{\int_0^p f(t)e^{-st}dt}{1 - e^{-sp}}$

Fórmulas de Transformación

Función	Transformada
1	$\dfrac{1}{s}$
$e^{\alpha t}$	$\dfrac{1}{s-a}$
t^n	$\dfrac{n!}{s^{n+1}}$
$sen\ at$	$\dfrac{a}{s^2 + a^2}$
$cos\ at$	$\dfrac{s}{s^2 + a^2}$
$senh\ at$	$\dfrac{a}{s^2 - a^2}$
$cosh\ at$	$\dfrac{s}{s^2 - a^2}$
$\delta(t)$	1
$\delta(t-a)$	e^{-sa}

Bibliografía:

— Blanchard, Paul; Devaney, Robert L; Hall, Glen R. *Ecuaciones diferenciales.* Ed. Int. Thompson Editores. México, 1999.

— Borrelli, Robert; Coleman, Courtney S. *Ecuaciones diferenciales: una perspectiva de modelación.* Ed. Oxford University. Press. México, 2002.

— Kaplan, Wilfred. *Matemáticas avanzadas para estudiantes de ingeniería.* Ed. Fondo Educativo Interamericano. México, 1985.

— Kreider, Donald L; Kuller, Robert G; Ostberg, Donald. *Ecuaciones diferenciales.* Ed. Fondo Educativo Interamericano, México, 1971.

— Kreyszig, Erwin. *Matemáticas avanzadas para ingeniería.* Ed. Limusa, México, 1979.

— O´Neil, Peter V. *Matemáticas avanzadas para ingeniería.* Ed. Cengaje Learning. México, 2008.

7 ECUACIONES DIFERENCIALES ORDINARIAS

Una ecuación diferencial, es una ecuación en la que la incógnita figura como derivada de distintos órdenes, y surgen naturalmente las ecuaciones diferenciales, en el planteo de ciertos problemas de los que no se conoce la ley que los gobierna pero es posible relacionar las variaciones de las magnitudes involucradas. En este capítulo, estudiaremos las *ecuaciones en derivadas ordinarias* EDO y en particular, las *ecuaciones diferenciales lineales* EDL, reservando para el capítulo 10, el estudio de las ecuaciones en derivadas parciales. Nos interesan particularmente las ecuaciones diferenciales, por su aplicación en la representación y descripción de fenómenos físicos.

7.1 Modelos y Ecuaciones Diferenciales

Los modelos son representaciones de un objeto real que sin reproducirlo, reúnen según la perspectiva de aproximación al objeto, sus características más importantes. Podemos distinguir dos clases de modelos; de *primer orden* y de *segundo orden*, siendo los primeros los de sentido común, constituidos idiosincrásicamente como representación ingenua de la realidad, dando cuenta con cierto grado de coherencia, de la realidad cotidiana tal como es percibida, son fuertemente figurativos e impresionistas, con escaso requerimiento de herramientas auxiliares y responden con frecuencia a una representación causal lineal e irreversible.

Los modelos científicos o de segundo orden, disponen en cambio de poderosas herramientas de representación, se caracterizan por hacer un recorte de la realidad, *el sistema*, que es una porción seleccionada de la realidad y, es en si mismo este sistema, una abstracción de la realidad, mas cercana al pensamiento abstracto que a la realidad, para hacerlo compatible con el instrumental de análisis y descripción disponible en última instancia. Este es el ideal de *E. Mach* (1838 - 1916), traducir las magnitudes en símbolos.

La idea de modelo, es uno de los pilares metateóricos sobre los que se edifican las ciencias naturales, tanto en sus aspectos lingüísticos como representacionales, el clásico esquema en tres fases es

i) La traducción de determinada información física a una forma matemática, de esta manera de obtiene un modelo matemático de la realidad física. Este modelo puede ser una ecuación diferencial, un sistema de ecuaciones lineales o alguna otra expresión matemática.

ii) El tratamiento del modelo mediante los métodos matemáticos. Esto conducirá a la solución matemática del problema.

iii) Interpretación del modelo matemático en términos físicos.

Las ecuaciones diferenciales, son un soporte fundamental en el desarrollo de modelos.

7.1.1. *Ecuación diferencial de primer orden*. Las ecuaciones diferenciales con derivadas de primer orden, de donde proviene su designación, son de la forma

$$y' = f(x, y)$$

o sea, la derivada está expresada como una función $f(x, y)$ y el caso más simple es

$$y' = f(x) \quad \text{o} \quad \frac{dy}{dx} = f(x)$$

cuya *integración* o solución, es inmediata despejando $dy = f(x)dx$, de donde

$$y = \int f(x)\, dx + c \blacklozenge$$

La solución queda determinada a menos de una constante arbitraria c, que podemos determinar con una *condición inicial*, para obtener una *solución particular*. La solución que contiene la constante arbitraria c, contiene todas las posibles soluciones y por ello, se denomina *solución general*.

Si para $x = x_0$, se tiene $y(x_0) = y_0$ como condición inicial, entonces

$$\int_{y_0}^{y} dy = \int_{x_0}^{x} f(x)\, dx$$

o bien
$$y = y_0 + \int_{x_0}^{x} f(x)\, dx \blacklozenge$$

que es una solución particular.

7.1.2. *Ejemplo*. **a.** En un recipiente de cultivo, se tiene una colonia de bacterias, en condiciones tales, que no compiten entre sí por el medio nutriente, totalmente disponible para cada individuo de la colonia. En tales condiciones, se puede formular un modelo sencillo de crecimiento: la cantidad dQ, de bacterias que se producen durante el tiempo dt, es proporcional al número de bacterias presentes. Digamos; más bacterias, más descendencia, menos bacterias, menos descendencia, entonces

$$\frac{dQ}{dt} \propto Q \quad \text{o bien} \quad \frac{dQ}{dt} = kQ$$

donde indicamos con el símbolo $\propto$, que existe una proporcionalidad entre la razón $\frac{dQ}{dt}$, y la cantidad Q de bacterias presentes, siendo k la constante de proporcionalidad, que es la diferencia entra la tasa de *reproducción* y la de *extinción*, debido a que, por un proceso natural, las bacterias mueren. Separando las variables de $\frac{dQ}{dt} = kQ$

$$\frac{dQ}{Q} = k\,dt$$

que integramos como $\quad \ln|Q| = kt + c \quad$ o bien $\quad Q = e^{kt+c} = e^c e^{kt} = C e^{kt}$

La constante k es un *parámetro*, así designamos a las constantes características del sistema, que permanecen fijas en todo el proceso, y pueden cambiar por manipulaciones experimentales; cambio de la bacteria en estudio, variaciones del nutriente, temperatura etc.

La constante C, se valúa con la condición inicial: si en el instante $t = 0$, el número de bacterias era $Q(0) = Q_0$, debe verificarse $Q(0) = Q_0 = Ce^0$, de donde $C = Q_0$ y $Q = Q_0 e^{kt}$.

La misma ley, describe el decaimiento radioactivo como $N = N_0 e^{-\lambda t}$, siendo N_0 el número de átomos presentes al inicio del recuento, y λ la constante de desintegración, característica de cada especie radiactiva. **b.** Sabemos que la presión p, varía con la altura de una columna de fluido como $\quad p = \gamma h = \rho g h$. Podemos entonces escribir para una columna de aire $p = -\rho g h$, donde el signo menos se debe a que, cuando aumenta la altura, tomado como nivel 0 la superficie terrestre, disminuye la presión. Si $p = -\rho g h$, entonces

$$dp = -\rho g dh$$

si ahora expresamos $\rho = \frac{m}{V}$, masa sobre volumen, recurriendo a la ley de gases ideales $pV = nRT$ obtenemos $\frac{1}{V} = \frac{p}{nRT}$ y como la masa es $m = nM$, siendo n el número de moles y M la masa molar, se tiene; $\rho = \frac{nMp}{nRT} = \frac{Mp}{RT}$, y su reemplazo en $dp = -\rho g dh$ da

$$dp = -\frac{Mp}{RT} g dh \text{ y separando las variables } \frac{dp}{p} = -\frac{Mg}{RT} dh$$

su integración es $$\ln|p| = -\frac{Mg}{RT} h + c$$

o bien
$$p = e^{-\frac{Mg}{RT}h+c} = Ce^{-\frac{Mg}{RT}h}$$

ahora valuamos $C = e^c$ con la condición inicial $p(h = 0) = p_0$ y tenemos; $C = p_0$, la presión a nivel del suelo. Entonces, la presión varía con la altura como

$$p = p_0 e^{-\frac{Mg}{RT}h}$$

que es la *ley de distribución barométrica*, supuesta la atmósfera *isotérmica*.

7.1.3. *Ecuación diferencial a variables separables*. Las ecuaciones diferenciales a variables separables, son de la forma

$$h(y)dy = f(x)dx$$

si h y f son continuas, entonces la integración es inmediata

$$\int h(y)\,dy = \int f(x)\,dx + c \blacklozenge$$

7.1.4. *Ejemplo*. Consideremos la colonia de bacterias del ejemplo 7.1.2.a, en condiciones más realistas. Sucede que al aumentar el número de bacterias, estas interfieren entre sí compitiendo por el nutriente. Se observa experimentalmente, que la disminución de individuos en la colonia, puede tenerse en cuenta, agregando un término de extinción de la forma: $-bQ^2$. Entonces escribimos la ecuación como

$$\frac{dQ}{dt} = aQ - bQ^2$$

donde el término aQ es homólogo del término kQ en 7.1.2, que mide la producción neta de bacterias en condiciones no perturbadas durante el lapso dt, y $-bQ^2$ la cantidad que se extingue por superpoblación en el mismo lapso dt, de ahí el signo negativo delante de la constante de proporcionalidad positiva b. Esta ecuación se conoce como ecuación logística y su solución general, de forma análoga al procedimiento de 7.1.2.a se obtiene como

$$\frac{dQ}{Q(a-bQ)} = dt$$

y descomponiendo en fracciones simples

$$\frac{1/a}{Q}\,dQ + \frac{b/a}{a-bQ}\,dQ = dt$$

que integrada es $\frac{1}{a}\ln|Q| - \frac{1}{a}\ln|a - bQ| = t + c$ o bien $\frac{Q}{a-bQ} = Ce^{at}$, con $C = e^{ac}$.

De la última expresión, despejamos $Q = \dfrac{aC}{bC + e^{-at}}$, y C se obtiene de $\dfrac{Q}{a - bQ} = Ce^{at}$, con $Q(t = 0) = Q_0$, la cantidad inicial.

7.1.5. *Ecuación lineal homogénea.* Esta ecuación es de la forma

$$y' + p(x)y = 0 \quad \text{o} \quad \frac{dy}{dx} + p(x)y = 0$$

y es a variables separables por lo que se resuelve como

$$\frac{dy}{y} = -p(x)dx,$$

que integrada es $\qquad \ln|y| = -\int p(x)\,dx + c$

o bien $\qquad\qquad\qquad y = Ce^{-\int p(x)dx}$ con $C = e^c$ ♦

7.1.6. *Ejemplo.* **a.** Si $y' - 2y = 0$. $p(x) = -2$, entonces $y = Ce^{\int 2dx} = Ce^{2x}$. **b.** Si $xy' + 4y = 0$. Reescribimos la ecuación como $y' + \dfrac{4}{x}y = 0$, entonces $p(x) = \dfrac{4}{x}$ y $y = Ce^{-\int \frac{4}{x}dx} = Cx^{-4}$. En ambos casos, verificamos la solución obtenida, reemplazándola en la ecuación diferencial, para comprobar si la satisfacen.

7.1.7. *Ecuación lineal no homogénea.* Esta ecuación, tiene el segundo miembro no nulo y es de la forma

$$y' + p(x)y = f(x) \quad \text{o} \quad \frac{dy}{dx} + p(x)y = f(x)$$

La forma más práctica de buscar una solución, es ensayar una solución a partir de la solución conocida de la homogénea $y' + p(x)y = 0$, solución que identificamos como $y_h = e^{-\int p(x)dx}$, y suponemos que ha de estar relacionada con la solución y de la no homogénea. Proponemos entonces que la solución sea

$$y = C(x)y_h$$

donde $C(x)$, es un parámetro que haremos variar para encontrar la solución y, y este procedimiento se llama justamente, *método de variación de parámetros.* Entonces, si $y = Cy_h$, reemplazando en la ecuación se tiene

$$[Cy_h]' + p[Cy_h] = f$$

entonces $\quad C'y_h + Cy_h' + Cpy_h = f$, o bien $\;C'y_h + C(y_h' + py_h) = f$

pero $(y_h' + py_h) = 0$ porque y_h es justamente la solución de la homogénea $y' + py = 0$, y entonces resulta

$$C'y_h = f$$

y separando variables para integrar

$$\frac{dC}{dx} = \frac{f}{y_h} \quad \text{o bien} \quad C = \int \frac{f}{y_h}\,dx + k$$

Ahora, con $C = \int \frac{f}{y_h}\,dx + k$, podemos escribir la solución general como

$$y = Cy_h = \left(\int \frac{f}{y_h}\,dx + k\right)y_h = e^{-\int p(x)dx}\left(\int f e^{\int p(x)dx}\,dx + k\right)\blacklozenge$$

7.1.8. *Ejemplo.* **a.** Resolvemos el problema del valor inicial para $y' + 3xy = x$, con $y(0) = 2$. Primero buscamos la solución general; $p(x) = 3x$ y $f(x) = x$, entonces

$y = e^{-\int 3x dx}\left(\int x e^{\int 3x dx}dx + k\right) = e^{-3\frac{x^2}{2}}\left(\frac{e^{3\frac{x^2}{2}}}{3} + k\right) = \frac{1}{3} + k e^{-3\frac{x^2}{2}}$. Con la solución

obtenida, y la condición inicial, $y(0) = 2$, valuamos la constante k resolviendo el problema del valor inicial; $y(0) = 2 = \frac{1}{3} + k$, de donde $k = \frac{5}{3}$ y la solución buscada

es $y = \frac{1}{3} + \frac{5}{3}e^{-3\frac{x^2}{2}}$. **b.** $xy' + y = 2x$, con $y(1) = 0$. Reescribimos la ecuación como

$y' + \frac{1}{x}y = 2$, entonces $p(x) = \frac{1}{x}$ y $f(x) = 2$, por lo que la solución general es:

$y = e^{-\int \frac{1}{x}dx}\left(\int 2e^{\int \frac{1}{x}dx} + k\right) = \frac{1}{x}(x^2 + k) = x + \frac{k}{x}$. Con esta solución general y la

condición inicial, valuamos k como $y(1) = 1 + k = 0$, de donde $k = -1$ y la solución buscada es $y = x - \frac{1}{x}$.

7.1.9. *El estudio cualitativo.* Aun cuando la solución de una ecuación diferencial, pudiera ser fácil de obtener, lo que en general no sucede, podemos en forma cualitativa, anticipar el comportamiento de las soluciones sin resolver la ecuación.

Consideremos la ecuación logística de 7.1.4 $\frac{dQ}{dt} = aQ - bQ^2$, que es una ecuación *autónoma*, expresión con la que designamos las ecuaciones de la forma $y' = f(y)$ en la que la variable independiente x, no aparece explícitamente en el lado derecho de la ecuación diferencial; en nuestro caso, $\frac{dQ}{dt} = f(Q)$. Si Q' no depende de t, podemos trazar en un gráfico Q vs. t, rectas horizontales en aquellos valores de Q, donde $Q' = f(Q) = 0$, que son los puntos de equilibrio del sistema, los puntos donde Q deja de crecer o disminuir figura 7.1.9.a. Siendo $Q' = aQ - bQ^2$,

$Q' = 0$ si $Q = 0$, o $Q = \frac{a}{b}$. Además, si $0 < Q < \frac{a}{b}$, $Q' > 0$ y $Q(t)$ debe ser creciente, por lo que el número de bacterias crecerá desde valores iniciales pequeños, hasta alcanzar el valor de equilibrio $Q = \frac{a}{b}$ y de hecho, $Q = 0$, es un valor de equilibrio, si no hay bacterias, no hay reproducción.

Si la cantidad inicial, es mayor que $\frac{a}{b}$, entonces $Q' < 0$ y el número de bacterias irá disminuyendo hasta alcanzar el valor de equilibrio $Q = \frac{a}{b}$. La recta Q sobre la que hemos marcado $Q = \frac{a}{b}$ y $Q = 0$ se denomina *línea de fase* figura 7.1.9.a.

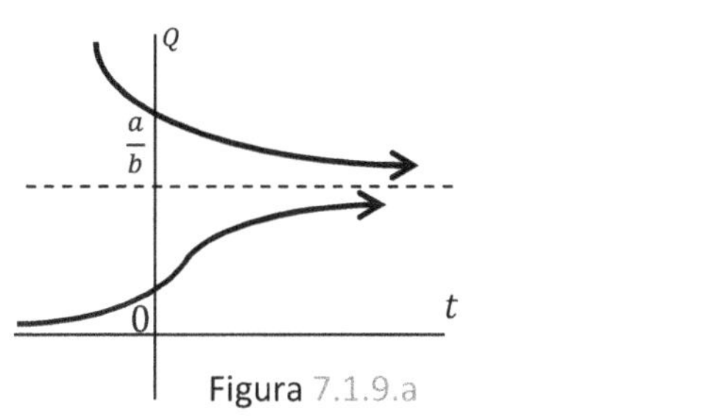

Figura 7.1.9.a

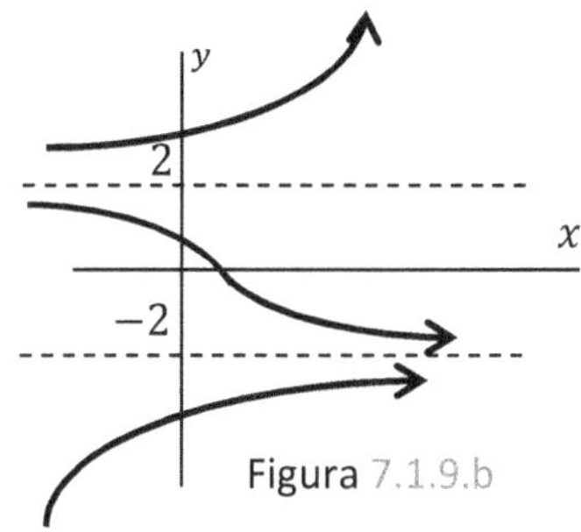

Figura 7.1.9.b

La ecuación $y' = y^2 - 4$, tiene dos puntos de equilibrio en $x = \pm 2$, donde es $y' = 0$. Siendo $y'(y) = y^2 - 4$, una parábola con sus ramas orientadas hacia arriba, será $y' < 0$ cuando y' tome valores entre sus dos raíces, esto es; $-2 < y < 2$. Entonces y es decreciente para $-2 < y < 2$, donde y' es negativa y creciente si $|y| > 2$ como se muestra en la figura 7.1.9.b.

Cuando la ecuación es de la forma $y' = f(x,y)$, entonces para valores tales que $y' = c$, constante, se tiene una familia uniparamétrica de curvas $f(x,y) = c$, sobre las que la pendiente de y, que es y', tiene un valor constante, de ahí que a esas curvas se las denomine *isóclinas* y, marcando sobre ellas un pequeño trazo con la inclinación de y', se puede visualizar la forma de las trayectorias $y(x)$, en un gráfico de coordenadas y vs. x.

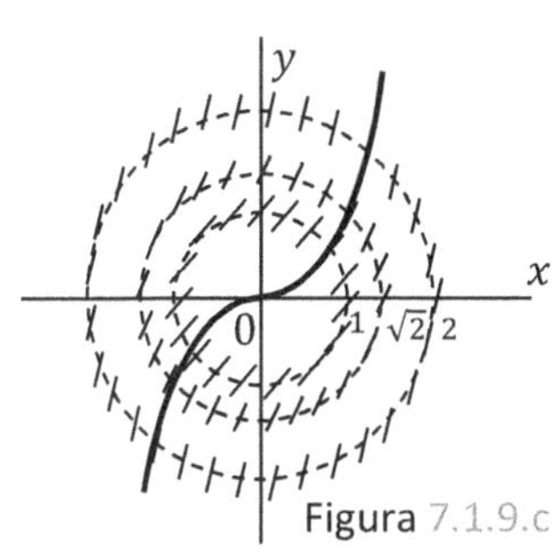

Figura 7.1.9.c

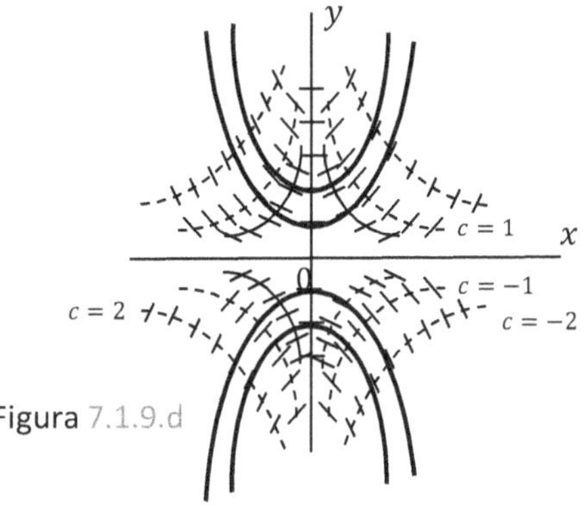

Figura 7.1.9.d

Así, de la ecuación $y' = x^2 + y^2$, obtenemos la familia de circunferencias $x^2 + y^2 = c$, sobre las que y' es una constante $y' = c$. Sobre las circunferencias de radio unitario, es $y' = 1$, sobre las circunferencias de radio $\sqrt{2}$ la pendiente de las curvas $y' = 2$ y sobre las circunferencias de radio 2, $y(x)$ tiene una tangente con pendiente $y' = 4$ figura 7.1.9.c.

Para la ecuación $y' = xy$, la familia de curvas es $xy = c$, o bien $y = \frac{c}{x}$. En la figura 7.1.9.d, están representadas con líneas de trazos, las hipérbolas equiláteras para $c = \pm\frac{1}{2}, \pm 1 \pm 2$. Sobre la curva $y = \frac{1}{x}$, la pendiente es $c = 1$, sobre la curva $y = \frac{2}{x}$ la pendiente es $c = 2$, así como sobre la curva $y = \frac{-1/2}{x}$, la pendiente es $c = -\frac{1}{2}$.

Ejercicios 7.1

Resolver el problema del valor inicial.

1. $y' = 3e^{2x}$; $y(0) = 3$.   **2.** $xy' = 3y$; $y(1) = 3$.   **3.** $\frac{dQ}{dt} = Q(1 - Q)$; $Q(0) = 2$.

4. $y' + y = e^{2x}$; $y(0) = 0$. **5.** $x^2 y' + xy = 1$; $y(1) = 2$.

Respuestas:

1. $R\colon y = \frac{3}{2}e^{2x} + \frac{3}{2}$. **2.** $R\colon y = 3x^3$. **3.** $R\colon \frac{Q}{1-Q} = 2e^t$. **4.** $R\colon y = \frac{1}{3}e^{2x} - \frac{1}{3}e^{-x}$. **5.** $R\colon y = \frac{1}{x}\ln|x| + \frac{2}{x}$.

7.2 Ecuaciones Diferenciales Lineales EDL

En esta sección, restringiremos nuestra atención a las EDL de segundo orden con coeficientes constantes. Los casos de coeficientes variables, serán tratados en la sección 7.4

7.2.1. *Las soluciones de la ecuación homogénea*. La EDL homogénea de segundo orden con coeficientes constantes, tiene la forma

$$a_2 y'' + a_1 y' + a_0 y = 0$$

con la obvia restricción que $a_2 \neq 0$, ya que $a_2 = 0$, reduce la ecuación a una ecuación de primer orden de la forma $a_1 y' + a_0 y = 0$. Siendo $a_2 \neq 0$, podemos normalizar la ecuación dividiéndola por a_2, con lo que la ecuación resulta $y'' + \frac{a_1}{a_2} y' + \frac{a_0}{a_2} y = 0$, y redenominando los nuevos coeficientes, escribimos la ecuación como

$$y'' + a_1 y' + a_0 y = 0$$

Para encontrar la solución de esta ecuación, comenzamos por buscar una solución para la EDL de primer orden homogénea y con coeficientes constantes

$$a_1 y' + a_0 y = 0$$

Su integración es inmediata separando las variables

$$\frac{dy}{y} = -\frac{a_0}{a_1} dx$$

de modo que
$$\ln|y| = -\frac{a_0}{a_1} x + c$$

o bien
$$y = k e^{\lambda x} \begin{cases} \lambda = -\dfrac{a_0}{a_1} \\ k = e^c \end{cases}$$

Propondremos ahora para la ecuación de segundo orden, $y'' + a_1 y' + a_0 y = 0$, una solución de la forma $y = k e^{\lambda x}$, que es solución de la de primer orden, obviando la constante k. Si $y = e^{\lambda x}$ es solución de la ecuación, reemplazada en ella la debe verificar, y entonces

$$\lambda^2 e^{\lambda x} + a_1 \lambda e^{\lambda x} + a_0 e^{\lambda x} = 0 \quad \text{o} \quad e^{\lambda x}\left(\lambda^2 + a_1 \lambda + a_0\right) = 0$$

y siendo $e^{\lambda x} \neq 0$ para toda x, debe ser $\lambda^2 + a_1 \lambda + a_0 = 0$.

La *ecuación subsidiaria* $\lambda^2 + a_1 \lambda + a_0$, tiene dos raíces

$$\lambda_{1,2} = \frac{-a_1 \pm \sqrt{a_1^2 - 4a_0}}{2}$$

de este modo, en principio, tenemos dos soluciones; $y_1 = c_1 e^{\lambda_1 x}$, $y_2 = c_2 e^{\lambda_2 x}$.

Comprobaremos ahora, que las soluciones de las ecuaciones diferenciales lineales, tienen la siguiente propiedad; la suma, o mejor aún, la combinación lineal de soluciones de una EDL, es también solución de la EDL. Esto se conoce como *principio de superposición* de las soluciones.

Siendo y_1, y_2, soluciones de $y'' + a_1 y' + a_0 y = 0$, se debe verificar que

$$y_1'' + a_1 y_1' + a_0 y_1 = 0 \text{ y también } y_2'' + a_1 y_2' + a_0 y_2 = 0$$

sumando las dos igualdades se tiene

$$y_1'' + y_2'' + a_1(y_1' + y_2') + a_0(y_1 + y_2) = 0$$

que es la verificación de la solución $y_3 = (y_1 + y_2)$.

Entonces, es inmediato verificar que, si y_1, y_2, son soluciones de una EDL, introduciendo dos constantes arbitrarias, c_1 y c_2, la solución de la ecuación puede escribirse como

$$y = c_1 y_1 + c_2 y_2 \blacklozenge$$

Hemos obtenido así, una *solución general*, que para las EDL de segundo orden, contiene dos constantes arbitrarias c_1 y c_2.

7.2.2. *Los casos particulares.* La forma que toma la solución, depende de las raíces de la ecuación subsidiaria, según sean reales y distintas, complejas conjugadas o solo una raíz real, esto es; que en $\dfrac{-a_1 \pm \sqrt{a_1^2 - 4a_0}}{2}$, sea $a_1^2 - 4a_0 > 0$, $a_1^2 - 4a_0 < 0$, o $a_1^2 - 4a_0 = 0$ respectivamente, así tenemos tres tipos de solución

i) $\lambda_1 \neq \lambda_2$, son reales; entonces hay dos soluciones de la forma $y_1 = c_1 e^{\lambda_1 x}$, $y_2 = c_2 e^{\lambda_2 x}$, y la solución general se escribe como

$$y = c_1 y_1 + c_2 y_2 = c_1 e^{\lambda_1 x} + c_2 e^{\lambda_2 x} \blacklozenge$$

ii) $\lambda_1 = \overline{\lambda_2}$, las raíces son complejas conjugadas, de forma tal que $\lambda_1 = \alpha + i\beta$ y $\lambda_2 = \alpha - i\beta$; entonces hay dos soluciones de la forma $y_1 = e^{(\alpha + i\beta)x}$, $y_2 = e^{(\alpha - i\beta)x}$, y como en el caso anterior, la solución general puede escribirse como

$$y = c_1 y_1 + c_2 y_2 = c_1 e^{(\alpha + i\beta)x} + c_2 e^{(\alpha - i\beta)x} = e^{\alpha x}\left[c_1 e^{i\beta x} + c_2 e^{-i\beta x}\right]$$

pero siendo las funciones $sen\, \beta x$ y $cos\, \beta x$ combinaciones de $e^{i\beta x}$ y $e^{-i\beta x}$, es conveniente escribir la solución como

$$y = e^{\alpha x}(A\, cos\, \beta x + B\, sen\, \beta x) \blacklozenge$$

Si las raíces son imaginarias puras; $\lambda_1 = i\beta$ y $\lambda_2 = -i\beta$, entonces la solución se escribe como $y = A\, cos\, \beta x + B\, sen\, \beta x$.

iii) $\lambda_1 = \lambda_2 = \lambda$; entonces una solución la obtenemos como $y_1 = e^{\lambda x}$ y la segunda solución, como probaremos en 7.2.7, se obtiene multiplicando por x la primera solución, de modo que $y_2 = xy_1 = xe^{\lambda x}$, y la solución general se escribe como

$$y = c_1 y_1 + c_2 y_2 = c_1 e^{\lambda x} + c_2 x e^{\lambda x} \blacklozenge$$

En el caso particular, en que $\lambda = 0$, la solución se convierte en $y = c_1 + c_2 x$, que es la solución de la ecuación $y'' = 0$.

7.2.3. *Ejemplo.* **a.** La ecuación $y'' + 2y' - 3y = 0$, tiene la ecuación subsidiaria $\lambda^2 + 2\lambda - 3 = 0$, y sus raíces son $\frac{-2\pm\sqrt{4+12}}{2} = \begin{cases} \lambda_1 = 1 \\ \lambda_2 = -3 \end{cases}$, entonces la solución general es; $y = c_1 e^x + c_2 e^{-3x}$. **b.** La ecuación $y'' + 2y' + 4y = 0$, tiene la ecuación subsidiaria $\lambda^2 + 2\lambda + 4 = 0$, y sus raíces son $\lambda_1 = -1 + i\sqrt{3}$ y $\lambda_2 = -1 - i\sqrt{3}$, entonces la solución es; $y = e^{-x}\left(A \cos \sqrt{3}x + B \, sen \, \sqrt{3}x\right)$, que también podemos escribir como $y = e^{-x}\left(c_1 e^{i\sqrt{3}} + c_2 e^{-i\sqrt{3}}\right)$. **c.** La ecuación $y'' + 4y = 0$, tiene la ecuación subsidiaria $\lambda^2 + 4 = 0$, que tiene las raíces $\lambda = \pm 2i$, entonces la solución es; $y = A \cos 2x + B \, sen \, 2x$, que también podría haber sido escrita como $y = c_1 e^{2ix} + c_2 x e^{-2ix}$. **d.** La ecuación $y'' + 4y' + 4y = 0$, tiene la ecuación subsidiaria $\lambda^2 + 4\lambda + 4 = (\lambda + 2)^2 = 0$, que tiene una sola raíz, o raíz doble $\lambda = -2$, entonces la primera solución se obtiene como $y_1 = c_1 e^{-2x}$, y la segunda solución, se obtiene como $xy_1 = xe^{-2x}$, entonces la solución general se escribe como; $y = c_1 e^{-2x} + c_2 x e^{-2x}$.

7.2.4. *Valuación de las constantes.* Así como con las ecuaciones de primer orden debemos fijar una condición inicial para determinar la constante de integración, para las ecuaciones de segundo orden, debemos fijar dos condiciones para valuar dos constantes. En palabras simples, el segundo orden de derivación, implica dos integraciones sucesivas en el sentido inverso, y por lo tanto, hay dos constantes arbitrarias, una por cada paso de integración.

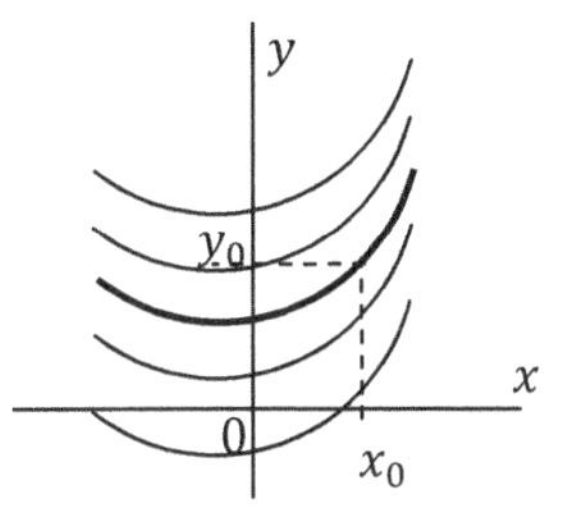

Figura 7.2.4.a

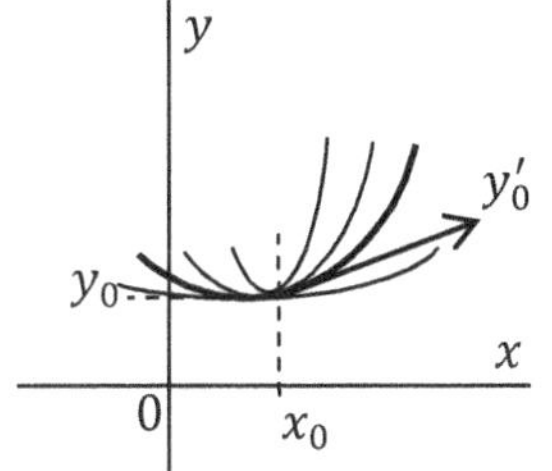

Figura 7.2.4.b

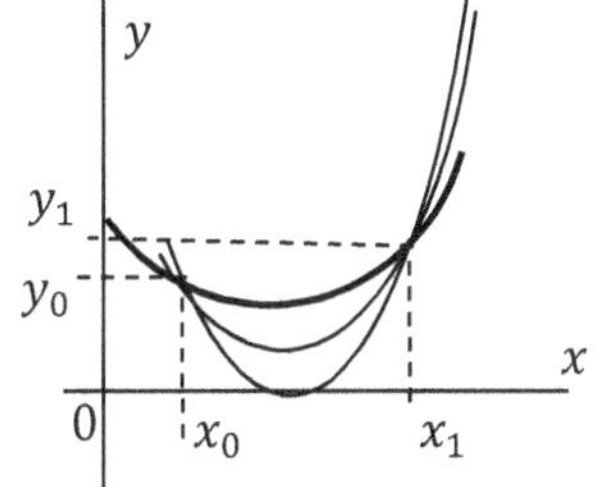

Figura 7.2.4.c

Para la ecuación de primer orden, fijamos $y(x_0) = y_0$ para seleccionar una curva, entre la familia de curvas de la solución general figura 7.2.4.a.

Para las ecuaciones de segundo orden, si fijamos en un punto x_0, la condiciones $y(x_0) = y_0$, $y'(x_0) = y_0'$, figura 7.2.4.b, estamos resolviendo un problema de valor inicial. Si en cambio fijamos las condiciones en dos puntos x_0 y x_1 figura 7.2.4.c, estamos resolviendo un *problema de contorno* o un *problema en la frontera*.

7.2.5. *Ejemplo.* **a.** Resolvemos $y'' + 2y' - 3y = 0$ con las condiciones iniciales $y(0) = 1$, $y'(0) = 0$. En 7.2.3.a, obtuvimos para esta ecuación, la solución general $y = c_1 e^x + c_2 e^{-3x}$. Ahora obtenemos una solución particular, imponiendo las condiciones iniciales, con las que formamos el sistema $\begin{cases} y(0) = c_1 + c_2 = 1 \\ y'(0) = c_1 - 3c_2 = 0 \end{cases}$, de donde obtenemos; $c_1 = \frac{3}{4}$ y $c_2 = \frac{1}{4}$. Con las constantes obtenidas, la solución del problema del valor inicial es $y = \frac{3}{4} e^x + \frac{1}{4} e^{-3x}$. **b.** Resolvemos el problema del valor inicial para $y'' + 4y = 0$, con $y(0) = 0$, $y'(0) = 1$. En 7.2.3.c, obtuvimos la solución general $y = A \cos 2x + B \, sen \, 2x$, que con la primera condición es $y(0) = A = 0$, con lo que la solución se reduce a; $y = B \, sen \, 2x$. Con la segunda condición aplicada a $y' = 2B \cos 2x$, tenemos $y'(0) = 2B = 1$, con lo que $B = \frac{1}{2}$ y la solución particular es entonces; $y = \frac{1}{2} \, sen \, 2x$. **c.** Resolvemos el problema del valor en la frontera para $y'' + 4y = 0$, con $y(0) = 1$, $y'(\pi) = 1$. Conocemos ya la solución general $y = A \cos 2x + B \, sen \, 2x$, que con la primera condición es $y(0) = A = 1$, con lo que la solución se reduce a; $y = \cos 2x + B \, sen \, 2x$. Para aplicar la segunda condición, primero obtenemos $y' = -2 \, sen \, 2x + 2B \cos 2x$, y con la segunda condición tenemos $y'(\pi) = 2B = 1$, con lo que $B = \frac{1}{2}$, y la solución particular es entonces; $y = \cos 2x + \frac{1}{2} \, sen \, 2x$. En este ejemplo y el anterior, se ve la ventaja de escribir la solución como $y = A \cos 2x + B \, sen \, 2x$, en lugar de $y = c_1 e^{2ix} + c_2 x e^{-2ix}$.

7.2.6. *El determinante Wronskiano.* Según vimos en 7.2.1, toda combinación lineal de soluciones de una EDL, es también solución de la EDL. Se plantea entonces la cuestión de decidir, si una solución, es una solución linealmente independiente, o es combinación lineal de otras soluciones. La independencia lineal de las soluciones, se comprueba con el determinante wronskiano, así nombrado en homenaje al matemático *J. Hoene-Wronski* (1776-1853).

Para dos soluciones $\{y_1, y_2\}$ de una EDL de segundo orden, el determinante wronskiano se define como

$$W = \begin{vmatrix} y_1 & y_2 \\ y_1' & y_2' \end{vmatrix} = y_1 y_2' - y_2 y_1'$$

Si $W = 0$, las soluciones, son linealmente dependientes, si $W \neq 0$ las soluciones son linealmente independientes.

7.2.7. *La fórmula de Liouville-Ostrogradski y la segunda solución.* Si bien el determinante wronskiano ha sido definido en términos de las soluciones y_1, y_2, se comprueba que *no depende de las soluciones*, si no que depende, de los coeficientes de la ecuación como; $W = e^{-\int \frac{a_1}{a_2} dx}$, o bien $W = e^{-\int a_1 dx}$, si $a_2 = 1$.

Prueba: Sean $\{y_1, y_2\}$ soluciones de la ecuación diferencial $y'' + a_1 y' + a_0 y = 0$, y su determinante wronskiano $W = y_1 y_2' - y_2 y_1'$, entonces

$$\frac{dW}{dx} = y_1' y_2' + y_1 y_2'' - y_2' y_1' - y_2 y_1'' = y_1 y_2'' - y_2 y_1''$$

siendo $\{y_1, y_2\}$ soluciones de la ecuación homogénea, reemplazándolas en la ecuación, se obtiene

$$y_{1,2}'' + a_1 y_{1,2}' + a_0 y_{1,2} = 0, \text{ de donde; } \begin{cases} y_1'' = -a_1 y_1' - a_0 y_1 \\ y_2'' = -a_1 y_2' - a_0 y_2 \end{cases}$$

que reemplazamos en $\frac{dW}{dx} = y_1 y_2'' - y_2 y_1''$, para obtener

$$\frac{dW}{dx} = y_1(-a_1 y_2' - a_0 y_2) - y_2(-a_1 y_1' - a_0 y_1)$$

que es

$$\frac{dW}{dx} = -a_1(y_1 y_2' - y_2 y_1') = -a_1 W$$

separando variables e integrando, se tiene

$$\ln|W| = -a_1 x + c \text{ o bien } W = W_0 e^{-a_1 x} \blacklozenge$$

La expresión $W = W_0 e^{-a_1 x}$, con $W_0 = e^c$ una constante, es la fórmula de *Abel*, con la que se comprueba, que W depende solo de a_1, o bien de $\frac{a_1}{a_2}$ si en la ecuación $a_2 \neq 1$, y la ecuación no ha sido normalizada. Hemos por cierto considerado; a_1 constante. El caso general es; $W = W_0 e^{-\int a_1 dx}$.

Conocida una primera solución y_1, podemos determinar la segunda solución y_2, en tanto ambas soluciones están relacionadas por el wronskiano, que no depende de las soluciones como acabamos de ver.

Para obtener y_2 a partir de y_1; consideramos $W = e^{-a_1 x}$, obviando la constante, entonces

$$y_1 y_2' - y_2 y_1' = e^{-a_1 x}$$

dividiendo ambos miembros por y_1^2 tenemos

$$\frac{y_1 y_2' - y_2 y_1'}{y_1^2} = \frac{e^{-a_1 x}}{y_1^2}, \text{ que es; } \frac{d}{dx}\left(\frac{y_2}{y_1}\right) = \frac{e^{-a_1 x}}{y_1^2}$$

integrando ambos miembros, se tiene

$$\frac{y_2}{y_1} = \int \frac{e^{-a_1 x}}{y_1^2} \text{ o bien } y_2 = y_1 \int \frac{e^{-a_1 x}}{y_1^2} \blacklozenge$$

La ultima expresión es la fórmula de *Liouville-Ostrogradski*, y con ella podemos obtener y_2 a partir de y_1, cuando la ecuación subsidiaria $\lambda^2 + a_1 \lambda + a_0$, tenga una raíz doble.

Si la ecuación subsidiaria tiene una raíz doble, significa que en $\lambda = \dfrac{-a_1 \pm \sqrt{a_1^2 - 4a_0}}{2}$, es $\sqrt{a_1^2 - 4a_0} = 0$ y entonces, $\lambda = \dfrac{-a_1}{2}$, con lo que la primera solución es; $y_1 = e^{-\frac{a_1}{2}x}$.

Ahora bien, de la fórmula de *Liouville-Ostrogradski* que acabamos de obtener, la segunda solución es; $y_2 = y_1 \int \frac{e^{-a_1 x}}{y_1^2}$ por lo que

$$y_2 = y_1 \int \frac{e^{-a_1 x}}{\left(e^{-\frac{a_1}{2}x}\right)^2} dx = y_1 x \blacklozenge$$

Comprobamos entonces que si la ecuación subsidiaria tiene una raíz doble, la segunda solución se obtiene multiplicando la primera por x, tal como lo hicimos en el ejemplo 7.2.3.d.

7.2.8. *La solución de la no homogénea*. De la misma forma que obtuvimos la solución de la no homogénea en 7.1.7, ahora aplicamos el método de variación de parámetros, para determinar la solución de la EDL de segundo orden no homogénea, $y'' + a_1 y' + a_0 y = h(x)$, en la que el segundo miembro $h(x)$, es una función continua.

Entonces, si $\{y_1, y_2\}$ son soluciones de la ecuación homogénea $y'' + a_1 y' + a_0 y = 0$, buscamos una solución para la no homogénea de la forma $y = C_1(x)y_1 + C_2(x)y_2$, donde C_1 y C_2, son parámetros que podemos hacer variar, y reemplazando en la ecuación, $y = C_1 y_1 + C_2 y_2$, junto con sus derivadas primera y segunda

$$a_0 y = a_0 (C_1 y_1 + C_2 y_2)$$

$$a_1 y' = a_1 (C_1 y'_1 + C_2 y'_2) + a_1 \overbrace{(C'_1 y_1 + C'_2 y_2)}^{=0}$$

$$y'' = C_1 y''_1 + C_2 y''_2 + (C'_1 y_1 + C'_2 y_2)' + \underbrace{(C'_1 y'_1 + C'_2 y'_2)}_{=h(x)}$$

Sumando miembro a miembro las columnas: el primer miembro es $a_2 y'' + a_1 y' + a_0 y$, la ecuación a resolver. El segundo miembro, tiene la primera columna nula por ser $C_1 (y''_1 + a_1 y'_1 + a_0 y_1 = 0)$ y $C_2 (y''_2 + a_1 y'_2 + a_0 y_2) = 0$ la ecuación homogénea, con sus correspondientes soluciones reemplazadas y multiplicadas por C_1 y C_2. La segunda columna es también nula, porque la anulamos con una condición arbitraria que tenemos libertad para fijar, haciendo $(C'_1 y_1 + C'_2 y_2) = 0$, con lo que se anula también su derivada $(C'_1 y_1 + C'_2 y_2)'$. Queda la tercera columna que debe ser en consecuencia: $C'_1 y'_1 + C'_2 y'_2 = h(x)$, el segundo miembro de la no homogénea, ya que es lo único que queda en el miembro derecho.

Podemos formar entonces, un sistema con las ecuaciones que resultan de fijar la condición $C'_1 y_1 + C'_2 y_2 = 0$, y de igualar a $h(x)$ la ecuación, una vez reemplazada en ella la solución $y = C_1 y_1 + C_2 y_2$

$$\begin{cases} C'_1 y_1 + C'_2 y_2 = 0 \\ C'_1 y'_1 + C'_2 y'_2 = h(x) \end{cases}$$

que resolvemos para $C'_1 = \frac{dC'_1}{dx}$ y $C'_2 = \frac{dC'_2}{dx}$, con el determinante principal $\Delta = \begin{vmatrix} y_1 & y_2 \\ y'_1 & y'_2 \end{vmatrix} = W(x)$ y los determinantes sustitutos, $\Delta_{C'_1} = \begin{vmatrix} 0 & y_2 \\ h(x) & y'_2 \end{vmatrix} = -y_2(x)h(x)$ y $\Delta_{C'_2} = \begin{vmatrix} y_1 & 0 \\ y'_1 & h(x) \end{vmatrix} = y_1(x)h(x)$ respectivamente. Entonces

$$\frac{dC_1}{dx} = \frac{-y_2(x)h(x)}{W(x)} \quad \text{o bien} \quad C_1 = -\int \frac{y_2(x)h(x)}{W(x)} dx$$

$$\frac{dC_2}{dx} = \frac{y_1(x)h(x)}{W(x)} \quad \text{o bien} \quad C_2 = \int \frac{y_1(x)h(x)}{W(x)} dx$$

Ahora que obtuvimos C_1 y C_2, podemos escribir la solución que propusimos $y = C_1 y_1 + C_2 y_2$, como

$$y = \left(-\int \frac{y_2(x)h(x)}{W(x)} dx\right) y_1(x) + \left(\int \frac{y_1(x)h(x)}{W(x)} dx\right) y_2(x)$$

o bien $\quad y = \int_{x_0}^{x} \dfrac{y_2(x)y_1(t)h(t)-y_1(x)y_2(t)h(t)}{W(t)}\, dt = \int_{x_0}^{x} \dfrac{\begin{vmatrix} y_1(t) & y_2(t) \\ y_1(x) & y_2(x) \end{vmatrix}}{W(t)}\, h(t)\, dt \blacklozenge$

la función $\dfrac{\begin{vmatrix} y_1(t) & y_2(t) \\ y_1(x) & y_2(x) \end{vmatrix}}{W(t)} = K(x,t)$, es la función de *Green* para el operador $L = D^2 + a_1 D + a_0$, que podemos comparar con la obtenida en 6.2.19. No es difícil recordar como se construye la función $K(x,t)$, basta observar que el denominador es el wronskiano en la variable t, o sea, $w(t) = \begin{vmatrix} y_1(t) & y_2(t) \\ y_1'(t) & y_2'(t) \end{vmatrix}$ para ser integrado, y en el numerador se escribe nuevamente el wronskiano, reemplazando su segunda fila, por la primera, pero escrita en la variable x, para que no la afecte la integración, puesto que esa fila, está formada por las soluciones de la homogénea, que fueron introducidas en la integral para compactar la fórmula.

7.2.9. *Ejemplo.* **a.** Resolvemos $y'' + 4y = e^{2x}$. En 7.2.3.c, obtuvimos para $y'' + 4y = 0$, las soluciones $y_1 = \cos 2x$ y $y_2 = sen\, 2x$, por lo que $W(t) = \begin{vmatrix} \cos 2t & sen\, 2t \\ -2\, sen\, 2t & 2\cos 2t \end{vmatrix}$, y $K(x,t) = \dfrac{\begin{vmatrix} \cos 2t & sen\, 2t \\ \cos 2x & sen\, 2x \end{vmatrix}}{\begin{vmatrix} \cos 2t & sen\, 2t \\ -2\, sen\, 2t & 2\cos 2t \end{vmatrix}} = \dfrac{\cos 2t\, sen\, 2x - \cos 2x\, sen\, 2t}{2\cos^2 2t + 2\, sen^2 2t}$, o bien $K(x,t) = \dfrac{-sen\, 2(t-x)}{2}$. Entonces, con $h(t) = e^{2t}$, la solución es; $y = \int_0^x \dfrac{sen\, 2(x-t)}{2} e^{2t} dt$ y el límite superior x, convierte a la integral en una función de x, mientras que el límite inferior es arbitrario. Podemos comparar la función $K(x,t)$, con la función $g(t-\tau)$ de 6.2.20.c. **b.** Buscamos la solución de $y'' - y' - 2y = e^{-x} sen\, x$. Las soluciones de la homogénea son $y_1 = e^{2x}$, $y_2 = e^{-x}$, por lo que $W(t) = \begin{vmatrix} e^{2t} & e^{-t} \\ 2e^{2t} & -e^{-t} \end{vmatrix}$, y $K(x,t) = \dfrac{\begin{vmatrix} e^{2t} & e^{-t} \\ e^{2x} & e^{-x} \end{vmatrix}}{\begin{vmatrix} e^{2t} & e^{-t} \\ 2e^{2t} & -e^{-t} \end{vmatrix}} = \dfrac{e^{(2t-x)} - e^{(2x-t)}}{-3\, e^{t}}$. Siendo $h(t) = e^{-t} sen\, t$, la solución es $y = \int_0^x \dfrac{e^{(2x-t)} - e^{(2t-x)}}{3\, e^{t}} e^{-t} sen\, t\, dt$.

7.2.10. *Ecuación de Cauchy.* Incluimos en esta sección, un caso particular de ecuación lineal con coeficientes no constantes, que puede resolverse en forma cerrada como combinación de funciones elementales. Conocer sus soluciones, nos será de utilidad para resolver otras ecuaciones, cuyo coeficiente principal, se anula en algún punto.

La ecuación de *Cauchy* o de *Cauchy- Euler* de orden n es

$$x^n \frac{d^n y}{dx^n} + a_{n-1} x^{n-1} \frac{d^{n-1} y}{dx^{n-1}} + \cdots + a_1 x \frac{dy}{dx} + a_0 y = 0,$$

$a_0, \dots, a_{n-1}, ctes.$

pero solo trataremos la ecuación de segundo orden, que tiene particular interés y expresamos como

$$ax^2\, y'' + bx\, y' + c\, y = 0;\ a, b, c, ctes.$$

Debido a que el coeficiente ax^2 de la derivada segunda, se anula en $x = 0$, la ecuación no puede normalizarse dividiéndola por ax^2, en ningún intervalo que contenga el punto $x = 0$, por lo que su solución, solo será válida en $(-\infty, 0)$ o en $(0, \infty)$.

La ecuación se resuelve fácilmente para cualquier orden, si se propone una solución de la forma $y = x^m$, y entonces, remplazando $y' = mx^{m-1}$, $y'' = m(m-1)x^{m-2}$ en la ecuación, se tiene

$$ax^2\, m(m-1)x^{m-2} + bx\, mx^{m-1} + cx^m = 0$$

o bien
$$x^m[am(m-1) + bm + c] = 0$$

Entonces, si $y = x^m$ es solución de la ecuación, m debe satisfacer la *ecuación subsidiaria*; $am(m-1) + bm + c = 0$, que siendo cuadrática en m, tendrá dos raíces, m_1 y m_2.

Tendremos así dos soluciones de la forma $y_1 = x^{m_1}$, $y_2 = x^{m_2}$, y la solución general será de la forma

$$y = c_1 y_1 + c_2 y_2 = c_1 x^{m_1} + c_2 x^{m_2} \blacklozenge$$

Como en el caso de las lineales con coeficientes constantes, el tipo de raíces de la ecuación subsidiaria, determinará las soluciones

i) Si la ecuación subsidiaria $am^2 + (b - a)m + c = 0$ tiene dos raíces reales $m_1 \neq m_2$, la solución general es

$$y = c_1|x|^{m_1} + c_2|x|^{m_2} \blacklozenge$$

ii) Si la ecuación subsidiaria $am^2 + (b - a)m + c = 0$ tiene dos raíces complejas conjugadas, $m_1 = \alpha + i\beta$ y $m_2 = \alpha - i\beta$, la solución general es

$$y = c_1 x^{\alpha+i\beta} + c_2 x^{\alpha-i\beta} = x^{\alpha}\left(c_1 x^{i\beta} + c_2 x^{-i\beta}\right)$$

pero, siendo $x^{i\beta} = e^{i\beta \ln x}$ y $x^{-i\beta} = e^{-i\beta \ln x}$, como en el caso de las ecuaciones con coeficientes constantes visto en 7.2.2, podemos escribir la solución como

$$y = x^{\alpha}(A \cos \beta \ln|x| + B\ sen\ \beta \ln|x|)$$

iii) Si la ecuación subsidiaria $am^2 + (b-a)m + c = 0$ tiene una raíz doble $m_1 = m_2 = m$, entonces la primera solución es $y = x^m$ y la segunda solución, la obtenemos como lo hicimos en 7.2.7 para las de coeficientes constantes, aplicando la fórmula de *Liouville-Ostrogradski*.

$$y_2 = y_1 \int \frac{e^{-\int \frac{bx}{ax^2}}}{y_1^2}\, dx = y_1 \int \frac{e^{-\frac{b}{a}\ln|x|}}{(x^m)^2}\, dx = y_1 \int \frac{x^{-\frac{b}{a}}}{x^{2m}}\, dx$$

pero si $m = \frac{-(b-a)\pm\sqrt{(b-a)^2-4ac}}{2a}$ es la única raíz, debe ser $\sqrt{(b-a)^2 - 4ac} = 0$ y $m = \frac{-(b-a)}{2a}$, entonces

$$y_2 = y_1 \int x^{\left(-\frac{b}{a}\right)} x^{\left(\frac{b-a}{a}\right)}\, dx = y_1 \int x^{-1}\, dx = y_1 \ln|x| = |x|^m \ln|x|$$

y la solución general es

$$y = c_1 |x|^m + c_2 |x|^m \ln|x| \; \blacklozenge$$

7.2.11. *Ejemplo.* **a.** $x^2 y'' - 2xy' + 2y = 0$. La ecuación subsidiaria es $m(m-1) - 2m + 2 = m^2 - 3m + 2 = 0$, con raíces; $m_1 = 2$ y $m_2 = 1$. Las soluciones son $y_1 = x^2$ y $y_2 = x$ y la solución general: $y = c_1 x^2 + c_2 x$. **b.** $x^2 y'' + xy' + 4y = 0$. La ecuación subsidiaria es $m(m-1) + m + 4 = 0$ con raíces $m_1 = 2i$ y $m_2 = -2i$. Las soluciones son $y_1 = x^{2i}$ y $y_2 = x^{-2i}$ y la solución general: $y = c_1 x^{2i} + c_2 x^{-2i}$, o bien $y = A\, sen\, (2\ln|x|) + B\, cos\, (2\ln|x|)$. **c.** $4x^2 y'' + 8xy' + y = 0$. La ecuación subsidiaria es $4m^2 + 4m + 1 = 0$ con raíz doble $m = -\frac{1}{2}$. La primera solución es $y_1 = |x|^{-\frac{1}{2}}$, la segunda solución es $y_2 = |x|^{-\frac{1}{2}}\ln|x|$ y la solución general; $y = c_1 |x|^{-\frac{1}{2}} + c_2 |x|^{-\frac{1}{2}}\ln|x|$. **d.** $\rho^2 R'' + 2\rho R' + \lambda^2 R = 0$. La ecuación subsidiaria es $m(m-1) + 2m + \lambda^2 = m^2 + m + \lambda^2 = 0$, con raíces $m_1 = -\frac{1}{2} + \sqrt{\frac{1}{4} - \lambda^2}$ y $m_2 = -\frac{1}{2} - \sqrt{\frac{1}{4} - \lambda^2}$, que dan las soluciones $R_1 = \rho^{-\frac{1}{2}+\sqrt{\frac{1}{4}-\lambda^2}}$ y $R_2 = \rho^{-\frac{1}{2}-\sqrt{\frac{1}{4}-\lambda^2}}$, por lo que la solución general es $R = c_1 \rho^{-\frac{1}{2}+\sqrt{\frac{1}{4}-\lambda^2}} + c_2 \rho^{-\frac{1}{2}-\sqrt{\frac{1}{4}-\lambda^2}}$. Si hacemos $m_1 = -\frac{1}{2} + \sqrt{\frac{1}{4} - \lambda^2} = n$ y $m_2 = -\frac{1}{2} - \sqrt{\frac{1}{4} - \lambda^2} = n - 2\sqrt{\frac{1}{4} - \lambda^2} = n - 2\left(n + \frac{1}{2}\right) = -(n+1)$, las soluciones pueden escribirse como; $R_1 = \rho^n$ y $R_2 = \rho^{-(n+1)}$, y la solución general como $R = c_1 \rho^n + \frac{c_2}{\rho^{n+1}}$.

Ejercicios 7.2

Resolver los siguientes problemas.

1. $y'' - 2y = 0$; $y(0) = 1, y'(0) = 0$.

2. $3y'' - 5y' + 2y = 0$; $y(0) = 0, y'(0) = 1$.

3. $2y'' - y' - 3y = 0$; $y(0) = 2, y'(0) = -\frac{7}{2}$.

4. $y'' - 8y' + 16y = 0$; $y(0) = \frac{1}{2}, y'(0) = -\frac{1}{3}$.

Dar la función de *Green* para las siguientes ecuaciones.

5. $y'' + y = \frac{1}{\cos x}$. **6.** $y'' - 4y = \frac{1}{x}$. **7.** $y'' + 4y' + 4y = xe^{2x}$.

Resolver los siguientes problemas.

8. $x^2 y'' - 3xy' - 5y = 0$; $y(1) = 0, y'(1) = 1$.

9. $xy'' + y' = 0$; $y(1) = 1, y'(1) = 2$.

10. $x^2 y'' + xy' - \lambda^2 y = 0$; $\lambda = 0,1,2, \dots$

Respuestas:

1. $R: y = \frac{1}{2}e^{\sqrt{2}x} + \frac{1}{2}e^{-\sqrt{2}x} = \cosh \sqrt{2}x$. **2.** $R: y = 3e^x - 3e^{\frac{2}{3}x}$. **3.** $R: y = -\frac{3}{5}e^{\frac{3}{2}x} - \frac{13}{5}e^{-x}$. **4.** $R: y = \frac{1}{2}e^{4x} - \frac{7}{3}xe^{4x}$. **5.** $R: K(x,t) = \dfrac{\begin{vmatrix} \cos t & \sin t \\ \cos x & \sin x \end{vmatrix}}{\begin{vmatrix} \cos t & \sin t \\ -\sin t & \cos t \end{vmatrix}} = \cos t \sin x - \cos x \sin t$. **6.** $R: W(t) = -4; K(x,t) = \dfrac{e^{-2(t-x)} - e^{2(t-x)}}{4}$. **7.** $R: W(t) = 1; K(x,t) = xe^{-2(t+x)} - te^{-2(t+x)}$. **8.** $R: y = \frac{1}{6}(x - x^{-5})$. **9.** $R: y = 1 + 2\ln|x|$.

10. $R: y = c_1 + c_2 \ln|x|, \text{ si } \lambda = 0; \ y = c_1 x^{\lambda} + c_2 x^{-\lambda}, \text{ si } \lambda = 1,2, \dots$

7.3 Los Operadores Lineales

El hecho de que, una ecuación diferencial lineal esté definida por un *operador diferencial lineal*, permite tratar las ecuaciones diferenciales lineales con coeficientes constantes, en el contexto de las transformaciones lineales y justificar las soluciones que hasta ahora, hemos obtenido con el recurso de proponer directamente una solución, y ensayarla en la ecuación.

7.3.1. *Operador lineal.* Un operador, relaciona funciones con funciones y un operador L es lineal si, y solo si, dadas dos funciones f y g definidas en un dominio D

$$L(f + g) = Lf + Lg$$

y si α y β son constantes cualesquiera

$$L(\alpha f + \beta g) = \alpha L f + \beta L f$$

Con esta definición, $L(0) = 0$ ya que $L(0) = L(0f) = 0L(f) = 0$.

7.3.2. *Ejemplo.* **a.** El operador integral, es un operador lineal en tanto $\int (\alpha f + \beta g) = \alpha \int f + \beta \int g$. **b.** El operador diferencial D, es lineal porque $D(\alpha g + \beta g) = \alpha D f + \beta D g = \alpha f' + \beta g'$.

7.3.3. *Producto de operadores.* Si dos operadores L_1 y L_2 son lineales, entonces su producto $L_1 L_2$ es lineal.

Prueba: Sean f y g dos funciones definidas en un dominio D, entonces

$$L_1 L_2 (f + g) = L_1 [L_2 (f + g)] = L_1 [L_2 f + L_2 g]$$

$$L_1 L_2 (f + g) = L_1 (L_2 f) + L_1 (L_2 g) = L_1 L_2 f + L_1 L_2 g \;\blacklozenge$$

Podemos entonces definir, sí L es un operador lineal; los operadores lineales

$$L^2 = LL, \; L^3 = LLL, \; L^n = \overbrace{LL \dots L}^{n \; veces}$$

y también $L^m L^n = L^{m+n}, (L^m)^n = L^{mn}$.

7.3.4. *Ejemplo.* Si definimos $L^n x = x^n$, entonces podemos escribir $P_n(x) = a_0 + a_1 x + \cdots + a_n x^n$, un polinomio en x de grado n, como

$$P_n(x) = a_0 L^0 x + a_1 L x + \cdots + a_n L^n x$$

$$P_n(x) = [a_0 L^0 + a_1 L + \cdots + a_n L^n] x$$

entonces, el polinomio $P_n(x)$ es una *transformación lineal* sobre x, definida por el operador lineal $P_n = [a_0 L^0 + a_1 L + \cdots + a_n L^n]$.

7.3.5. *Los operadores diferenciales.* Sea $C^\infty(a,b)$ el conjunto de las funciones analíticas sobre (a,b) y D el operador diferencial que aplica $C^\infty(a,b)$ sobre si mismo; $D: C^\infty(a,b) \rightarrow C^\infty(a,b)$. Formamos entonces el operador diferencial L

$$L = a_n(x)D^n + a_{n-1}(x)D^{n-1} + \cdots + a_1(x)D + a_0(x)$$

y así la ecuación diferencial $a_n(x)y^N + a_{n-1}(x)y^{N-1} + \cdots + a_1(x)y' + a_0 y(x) = 0$, puede escribirse como $Ly = 0$.

De la misma forma, la ecuación de segundo orden con coeficientes constantes

$$a_2\,y'' + a_1\,y' + a_0\,y = 0$$

puede escribirse con el operador $L = a_2\,D^2 + a_1\,D + a_0$, en la forma

$$a_2\,y'' + a_1\,y' + a_0\,y = Ly = [a_2\,D^2 + a_1\,D + a_0\,]y = 0$$

El hecho de que los coeficientes sean constantes, permite que el operador $L = a_2\,D^2 + a_1\,D + a_0$, pueda factorearse como

$$L = a_2(D - \lambda_1)(D - \lambda_2)$$

con λ_1 y λ_2, raíces del *polinomio característico*; $a_2\lambda^2 + a_1\lambda + a_0$. Escribimos entonces la ecuación $a_2 y'' + a_1 y' + a_0 y = 0$, como

$$Ly = a_2(D - \lambda_1)(D - \lambda_2)y = 0$$

7.3.6. *Ejemplo.* **a.** La ecuación $y'' - y = 0$, puede expresarse con el operador $L = D^2 - 1$ como $Ly = (D^2 - 1)y = y'' - y = 0$. Factoreando el operador como $L = D^2 - 1 = (D + 1)(D - 1)$, la ecuación puede ser escrita como $y'' - y = (D + 1)(D - 1)y = 0$. **b.** La ecuación $3y'' - 5y' + 2y = 0$, está definida por el operador lineal $L = 3D^2 - 5D + 2$, que puede factorearse como $L = 3(D - 1)\left(D - \frac{2}{3}\right)$, con 1 y $\frac{2}{3}$ raíces del polinomio característico, que calculamos como $\lambda = \frac{5 \pm \sqrt{5^2 - 4.3.2}}{2.3}$, y el factor 3, debido a que la ecuación no fue normalizada dividiéndola por $a_2 = 3$. Puede entonces escribirse la ecuación como $3(D - 1)\left(D - \frac{2}{3}\right)y = 3(D - 1)\left(y' - \frac{2}{3}y\right) = 0$, o bien como $3\left(D - \frac{2}{3}\right)(D - 1)y = 3\left(D - \frac{2}{3}\right)(y' - y) = 0$, conmutando los operadores; $L_1 = (D - 1)$ y $L_2 = \left(D - \frac{2}{3}\right)$. El operador $L = 3L_1L_2 = 3L_2L_1 = L_13L_2$, puede escribirse conmutando sus factores, esto es así porque los factores del operador, tienen coeficientes constantes. Si los coeficientes no son constantes; *los operadores no conmutan.* **c.** El operador $L = D^2 - 1$, puede factorearse como $L = (D + 1)(D - 1)$, porque sus coeficientes son constantes, y la ecuación $Ly = (D^2 - 1)y = y'' - y$, puede escribirse como $(D + 1)(D - 1)y = (D + 1)(y' - y) = y'' - y$, o bien como $(D - 1)(D + 1)y = (D - 1)(y' + y) = y'' - y$, en tanto los factores $L_1 = (D + 1)$ y $L_2 = (D - 1)$, conmutan. En cambio, los operadores $L_3 = xD$ y $L_4 = D - 1$, no conmutan como se puede verificar de; $L_3 L_4 = xD(D - 1) = xD^2 - xD \neq L_4 L_3 = (D - 1)xD = xD^2 + (1 - x)D$.

7.3.7. *Núcleo del operador y soluciones de la ecuación.* El conjunto de funciones que se anulan bajo la aplicación de un operador lineal L, es el *núcleo* $\mathcal{N}(L)$ del operador. Entonces, encontrar la solución de una ecuación diferencial definida por un operador L, como $Ly = 0$, es encontrar el núcleo $\mathcal{N}(L)$ del operador L.

Además, podemos comprobar que si L posee factores L_1 y L_2, donde L_1 y L_2 se determinan como en 7.3.5, con las raíces del polinomio característico, entonces $\mathcal{N}(L_1)$ el núcleo de L_1 y $\mathcal{N}(L_2)$ el núcleo de L_2, están incluidos en el núcleo de L.

Prueba: Si $y_1 \in \mathcal{N}(L_1)$, de modo que $L_1 y_1 = 0$, y $y_2 \in \mathcal{N}(L_2)$, de modo que $L_2 y_2 = 0$, y L es el operador $L = L_1 L_2$, entonces

$$Ly_1 = L_1 L_2 y_1 = L_2(L_1 y_1) = L_2 0 = 0$$

y
$$Ly_2 = L_1 L_2 y_2 = L_1(L_2 y_2) = L_1 0 = 0 \blacklozenge$$

7.3.8. *Ejemplo.* **a.** Si $Ly = (D^2 - 1)y = 0$, el polinomio característico es $\lambda^2 - 1 = 0$, con raíces $\lambda = \pm 1$, entonces la ecuación $y'' - y = 0$, definida por el operador $L = D^2 - 1 = (D + 1)(D - 1)$, aplicado a y que suponemos dos veces diferenciable, tiene como soluciones; los respectivos núcleos $\mathcal{N}(D + 1) = e^{-x}$ y $\mathcal{N}(D - 1) = e^x$.

Es inmediato verificar que $\mathcal{N}(D + 1) = e^{-x}$, puesto que $D + 1$, define la ecuación $(D + 1)y = y' + y = 0$ o bien $\frac{dy}{dx} + y = 0$, cuya solución ya conocemos y es; $y_1 = e^{-x}$. De la misma forma, verificamos que $\mathcal{N}(D + 1) = e^x = y_2$. Entonces la solución de $Ly = (D + 1)(D - 1)y = 0$ es $y = c_1 y_1 + c_2 y_2 = c_1 e^{-x} + c_2 e^x$. **b.** Si $Ly = D^2 y = 0$, el polinomio característico es $\lambda^2 = 0$, con raíz doble $\lambda = 0$, entonces la ecuación $y'' = 0$, definida por el operador $L = D^2 = DD$; aplicado a y que suponemos diferenciable, tiene una solución que es: $\mathcal{N}(D) = c_1 = y_1$, constante. La segunda solución, la encontramos como en 7.2.7, multiplicando por x la primera solución, y entonces la solución de $Ly = D^2 y = 0$, es: $y = c_1 y_1 + c_2 y_2 = c_1 + c_2 x$.

7.3.9. *Soluciones de la ecuación homogénea.* Las soluciones de la ecuación homogénea

$$(D^2 + a_1 D + a_0)y = 0$$

se encuentran, según lo visto, a partir de

$$(D - \lambda_1)(D - \lambda_2)y = 0$$

donde λ_1 y λ_2 son las raíces de el polinomio característico $\lambda^2 + a_1\lambda + a_0 = 0$ y, según sean la raíces, tendremos tres tipos de soluciones

i) Si $\lambda_1 \neq \lambda_2$ son reales, entonces $(D - \lambda_1)(D - \lambda_2)y = 0$ tiene las soluciones

$$y_1 = e^{\lambda_1 x} \quad \text{y} \quad y_2 = e^{\lambda_2 x}$$

$y_1 = e^{\lambda_1 x}$ es la solución de $(D - \lambda_1)y = 0$, y $y_2 = e^{\lambda_2 x}$ es la solución de $(D - \lambda_2)y = 0$, y la solución general es

$$y_1 = c_1 e^{\lambda_1 x} + c_2 e^{\lambda_2 x} \blacklozenge$$

ii) Si $\lambda_1 = \alpha + i\beta$ y $\lambda_2 = \alpha - i\beta$, entonces las soluciones de $(D - \lambda_1)(D - \lambda_2)y = 0$ son

$$y_1 = e^{(\alpha + i\beta)x} \quad \text{y} \quad y_2 = e^{(\alpha - i\beta)x}$$

que son las soluciones de $[D - (\alpha + i\beta)]y = 0$, y $[D - (\alpha - i\beta)]y = 0$ respectivamente, y la solución general es

$$y = e^{\alpha x}\left(c_1 e^{i\beta x} + c_2 e^{-i\beta x}\right)$$

pero como en 7.2.2, preferimos escribirla como

$$y = e^{\alpha x}(A \cos \beta x + B \operatorname{sen} \beta x) \blacklozenge$$

iii) Si $\lambda_1 = \lambda_2 = \lambda$, entonces la primera solucion de $(D - \lambda)^2 y = 0$, se obtiene como $y_1 = e^{\lambda x}$, que es la solución de $(D - \lambda)y = 0$, y la segunda solución, se obtiene como en 7.2.7, multiplicando y_1 por x, y la solución general es

$$y = c_1 e^{\lambda x} + c_2 x\, e^{\lambda x} = e^{\lambda x}(c_1 + c_2 x) \blacklozenge$$

Deberíamos tener presente para facilitar nuestra tarea, como lo hacemos con ciertas fórmulas de derivación o integración, las soluciones de estas tres típicas ecuaciones

Ecuación	Solución
$(D-1)^2 y = 0$	$y = c_1 e^x + c_2 x e^x$
$(D^2 - 1)y = 0$	$y = c_1 e^x + c_2 e^{-x}$
$(D^2 + 1)y = 0$	$y = A \cos x + B \operatorname{sen} x$

7.3.10. *Ecuaciones lineales de orden n con coeficientes constantes.* Aunque solo nos hemos ocupado de las ecuaciones de segundo orden, el método es válido sin modificaciones, para ecuaciones de mayor orden.

7.3.11. *Ejemplo.* **a.** La ecuación $y''' - y' = 0$, está definida por el operador $L = D^3 - D$, que tiene como polinomio característico $\lambda^3 - \lambda = \lambda(\lambda^2 - 1) = \lambda(\lambda + 1)(\lambda - 1) = 0$, de modo que $L = D(D+1)(D-1)$ y entonces, las soluciones de la ecuación homogénea $y''' - y' = 0$, son; $y_1 = c$, que es la solución de $Dy = 0$, $y_2 = e^{-x}$ que es la solución de $(D+1)y = 0$, y $y_3 = e^x$ que es la solución de $(D-1)y = 0$. La solución general es; $y = c_1 + c_2 e^{-x} + c_3 e^x$. **b.** La ecuación $y^{IV} - 2y'' + y = 0$, está definida por el operador $L = D^4 - 2D^2 + 1 = (D^2 - 1)^2 = (D+1)^2(D-1)^2$, entonces, las soluciones de $(D+1)^2(D-1)^2 y = 0$, son; $y_1 = e^{-x}$, $y_2 = xe^{-x}$, que son las soluciones de $(D+1)^2 y = 0$, y $y_3 = e^x$, $y_4 = xe^x$, que son las soluciones de $(D-1)^2 y = 0$. La solución general de la homogénea $y^{IV} - 2y'' + y = 0$, es entonces; $y = c_1 e^{-x} + c_2 x e^{-x} + c_3 e^x + c_4 x e^x$.

La solución de la no homogénea de orden n, se obtiene extendiendo a n soluciones de la homogénea asociada, el procedimiento que usamos para las no homogéneas de segundo orden en 7.2.8. El determinante wronskiano de n funciones $y_1, y_2, \ldots, y_n$, es

$$W = \begin{vmatrix} y_1 & \cdots & y_n \\ y_1' & \cdots & y_n' \\ \cdots & \cdots & \cdots \\ y_1^{N-1} & \cdots & y_n^{N-1} \end{vmatrix}$$

La función de *Green* para la ecuación $y^N + a_{n-1}y^{N-1} + \cdots + a_1 y' + a_0 y = h$, siendo $y_1, y_2, \ldots, y_n$ las soluciones de la homogénea asociada $y^N + a_{n-1}y^{N-1} + \cdots + a_1 y' + a_0 y = 0$, es

$$K(x,t) = \frac{\begin{vmatrix} y_1(t) & \cdots & y_n(t) \\ y_1'(t) & \cdots & y_n'(t) \\ \cdots & \cdots & \cdots \\ y_1(x) & \cdots & y_n(x) \end{vmatrix}}{\begin{vmatrix} y_1(t) & \cdots & y_n(t) \\ y_1'(t) & \cdots & y_n'(t) \\ \cdots & \cdots & \cdots \\ y_1^{N-1}(t) & \cdots & y_n^{N-1}(t) \end{vmatrix}}$$

Ejercicios 7.3

Expresar las siguientes ecuaciones con su correspondiente operador y dar la solución general.

1. $2y'' - y' - 3y = 0.$ **2.** $y'' - 4y = 0.$

3. $y'' + 4y = 0.$ **4.** $4y'' - 4y' + 3y = 0.$

5. $y^{IV} - y = 0.$ **6.** $y^{IV} + y = 0.$

Respuestas:

1. $R: 2\left(D - \frac{3}{2}\right)(D - 1)y = 0; y = c_1 e^{\frac{3}{2}x} + c_2 e^{-x}.$ **2.** $R: (D^2 - 4)y = 0; y = c_1 e^{-2x} + c_2 e^{2x}.$ **3.** $R: (D^2 + 4)y = 0; y = c_1 \cos 2x + c_2 sen\ 2x.$

4. $R: \left[D - \left(\frac{1}{2} + i\frac{\sqrt{2}}{2}\right)\right]\left[D - \left(\frac{1}{2} - i\frac{\sqrt{2}}{2}\right)\right]y = 0; y = e^{\frac{1}{2}x}\left(c_1 \cos \frac{\sqrt{2}}{2}x + c_2 sen\ \frac{\sqrt{2}}{2}x\right).$

5. $R: (D^2 + 1)(D^2 - 1)y = 0; y = c_1 \cos x + c_2 sen\ x + c_3 e^{-x} + c_4 e^{x}.$

6. $R: (D^2 + i)(D^2 - i)y = 0; y = e^{\frac{\sqrt{2}}{2}x}\left(c_1 \cos \frac{\sqrt{2}}{2}x + c_2 sen\ \frac{\sqrt{2}}{2}x\right) + e^{-\frac{\sqrt{2}}{2}x}\left(c_3 \cos \frac{\sqrt{2}}{2}x + c_4 sen\ \frac{\sqrt{2}}{2}x\right).$

7.4 Ecuaciones Diferenciales con Coeficientes Variables

En esta sección emplearemos el *método de las series de potencias*, para resolver EDL de segundo orden con *coeficientes variables*. Si bien el procedimiento es aplicable también a las ecuaciones de orden mayor que dos, y por supuesto, también a las ecuaciones con coeficientes constantes, nos ocuparemos de las de segundo orden con coeficientes variables.

El método consiste en proponer una solución analítica, y sustituirla en la ecuación, para encontrar los coeficientes de la serie, que define la función analítica propuesta como solución.

7.4.1. *Las series de potencias*. La base del método, como se ha dicho, es proponer una solución analítica $y(x)$ para la ecuación diferencial, esto es

$$y = \sum_0 a_n x^n \quad \text{o bien} \quad y = \sum_0 a_n (x - x_0)^n$$

según que la solución se proponga en torno a $x = 0$ o $x = x_0$. Por sencillez, escogeremos $x = 0$, sin perdida de generalidad. Recordamos que si $y(x)$ puede expresarse como $y = \sum_0 a_n x^n$, es analítica en $x = 0$ y la analiticidad, se extiende hasta su singularidad más próxima, siendo la distancia hasta esta singularidad, el radio de convergencia R, de la serie que representa a y, que será analítica mientras $|x| < R$.

El radio R de convergencia, no cambia por derivación, como se comprueba determinando los radios de convergencia R y R' para las series

$$y = \sum_0 a_n x^n \quad \text{y} \quad y' = \sum_0 n\, a_n x^{n-1}$$

que son; $R = \left(\lim_{n \to \infty} \frac{a_{n+1}}{a_n} \right)^{-1}$ y $R' = \left(\lim_{n \to \infty} \frac{(n+1)\, a_{n+1}}{n\, a_n} \right)^{-1} = \left(\lim_{n \to \infty} \frac{a_{n+1}}{a_n} \right)^{-1}$

7.4.2. *Producto de Cauchy.* El producto de dos funciones analíticas

$$A(x) = \sum_0 a_n x^n \quad \text{y} \quad B(x) = \sum_0 b_n x^n$$

es en el intervalo en que ambas series convergen

$$AB = \sum_0 c_m x^m, \text{ con } c_m = \sum_{j=0}^{m} a_j b_{m-j} = \sum_{j=0}^{m} b_j a_{m-j}$$

como se comprueba realizando el producto

$$A = a_0 + a_1 x + a_2 x^2 + a_3 x^3 + \cdots$$
$$\underline{B = b_0 + b_1 x + b_2 x^2 + b_3 x^3 + \cdots}$$

$$AB = a_0 b_0 + a_0 b_1 x + a_0 b_2 x^2 + a_0 b_3 x^3 + \cdots$$
$$+ a_1 b_0 x + a_1 b_1 x^2 + a_1 b_2 x^3 + \cdots$$
$$\underline{+ a_2 b_0 x^2 + a_2 b_1 x^3 + \cdots}$$

$$AB = a_0 b_0 + (a_0 b_1 + a_1 b_0)x + (a_0 b_2 + a_1 b_1 + a_2 b_0)x^2 + \cdots$$

7.4.3. *Analiticidad de la solución.* Si en la ecuación

$$y'' + a_1(x)y' + a_0(x)y = h(x)$$

los coeficientes $a_1(x)$ y $a_0(x)$, junto con el segundo miembro $h(x)$ son analíticos en cierto intervalo I, y existe una solución $y(x)$ para la ecuación, entonces esa solución es analítica en I.

La analiticidad de la solución $y(x)$, surge de; si y es una solución de la ecuación, entonces es dos veces derivable, puesto que satisface la ecuación, pero

$$y'' = -a_1(x)y' - a_0(x)y + h(x)$$

y entonces existe y''' ya que, el segundo miembro está expresado en términos de funciones analíticas y suficientemente derivables, y de la misma forma, si existe y''', existe y^{IV} y todas las otras, por lo que concluimos que, si existe una solución, esa solución es analítica.

En lo que sigue, consideraremos *ecuaciones normales*, en las que el coeficiente principal $a_2(x) = 1$ o bien, que sea $a_2(x) \neq 0$ en algún intervalo I, de modo que se pueda normalizar la ecuación dividiéndola por $a_2(x)$, sin que dejen de ser analíticos en I, los coeficientes y segundo miembro de la ecuación resultante

$$y'' + \frac{a_1(x)}{a_2(x)}y' + \frac{a_0}{a_2(x)}y = \frac{h(x)}{a_2(x)}$$

7.4.4. *La ecuación* $y'' + y = 0$. Para comenzar con la aplicación del método de las series de potencias, resolveremos esta ecuación que por cierto es con coeficientes constantes, y cuyas soluciones ya conocemos de 7.2.2 y 7.3.9, como; $y_1 = cos\ x$ y $y_2 = sen\ x$.

Comenzamos por proponer una solución de la forma $y = \sum_0 a_n x^n$, entonces

$$y = \sum_0 a_n x^n = a_0 + a_1 x + a_2 x^2 + a_3 x^3 + \cdots$$

$$y' = \sum_1 n\, a_n x^{n-1} = a_1 + 2a_2 x + 3a_3 x^2 + \cdots$$

$$y'' = \sum_2 n(n-1)\, a_n x^{n-2} = 2.1.a_2 + 3.2.a_3 x + \cdots$$

A continuación reemplazamos en la ecuación, y, y'' por sus expresiones analíticas

$$y'' + y = \sum_2 n(n-1)\, a_n x^{n-2} + \sum_0 a_n x^n = 0$$

Luego, para poder agrupar términos, ya que la primera suma tiene potencias x^{n-2} y la segunda potencias x^n, corremos el índice en la primera suma, sumando 2 a los índices y en consecuencia, retrasando dos unidades el índice del operador suma

$$\sum_0 (n+2)(n+1)\, a_{n+2} x^n + \sum_0 a_n x^n = 0$$

Ahora tenemos dos sumas que comienzan en $n = 0$, y suman ambas potencias x^n, por lo que podemos agrupar los sumandos bajo una sola sumatoria y así obtener

$$\sum_0 [(n+2)(n+1)\, a_{n+2} + a_n]\, x^n = 0$$

Siendo el segundo miembro nulo, todos los coeficientes $[(n+2)(n+1)\, a_{n+2} + a_n]$ del primer miembro, deben ser nulos para cada n, en tanto el segundo miembro es nulo, y puede leerse como $0 = 0x^0 + 0x + 0x^2 + \cdots + 0x^n + \cdots$ y, el conjunto de funciones $\{x^n\}$, es linealmente independiente. Igualamos a cero entonces el coeficiente de x^n, y obtenemos la *relación de recurrencia* para los coeficientes de $y(x) = \sum a_n x^n$

$$[(n+2)(n+1)\, a_{n+2} + a_n] = 0, \text{ o bien } \quad a_{n+2} = \frac{-a_n}{(n+2)(n+1)} \blacklozenge$$

La relación de recurrencia $a_{n+2} = \frac{-a_n}{(n+2)(n+1)}$, permite calcular todos los a_n necesarios, para obtener el grado de aproximación deseado. La recursividad de dos en dos, que tiene la relación de recurrencia que obtuvimos, nos permite separar los coeficientes de índice par de los de índice impar, y así calculamos con

$$a_{n+2} = \frac{-a_n}{(n+2)(n+1)}$$

los coeficientes pares e impares por separado

$$a_2 = \frac{-a_0}{2.1}$$

$$a_4 = \frac{-a_2}{(2+2)(2+1)} = \frac{a_0}{4!}$$

$$a_6 = \frac{-a_4}{(4+2)(4+1)} = \frac{-a_0}{6!}$$

$$a_8 = \frac{-a_6}{(6+2)(6+1)} = \frac{a_0}{8!}$$

$$\boxed{a_{2n} = (-)^n \frac{a_0}{(2n)!}}$$

$$a_3 = \frac{-a_1}{(1+2)(1+1)} = \frac{-a_1}{3.2}$$

$$a_5 = \frac{-a_3}{(3+2)(3+1)} = \frac{a_1}{5!}$$

$$a_7 = \frac{-a_5}{(5+2)(5+1)} = \frac{-a_1}{7!}$$

$$a_9 = \frac{-a_7}{(7+2)(7+1)} = \frac{a_1}{9!}$$

$$\boxed{a_{2n+1} = (-)^n \frac{a_1}{(2n+1)!}}$$

Ahora podemos armar la serie solución; $y = \sum_0 a_n x^n = \sum_0 a_{2n} x^{2n} + \sum_0 a_{2n+1} x^{2n+1}$

$$y = \sum_0 (-)^n \frac{a_0}{(2n)!} x^{2n} + \sum_0 (-)^n \frac{a_1}{(2n+1)!} x^{2n+1}$$

$$y = a_0 \sum_0 (-)^n \frac{x^{2n}}{(2n)!} + a_1 \sum_0 (-)^n \frac{x^{2n+1}}{(2n+1)!} = a_0 \cos x + a_1 \operatorname{sen} x$$

En general la solución buscada, no será como en este caso, expresable en forma cerrada, en términos de funciones elementales, antes bien, las funciones que resulten, serán propias de la solución de la ecuación diferencial, y podremos considerar, que las *define* la misma ecuación diferencial. De hecho podemos considerar a las funciones $sen\ x$ y $cos\ x$, definidas por la ecuación $y'' + y = 0$.

Los números a_0 y a_1, se pueden determinar con las condiciones iniciales, teniendo en cuenta que $a_0 = y(0)$ y $a_1 = y'(0)$, son el primer y segundo coeficientes de *Taylor*.

7.4.5. *Una ecuación con coeficiente variable;* $y'' - xy = 0$. Aplicamos ahora el método de las series de potencias, a esta ecuación con un coeficiente variable. Reemplazando en la ecuación, $y = \sum_0 a_n x^n$ y $y'' = \sum_2 n(n-n)a_n x^{n-2}$, obtenemos

$$y'' - xy = \sum_2 n(n-1)a_n x^{n-2} - x\sum_0 a_n x^n = 0$$

$$\sum_2 n(n-1)a_n x^{n-2} - \sum_0 a_n x^{n+1} = 0$$

Para tener solo potencias x^n, sumamos dos unidades a los índices de la primera serie, que retrasamos en dos unidades haciéndola partir desde $n = 0$ y adelantamos la segunda serie que parte de $n = 0$, haciéndola partir de $n = 1$ y restando una unidad a los índices, para tener

$$\sum_0 (n+2)(n+1)a_{n+2}x^n - \sum_1 a_{n-1}x^n = 0$$

Hemos obtenido así dos sumas de potencias x^n, pero la primera suma comienza en $n = 0$ y la segunda en $n = 1$, sacamos entonces el término correspondiente a $n = 0$ en la primera suma

$$2.1.a_2 x^0 + \sum_1 (n+2)(n+1)a_{n+2}x^n - \sum_1 a_{n-1}x^n = 0$$

de donde obtenemos que el coeficiente $a_2 = 0$, en tanto no hay constantes en el miembro derecho y, agrupando todo en una sola suma

$$\sum_1 [(n+2)(n+1)a_{n+2} - a_{n-1}]x^n = 0$$

y entonces para cada $n \geq 1$, el coeficiente de x^n debe ser nulo, ya que en el miembro derecho no figura ninguna potencia de x, por lo que

$$(n+2)(n+1)a_{n+2} - a_{n-1} = 0 \text{ o bien } a_{n+2} = \frac{a_{n-1}}{(n+2)(n+1)} \blacklozenge$$

Podemos ahora con la relación de recurrencia $a_{n+2} = \frac{a_{n-1}}{(n+2)(n+1)}$, obtener todos los a_n de la solución $y = \sum_0 a_n x^n$, y anticipadamente sabemos que a partir de $a_2 = 0$, por la recursividad de tres en tres que impone a los coeficientes la relación de recurrencia, será $a_5 = a_8 = \cdots = a_{2+3n} = 0$. Calculamos entonces, los primeros coeficientes restantes

$$n = 1,\ a_3 = \frac{a_0}{(1+2)(1+1)} = \frac{a_0}{6} \qquad\qquad n = 4,\ a_6 = \frac{a_3}{(4+2)(4+1)} = \frac{a_3}{30} = \frac{a_0}{180}$$

$$n = 2,\ a_4 = \frac{a_1}{(2+2)(2+1)} = \frac{a_1}{12} \qquad\qquad n = 5,\ a_7 = \frac{a_4}{(5+2)(5+1)} = \frac{a_4}{42} = \frac{a_1}{12.42}$$

$$n = 3,\ a_5 = \frac{a_2 = 0}{(3+2)(3+1)} = 0 \qquad\qquad n = 6,\ a_8 = \frac{a_5 = 0}{(6+2)(6+1)} = 0$$

Entonces la solución es;

$$y = \sum_0 a_n x^n = a_0 + a_1 x + \frac{a_0}{6} x^3 + \frac{a_1}{12} x^4 + \frac{a_0}{180} x^6 + \frac{a_1}{12.42} x^7 + \cdots$$

Los números a_0 y a_1, son como se ha dicho, $a_0 = y(0)$ y $a_1 = y'(0)$, los correspondientes coeficientes de *Taylor*, que podemos determinar con condiciones iniciales.

7.4.6. *Una ecuación no homogénea;* $y'' - y = e^x$. Cuando el segundo miembro de la ecuación no es nulo, sino que es una función analítica $h \neq 0$, lo reemplazamos por su desarrollo $h = \sum_0 h_n x^n$, donde naturalmente los h_n son los coeficientes de *Taylor*. En nuestro caso particular, $h = e^x = \sum_0 \frac{x^n}{n!}$ y como anteriormente, $y = \sum_0 a_n x^n$ y $y'' = \sum_2 n(n-1)a_n x^{n-2}$, que reemplazados en la ecuación dan

$$\sum_2 n(n-1)a_n x^{n-2} - \sum_0 a_n x^n = \sum_0 \frac{x^n}{n!}$$

corriendo los índices obtenemos

$$\sum_0 (n+2)(n+1)a_{n+2} x^n - \sum_0 a_n x^n = \sum_0 \frac{x^n}{n!}$$

y agrupando
$$\sum_0 [(n+2)(n+1)a_{n+2} - a_n] x^n = \sum_0 \frac{x^n}{n!}$$

Los coeficientes de x^n, deben ser iguales a ambos lados del signo igual para cada n, por lo que

$$(n+2)(n+1)a_{n+2} - a_n = \frac{1}{n!}$$

de donde obtenemos
$$a_{n+2} = \frac{a_n + \frac{1}{n!}}{(n+2)(n+1)} \blacklozenge$$

Con la relación de recurrencia $a_{n+2} = \dfrac{a_n + \frac{1}{n!}}{(n+2)(n+1)}$ y, si las condiciones iniciales son $y(0) = a_0 = 1$ y $y'(0) = a_1 = 1$, podemos calcular los primeros coeficientes de la solución como

$$n = 0, \; a_2 = \frac{a_0 + 1}{2.1} = \frac{2}{2} = 1 \qquad\qquad n = 1, \; a_3 = \frac{a_1 + 1}{3.2} = \frac{2}{6} = \frac{1}{3}$$

$$n = 2, \; a_4 = \frac{a_2 + \frac{1}{2}}{4.3} = \frac{3/2}{12} = \frac{1}{8} \qquad\qquad n = 3, \; a_5 = \frac{a_3 + \frac{1}{6}}{5.4} = \frac{\frac{1}{3} + \frac{1}{6}}{20} = \frac{1}{40}$$

Entonces, la solución $y = a_0 + a_1 x + a_2 x^2 + \cdots$, es

$$y = 1 + x + x^2 + \frac{1}{3}x^3 + \frac{1}{8}x^4 + \frac{1}{40}x^5 + \cdots$$

7.4.7. *Solución en un punto singular regular.* Cuando en algún punto x_0, se anula el coeficiente principal $a_2(x)$ de la ecuación, $a_2(x)y'' + a_1(x)y' + a_0(x)y = h(x)$, la ecuación no puede normalizarse dividiéndola por $a_2(x)$, en ningún intervalo que contenga a x_0, sin que los otros coeficientes y $h(x)$ dejen de ser analíticos en x_0, y se dice que la ecuación tiene un punto singular en $x = x_0$.

Consideremos entonces una EDL homogénea de la forma

$$p(x)y'' + q(x)y' + r(x)y = 0$$

en la que p, q y r, son analíticos en un punto $x = x_0$, pero $p(x_0) = 0$ y, por simplicidad de las expresiones, sin perder generalidad, consideraremos $x_0 = 0$.

Entonces, siendo $p(x)$ una función analítica en $x_0 = 0$, puede expresarse como

$$p(x) = \sum_0 p_n x^n = p_0 + p_1 x + p_2 x^2 + \cdots + p_n x^n + \cdots$$

donde naturalmente, los coeficientes p_n son los coeficientes de *Taylor*, $p_n = \dfrac{p^N(0)}{n!}$, siendo $p(x)$ diferenciable en todos los ordenes en un entorno de $x = 0$.

Si $p(x)$ tiene un cero de orden m en $x = 0$, entonces; $p_0 = p_1 = \cdots = p_{m-1} = 0$ y $p_m \neq 0$, y $p(x)$ es

$$p(x) = p_m x^m + p_{m+1} x^{m+1} + p_{m+2} x^{m+2} + \cdots$$

o bien $\qquad\qquad p(x) = x^m(p_m + p_{m+1}x + p_{m+2}x^2 + \cdots) = x^m h(x)$

donde $h(x) = p_m + p_{m+1}x + p_{m+2}x^2 + \cdots = \sum_{j=0} p_{m+j}x^j$, y como en 4.2.6, $h(0) = p_m \neq 0$.

Siendo $p(x) = x^m h(x)$, la ecuación $p(x)y'' + q(x)y' + r(x)y = 0$, puede escribirse como

$$x^m y'' + \frac{q(x)}{h(x)}y' + \frac{r(x)}{h(x)}y = 0 \; \blacklozenge$$

y como $h(0) \neq 0$, los coeficientes de la ecuación siguen siendo analíticos en $x = 0$.

Hemos probado entonces que toda EDL de segundo orden, cuyo coeficiente principal tiene un cero de orden m en $x = 0$, puede reescribirse sin afectar la analiticidad de los demás coeficientes como

$$x^m y'' + q(x)y' + r(x)y = 0$$

donde obviamente, hemos redenominado $\frac{q(x)}{h(x)}$ y $\frac{r(x)}{h(x)}$, como $q(x)$ y $r(x)$ para retornar a la notación original.

Cuando en un punto x_0, que en nuestra exposición estamos considerando $x_0 = 0$, el coeficiente principal de una EDL homogénea de segundo orden se anula, se dice que la ecuación tiene un *punto singular* en x_0 y, cuando la ecuación pueda ser escrita como

$$x^2 y'' + xq(x)y' + r(x)y = 0$$

con los coeficientes $q(x)$ y $r(x)$ analíticos en x_0, se dice que; la ecuación tiene un punto *singular regular* en $x = 0$, *irregular* en todo otro caso.

Observemos que; si $q(x) = b$ y $r(x) = c$ constantes, tenemos la ecuación de *Cauchy* $x^2 y'' + bx y' + c y = 0$ de 7.2.10 y, si el punto singular es $x_0 \neq 0$, la ecuación deberá ser escrita como

$$(x - x_0)^2 y'' + (x - x_0)q(x)y' + r(x)y = 0$$

con los coeficientes $q(x)$ y $r(x)$ analíticos en x_0.

7.4.8. *Ejemplo.* **a.** La ecuación de *Bessel* $x^2 y'' + xy' + (x^2 - p^2)y = 0$, con p una constante, tiene un punto singular regular en $x = 0$, ya que son sus coeficientes $q(x) = 1$ y $r(x) = x^2 - p^2$, analíticos en $x = 0$. **b.** La ecuación de *Legendre* $(1 - x^2)y'' - 2xy' + n(n + 1)y = 0$, con n una constante, tiene un punto regular u ordinario en $x = 0$, ya que son su coeficiente principal $(1 - x^2) \neq 0$ en $x = 0$, y sus demás coeficientes son analíticos. Por otra parte, esta ecuación tiene dos puntos singulares regulares en $x = \pm 1$, ya que puede escribirse como $(1 + x)(1 - x)y'' - 2xy' + n(n + 1)y = 0$ y multiplicándola por $\frac{1+x}{1-x}$, se tiene la ecuación en la forma $(1 + x)^2 y'' - x\frac{2(1+x)}{1-x}y' + \frac{n(n+1)(1+x)}{1-x}y = 0$, con sus coeficientes $q(x) = \frac{2(1+x)}{1-x}$ y

$r(x) = \frac{n(n+1)(1+x)}{1-x}$, analíticos en $x = -1$. Multiplicando la ecuación por $\frac{1-x}{1+x}$, queda en la forma $(1-x)^2 y'' - x\frac{2}{1+x}y' + \frac{n(n+1)}{1+x}y = 0$, con sus coeficientes $q(x) = \frac{2}{1+x}$ y $r(x) = \frac{n(n+1)}{1+x}$, analíticos en $x = 1$. **c.** La ecuación $x(x-2)^2 y'' - \frac{1}{(x-2)}y' + y = 0$, tiene un punto singular regular en $x = 0$, porque multiplicada por $\frac{x}{(x-2)^2}$, queda como $x^2 y'' - x\frac{1}{(x-2)^3}y' + \frac{x}{(x-2)^2}y = 0$ y, sus coeficientes $q(x) = \frac{1}{(x-1)^3}$ y $r(x) = \frac{x}{(x-1)^2}$, son analíticos en $x = 0$. En cambio $x = 2$, es un punto singular irregular de la ecuación, ya que, dividida por x, queda como $(x-2)^2 y'' - \frac{1}{x(x-2)}y' + \frac{1}{x}y = 0$, y si multiplicamos el segundo coeficiente por $\frac{x-2}{x-2}$, la ecuación queda como $(x-2)^2 y'' - (x-2)\frac{1}{x(x-2)^2}y' + \frac{1}{x}y = 0$, con el coeficiente $q(x) = \frac{1}{x(x-2)^2}$, que no es analítico en $x = 2$.

7.4.9. *El Método de Frobenius.* Si intentamos aplicar el método de las series de potencias, aun a la sencilla ecuación $xy' - y = 0$, que no requiere tal manipulación para ser resuelta, nos encontramos que el método falla, dando como resultado; $a_n = 0, \forall n$.

El método modificado para estos casos, se conoce como método de *Frobenius* y, la modificación consiste en proponer, una solución de la forma

$$y = \Sigma_0 \, a_m x^{m+v} = x^v \Sigma_0 \, a_m x^m \qquad a_0 \neq 0$$

En vista de las soluciones que tiene la ecuación de *Cauchy* $x^2 y'' + bx\,y' + c\,y = 0$, que son de la forma $y = x^m$, donde m no es necesariamente un entero, la elección de $y = \Sigma_0 \, a_m x^{m+v}$ como solución, es plausible.

Sea entonces resolver

$$x^2 y'' + xq(x)y' + r(x)y = 0$$

con sus coeficientes $q(x)$ y $r(x)$ analíticos en $x = 0$, y propongamos entonces una solución de la forma $y = x^v \Sigma_0^\infty a_m x^m$, con v no necesariamente entero, de modo que

$$y' = x^v \Sigma_0^\infty (m+v)a_m x^{m-1} \quad y \quad y'' = x^v \Sigma_0^\infty (m+v)(m+v-1)a_m x^{m-2}$$

que reemplazadas en la ecuación dan

$$\sum_{0}^{\infty}(m+v)(m+v-1)a_m x^m + q(x)\sum_{0}^{\infty}(m+v)a_m x^m + r(x)\sum_{0}^{\infty}a_m x^m = 0$$

expresión en la que hemos eliminado el factor común x^v y, siendo q y r funciones analíticas en $x=0$, admiten desarrollos de la forma

$$q(x) = \sum_{0} q_n x^n \ \text{ y }\ r(x) = \sum_{0} r_n x^n$$

que también podemos reemplazar en la ecuación, para obtener

$$\sum_{0}^{\infty}(m+v)(m+v-1)a_m x^m + \sum_{0}^{\infty}q_n x^n\sum_{0}^{\infty}(m+v)a_m x^m + \sum_{0}^{\infty}r_n x^n\sum_{0}^{\infty}a_m x^m = 0$$

Si en la última expresión obtenida, aplicamos el producto de *Cauchy* a las series

$$\sum_{0}^{\infty}q_n x^n\sum_{0}^{\infty}(m+v)a_m x^m = \sum_{0}^{\infty}\left[\sum_{j=0}^{m}q_{m-j}(j+v)a_j\right]x^m$$

$$\sum_{0}^{\infty}r_n x^n\sum_{0}^{\infty}a_m x^m = \sum_{0}^{\infty}\left[\sum_{j=0}^{m}r_{m-j}a_j\right]x^m$$

obtenemos

$$\sum_{0}^{\infty}(m+v)(m+v-1)a_m x^m + \sum_{0}^{\infty}\left[\sum_{j=0}^{m}q_{m-j}(j+v)a_j\right]x^m + \sum_{0}^{\infty}\left[\sum_{j=0}^{m}r_{m-j}a_j\right]x^m = 0$$

o bien $\sum_{0}^{\infty}(m+v)(m+v-1)a_m x^m + \sum_{0}^{\infty}\left\{\sum_{j=0}^{m}[q_{m-j}(j+v)+r_{m-j}]a_j\right\}x^m = 0$

que podemos expresar como una sola suma

$$\sum_{0}^{\infty}\left\{(m+v)(m+v-1)a_m + \sum_{j=0}^{m}[q_{m-j}(j+v)+r_{m-j}]a_j\right\}x^m = 0$$

y, debiendo ser nulo el coeficiente de x^m para todo m

$$(m+v)(m+v-1)a_m + \sum_{j=0}^{m}[q_{m-j}(j+v)+r_{m-j}]a_j = 0$$

que en particular, cuando $m=0$; con $q_0 = q(0)$ y $r_0 = r(0)$ es, $v(v-1)a_0 + q_0 v a_0 + r_0 a_0 = 0$, o bien

$$v(v-1)+q_0 v + r_0 = 0 \ \blacklozenge$$

La última expresión, es la *ecuación de índices*, que siendo cuadrática, tendrá dos raíces, v_1 y v_2, que son los valores admisibles de v, para que la solución propuesta $y = x^v \sum_0^\infty a_m x^m$ verifique la ecuación y, por lo tanto, tendremos en principio dos soluciones.

$$y = x^{v_1} \sum_0^\infty a_m x^m \quad \text{y} \quad y = x^{v_2} \sum_0^\infty a_m x^m$$

Ahora, buscamos una expresión para los coeficientes a_m. Retomando la expresión que obtuvimos para el coeficiente de x^m

$$(m + v)(m + v - 1)a_m + \sum_{j=0}^{m} [q_{m-j}(j + v) + r_{m-j}]a_j = 0$$

se observa que bajo el signo suma, a_m está junto a todos los coeficientes anteriores, $a_0, a_1, \ldots, a_{m-1}$. Procedemos entonces a extraer a_m de la sumatoria, para obtener

$$(m + v)(m + v - 1)a_m + [q_0(m + v) + r_0]a_m + \sum_{j=0}^{m-1} [q_{m-j}(j + v) + r_{m-j}]a_j = 0$$

$$[(m + v)(m + v - 1) + q_0(m + v) + r_0]a_m + \sum_{j=0}^{m-1} [q_{m-j}(j + v) + r_{m-j}]a_j = 0$$

de donde despejamos a_m como

$$a_m = \frac{-1}{(m + v)(m + v - 1) + q_0(m + v) + r_0} \sum_{j=0}^{m-1} [q_{m-j}(j + v) + r_{m-j}]a_j$$

si la ecuación de índices es $I(v) = v(v - 1) + q_0 v + r_0$, entonces el denominador del factor que precede a la suma es, $I(m + v) = (m + v)(m + v - 1) + q_0(m + v) + r_0$, y podemos expresar a_m en forma más compacta como

$$a_m = \frac{-1}{I(m + v)} \sum_{j=0}^{m-1} [q_{m-j}(j + v) + r_{m-j}]a_j \; \blacklozenge$$

Hemos obtenido así, la *relación de recurrencia* para calcular los a_m, cuando $m \geq 1$, siempre que sea $I(m + v) \neq 0$ pero, habiendo dos soluciones v_1 y v_2 para $I(v) = 0$, debemos contemplar tres casos distintos, según sea la naturaleza de las raíces v_1 y v_2, considerando que $Re(v_1) \geq Re(v_2)$

i) Si $v_1 - v_2$ no es un entero, entonces hay dos soluciones de la forma

$$y_1 = x^{\nu_1} \sum_0^\infty a_m x^m \text{ y } y_2 = x^{\nu_2} \sum_0^\infty b_m x^m$$

con
$$a_m = \frac{-1}{I(m+\nu_1)} \sum_{j=0}^{m-1}\big[q_{m-j}(j+\nu) + r_{m-j}\big]a_j \qquad a_0 = 1$$

y
$$b_m = \frac{-1}{I(m+\nu_2)} \sum_{j=0}^{m-1}\big[q_{m-j}(j+\nu) + r_{m-j}\big]b_j \qquad b_0 = 1$$

ii) Si $\nu_1 = \nu_2 = \nu$ es una raíz doble, entonces

$$y_1 = x^\nu \sum_0^\infty a_m x^m$$

con
$$a_m = \frac{-1}{I(m+\nu)} \sum_{j=0}^{m-1}\big[q_{m-j}(j+\nu) + r_{m-j}\big]a_j \qquad a_0 = 1$$

de la misma forma que en el caso anterior, y la segunda solución es

$$y_2 = x^\nu \sum_1^\infty b_m x^m + y_1 \ln|x|$$

y los b_m, se obtienen reemplazando y_2 en la ecuación diferencial.

iii) Si $\nu_1 - \nu_2 = n$ es un número entero, entonces $\nu_1 = \nu_2 + n$, por lo que $I(m + \nu_2) = I(\nu_1) = 0$ si $m = n$, y las soluciones son de la forma

$$y_1 = x^{\nu_1} \sum_0^\infty a_m x^m$$

con
$$a_m = \frac{-1}{I(m+\nu_1)} \sum_{j=0}^{m-1}\big[q_{m-j}(j+\nu) + r_{m-j}\big]a_j \qquad a_0 = 1$$

de la misma forma que en los casos anteriores, y la segunda solución es

$$y_2 = x^{\nu_2} \sum_0^\infty b_m x^m + C\, y_1 \ln|x|, \; C, \text{ constante fija, } b_0 = 1$$

y los b_m, se obtienen reemplazando y_2 en la ecuación diferencial.

7.4.10. *Ejemplo.* **a.** $2x^2 y'' + xy' - y = 0$. Reescribiendo la ecuación tenemos $x^2 y'' + \frac{1}{2}xy' - \frac{1}{2}y = 0$, $q(x) = \frac{1}{2}$ y $q_0 = q(0) = \frac{1}{2}$; $r(x) = r(0) = -\frac{1}{2}$ y $r_0 = -\frac{1}{2}$. La ecuación de índices es $\nu(\nu-1) + \frac{1}{2}\nu - \frac{1}{2} = 0$; $\nu_1 = 1$, $\nu_2 = -\frac{1}{2}$. $y_1 = x \sum_0^\infty a_m x^m$; $y_2 = |x|^{-1/2} \sum_0^\infty b_m x^m$. **b.** $x^2 y'' + 3\frac{x+x^2}{1-x^2}y' + \frac{1}{1-x^2}y = 0$. Reescribiendo la ecuación tenemos $x^2 y'' + x\frac{3(1+x)}{1-x^2}y' + \frac{1}{1-x^2}y = 0$, $q(x) = 3\frac{1+x}{1-x^2}$ y $q_0 = q(0) = 3$; $r(x) = \frac{1}{1-x^2}$ y $r_0 = r(0) = 1$. La ecuación de índices es $\nu(\nu-1) + 3\nu + 1 = (\nu+1)^2 = 0$; $\nu_1 = \nu_2 = -1$. $y_1 = x^{-1} \sum_0^\infty a_m x^m$; $y_2 = x^{-1} \sum_0^\infty b_m x^m + y_1 \ln x$. **c.** $x^2 y'' + (x + x^2)y' - y = 0$. Reescribiendo la ecuación tenemos $x^2 y'' + x(1+x)y' - y = 0$, $q(x) = (1+x)$ y $q_0 = 1$; $r(x) = -1$ y $r_0 = -1$. La ecuación de índices es $\nu(\nu-1) + \nu - 1 = \nu^2 - 1 = 0$; $\nu_1 = 1$, $\nu_2 = -1$ y $\nu_1 - \nu_2 = 2 \in \mathbb{Z}^+$, por lo que $y_1 = x \sum_0^\infty a_m x^m$; $y_2 = x^{-1} \sum_0^\infty b_m x^m + C\, y_1 \ln x$.

Ejercicios 7.4

Con el método de las series de potencias, encontrar la relación de recurrencia para la solución alrededor del punto $x_0 = 0$.

1. $y'' - y = 0$.   **2.** $y'' - 2xy = 0$.

3. $2y'' - xy' - y = 0$.   **4.** $(x + 1)y'' - 4y = 0$.

5. $3y'' - xy' + y = x^2 + 2x + 1$.   **6.** $y'' + xy' - 2y = e^x$.

7. $y''' - 3xy' - y = 0$.   **8.** $y''' + x^3 y = 0$.

Dar una solución en forma de serie de potencias, alrededor del punto $x_0 = 1$.

9. $y' = cy$ c, constante.   **10.** $y' + \dfrac{1}{x}y = 0$.

Respuestas:

1. $R: a_{n+2} = \dfrac{a_n}{(n+2)(n+1)}$. **2.** $R: a_{n+2} = \dfrac{2a_{n-1}}{(n+2)(n+1)}, n \geq 1, a_2 = 0$. **3.** $R: a_2 = \dfrac{a_0}{4}; a_{n+2} = \dfrac{a_n(n+1)}{2(n+2)(n+1)}, n \geq 1$. **4.** $R: a_{n+2} = \dfrac{4a_n - n(n+1)a_{n+1}}{(n+2)(n+1)}; n \geq 1$. **5.** $R: a_2 = \dfrac{1-a_0}{6}; a_3 = \dfrac{1}{9}; a_4 = \dfrac{a_2+1}{36}; a_{n+2} = \dfrac{a_n(n-1)}{3(n+2)(n+1)}, si\ n \geq 3$. **6.** $R: a_{n+2} = \dfrac{a_n(2-n)+\frac{1}{n!}}{(n+2)(n+1)}, \forall n$. **7.** $R: a_3 = \dfrac{a_0}{6}; a_{n+3} = \dfrac{a_n(3n+1)}{(n+3)(n+2)(n+1)}, n \geq 1$. **8.** $R: a_3 = a_4 = a_5 = 0; a_{n+3} = \dfrac{-a_{n-3}}{(n+3)(n+2)(n+1)}, n \geq 3$. **9.** $R: y = a_0 \sum_0 \dfrac{c^n}{n!}(x-1)^n$. **10.** $R: y = a_0 \sum_0 (-)^n (x-1)^n$.

Bibliografía: ver al final del capítulo 8.

8 LAS ECUACIONES DE BESSEL Y LEGENDRE

Estudiamos en un capítulo aparte estas ecuaciones, incluyendo la función *Gamma*, por su particular importancia en las aplicaciones. Las ecuaciones de *Bessel* y *Legendre*, están íntimamente relacionadas a la teoría del potencial, en problemas de simetría esférica o cilíndrica y a los problemas de contorno. Para resolverlas, hemos introducido en el capítulo anterior, el método de las series de potencias.

8.1 Ecuación de Legendre

La ecuación de *Legendre* de grado λ; $(1 - x^2)y'' - 2xy' + \lambda(\lambda + 1)y = 0$, surge naturalmente al resolver la ecuación $\nabla^2 u = 0$, en coordenadas esféricas.

8.1.1. *Soluciones de la ecuación de Legendre.* Empleando el método de las series de potencias, buscaremos una solución de la ecuación de *Legendre* de grado λ, en torno a $x = 0$, que es un punto ordinario de la ecuación. Sea entonces resolver

$$(1 - x^2)y'' - 2xy' + \lambda(\lambda + 1)y = 0$$

para ello reemplazamos en la ecuación; $y = \sum_0^\infty a_m x^m$, $y' = \sum_1^\infty m a_m x^{m-1}$, $y'' = \sum_2^\infty m(m-1)a_m x^{m-2}$ y obtenemos

$$\sum_2^\infty m(m-1)a_m x^{m-2} - \sum_2^\infty m(m-1)a_m x^m - 2\sum_1^\infty m a_m x^m + \sum_0^\infty \lambda(\lambda+1)a_m x^m = 0$$

corriendo los índices de la primera suma tenemos

$$\sum_0^\infty (m+2)(m+1)a_{m+2}x^m - \sum_2^\infty m(m-1)a_m x^m - 2\sum_1^\infty m a_m x^m + \sum_0^\infty \lambda(\lambda+1)a_m x^m = 0$$

ahora son cuatro sumas de potencias x^m y, para agrupar todo en una sola suma que inicie desde $n = 2$, extraemos los términos correspondientes a $n = 0$ y $n = 1$, de las sumas que no inician en $n = 2$, y agrupamos los términos restantes en una sola suma

$$2.1. a_2 x^0 + 3.2 a_3 x - 2a_1 x + \lambda(\lambda + 1)a_0 x^0 + \lambda(\lambda + 1)a_1 x +$$

$$\sum_{2}^{\infty}[(m+2)(m+1)a_{m+2} - m(m-1)a_m - 2ma_m + \lambda(\lambda+1)a_m]x^m = 0$$

O bien

$$2.1a_2 + \lambda(\lambda+1)a_0 + \left[\overbrace{3.2a_3 - 2a_1 + \lambda(\lambda+1)a_1}^{3.2a_3 + (\lambda+1)(\lambda-2)a_1}\right]x$$

$$+ \sum_{2}^{\infty}\{(m+2)(m+1)a_{m+2} + [-m(m-1) - 2m + \lambda(\lambda+1)]a_m\}x^m = 0$$

Los términos no afectados por la suma implican

$$\begin{cases} 2.1a_2 + \lambda(\lambda+1)a_0 = 0, o\ bien\ a_2 = \dfrac{-a_0\lambda(\lambda+1)}{2.1} \\ 3.2a_3 + (\lambda+1)(\lambda-2)a_1 = 0, o\ bien\ a_3 = \dfrac{-a_1(\lambda+1)(\lambda-2)}{3.2} \end{cases}$$

que es una relación para los primeros coeficientes, y por otra parte, en la sumatoria

$$\sum_{2}^{\infty}\overbrace{\{(m+2)(m+1)a_{m+2} + [-m(m-1) - 2m + \lambda(\lambda+1)]a_m\}}^{=0}x^m$$

los coeficientes de x^m, deben ser nulos para cada $m \geq 2$, entonces

$$(m+2)(m+1)a_{m+2} + \left[\underbrace{-m(m-1) - 2m + \lambda(\lambda+1)}_{\lambda^2 - m^2 + \lambda - m = (\lambda - m)(\lambda + m + 1)}\right]a_m = 0$$

de donde
$$(m+2)(m+1)a_{m+2} + a_m(\lambda - m)(\lambda + m + 1) = 0$$

$$a_{m+2} = \frac{-a_m(\lambda - m)(\lambda + m + 1)}{(m+2)(m+1)} \quad\blacklozenge$$

Hemos obtenido la relación de recurrencia para los coeficientes de la solución, que nos permite calcular por separado, los coeficientes pares y los impares.

Para los coeficientes pares tenemos

$$m = 0; \quad a_2 = \frac{-a_0\lambda(\lambda+1)}{2.1}$$

$$m = 2; \quad a_4 = \frac{-a_2(\lambda-2)(\lambda+3)}{4.3} = \frac{a_0\lambda(\lambda-2)(\lambda+1)(\lambda+3)}{4.3.2.1}$$

$$m = 4; \quad a_6 = \frac{-a_4(\lambda-4)(\lambda+5)}{6.5} = \frac{-a_0\lambda(\lambda-2)(\lambda-4)(\lambda+1)(\lambda+3)(\lambda+5)}{6.5.4.3.2.1}$$

$$a_{2n} = \frac{(-)^n a_0 \lambda(\lambda-2)(\lambda-4)...(\lambda-2n+2)(\lambda+1)(\lambda+3)(\lambda+5)...(\lambda+2n-1)}{(2n)!}$$

y para los coeficientes impares

$$m = 1; \quad a_3 = \frac{-a_1(\lambda-1)(\lambda+2)}{3.2}$$

$$m = 3; \quad a_5 = \frac{-a_3(\lambda-3)(\lambda+4)}{5.4} = \frac{a_1(\lambda-1)(\lambda-3)(\lambda+2)(\lambda+4)}{5.4.3.2}$$

$$m = 5; \quad a_7 = \frac{-a_5(\lambda-5)(\lambda+6)}{7.6} = \frac{-a_1(\lambda-1)(\lambda-3)(\lambda-5)(\lambda+2)(\lambda+4)(\lambda+6)}{7.6.5.4.3.2}$$

$$a_{2n+1} = \frac{(-)^n a_1 (\lambda-1)(\lambda-3)(\lambda-5)...(\lambda-2n+1)(\lambda+2)(\lambda+4)...(\lambda+2n)}{(2n+1)!}$$

Podemos escribir entonces dos soluciones

$$y_1 = \sum_0^\infty a_{2n}x^{2n} \qquad\qquad y_2 = \sum_0^\infty a_{2n+1}x^{2n+1}$$

$$y_1 = a_0\left(1 - \frac{\lambda(\lambda+1)}{2.1}x^2 + \frac{\lambda(\lambda-2)(\lambda+1)(\lambda+3)}{4.3.2.1}x^4 - \frac{\lambda(\lambda-2)(\lambda-4)(\lambda+1)(\lambda+3)(\lambda+5)}{6.5.4.3.2.1}x^6 + -\cdots\right)$$

$$y_2 = a_1\left(x - \frac{(\lambda-1)(\lambda+2)}{3.2}x^3 + \frac{(\lambda-1)(\lambda-3)(\lambda+2)(\lambda+4)}{5.4.3.2}x^5 - \frac{(\lambda-1)(\lambda-3)(\lambda-5)(\lambda+2)(\lambda+4)(\lambda+6)}{7.6.5.4.3.2}x^7 + -\cdots\right)$$

Se observa en las soluciones que; si λ es un número par, $\lambda = 2n$, los términos pares son un número finito $2n$ y la solución y_1 es un polinomio de grado $\lambda = 2n$, $P_\lambda(x)$, mientras que $y_2 = \sum_0^\infty a_{2n+1}x^{2n+1}$, es una serie que converge en $(-1,1)$. En cambio, si $\lambda = 2n + 1$, los términos impares son un número finito $2n + 1$, y la solución y_2 es un polinomio de grado $\lambda = 2n + 1$, $P_\lambda(x)$, mientras que $y_1 = \sum_0^\infty a_{2n}x^{2n}$ es una serie que converge en $(-1,1)$. Las soluciones polinómicas pares o impares, son los *polinomios de Legendre* que convergen en todo el plano y examinaremos en más detalle.

8.1.2. *Ortogonalidad de los polinomios de Legendre*. Es fácil comprobar que los $P_n(x)$; $n = 1,2,3,...$, forman un conjunto ortogonal de funciones en $[-1,1]$.

Prueba: Sean $P_m(x)$ y $P_n(x)$ los polinomios de *Legendre* que satisfacen las correspondientes ecuaciones de *Legendre*, entonces

$$(1-x^2)P_m'' - 2xP_m' + m(m+1)P_m = 0 \quad \text{y} \quad (1-x^2)P_n'' - 2xP_n' + n(n+1)P_n = 0$$

Multiplicando la primera ecuación por P_n, la segunda por P_m, y restando miembro a miembro

$$(1-x^2)P_m''P_n - 2xP_m'P_n + m(m+1)P_mP_n = 0$$

$$(1-x^2)P_n''P_m - 2xP_n'P_m + n(n+1)P_nP_m = 0$$

$$(1-x^2)(P_m''P_n - P_n''P_m) - 2x(P_m'P_n - P_n'P_m) + [m(m+1) - n(n+1)]P_mP_n = 0$$

Los términos $(1-x^2)(P_m''P_n - P_n''P_m) - 2x(P_m'P_n - P_n'P_m)$, son la derivada de $[(1-x^2)(P_m'P_n - P_n'P_m)]$, por lo que podemos escribir

$$[(1-x^2)(P_m'P_n - P_n'P_m)]' = [n(n+1) - m(m+1)]P_mP_n$$

Integrando los dos miembros en $[-1,1]$, tenemos

$$[(1-x^2)(P_m'P_n - P_n'P_m)]|_{-1}^{1} = [n(n+1) - m(m+1)] \int_{-1}^{1} P_mP_n$$

y siendo el primer miembro nulo en sus dos límites

$$\int_{-1}^{1} P_mP_n = 0, \, si \, m \neq n \blacklozenge$$

Queda probada entonces la ortogonalidad de los polinomios de *Legendre* en $[-1,1]$.

8.1.3. *Fórmula de Rodrigue.* Los P_n pueden representarse con la *fórmula de Rodrigue*; $P_n(x) = \dfrac{D^n(x^2-1)^n}{2^n n!}$, así obtenemos

$$P_0(x) = \frac{D^0(x^2-1)^0}{2^0 0!} = 1$$

$$P_1(x) = \frac{D(x^2-1)}{2.1!} = x$$

$$P_2(x) = \frac{D^2(x^2-1)^2}{2^2 2!} = \frac{1}{2}(3x^2 - 1)$$

$$P_3(x) = \frac{D^3(x^2-1)^3}{2^3 3!} = \frac{1}{2}(5x^3 - 3x)$$

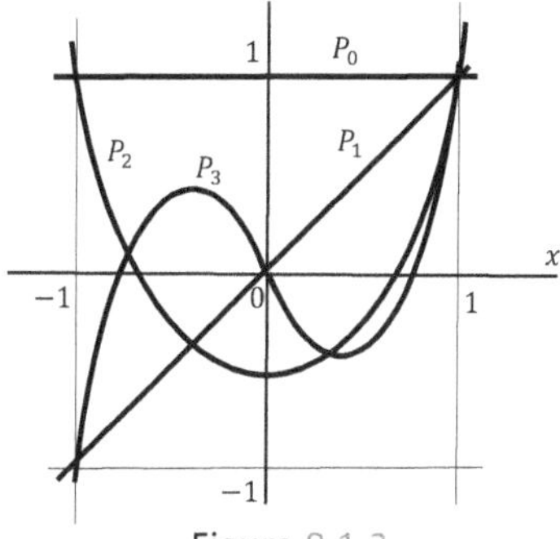

Figura 8.1.3

Su representación en $[-1,1]$ puede verse en la figura 8.1.3.

8.1.4. *Representaciones integrales*. Con la fórmula de *Rodrigue* $P_n(x) = \frac{d^n}{dx^n}\frac{(x^2-1)^n}{2^n n!}$, y la representación integral de *Cauchy*, $f^N(z) = \frac{n!}{2\pi i}\oint_\gamma \frac{f(t)}{(t-z)^{n+1}}\,dt$ para la derivada de orden n, se obtiene la representación integral de *Schläfli* para los $P_n(z)$

$$P_n(z) = \frac{1}{2^{n+1}\pi i}\oint_\gamma \frac{(t^2-1)^n}{(t-z)^{n+1}}\,dt \,\blacklozenge$$

De la representación de *Schläfli*, podemos obtener otra representación para los $P_n(z)$, eligiendo para la integración, el contorno de integración $\gamma(t)$ definido como

$$\gamma(t): t = z + \left|\sqrt{z^2-1}\right|e^{i\theta}$$

de donde obtenemos
$$\begin{cases} e^{i\theta} = \frac{t-z}{\sqrt{z^2-1}};\ e^{-i\theta} = \frac{\sqrt{z^2-1}}{t-z};\ 2\cos\theta = \frac{(t-z)^2+z^2-1}{(t-z)\sqrt{z^2-1}} \\ t^2 - 1 = 2(t-z)\left(z + \sqrt{z^2-1}\cos\theta\right) \\ dt = i\sqrt{z^2-1}e^{i\theta}d\theta = i(t-z)d\theta \end{cases}$$

entonces, sustituyendo en la integral de *Schläfli*

$$P_n(z) = \frac{1}{2^{n+1}\pi i}\int_0^{2\pi} \frac{2^n(t-z)^n\left(z+\sqrt{z^2-1}\cos\theta\right)^n}{(t-z)^{n+1}}\,i(t-z)d\theta$$

o bien
$$P_n(z) = \frac{1}{\pi}\int_0^\pi \left(z + \sqrt{z^2-1}\cos\theta\right)^n d\theta \,\blacklozenge$$

La última expresión es la *fórmula integral de Laplace* para los polinomios de *Legendre*.

8.1.5. *Ejemplo*. Con la fórmula de *Laplace*, podemos calcular fácilmente el valor de los P_n, en $x = \pm 1$; $P_n(1) = \frac{1}{\pi}\int_0^\pi 1^n\,d\theta = 1$ y $P_n(-1) = \frac{1}{\pi}\int_0^\pi (-1)^n\,d\theta = (-1)^n$, ver figura 8.1.3.

8.1.6. *Función generatriz de los polinomios de Legendre*. La serie $F(h,z) = \sum_0^\infty h^n P_n(z)$, que se denomina *función generatriz*, contiene todos los polinomios, siendo $P_n(z) = \frac{F^N(0)}{n!}$, el enésimo coeficiente de *Taylor*.

Si en la serie $\sum_0^\infty h^n P_n(z)$, introducimos la fórmula integral de *Laplace* obtenida en 8.1.4 para $P_n(z)$, tenemos

$$F(h,z) = \sum_0^\infty h^n \frac{1}{\pi} \int_0^\pi \left(z + \sqrt{z^2-1}\, cos\,\theta\right)^n d\theta$$

$$F(h,z) = \frac{1}{\pi} \int_0^\pi \sum_0^\infty h^n \left(z + \sqrt{z^2-1}\, cos\,\theta\right)^n d\theta$$

$$F(h,z) = \frac{1}{\pi} \int_0^\pi \frac{1}{1-hz-h\sqrt{z^2-1}\, cos\,\theta}\, d\theta = \frac{1}{\sqrt{1-2hz+h^2}} \blacklozenge$$

8.1.7. *Ejemplo.* **a.** Si en $F(h,z) = \sum_0^\infty h^n P_n(z) = \frac{1}{\sqrt{1-2hz+h^2}}$ hacemos $z = 1$, entonces $\sum_0^\infty h^n P_n(1) = \frac{1}{\sqrt{(1-h)^2}} = \frac{1}{1-h} = 1 + h + h^2 + h^3 + \cdots$ y $P_n(1) = 1, \forall n.$ si en cambio hacemos $z = -1$; $\sum_0^\infty h^n P_n(-1) = \frac{1}{\sqrt{(1+h)^2}} = \frac{1}{1+h} = 1 - h + h^2 - h^3 + - \cdots$ y $P_n(-1) = (-1)^n, \forall n.$ **b.** Si en $\quad F(h,z) = P_0(z) + hP_1(z) + h^2 P_2(z) + \cdots = \frac{1}{\sqrt{1-2hz+h^2}}$ hacemos $z = 0$, entonces $\sum_0^\infty h^n P_n(0) = \frac{1}{\sqrt{1+h^2}}$ y $[\sum_0^\infty h^n P_n(0)]^2 = \frac{1}{1+h^2} = 1 - h^2 + h^4 - h^6 + \cdots$ pero $[\sum_0^\infty h^n P_n(0)]^2 = \sum_0^\infty \left(\sum_{j=0}^m P_{m-j} P_j\right) h^m,$ con $\sum_{j=0}^m P_{m-j} P_j = \begin{cases} (-)^n, si\ m = 2n \\ 0, si\ m = 2n+1 \end{cases}$ por lo que, $P_0(0) = 1, P_1(0) = 0, P_2(0) = -\frac{1}{2}, P_3(0) = 0, \ldots.$

8.1.8. *La inversa de la distancia.* La inversa de la distancia entre dos puntos, puede representarse en serie de $P_n(z)$, con las siguientes consideraciones;

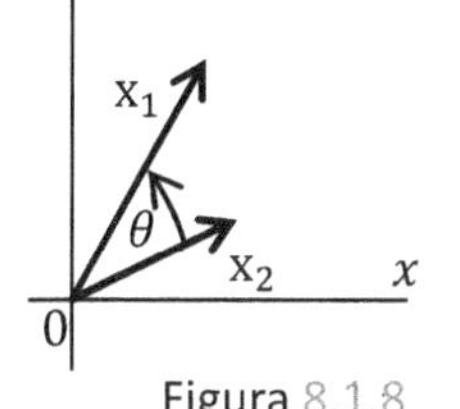

Figura 8.1.8

Si $|x_1| = R$ y $|x_2| = r$, $R > r$, figura 8.1.8

$$|x_1 - x_2| = \sqrt{(x_1 - x_2)^2}$$

entonces $|x_1 - x_2| = \sqrt{R^2 - 2Rr\, cos\,\theta + r^2}$

Si en $\sqrt{R^2 - 2Rr\, cos\,\theta + r^2}$ hacemos; $cos\,\theta = z$ y $\frac{r}{R} = h < 1$, podemos escribir

$$\frac{1}{|x_1-x_2|} = \frac{1}{R\sqrt{1-2h\,z+h^2}} = \frac{1}{R}\sum_0 h^n P_n(z)$$

o bien
$$\frac{1}{|x_1-x_2|} = \frac{1}{R}\sum_0 h^n P_n(cos\,\theta) = \sum_0 \frac{r^n}{R^{n+1}} P_n(cos\,\theta) \blacklozenge$$

8.1.9. *Relaciones de recurrencia.* Con la función generatriz, se obtienen dos relaciones de recurrencia para los polinomios de *Legendre*

i) Derivando $F(h,z) = \sum h^n P_n(z)$ con respecto a h se obtiene

$$F_h' = \left[(1 - 2hz + h^2)^{-\frac{1}{2}}\right]_h' = -\frac{1}{2}(1 - 2hz + h^2)^{-\frac{3}{2}}(-2z + 2h)$$

$$F_h' = (z - h)(1 - 2hz + h^2)^{-\frac{1}{2}}(1 - 2hz + h^2)^{-1} = \frac{z-h}{1-2hz+h^2}F$$

entonces
$$(1 - 2hz + h^2)F_h' = (z - h)F$$

siendo $F_h' = \sum nh^{n-1}P_n$, al introducirla en el miembro izquierdo junto con $F = \sum h^n P_n$ en el miembro derecho de la última expresión, obtenemos

$$\sum nh^{n-1}P_n - \sum 2zn\, h^n P_n + \sum nh^{n+1}P_n = \sum zh^n P_n - \sum h^{n+1}P_n$$

Corriendo índices e igualando coeficientes de h^n

$$\sum(n + 1)h^n P_{n+1} - \sum 2zn\, h^n P_n + \sum(n - 1)h^n P_{n-1} = \sum zh^n P_n - \sum h^n P_{n-1}$$

$$(n + 1)P_{n+1} - 2n\, zP_n + (n - 1)P_{n-1} = zP_n - P_{n-1} \blacklozenge$$

ii) Derivando $F(h, z) = \sum h^n P_n(z)$ con respecto a z se obtiene

$$F_z' = \left[(1 - 2hz + h^2)^{-\frac{1}{2}}\right]_z' = -\frac{1}{2}(1 - 2hz + h^2)^{-\frac{3}{2}}(-2h)$$

$$F_z' = h(1 - 2hz + h^2)^{-\frac{1}{2}}(1 - 2hz + h^2)^{-1} = \frac{h}{1 - 2hz + h^2}F$$

entonces
$$(1 - 2hz + h^2)F_z' = hF$$

siendo $F_z' = \sum h^n P_n'(z)$, que reemplazamos en el miembro izquierdo de la última expresión, junto con $F = \sum h^n P_n$ en el miembro derecho, se tiene

$$\sum h^n P_n' - \sum 2zh^{n+1}P_n' + \sum h^{n+2}P_n' = \sum h^{n+1}P_n$$

Corriendo índices e igualando coeficientes de h^n

$$P_n' - 2z\, P_{n-1}' + P_{n-2}' = P_{n-1} \blacklozenge$$

8.1.10. *Ejemplo.* **a.** De la relación de recurrencia $(n + 1)P_{n+1} - 2n\, xP_n + (n - 1)P_{n-1} = xP_n - P_{n-1}$, si $n = 1$; $2P_2 - 2\, xP_1 = xP_1 - P_0$, o bien $2P_2 = 3xP_1 - P_0$. Entonces $P_2 = \frac{3}{2}xP_1 - \frac{1}{2}P_0$, y como $P_0 = 1$ y $P_1 = x$; $P_2 = \frac{3}{2}x^2 - \frac{1}{2} = \frac{1}{2}(3x^2 - 1)$. **b.** Haciendo $n = 2$ en la relación de recurrencia; $3P_3 - 4\, xP_2 + P_1 = xP_2 - P_1$, o bien, $P_3 = \frac{5}{3}\, xP_2 - \frac{3}{2}P_1 = \frac{5}{3}x\frac{1}{2}(3x^2 - 1) - \frac{3}{2}x = \frac{1}{2}(5x^3 - 3x)$.

8.1.11. *Series de Fourier-Legendre.* El hecho de que los $P_n(x)$ sean un conjunto ortogonal en $[-1,1]$, como se probó en 8.1.2, permite su empleo como base para

$f \in CP[-1,1]$, el conjunto de las funciones seccionalmente continuas en $[-1,1]$, y entonces como en 5.2.5, podemos expresar $f(x) \in CP[-1,1]$ como

$$f(x) = \sum_{0}^{\infty} c_n P_n(x)$$

con

$$c_n = \frac{f.P_n}{\|P_n\|^2} = \frac{\int_{-1}^{1} f(x)P_n(x)dx}{\int_{-1}^{1}[P_n(x)]^2 dx} \blacklozenge$$

Debemos entonces calcular $\|P_n\|^2$, y probaremos que; $\|P_n\|^2 = \frac{2}{2n+1}$.

Prueba: La función generatriz que obtuvimos en 8.1.6 para los P_n es, $\frac{1}{\sqrt{1-2hx+h^2}} = \sum_{0}^{\infty} h^n P_n$, y elevando al cuadrado ambos miembros se tiene

$$\frac{1}{1-2hx+h^2} = \left(\sum_{0}^{\infty} h^n P_n\right)^2 = \sum_{n=0}^{\infty} h^n P_n \sum_{k=0}^{\infty} h^k P_k = \sum_{0}^{\infty}\left\{\sum_{j=0}^{m}\left(P_{m-j}P_j\right)\right\} h^m$$

integrando ambos miembros en $[-1,1]$

$$\int_{-1}^{1} \frac{1}{1-2hx+h^2} dx = \int_{-1}^{1} \sum_{0}^{\infty}\left\{\sum_{j=0}^{m}\left(P_{m-j}P_j\right)\right\} h^m dx = \sum_{0}^{\infty} \int_{-1}^{1}\left\{\sum_{j=0}^{m}\left(P_{m-j}P_j\right)\right\} h^m dx$$

pero debido a que P_{m-j} y P_j son ortogonales en $[-1,1]$, $\int_{-1}^{1} P_{m-j}P_j = 0$ si $m-j \neq j$, por lo que $\sum_{0}^{\infty} \int_{-1}^{1}\left\{\sum_{j=0}^{m}\left(P_{m-j}P_j\right)\right\} h^m dx = \sum_{0}^{\infty} \int_{-1}^{1}(P_m)^2 h^{2m} dx$, y resolviendo la integral del primer miembro

$$-\frac{1}{2h}\ln|1-2hx+h^2|\Big|_{-1}^{1} dx = \sum_{0}^{\infty} \int_{-1}^{1}(P_m)^2 h^{2m} dx$$

$$\frac{1}{h}\ln\left|\frac{1+h}{1-h}\right| = \sum_{0}^{\infty} \int_{-1}^{1}(P_m)^2 h^{2m} dx$$

Con los desarrollos; $\ln|1+x| = x - \frac{x^2}{2} + \frac{x^3}{3} - \frac{x^4}{4} + \frac{x^5}{5} - \cdots$, y $\ln|1-x| = -\left(x + \frac{x^2}{2} + \frac{x^3}{3} + \frac{x^4}{4} + \frac{x^5}{5} - \cdots\right)$, teniendo presente que el primer miembro es $\frac{\ln|1+h|-\ln|1-h|}{h}$, entonces

$$\sum_{0}^{\infty} \frac{2h^{2m}}{2m+1} = \sum_{0}^{\infty} h^{2m} \int_{-1}^{1}(P_m)^2 dx$$

con lo que la igualación de coeficientes para las potencias h^{2m}, da

$$\frac{2}{2m+1} = \int_{-1}^{1}(P_m)^2 dx = \|P_m\|^2 \blacklozenge$$

8.1.12. *Ejemplo.* **a.** $\|P_0\|^2 = \frac{2}{2.0+1} = 2$, $\|P_1\|^2 = \frac{2}{2.1+1} = \frac{2}{3}$, $\|P_2\|^2 = \frac{2}{5}$, $\|P_3\|^2 = \frac{2}{7}$, y

$\lim\limits_{n\to\infty} \|P_n\|^2 = \lim\limits_{n\to\infty} \frac{2}{2n+1} = 0$. **b.** Desarrollamos en serie de P_n;

$f = \begin{cases} 0, & si -1 \leq x < 0 \\ 1, & si\ 0 \leq x < 1 \end{cases}$, figura 8.1.12.a.

Para reconstruir el desarrollo $f = c_0 P_0 + c_1 P_1 + c_2 P_2 + \cdots$

calculamos sus coeficientes: $c_n = \frac{2n+1}{2}\int_{-1}^{1} f P_n$

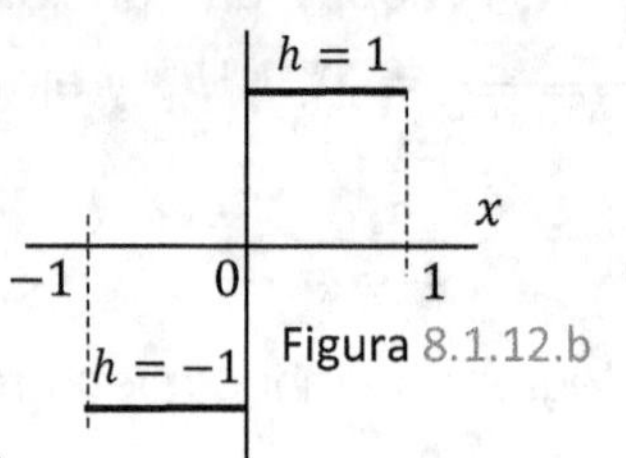

Figura 8.1.12.a

$c_0 = \frac{1}{2}\int_{-1}^{1} f\, P_0 = \frac{1}{2}\int_0^1 P_0 = \frac{1}{2}\int_0^1 1 = \boxed{\frac{1}{2}}$, $c_1 = \frac{3}{2}\int_0^1 P_1 = \frac{3}{2}\int_0^1 x = \boxed{\frac{3}{4}}$,

$c_2 = \frac{5}{2}\int_0^1 P_2 = \frac{3}{2}\int_0^1 \frac{1}{2}(3x^2 - 1) = \boxed{0}$,

$c_3 = \frac{7}{2}\int_0^1 P_3 = \frac{7}{2}\int_0^1 \frac{1}{2}(5x^3 - 3x) = \boxed{-\frac{7}{16}}$

Figura 8.1.12.b

y $f = \frac{1}{2} + \frac{3}{4}P_1 + 0 P_2 + c_3 P_3 + \cdots = \frac{1}{2} + \frac{3}{4}x - \frac{7}{16}\frac{1}{2}(5x^3 - 3x) + \cdots$.

c. La función $h = \begin{cases} -1, & si -1 \leq x < 0 \\ 1, & si\ 0 \leq x < 1 \end{cases}$, figura 8.1.12.b, puede obtenerse de la del

ejemplo anterior, multiplicándola por dos y restándole uno; $h = 2f - 1$. $h = \frac{3}{2}x - \frac{7}{8}\frac{1}{2}(5x^3 - 3x) + \cdots$.

8.1.13. *La segunda solución.* Cuando obtuvimos los coeficientes para la solución de la ecuación de *Legendre*, observamos que junto a los P_λ, hay otras soluciones que son las Q_λ, o *funciones de Legendre de la segunda clase*, y son según vimos en 8.1.1, las respectivas series

$$Q_\lambda = a_0\left(x - \frac{(\lambda-1)(\lambda+2)}{3!}x^3 + \frac{(\lambda-1)(\lambda-3)(\lambda+2)(\lambda+4)}{5!}x^5 - \cdots\right), si\ \lambda = 2n$$

$$Q_\lambda = a_1\left(1 - \frac{\lambda(\lambda+1)}{2!}x^2 + \frac{\lambda(\lambda-2)(\lambda+1)(\lambda+3)}{4!}x^4 - \cdots\right), si\ \lambda = 2n + 1$$

Estas soluciones se relacionan con los P_λ, aplicando la fórmula de *Liouville-Ostrogradski* como en 7.2.7, entonces

$$Q_\lambda = P_\lambda \int \frac{e^{-\int \frac{a_1}{a_2}}}{[P_\lambda]^2}$$

En la ecuación de Legendre; $a_2 = 1 - x^2$ y $a_1 = -2x$, por lo que $e^{-\int \frac{a_1}{a_2}} = e^{-\int \frac{2x}{1-x^2}} = \frac{1}{1-x^2}$, y entonces

$$Q_\lambda = P_\lambda \int \frac{1}{(1-x^2)[P_\lambda]^2} \blacklozenge$$

Se define Q_λ con la expresión: $Q_\lambda = -P_\lambda(z) \int_\infty^z \int \frac{dz}{(z^2-1)[P_\lambda(z)]^2}$.

Ejercicios 8.1

1. Con el método de *Gram-Schmidt*, ortogonalizar el conjunto $\{1, x, x^2, x^3, \dots\}$ en $[-1,1]$ (ver 5.2.14.b) y comprobar que las funciones resultantes, son los P_n si se introducen constantes apropiadas.

2. Con La fórmula de *Rodrigue*, obtener y graficar P_4 y P_5.

3. Verificar que P_0, P_1 y P_2, satisfacen las correspondientes ecuaciones de *Legendre*.

4. Integrar n veces por partes $\int_{-1}^{1} P_m P_n$ para obtener $P_m P_n = \begin{cases} 0, si\ m \neq n \\ \frac{2}{2n+1}, si\ m = n \end{cases}$.

5. Desarrollar $f = |x|$, en $[-1,1]$ con una serie de P_n. $R: \frac{1}{2}P_0 + 0P_1 + \frac{5}{8}P_2 + 0P_3 + \cdots$.

8.2 Función Gamma

La función factorial $n!$, que aparece con frecuencia en los cálculos y aplicaciones, se generaliza con la función gamma, que es importante para cálculos estadísticos y como recurso para el cálculo de ciertas integrales.

8.2.1. *Definición de la función gamma;* $\Gamma(n)$. La función gamma se define como

$$\Gamma(n) = \int_0^\infty x^{n-1}e^{-x}\,dx$$

recurriendo a la integración por partes, con $u = e^{-x}$, $du = -e^{-x}dx$ y $dv = x^{n-1}dx$, $v = \frac{x^n}{n}$

$$\Gamma(n) = e^{-x}\frac{x^n}{n}\Big|_0^\infty - \int_0^\infty \frac{x^n}{n}(-e^{-x})dx$$

la parte integrada, $e^{-x}\frac{x^n}{n}\Big|_0^\infty$, se anula en el límite inferior $x = 0$, y converge a cero en el límite superior, debido al factor e^{-x}, por lo que el término es nulo, entonces

$$\Gamma(n) = \frac{1}{n}\int_0^\infty x^n\, e^{-x}dx$$

La integral en el miembro de la derecha es $\Gamma(n+1)$, según la definición de la función Γ, entonces $\Gamma(n) = \frac{1}{n}\Gamma(n+1)$ o bien

$$n.\,\Gamma(n) = \Gamma(n+1)\blacklozenge$$

La última expresión, es la fórmula de recurrencia para la función $\Gamma(n)$, que como se verá, es una generalización del factorial $n!$. Por valuación directa se obtiene

$$\Gamma(1) = \int_0^\infty x^{1-1}\, e^{-x}dx = \int_0^\infty e^{-x}dx = -e^{-x}|_0^\infty = e^{-x}|_\infty^0 = 1 - 0 = 1$$

donde hemos obviado el procedimiento de límite, en la valuación de la integral impropia.

Entonces, a partir de $\Gamma(1) = 1$ y la fórmula de recurrencia $n.\,\Gamma(n) = \Gamma(n+1)$

$$\Gamma(1) = 1$$

$$1.\,\Gamma(1) = \Gamma(2) = 1$$

$$2.\,\Gamma(2) = \Gamma(3) = 2.1$$

$$3.\,\Gamma(3) = \Gamma(4) = 3.2.1$$

$$\dots \dots \dots \dots \dots \dots \dots \dots \dots \dots \dots$$

$$n.\,\Gamma(n) = \Gamma(n+1) = n(n-1)(n-2)\dots 2.1 = n!$$

La función $\Gamma(n)$, no está definida en $x = 0$ donde $0.\,\Gamma(0) = \Gamma(1) = 1$ no tiene sentido y, por recurrencia, tampoco está definida en ningún entero negativo, como se comprueba si tratamos de calcular $\Gamma(-1)$ a partir de $(-1).\,\Gamma(-1) = \Gamma(0)$.

Para cualquier valor negativo no entero de n, el valor de $\Gamma(n)$ se puede determinar por recurrencia a partir de $\Gamma(n) = \frac{\Gamma(n+1)}{n}$, que puede considerarse la definición de $\Gamma(n)$ cuando $-1 < n < 0$.

Siendo Γ continua en los reales positivos, la expresamos como $\Gamma(x)$, y la propiedad $x.\Gamma(x) = \Gamma(x+1)$, hace que sea una generalización de $x!$, que solo está definido si $x = 0,1,2,3,\dots$. La función gamma, que se representa para valores de $x > 0$ en la figura 8.2.1.a, se tabula para valores de x comprendidos entre uno y dos, tabla 8.2.1.b.

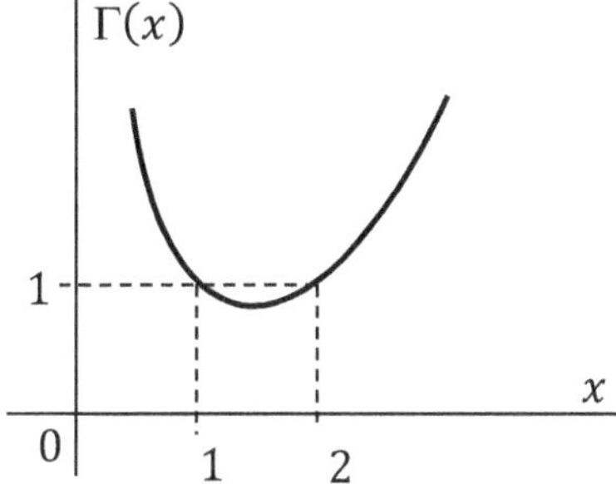

Figura 8.2.1.a

x	$\Gamma(x)$	x	$\Gamma(x)$
1,00	1,00000	...	... ...
1,01	0,99433	...	... ...
...	... ...	...	... ...
...	... ...	1,99	0,99581
...	... ...	2,00	1,00000

Tabla 8.2.1.b

8.2.2. *Ejemplo.* **a.** $\Gamma(0{,}7) = \frac{\Gamma(1{,}7)}{0{,}7} = \frac{0{,}90864}{0{,}7}$. **b.** $\Gamma(3{,}5) = 2{,}5.\,\Gamma(2{,}5) = 2{,}5.1{,}5.\,\Gamma(1{,}5) = 2{,}5.1{,}5.0{,}88623 = 3{,}32336$. **c.** $\Gamma\left(\frac{1}{2}\right)$ se puede calcular como $\Gamma\left(\frac{1}{2}\right) = \frac{\Gamma(1{,}5)}{0{,}5}$, leyendo en la tabla $\Gamma(1{,}5) = 0{,}88623$, pero lo usual es expresar $\Gamma\left(\frac{1}{2}\right) = \sqrt{\pi}$, valor que se obtiene resolviendo; $\Gamma\left(\frac{1}{2}\right) = \int_0^\infty x^{\frac{1}{2}-1} e^{-x} dx$.

8.2.3. *La integral* $\int_0^\infty e^{-x^2} dx$ y $\Gamma\left(\frac{1}{2}\right)$. Si definimos $I = \int_0^\infty e^{-x^2} dx$, entonces

$$I^2 = \int_0^\infty e^{-x^2} dx \int_0^\infty e^{-y^2} dy$$

$$I^2 = \int_0^\infty \int_0^\infty e^{-x^2} e^{-y^2} dxdy = \int_0^\infty \int_0^\infty e^{-(x^2+y^2)} dxdy$$

empleando las coordenadas polares; $x = r\cos\theta$, $y = r\,sen\,\theta$, $x^2 + y^2 = r^2$

$$I^2 = \int_0^{\frac{\pi}{2}} \int_0^\infty e^{-r^2} r\,drd\theta = \frac{\pi}{2}\int_0^\infty e^{-r^2} r\,dr = \frac{\pi}{4}$$

entonces $\qquad I = \int_0^\infty e^{-x^2} dx = \sqrt{I^2} = \sqrt{\frac{\pi}{4}}$ ◆

Podemos calcular ahora $\Gamma\left(\frac{1}{2}\right)$

$$\Gamma\left(\tfrac{1}{2}\right) = \int_0^\infty x^{-\frac{1}{2}}e^{-x}\,dx; \; x = u^2 \begin{cases} dx = 2u\,du \\ x^{-\frac{1}{2}}e^{-x} = \frac{1}{u}e^{-u^2} \end{cases}$$

entonces $$\Gamma\left(\tfrac{1}{2}\right) = \int_0^\infty 2e^{-u^2}\,du = 2\sqrt{\tfrac{\pi}{4}} = \sqrt{\pi}\,\blacklozenge$$

8.2.4. *Ejemplo.* **a.** Calculamos la integral $I = \int_0^\infty \sqrt[4]{x}\,e^{-\sqrt{x}}\,dx$. Con la sustitución $x = u^2 \begin{cases} \sqrt[4]{x} = u^{\frac{1}{2}}; e^{-\sqrt{x}} = e^{-u}; \\ dx = 2u\,du \end{cases} I = \int_0^\infty u^{\frac{1}{2}}\,e^{-u}\,2u\,du = 2\int_0^\infty u^{\frac{3}{2}}\,e^{-u}\,du.$

$I = 2\int_0^\infty u^{\frac{5}{2}-1}\,e^{-u}\,du = 2\,\Gamma\left(\tfrac{5}{2}\right) = 2\tfrac{3}{2}\,\Gamma\left(\tfrac{3}{2}\right) = 3\tfrac{1}{2}\Gamma\left(\tfrac{1}{2}\right) = \tfrac{3}{2}\sqrt{\pi}$. **b.** La transformada de *Laplace* de t^n que obtuvimos en 6.2.5.b y 6.2.16.a, es $\mathcal{L}[t^n] = \int_0^\infty t^n e^{-st}\,dt$,

entonces, sustituyendo $st = u \begin{cases} dt = \dfrac{du}{s} \\ t^n = \dfrac{u^n}{s^n} \end{cases}$, se tiene $\mathcal{L}[t^n] = \frac{1}{s^{n+1}}\int_0^\infty u^n e^{-u}\,du = \frac{\Gamma(n+1)}{s^{n+1}}$,

y si n es un entero positivo; $\mathcal{L}[t^n] = \frac{n!}{s^{n+1}}$. **c.** $\mathcal{L}\left[t^{-\frac{1}{2}}\right] = \frac{\Gamma\left(\frac{1}{2}\right)}{s^{\frac{1}{2}}} = \sqrt{\frac{\pi}{s}}$.

Ejercicios 8.2

Con las propiedades de la función gamma, calcular

1. $\frac{\Gamma(2)}{2\Gamma(3)}$. **2.** $\frac{\Gamma\left(\frac{5}{2}\right)}{\Gamma\left(\frac{1}{2}\right)}$. **3.** $\frac{6\Gamma\left(\frac{8}{3}\right)}{5\Gamma\left(\frac{2}{3}\right)}$.

4. $\int_0^\infty x^3 e^{-x}\,dx$. **5.** $\int_0^\infty y^6 e^{-2y}\,dy$. **6.** $\int_0^\infty \sqrt{u}\,e^{-u^2}\,du$.

Respuestas:

1. $R\!:\!\frac{1}{4}$. **2.** $R\!:\!\frac{3}{4}$. **3.** $R\!:\!\frac{4}{3}$. **4.** $R\!:\!6$. **5.** $R\!:\!\frac{3}{16}$. **6.** $R\!:\!\frac{2}{3}\Gamma\left(\frac{7}{4}\right)$.

8.3 Ecuación de Bessel

La ecuación de *Bessel* de orden p; $x^2 y'' + xy' + (x^2 - p^2)y = 0$, surge naturalmente al resolver la ecuación $\nabla^2 u = 0$, en coordenadas cilíndricas.

8.3.1. *Soluciones de la ecuación de Bessel.* Sea resolver la ecuación de *Bessel* de orden p

$$x^2 y'' + xy' + (x^2 - p^2)y = 0$$

que tiene un punto singular regular en $x = 0$ y, siendo $q(x) = 1$, $q_0 = q(0) = 1$ y $r(x) = x^2 - p^2$, $r_0 = r(0) = -p^2$, la ecuación de índices es

$$v^2 - p^2 = 0 \text{ y } v = \pm p$$

Entonces, considerando $p \neq 0$ y $Re(p) \geq 0$, buscamos una solución de la forma $y = x^p \sum_0^\infty a_m x^m$, con $y' = x^p \sum_0^\infty (m + p)a_m x^{m-1}$ y $y'' = x^p \sum_0^\infty (m + p)(m + p - 1)a_m x^{m-2}$, que reemplazados en la ecuación, con la evidente simplificación de x^p que figura en todos los términos, dan

$$\sum_0^\infty (m + p)(m + p - 1)a_m x^m + \sum_0^\infty (m + p)a_m x^m + \sum_0^\infty a_m x^{m+2} - p^2 \sum_0^\infty a_m x^m = 0$$

corriendo índices para tener solo potencias x^m se tiene

$$\sum_0^\infty (m + p)(m + p - 1)a_m x^m + \sum_0^\infty (m + p)a_m x^m + \sum_2^\infty a_{m-2} x^m - p^2 \sum_0^\infty a_m x^m = 0$$

Si extraemos los términos correspondientes a $n = 0$ y $n = 1$ de las sumas que inician en $n = 0$, para agrupar el resto en una sola suma que inicia en $n = 2$, obtenemos

$$p(p - 1)a_0 x^0 + (1 + p)p a_1 x + p a_0 x^0 + (1 + p)a_1 x - p^2 a_0 x^0 - p^2 a_1 x$$
$$+ \sum_2^\infty [(m + p)(m + p - 1)a_m + (m + p)a_m + a_{m-2} - p^2 a_m] x^m = 0$$

o bien

$$\left[\overbrace{p(p-1) + p - p^2}^{=0}\right] a_0 + \left[\overbrace{(1 + p)p + (1 + p) - p^2}^{=2p+1}\right] a_1 x + \sum_2^\infty \left\{\left[\underbrace{(m + p)(m + p - 1) + (m + p) - p^2}_{=m(m+2p)}\right] a_m + a_{m-2}\right\} x^m = 0$$

resumiendo:

$$(1 + 2p)a_1 x + \sum_{2}^{\infty} [m(m + 2p)a_m + a_{m-2}]x^m = 0$$

Entonces, del término que no está afectado por la sumatoria, obtenemos $a_1 = 0$ en tanto $Re(p) \geq 0$, con lo que la recursividad de dos en dos de los coeficientes, nos asegura que todos los términos impares serán nulos y, de los coeficientes bajo la sumatoria, obtenemos

$$a_m = \frac{-a_{m-2}}{m(m + 2p)} \quad \blacklozenge$$

Hemos obtenido entonces, la relación de recurrencia $a_m = \frac{-a_{m-2}}{m(m+2p)}$ para los coeficientes pares, en tanto los impares se anulan todos, así podemos calcular

$$m = 2; \ a_2 = \frac{-a_0}{2(2+2p)}$$

$$m = 4; \ a_4 = \frac{-a_2}{4(4+2p)} = \frac{a_0}{2.4(2+2p)(4+2p)}$$

$$m = 6; \ a_6 = \frac{-a_4}{6(6+2p)} = \frac{-a_0}{2.4.6(2+2p)(4+2p)(6+2p)}$$

$$a_{2m} = \frac{(-)^m a_0}{\underbrace{\frac{2.4.6...2m}{2^m m!}}\ \underbrace{\frac{(2+2p)(4+2p)(6+2p)...(2m+2p)}{2^m(1+p)(2+p)(3+2p)...(m+p)}}} = \frac{(-)^m a_0}{2^{2m} m! \, (p+1)(p+2)(p+3)...(p+m)}$$

haciendo $a_0 = \frac{1}{2^p \Gamma(p+1)}$ se tiene

$$a_{2m} = \frac{(-)^m}{2^{2m} m! 2^p \underbrace{\Gamma(p+1)\,\underbrace{\underbrace{(p+1)}_{\Gamma(p+2)}(p+2)}_{\Gamma(p+3)}(p+3)...(p+m)}_{\Gamma(p+m+1)}} = \frac{(-)^m}{2^{2m+p} m! \, \Gamma(p+m+1)}$$

$$a_{2m} = \frac{(-)^m}{2^{2m+p} \, \Gamma(m + 1) \, \Gamma(m + p + 1)}$$

con estos coeficientes obtenidos, la solución $y(p)$ es

$$y(p) = x^p \sum_{0}^{\infty} a_{2m} x^{2m} = \sum_{0}^{\infty} \frac{(-)^m}{2^{2m+p} \, \Gamma(m + 1) \, \Gamma(m + p + 1)} x^{2m+p}$$

que se designa como $J_p = y(p)$

$$J_p(x) = \sum_{0}^{\infty} \frac{(-)^m}{\Gamma(m + 1) \, \Gamma(m + p + 1)} \left(\frac{x}{2}\right)^{2m+p} \quad \blacklozenge$$

Para la otra raíz $v = -p$, se tiene la solución

$$J_{-p}(x) = \sum_{0}^{\infty} \frac{(-)^m}{\Gamma(m+1)\,\Gamma(m-p+1)} \left(\frac{x}{2}\right)^{2m-p}$$

entonces, la solución de la ecuación es

$$y(x) = c_1\, J_p(x) + c_2\, J_{-p}(x) \blacklozenge$$

La funciones J_p y J_{-p}, son las *funciones de Bessel de primera clase y orden p*, que para el caso en que sea $p = 0$, que excluimos al comienzo, la ecuación de *Bessel* es

$$xy'' + y' + xy = 0$$

y la ecuación de índices es $v^2 = 0$, entonces la solución J_0 es

$$J_0 = \sum_{0}^{\infty} \frac{(-)^m}{\Gamma(m+1)\,\Gamma(m+1)} \left(\frac{x}{2}\right)^{2m} = \sum_{0}^{\infty} \frac{(-)^m}{(m!)^2} \left(\frac{x}{2}\right)^{2m} \blacklozenge$$

que es la única función de Bessel que converge a 1 en $x = 0$, figura 8.3.1.a.

Según vimos en 7.4.9, cuando la ecuación de índices tiene una sola raíz, que en este caso es $v = 0$, podemos encontrar una segunda solución $K_0(x)$, en la forma

$$K_0(x) = \Sigma_1^{\infty}\, b_m x^m + J_0(x)\ln|x|$$

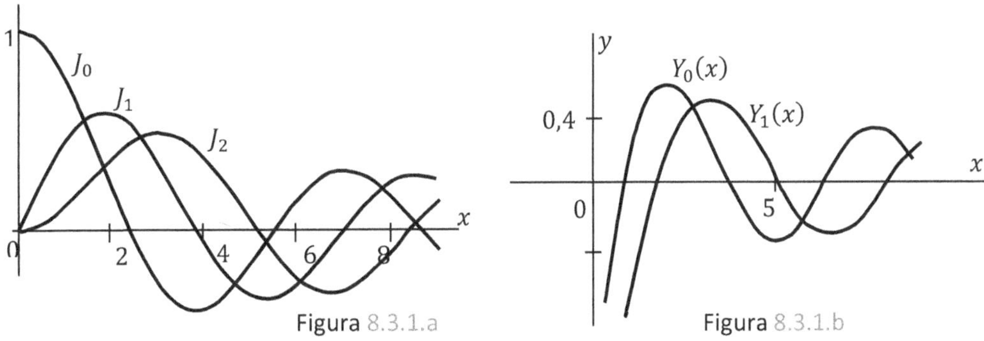

Figura 8.3.1.a   Figura 8.3.1.b

Si $p = n$, es un entero $J_n(x) = x^n \Sigma_0^{\infty}\, a_m x^m,\ \ a_0 = 1$

y para la segunda solución, se puede recurrir según vimos en 7.4.9 a

$$K_n(x) = \sum_{1}^{\infty} b_m x^m + C\, J_n(x)\ln|x|$$

pero en su lugar, se usa una combinación de $J_n(x)$ y $J_{-n}(x)$, que son las *funciones de Bessel de segunda clase* $Y_n(x)$ figura 8.3.1.b.

$$Y_n(x) = \begin{cases} \dfrac{J_n(x)\cos nx - J_{-n}(x)}{\operatorname{sen} nx}; n \neq 0,1,2,\dots \\ \lim\limits_{p\to n} \dfrac{J_p(x)\cos p\pi - J_{-p}(x)}{\operatorname{sen} px}; n = 0,1,2,\dots \end{cases}$$

8.3.2. *Ortogonalidad de las funciones* $J_p(x)$. Las funciones de *Bessel*, satisfacen una relación de ortogonalidad al igual que los polinomios de *Legendre*, y para verificarlo, introducimos las variables kx y lx, definiendo las funciones $f(x) = J_p(kx)$ y $g(x) = J_p(lx)$ que satisfacen respectivamente las ecuaciones de *Bessel*

$$(kx)^2 J_p''(kx) + kx J_p'(kx) + [(kx)^2 - p^2]J_p(kx) = 0$$

y
$$(lx)^2 J_p''(lx) + lx J_p'(lx) + [(lx)^2 - p^2]J_p(lx) = 0$$

Siendo $f' = J_p'(kx)k$ y $f'' = J_p''(kx)k^2$, es $J_p'(kx) = \frac{f'}{k}$ y $J_p''(kx) = \frac{f''}{k^2}$. De la misma forma es $J_p'(lx) = \frac{g'}{l}$ y $J_p''(lx) = \frac{g''}{l^2}$, y al sustituir en las respectivas ecuaciones se tiene

$$f'' + \frac{1}{x}f' + \left[k^2 - \frac{p^2}{x^2}\right]f = 0$$

$$g'' + \frac{1}{x}g' + \left[l^2 - \frac{p^2}{x^2}\right]g = 0$$

Multiplicando la primera por xg, y restándole la segunda multiplicada por xf, se tiene

$$x(gf'' - fg'') + f'g - g'f = (l^2 - k^2)xfg$$

como el primer miembro es la derivada de $[x(f'g - fg')]$, podemos escribir

$$[x(f'g - fg')]' = (l^2 - k^2)xfg$$

integrando en $[a,b]$

$$x(f'g - fg')|_a^b = (l^2 - k^2)\int_a^b xfg\,dx$$

o bien
$$\int_a^b xfg\,dx = \frac{x}{l^2 - k^2}x(f'g - fg')|_a^b$$

reemplazando $f = J_p(kx)$ y $g = J_p(lx)$

$$\int_a^b J_p(kx)\,J_p(lx)x\,dx = \frac{x}{l^2-k^2}\left(k\,J_p'(kx)J_p(lx) - l\,J_p(kx)J_p'(lx)\right)\Big|_a^b,\ k \neq l$$

entonces; si a y b son ceros de $J_p(kx)$ y $J_p(lx)$ o bien, a y b son ceros de $J_p'(kx)$ y $J_p'(lx)$

$$\int_a^b J_p(kx)\,J_p(lx)x\,dx = 0,\ \text{si } k \neq l \,\blacklozenge$$

Hemos comprobado entonces que $J_p(kx)$ y $J_p(lx)$ son ortogonales, *respecto de la función peso x*.

Si $k = l$, entonces debemos calcular la integral $I = \int J_p^2(kx)\,x\,dx$, que resolvemos por partes

$$I = \int J_p^2(kx)\,x\,dx = \frac{x^2}{2}J_p^2(kx) - \int x^2 J_p(kx)\,J_p'(kx)k\,dx$$

El factor $x^2 J_p(kx)$ dentro de la última integral, se despeja de la ecuación de *Bessel*

$$x^2 J_p(kx) = \frac{p^2}{k^2}J_p(kx) - \frac{x}{k}J_p'(kx) - x^2 J_p''(kx)$$

$$I = \frac{x^2}{2}J_p^2(kx) - \int \left[\frac{p^2}{k^2}J_p(kx) - \frac{x}{k}J_p'(kx) - x^2 J_p''(kx)\right]J_p'(kx)k\,dx$$

$$I = \frac{x^2}{2}J_p^2(kx) - \frac{p^2}{k^2}\frac{1}{2}J_p^2(kx) + \frac{1}{2}x^2\left[J_p'(kx)\right]^2$$

$$I = \frac{1}{2}\left(x^2 - \frac{p^2}{k^2}\right)J_p^2(kx) + \frac{1}{2}x^2\left[J_p'(kx)\right]^2 \,\blacklozenge$$

La última integral, es la integral de normalización para las funciones de *Bessel* y, si $J_p(kx)$ se anula en $x = a$ y $x = b$, entonces integrando en $[a,b]$

$$\int_a^b J_p^2(kx)\,x\,dx = \frac{x^2}{2}\left[J_p'(kx)\right]^2\Big|_a^b = \frac{x^2}{2}\left[J_{p+1}(kx)\right]^2\Big|_a^b$$

y la última igualdad, se establece a partir del hecho que, $J_p' = -J_{p+1} + \frac{p}{x}J_p$, siendo que J_p se anula en a y b, ver ejercicio 8.3.1.c.

8.3.3. *Series de Fourier-Bessel.* Si una función $f(x)$ es continua en $[0,a]$, y elegimos k_n tal que $J_p(k_n a) = 0$, entonces $f(x)$ puede representarse como

$$f = \sum_1^\infty c_n J_p(k_n x)\ \text{ con } c_n = \frac{\int_0^a f J_p(k_n x)}{\frac{a^2}{2}\left[J_{p+1}(k_n a)\right]^2}x\,dx$$

8.3.4. *Ejemplo.* Si $f = 1$ en $0 \le x < 1$ y $J_0(k_n) = 0$ para $n = 1,2,3, ...,$ entonces puede representarse f como

$$f = \sum_1 C_n J_0(k_n x), \text{ con } C_n = \frac{\int_0^1 x\, J_0(k_n x)\,dx}{\frac{1}{2}[J_1(k_n)]^2} = \frac{2}{[J_1(k_n)]^2}\int_0^1 x\, J_0(k_n x)\,dx.$$

Sustituyendo $k_n x = u \begin{cases} x = \dfrac{u}{k_n}; dx = \dfrac{u}{k_n} \\ u = 0, si\ x = 0; u = k_n,\ si\ x = 1 \end{cases}$

$$C_n = \frac{2}{k_n^2[J_1(k_n)]^2}\int_0^{k_n} J_0(u)\,du = \frac{2}{k_n^2[J_1(k_n)]^2}\, uJ_1(u)\Big|_0^{k_n} = \frac{2}{k_n\, J_1(k_n)}$$

$$f = \sum_{n=1} \frac{2}{k_n\, J_1(k_n)} J_0(k_n x)$$

8.3.5. *Las funciones de Bessel de orden fraccionario.* Según la definición de $J_p(x)$ dada en 8.3.1, si $p = \frac{1}{2}$

$$J_{\frac{1}{2}}(x) = \sum_0^\infty \frac{(-)^m}{\Gamma(m+1)\ \Gamma\left(m+\frac{1}{2}+1\right)}\left(\frac{x}{2}\right)^{2m+\frac{1}{2}} = \frac{\sqrt{x}}{\sqrt{2}}\sum_0^\infty \frac{(-)^m}{2^m m!\,\Gamma\left(m+\frac{3}{2}\right)}x^{2m}$$

pero $\Gamma\left(m + \frac{3}{2}\right) = \Gamma\left(\frac{3}{2}\right)\frac{3}{2}\frac{5}{2}\frac{7}{2}...\left(m + \frac{1}{2}\right) = \frac{3.5.7...(2m+1)}{2^m}\,\Gamma\left(\frac{3}{2}\right)$

entonces $$J_{\frac{1}{2}}(x) = \frac{\sqrt{x}}{\sqrt{2}}\sum_0^\infty \frac{(-)^m}{2^{2m}\, m!\, \frac{3.5.7...(2m+1)}{2^m}\,\Gamma\left(\frac{3}{2}\right)}x^{2m}$$

$$J_{\frac{1}{2}}(x) = \frac{\sqrt{x}}{\sqrt{2}}\frac{1}{x}\sum_0^\infty \frac{(-)^m}{m!\, 2^m\, 3.5.7...(2m+1)\,\Gamma\left(\frac{3}{2}\right)}x^{2m+1}$$

siendo $m!\, 2^m = 2.4.6...2m$ y $\Gamma\left(\frac{3}{2}\right) = \frac{1}{2}\Gamma\left(\frac{1}{2}\right) = \frac{1}{2}\sqrt{\pi}$

$$J_{\frac{1}{2}}(x) = \frac{\sqrt{x}}{\sqrt{2}}\frac{1}{x}\frac{1}{\frac{1}{2}\sqrt{\pi}}\sum_0^\infty \frac{(-)^m}{(2m+1)!}x^{2m+1} = \sqrt{\frac{2}{\pi x}}\, sen\ x \blacklozenge$$

Procedemos análogamente para obtener $J_{-\frac{1}{2}}(x)$,

$$J_{-\frac{1}{2}}(x) = \frac{\sqrt{2}}{\sqrt{x}}\sum_0^\infty \frac{(-)^m}{2^{2m}\, m!\, \Gamma\left(m+\frac{1}{2}\right)}x^{2m}$$

teniendo en cuenta que $\Gamma\left(m + \frac{1}{2}\right) = \Gamma\left(\frac{1}{2}\right)\frac{1}{2}\frac{3}{2}\frac{5}{2}...\left(m - \frac{1}{2}\right) = \frac{1.3.5...(2m-1)}{2^m}\,\Gamma\left(\frac{1}{2}\right)$

$$J_{-\frac{1}{2}}(x) = \frac{\sqrt{2}}{\sqrt{x}}\sum_0^\infty \frac{(-)^m}{2^m\, m!\, 1.3.5...(2m-1)\Gamma\left(\frac{1}{2}\right)}x^{2m}$$

$$J_{\frac{1}{2}}(x) = \frac{\sqrt{x}}{\sqrt{2}}\frac{1}{\Gamma\left(\frac{1}{2}\right)}\sum_0^\infty \frac{(-)^m}{(2m)!}x^{2m} = \sqrt{\frac{2}{\pi x}}\cos x \blacklozenge$$

Las funciones de *Bessel* de primera clase de orden fraccionario, son las únicas que pueden ser representadas en forma cerrada en términos de funciones elementales.

8.3.6. *Relaciones de recurrencia para las* J_p. Es fácil probar que $\left(x^p J_p\right)' = x^p J_{p-1}$ y que $\left(x^{-p}J_p\right)' = -x^{-p}J_{p+1}$ y, a partir de estas igualdades y la definición de J_p que se dio en 8.3.1, desarrollando los primeros miembros de $\left(x^p J_p\right)'$ y $\left(x^{-p}J_p\right)'$, multiplicando luego la primera igualdad por x^{-p} y la segunda por x^p, al sumar y restar miembro a miembro se obtiene

$$\left[px^{p-1}J_p + x^p J_p' = x^p J_{p-1}\right]x^{-p}$$

$$\left[-px^{-p-1}J_p + x^{-p}J_p' = -x^{-p}J_{p+1}\right]x^p$$

$$suma; \qquad 2J_p' = J_{p-1} - J_{p+1}$$

$$resta; \qquad 2\frac{p}{x}J_p = J_{p-1} + J_{p+1}$$

Entonces despejando J_p' y J_p, obtenemos las relaciones de recurrencia

$$J_p' = \frac{J_{p-1} - J_{p+1}}{2} \blacklozenge$$

$$J_p = \frac{x}{2p}\left(J_{p-1} + J_{p+1}\right) \blacklozenge$$

8.3.7. *Ejemplo.* **a.** De $\left(x^{-p}J_p\right)' = -x^{-p}J_{p+1}$, si $p = 0$; $J_0' = -J_1$. **b.** De $J_p = \frac{x}{2p}\left(J_{p-1} + J_{p+1}\right)$, si $p = 1$; $J_1 = \frac{x}{2}(J_0 + J_2)$ y $J_2 = \frac{2}{x}J_1 - J_0$. **c.** Obtenemos $J_{\frac{3}{2}}$. De $2\frac{p}{x}J_p = J_{p-1} + J_{p+1}$, obtenemos $J_{p+1} = 2\frac{p}{x}J_p - J_{p-1}$, si $p = \frac{1}{2}$; $J_{\frac{3}{2}} = \frac{1}{x}J_{\frac{1}{2}} - J_{-\frac{1}{2}} = \sqrt{\frac{2}{\pi x}}\left(\frac{sen\,x}{x} - cos\,x\right)$.

8.3.8. *La función generatriz de* J_p. Como lo hicimos con los polinomios de *Legendre*, podemos definir análogamente para las funciones de *Bessel*, una función generatriz $F(h,z) = \sum_0^\infty h^p J_p(z)$, y para obtener su expresión, comenzamos por multiplicar por ph^{p-1}, los dos miembros de la segunda relación de recurrencia que obtuvimos en 8.3.6, y entonces

$$ph^{p-1}J_p = \frac{z}{2}h^{p-1}\left(J_{p-1} + J_{p+1}\right)$$

así el miembro izquierdo, es el término genérico de $F_h'(h,z) = \sum_0^\infty ph^{p-1}J_p(z)$ y podemos reescribir la expresión como

$$ph^{p-1}J_p = \frac{z}{2}\left(h^{p-1}J_{p-1} + \frac{1}{h^2}h^{p+1}J_{p+1}\right)$$

y los términos dentro del paréntesis, son respectivamente el término genérico de $F(h,z) = \sum_0^\infty h^p J_p(z)$ con el índice corrido en -1, y el término genérico de $F(h,z) = \sum_0^\infty h^p J_p(z)$, con el índice corrido en $+1$ y coeficiente $\frac{1}{h^2}$. Entonces podemos escribir

$$F_h' = \frac{z}{2}\left(1 + \frac{1}{h^2}\right)F$$

de donde

$$\frac{dF}{F} = \frac{z}{2}\left(1 + \frac{1}{h^2}\right)dh$$

Integrando la última expresión, obtenemos $\ln F = \frac{z}{2}\left(h - \frac{1}{h}\right)$, por lo que

$$F(h,z) = e^{\frac{z}{2}\left(h - \frac{1}{h}\right)} \blacklozenge$$

8.3.6. *Representaciones integrales.* En la función generatriz, $F(h,z) = \sum_0^\infty h^n J_n(z)$, el coeficiente de h^n es, $J_n(z) = \frac{F^N(0)}{n!}$, por lo que, empleando la representación integral de *Cauchy* para la derivada de orden n, y la expresión que obtuvimos para $F(h,z) = e^{\frac{z}{2}\left(h - \frac{1}{h}\right)}$, puede expresarse como

$$J_n(z) = \frac{1}{2\pi i}\oint_\gamma \frac{e^{\frac{z}{2}\left(t - \frac{1}{t}\right)}}{t^{n+1}}\,dt \blacklozenge$$

que es la *representación integral de Schläfli* para las funciones de *Bessel* de primera clase.

Si en la representación de *Schläfli*, hacemos la sustitución $t = e^{i\theta}$, tenemos

$$J_n(z) = \frac{1}{2\pi i}\int_0^{2\pi} \frac{e^{\frac{z}{2}\left(e^{i\theta} - e^{-i\theta}\right)}}{e^{i(n+1)\theta}}\,ie^{i\theta}\,d\theta = \frac{1}{\pi}\int_0^\pi \frac{e^{z\,i\,sen\,\theta}}{e^{in\theta}}\,d\theta$$

$$J_n(z) = \frac{1}{\pi} \int_0^\pi e^{i(z \, sen \, \theta - n\theta)} \, d\theta$$

y tomando la parte real de la integral

$$J_n(z) = \frac{1}{\pi} \int_0^\pi cos \, (n\theta - z \, sen \, \theta) \, d\theta \; \blacklozenge$$

La última integral, es la *integral de Bessel*.

8.3.7. *Ejemplo.* Con la fórmula de *Schläfli*: $J_0(0) = \frac{1}{2\pi i} \oint_\gamma \frac{1}{t} dt = 1$; $\gamma\colon |z| > 0$, y de la misma forma, $J_p(0) = \frac{1}{2\pi i} \oint_\gamma \frac{1}{t^{p+1}} dt = 0$; $\gamma\colon |z| > 0$.

Ejercicios 8.3

Demostrar:

1. a) $J_0'(x) = -J_1(x)$.   **b)** $J_{-n}(x) = (-)^n J_n(x)$.   **c)** $\left[x^{-p} J_p(x)\right]' = -x^{-p} J_{p+1}(x)$.

Desarrollar.

2. a) $J_0(x)$.   **b)** $J_1(x)$.

Expresar en términos de $J_0(x)$ y $J_1(x)$.

3. a) $J_3(x)$.   **b)** $J_4(x)$.

Verificar que:

4. $J_0(x)$, satisface $x^2 y'' + xy' + x^2 y$.

En las siguientes ecuaciones, realizar la sustitución indicada y resolver como ecuación de *Bessel*.

5. $x^2 y'' + xy' + \left(\lambda^2 x^2 - v^2\right)y = 0$; $\lambda x = z$.

6. $4x^2 y'' + 4xy' + (x - v^2)y = 0$; $\sqrt{x} = z$.

7. $x^2 y'' + xy' + 4(x^4 - v^2)y = 0$; $x^2 = z$.

8. $xy'' - y' + xy = 0$; $y = xu$.

Respuestas:

3. a) $R: J_3 = \left(\frac{8}{x^2} - 1\right) J_1 - \frac{4}{x} J_0$. **b)** $R: J_4 = \left(\frac{48}{x^3} - \frac{6}{x^2} - \frac{2}{x}\right) J_1 - \left(\frac{24}{x^2} - 1\right) J_0$. **5.** $R: y(x) = AJ_\nu(\lambda x) + BJ_{-\nu}(\lambda x)$. **6.** $R: y(x) = AJ_\nu(\sqrt{x}) + BJ_{-\nu}(\sqrt{x})$. **7.** $R: y(x) = AJ_\nu(x^2) + BJ_{-\nu}(x^2)$. **8.** $R: y(x) = AxJ_1(x) + BxK_1(x)$.

Bibliografía:

— Blanchard, Paul; Devaney, Robert L; Hall, Glen R. *Ecuaciones diferenciales*. Ed. International Thompson Editores. México, 1999.

— Borrelli, Robert; Coleman, Courtney S. *Ecuaciones diferenciales: una perspectiva de modelación*. Ed. Oxford University Press. México, 2002.

— Elsgoltz, Lev. *Ecuaciones diferenciales y cálculo variacional*. Ed. MIR. Moscú, 1969.

— Kaplan, Wilfred. *Matemáticas avanzadas para estudiantes de ingeniería*. Ed. Fondo Educativo Interamericano. México, 1985.

— Kartashov, A. P. y Rozhdenstvenski, B. L. *Ecuaciones diferenciales y fundamentos del cálculo variacional*. Ed. Reverté S. A. Barcelona, 1980.

— Kreider, Donald L; Kuller, Robert G; Ostberg, Donald. *Ecuaciones diferenciales*. Ed. Fondo Educativo Interamericano, México, 1971.

— Kreyszig, Erwin. *Matemáticas avanzadas para ingeniería*. Ed. Limusa. México, 1979.

— Mathews, J.; Walker, R. L. *Matemáticas para físicos*. Ed. Reverté. Barcelona, 1979.

— O´Neil, Peter V. *Matemáticas avanzadas para ingeniería*. Ed. Cengaje Learning. México, 2008.

— Zill, Dennis, G. *Ecuaciones diferenciales con aplicaciones*. Ed. Grupo Editorial Iberoamérica. México, 1988.

9 PROBLEMAS CON VALOR EN LA FRONTERA

Para abordar los temas del próximo capítulo, estudiaremos con más detenimiento lo expuesto en 7.2.4, al distinguir entre un problema de valor inicial y un problema de valor en la frontera.

Sin mencionarlo antes, hemos estado tratando un problema en la frontera cuando desarrollamos en 3.4.11, la fórmula integral de *Poisson* que nos condujo a una serie de *Fourier*, cuya base es un conjunto ortogonal, y nuevamente encontramos estos conjuntos al tratar las series de *Fourier-Legendre* y de *Fourier-Bessel*, también referidas a conjuntos ortogonales formados justamente, por las funciones que surgen como solución de las respectivas ecuaciones lineales de segundo orden.

En general, asociado a un problema en la frontera, siempre habrá un conjunto de funciones ortogonales, que verifican la solución.

9.1 El Problema con Valor en la Frontera

Un problema con valor en la frontera para EDL ordinarias de segundo orden, se compone de una ecuación diferencial, y dos condiciones en la frontera, lo que en términos generales, se describe como

$i)$
$$Ly = h$$

El operador $L = D^2 + a_1(x)D + a_0(x)$, es lineal normal en cierto intervalo $I = [a, b]$, pudiendo $a_1(x)$ y $a_0(x)$ ser constantes. La función h del segundo miembro, es continua en dicho intervalo, lo que expresamos como $h \in C[a, b]$. Si $h = 0$, el problema es homogéneo.

$ii)$
$$\begin{cases} A_1 y(a) + A_2 y(b) + A_3 y'(a) + A_4 y'(b) = \alpha \\ B_1 y(a) + B_2 y(b) + B_3 y'(a) + B_4 y'(b) = \beta \end{cases}$$

Las ecuaciones precedentes, representan las condiciones impuestas a la solución y y su derivada y', expresadas en los términos más generales, con la sola restricción que; sean linealmente independientes, y por lo menos una de las constantes A y una de las constantes B, sea distinta de cero. Esta restricción, es para asegurar que se trata de un *problema en la frontera y no de un problema de valor inicial* y, si $\alpha = 0$ y $\beta = 0$, decimos que las condiciones son homogéneas, pudiéndose siempre tratar las condiciones como homogéneas, con un desplazamiento de datos.

Encontrar la solución del problema, obviamente, es hallar todas las funciones $y(x)$ dos veces derivables en $[a,b]$, que verifican la ecuación i) y satisfacen las condiciones ii).

9.1.1. *Ejemplo.* **a.** Sea resolver $y'' + y = 0$, con $\begin{cases} y(0) = 0 \\ y(\pi) = 0 \end{cases}$. En este caso, el operador es $L = D^2 + 1$, que se aplica a y en el intervalo $I = [0,\pi]$, con las condiciones $y(0) = 0$ y $y(\pi) = 0$. La solución de la ecuación, sabemos de 7.2.2 y 7.3.9, que es $y(x) = A\cos x + B\,sen\,x$ y, como esta solución debe cumplir las condiciones dadas: con la primera condición tenemos $y(0) = A = 0$, con lo que resulta $y(x) = B\,sen\,x$ y, con la segunda condición, $y(\pi) = B\,sen\,\pi = 0$, por lo que todas las funciones $y(x) = B_n\,sen\,x$, con B_n constante arbitraria, satisfacen el problema en la frontera, es decir; *la ecuación diferencial junto con las dos condiciones dadas.* **b.** Resolvemos ahora el problema $y'' + \mu^2 y = 0$, dado por el operador $L = D^2 + \mu^2$, con μ una constante real, y que se aplica a y en $I = [0,1]$ con las condiciones $\begin{cases} y(0) = 0 \\ y'(1) = 0 \end{cases}$. La solución, como en 7.2.3.c es $y(x) = A\cos\mu x + B\,sen\,\mu x$, y debe satisfacer la primera condición $y(0) = A = 0$, con lo que la solución tiene que ser $y(x) = B\,sen\,\mu x$, que derivamos para imponer la segunda condición y tenemos; $y'(x) = B\mu\cos\mu x = C\cos\mu x$, y con la segunda condición es $y'(1) = C\cos\mu = 0$, por lo que si $C = 0$, tenemos la solución trivial $y = 0$. Elegimos entonces; $\mu = \dfrac{\pi}{2} + n\pi$, $n = 0,1,2,\ldots$, de modo que $y'(x) = C\cos\left(\dfrac{\pi}{2} + n\pi\right)x$ se anule si $x = 1$. Tenemos así para cada n, un valor μ_n, y el conjunto de funciones $y_n = sen\,\mu_n x$, es el conjunto de soluciones del problema planteado.

Puede verificarse desde luego, que $\{sen\,\mu_n x\}$, con $\mu_n = \dfrac{\pi}{2} + n\pi$, es un conjunto ortogonal en $[0,1]$.

9.1.2. *Autovalores y autofunciones.* La solución de una ecuación

$$Ly = h$$

con dos condiciones como en 9.1, está directamente relacionada con el problema de resolver la ecuación

$$Ly = \lambda y \quad \text{o bien} \quad (L - \lambda)y = 0$$

en otros términos, se trata de resolver el problema homogéneo, con $h = 0$, quedando para una segunda instancia, la solución del problema no homogéneo, tal como lo hicimos en 7.2.8.

Los números λ, para los que el operador L sujeto a las condiciones de contorno satisface la igualdad

$$Ly = \lambda y$$

son los *autovalores* o *valores característicos* del operador L.

Si por caso, intentamos resolver la ecuación

$$y'' + \lambda y = 0 \ \text{ con } \begin{cases} y(0) = 0 \\ y(\pi) = 0 \end{cases}$$

en la que no se especifica λ, y naturalmente $L = -D^2$, de modo que $-D^2 y = \lambda y$, y la ecuación puesta en términos de operador es; $(D^2 + \lambda)y = 0$. Debemos considerar tres casos

$i)$ Si $\lambda > 0$, la solución es

$$y(x) = A \cos \sqrt{\lambda}\, x + B \, sen \, \sqrt{\lambda}\, x$$

que con la primera condición se convierte en

$$y(0) = A = 0$$

por lo que la solución debe ser de la forma $y(x) = B \, sen \, \sqrt{\lambda} x$ y, para cumplir con la segunda condición, es necesario que

$$y(\pi) = B \, sen \, \sqrt{\lambda}\, \pi = 0$$

por lo que debe ser $\qquad \sqrt{\lambda}\, \pi = n\pi \ $ o bien $\lambda = n^2, n = 1,2,3,\ldots$

y como para cada n hay un λ distinto, distinguimos los λ como $\lambda_n = n^2$.

Entonces, todas las funciones $y_n = sen \, nx$, son solución del problema en la frontera, y cada $y_n = sen \, nx$, es una *función propia*.

Las opciones $\lambda = 0$ y $\lambda < 0$, se verá que no son admisibles.

$ii)$ Si $\lambda = 0$, la ecuación se convierte en $y'' = 0$ y su solución es

$$y(x) = c_1 x + c_2$$

que con la primera condición se convierte en

$$y(0) = c_2 = 0$$

por lo que la solución debe ser de la forma $y(x) = c_1 x$ y, para que cumpla la segunda la segunda condición, ha de ser

$$y(\pi) = c_1 \pi = 0 \text{ o bien } c_1 = 0$$

con lo que obtenemos la solución trivial $y(x) = 0$.

$iii)$ Si $\lambda < 0$, la ecuación se convierte en $y'' - \lambda y = 0$, con $\lambda > 0$, y su solución es

$$y(x) = c_1 e^{\sqrt{\lambda}\,x} + c_2 e^{-\sqrt{\lambda}\,x}$$

que con la primera condición se convierte en

$$y(0) = c_1 + c_2 = 0 \text{ o bien } c_2 = -c_1$$

por lo que la solución debe ser de la forma $y(x) = c_1 \left(e^{\sqrt{\lambda}\,x} - e^{-\sqrt{\lambda}\,x} \right)$, que es $y(x) = 2c_1 senh \sqrt{\lambda}\,x$ y, para cumplir la segunda la segunda condición, debe ser

$$y(\pi) = 2c_1 senh \sqrt{\lambda}\,\pi = 0 \text{ o bien } c_1 = 0$$

con lo que obtenemos la solución trivial; $y(x) = 0$.

9.1.3. *Transformaciones lineales.* Una transformación lineal T, que aplica un espacio lineal V_1 sobre otro espacio lineal V_2, $T\colon V_1 \to V_2$, es una función que a cada elemento $\mathbf{x}$ de V_1, hace corresponder un solo elemento $T(\mathbf{x})$ en V_2 y, si $\mathbf{x}_1$, $\mathbf{x}_2$, están en V_1, para todo par de números α, β, se cumple

$$T(\alpha \mathbf{x}_1 + \beta \mathbf{x}_2) = \alpha T(\mathbf{x}_1) + \beta T(\mathbf{x}_2)$$

y si $V_1 = V_2 = V$, la transformación T aplica el espacio V en si mismo.

Si existen vectores $\mathbf{x}$ en un espacio lineal V, tales que para la transformación T se verifica

$$T\mathbf{x} = \lambda \mathbf{x}$$

donde λ es un número, decimos que λ es un *valor propio* o *autovalor* de la transformación T, y los vectores $\mathbf{x}$ para los que se verifica $T\mathbf{x} = \lambda \mathbf{x}$, son los *autovectores* o *vectores propios* de la transformación.

9.1.4. *Transformaciones simétricas.* Una transformación lineal T, que aplica un espacio lineal V en si mismo $T: V \to V$, es simétrica con respecto al producto interior si; para todo $\mathbf{x}_1$, $\mathbf{x}_2$, de V se cumple

$$[T(\mathbf{x}_1)] . \mathbf{x}_2 = \mathbf{x}_1 . T(\mathbf{x}_2)$$

y se prueba fácilmente que: si T es una transformación simétrica, está representada por una matriz simétrica.

Para probarlo, usaremos la notación a_i^j, con subíndice para indicar la fila y superíndice para indicar la columna del elemento de la matriz de la transformación T, y la convención de suma que establece que, cuando un índice aparece repetido, significa que se suma desde 1 hasta n, la dimensión del espacio, de modo que

$$a_i^j x^i = a_1^j x^1 + a_2^j x^2 + a_3^j x^3 + \cdots + a_n^j x^n$$

Prueba: Sea $T: V \to V$, y $\{e_1, e_2, \ldots, e_n\}$ la base canónica en V, entonces

$$T e_i = a_i^m e_m \quad \text{y} \quad T e_j = a_j^p e_p$$

entonces, recordando que $e_i e_j = \delta_{ij} = \begin{cases} 1, si\ i = j \\ 0, si\ i \neq j \end{cases}$

$$(T e_i) e_j = a_i^m e_m e_j = a_i^m \delta_{mj} = a_i^j \quad \text{y} \quad e_i T e_j = e_i a_j^p e_p = a_j^p \delta_{pi} = a_j^i$$

por lo que si T es simétrica, y $(T e_i) e_j = e_i T e_j$, se concluye que $a_i^j = a_j^i$ ♦

9.1.5. *Vectores propios y simetría.* Si para una transformación simétrica T, existe un conjunto de valores propios $\lambda_1, \lambda_2, \ldots, \lambda_n$, se prueba fácilmente que los vectores propios asociados, son ortogonales.

Prueba: Sean λ_i, λ_j, dos autovalores de una transformación lineal T, y sus vectores asociados $\mathbf{x}_i, \mathbf{x}_j$, entonces es $T\mathbf{x}_i = \lambda_i \mathbf{x}_i$ y $T\mathbf{x}_j = \lambda_j \mathbf{x}_j$, y como T es simétrica

$$(T\mathbf{x}_i) . \mathbf{x}_j = \mathbf{x}_i . T\mathbf{x}_j$$

o bien

$$\lambda_i \mathbf{x}_i . \mathbf{x}_j = \mathbf{x}_i . \lambda_j \mathbf{x}_j$$

de donde

$$\left(\lambda_i - \lambda_j\right) \mathbf{x}_i . \mathbf{x}_j = 0$$

siendo $\lambda_i \neq \lambda_j$, concluimos que $\mathbf{x}_i . \mathbf{x}_j = 0$ o bien que $\mathbf{x}_i \perp \mathbf{x}_j$ ◆

9.1.6. *Operadores hermíticos*. Una transformación lineal $L: C^2[a,b] \to C[a,b]$, es un operador diferencial lineal de segundo orden en $[a,b]$, si puede expresarse como $L = a_2(x)D^2 + a_1(x)D + a_0(x)$, con $a_2 \neq 0$ en $[a,b]$, y a_1, a_0, continuos en $[a,b]$.

Un operador lineal L, definido en un intervalo I con condiciones de frontera apropiadas, es hermítico o hermitiano si; dado un conjunto de funciones $\{u_i\}$ que cumplen las condiciones de frontera dadas, se verifica

$$\int_I u_i^* L u_j = \left(\int_I u_j^* L u_i \right)^*$$

donde el asterisco indica el transpuesto conjugado, y el límite de integración I, indica que la integración de extiende a todo el intervalo I. Para el caso particular en que las u_i son funciones de valores reales, tenemos un operador simétrico.

Probaremos ahora que, los autovalores de un operador hermítico son reales y, las autofunciones a ellos asociadas, son ortogonales.

Prueba: si L es un operador hermítico, λ_i un valor propio de L y u_i la función asociada, de modo que: $Lu_i = \lambda_i u_i$, y de la misma forma $Lu_j = \lambda_j u_j$, entonces

$$\begin{cases} \int_I u_i^* L u_j = \int_I u_i^* \lambda_j u_j \\ \int_I u_j^* L u_i = \int_I u_j^* \lambda_i u_i \end{cases}$$

y como L es hermítico, se cumple que

$$\int_I u_i^* \lambda_j u_j = \left(\int_I u_j^* \lambda_i u_i \right)^* = \int_I u_j \lambda_i^* u_i^*$$

o bien $$\left(\lambda_j - \lambda_i^* \right) \int_I u_i^* u_j = 0$$

Consideramos al respecto de la última expresión, dos casos:

i) Si $i = j$, $\int_I u_i^* u_j = \int_I u_i^* u_i = \|u_i\|^2 \neq 0$, por lo que debe ser $\lambda_i - \lambda_i^* = 0$, o bien $Im(\lambda_i) = 0$, lo que significa que $\lambda_i \in \mathbb{R}$ ◆

ii) Si $i \neq j$, necesariamente $\lambda_j - \lambda_i^* \neq 0$, por lo que $\int_I u_i^* u_j = 0$, o bien $u_i \perp u_j$ ◆

9.1.7. *Ejemplo*. **a.** El operador $L = -D^2$, es simétrico en $I = [0,\pi]$ con las condiciones; $y(0) = 0$, $y(\pi) = 0$. Lo probamos verificando que $\int_0^\pi (-D^2 y_1) y_2 =$

$\int_0^\pi -y_1 D^2 y_2$, o bien que $\int_0^\pi -y_1'' y_2 = \int_0^\pi -y_1 y_2''$. Resolviendo por partes ambas integrales

$\int_0^\pi -y_1'' y_2 = -y_1' y_2 |_0^\pi + \int_0^\pi y_1' y_2' = \int_0^\pi y_1' y_2'$, ya que $y_2(0) = 0$ y $y_2(\pi) = 0$

$\int_0^\pi -y_1 y_2'' = -y_1 y_2' |_0^\pi + \int_0^\pi y_1' y_2' = \int_0^\pi y_1' y_2'$, ya que $y_1(0) = 0$ y $y_1(\pi) = 0$

b. El operador $L = D^2$, con las condiciones; $\begin{cases} u(0) = u(1); u'(1) = 0 \\ v(0) = v(1); v'(1) = 0 \end{cases}$, no es simétrico en $[0,1]$, porque $\int_0^1 u'' v = u'v|_0^1 - \int_0^1 u'v' = u'(1)v(1) - u'(0)v(0) - \int_0^1 u'v' = -\left(u'(0)v(0) + \int_0^1 u'v' \right)$, que no es igual a $\int_0^1 uv'' = uv'|_0^1 - \int_0^1 u'v' = u(1)v'(1) - u(0)v'(0) - \int_0^1 u'v' = -\left(u(0)v'(0) + \int_0^1 u'v' \right)$. **c.** El operador $L = D^2$, con las condiciones; $\begin{cases} u(0) = u(1) = 0 \\ v(0) = v(1) = 0 \end{cases}$, es simétrico en $[0,1]$, porque $\int_0^1 (u''v - v''u) = (u'v - v'u)|_0^1 - \int_0^1 (u'v' - u'v') = (u'v - v'u)|_0^1 = 0$.

Ejercicios 9.1

Resolver los siguientes problemas en la frontera.

1. $y'' + y = 0; y(0) = 1, y\left(\frac{\pi}{2}\right) = -1$.   **2.** $y'' + y = 0; y(0) = 0, y'(\pi) = 0$.

3. $y'' + 4y = 0; y(0) = 0, y\left(3\frac{\pi}{4}\right) = 4$.   **4.** $y'' + \lambda y = 0; y'(0) = y'(L) = 0$.

5. $y'' + \lambda y = 0; y(0) = y'(L) = 0$.

Respuestas:

1. $R: y = \cos x - \mathrm{sen}\, x$. **2.** $R: \frac{3}{4}$. **3.** $R: y = -4\,\mathrm{sen}\, 2x$. **4.** $R: y_n = \cos \frac{n\pi}{L} x; n = 0,1,2,\ldots$
5. $R: y_n = \mathrm{sen}\, \frac{(2n+1)\pi}{2L} x; n = 0,1,2,\ldots$

9.2 El Problema de Sturm-Liouville

Un problema de *Sturm-Liouville*, o sistema de *Sturm-Liouville*, está formado por una EDO lineal, de segundo orden en *forma autoadjunta*, junto con un par de condiciones de frontera.

9.2.1. *La forma autoadjunta.* Un operador diferencial lineal de segundo orden $L = a_2(x)D^2 + a_1(x)D + a_0(x)$, definido en un intervalo $I = [a,b]$, está en forma autoadjunta, si está expresado como

$$L = D[p(x)D] + q(x)$$

con $p(x) \in C^1[a,b]$ y $p(x) \neq 0$ en $[a,b]$, siendo $q(x) \in C[a,b]$.

Si la ecuación que deseamos expresar en forma autoadjunta es

$$a_2(x)\frac{d^2 y}{dx^2} + a_1(x)\frac{dy}{dx} + a_0(x)y = 0, \text{ con } a_2(x) \neq 0 \text{ en } I$$

comenzamos por normalizarla y escribirla como

$$\frac{d^2 y}{dx^2} + \frac{a_1(x)}{a_2(x)}\frac{dy}{dx} + \frac{a_0(x)}{a_2(x)}y = 0$$

luego, haciendo $p(x) = e^{\int \frac{a_1(x)}{a_2(x)}}$ y $q = p(x)\frac{a_0(x)}{a_2(x)}$, se ve que la ecuación puede escribirse como

$$\frac{d}{dx}(py') + qy = 0$$

cuyo desarrollo es $py'' + p'y' + qy = 0$, pero $p' = \frac{a_1}{a_2}e^{\int \frac{a_1}{a_2}}$ y $q = \frac{a_0}{a_2}e^{\int \frac{a_1}{a_2}}$, entonces

$$py'' + p'y' + qy = e^{\int \frac{a_1}{a_2}}y'' + \frac{a_1}{a_2}e^{\int \frac{a_1}{a_2}}y' + \frac{a_0}{a_2}e^{\int \frac{a_1}{a_2}}y = 0$$

o bien $$e^{\int \frac{a_1}{a_2}}\left(y'' + \frac{a_1}{a_2}y' + \frac{a_0}{a_2}y\right) = 0 \blacklozenge$$

9.2.2. *Ejemplo.* **a.** Sea la ecuación de *Legendre* $(1-x^2)y'' - 2xy' + n(n+1)y = 0$, normal en $I = (-1,1)$; $a_2 = 1 - x^2$, $a_1 = -2x$, $a_0 = n(n+1)$, entonces $p = e^{\int \frac{a_1}{a_2}} = e^{\int \frac{-2x}{(1-x^2)}} = 1 - x^2$ y $q = \frac{n(n+1)}{1-x^2}e^{\int \frac{a_1}{a_2}} = n(n+1)$. La ecuación en forma autoadjunta es $D[(1-x^2)y'] + n(n+1)y = 0$. **b.** La ecuación de *Bessel* es $x^2 y'' + xy' + (x^2 - p^2)y = 0$, normal en $I = \mathbb{R}^+$; $p = e^{\int \frac{a_1}{a_2}} = e^{\int \frac{1}{x}} = x$, $q = \frac{x^2-p^2}{x^2}e^{\int \frac{a_1}{a_2}} = \frac{x^2-p^2}{x}$, y su forma autoadjunta es; $[xy']' + \frac{x^2-p^2}{x}y = 0$. El desarrollo de la forma autoadjunta es $xy'' + y' + \frac{x^2-p^2}{x}y = 0$, que multiplicada por x restituye la ecuación original.

9.2.3. *Identidad de Lagrange*. Hemos probado en 9.1.6, que los operadores hermíticos son simétricos con autovalores reales, y que las autofunciones a ellos asociadas son ortogonales, entonces, con miras a construir una base con tales autofunciones que, si son ortogonales, son linealmente independientes, nos proponemos establecer una forma de averiguar, cuando un operador es simétrico.

Comenzamos por aplicar el operador L en forma autoadjunta como

$$Ly = (py')' + qy$$

y, si L es simétrico, entonces debe ser

$$y_1 L(y_2) - y_2 L(y_1) = 0$$

entonces $\qquad\qquad y_1[(py_2')' + qy_2] - y_2[(py_1')' + qy_1] = 0$

desarrollando es $\qquad y_1(py_2'' + p'y_2' + qy_2) - y_2(py_1'' + p'y_1' + qy_1) = 0$

o bien $\qquad\qquad p(y_2''y_1 - y_1''y_2) + p'(y_1y_2' - y_2y_1') = 0$

la última expresión, es la derivada de $p(y_1y_2' - y_2y_1')$, por lo que podemos escribir

$$[p(y_1y_2' - y_2y_1')]' = 0$$

o bien, integrando entre a y b

$$p(y_1y_2' - y_2y_1')|_a^b = 0 \blacklozenge$$

La expresión integrada que finalmente obtuvimos, es la *identidad de Lagrange* y queda claro, a partir de ella, que la simetría del operador, estará condicionada por las condiciones de frontera, que determinarán, cuando sean tales que se verifique la identidad de *Lagrange*, que el operador es simétrico.

Se deben entonces, considerar tres casos:

i) *Problema singular de Sturm-Liouville*; $p(a) = p(b) = 0$, es obvio que si p se anula en los extremos de $I = [a,b]$, se cumple la identidad de *Lagrange* y L es simétrico.

Deben no obstante, considerarse también los casos en que p se anula en un solo extremo, pero las condiciones son tales que $p(y_1y_2' - y_2y_1')$ se anula en el otro extremo y entonces se cumple la identidad de *Lagrange*, esos casos son

$$p(a) = 0 \ \text{ y } \ A\,y(b) + B\,y'(b) = 0, \text{ con } A, B, \text{ constantes}$$

$$p(b) = 0 \ \text{ y } \ C\,y(a) + D\,y'(a) = 0, \text{ con } C, D, \text{ constantes}$$

ii) *Condiciones de frontera separables o no mixtas*; $A_1\, y(a) + A_2\, y'(a) = 0$ y $B_1\, y(b) + B_2\, y'(b) = 0$, con la condición de que al menos una de las constantes A, y una de las B no sean nulas, aseguran que se cumple la identidad de *Lagrange*, y constituyen el *problema regular* de *Sturm-Liouville*.

iii) *Condiciones de frontera periódicas*; $p(a) = p(b)$, junto con $y(a) = y(b)$ y $y'(a) = y'(b)$, hacen que se satisfaga la identidad de *Lagrange*. Evidentemente, si $p(a) = p(b) = 0$, se tiene el problema singular y no se necesitan condiciones adicionales para y y su derivada.

9.2.4. *Ejemplo*. **a.** El operador $-D^2$, con las condiciones $y(0) = y(\pi)$ de 9.1.1.a, puede ser escrito como $L = D(-D)$, entonces $p = -1$ y $q = 0$, por lo que su simetría en $[0,\pi]$, la aseguran; su expresión autoadjunta, junto a las condiciones periódicas $p(0) = p(\pi) = -1$ y $y(0) = y(\pi)$. **b.** La ecuación $y'' + \lambda y = 0$, con $\begin{cases} y(0) = 0 \\ -2\,y(1) + y'(1) = 0 \end{cases}$, es un problema regular de *Sturm-Liouville*, ya que se puede escribir la ecuación en forma autoadjunta como $D(Dy) + \lambda y = 0$, y entonces; $p = 1$, $q = \lambda$, y las condiciones dadas son no mixtas.

Elegimos como solución de la ecuación, directamente $y = A\,cos\,\sqrt{\lambda}\,x + B\,sen\,\sqrt{\lambda}\,x$, que se obtiene de considerar $\lambda > 0$, ya que las opciones $\lambda < 0$ y $\lambda = 0$, conducen a soluciones triviales. La primera condición reduce la solución a $y = B\,sen\,\sqrt{\lambda}\,x$, cuya derivada es $y' = \sqrt{\lambda}\,B\,cos\,\sqrt{\lambda}\,x$. Con la segunda condición tenemos

$$-2B\,sen\,\sqrt{\lambda} + \sqrt{\lambda}\,B\,cos\,\sqrt{\lambda} = 0$$

despejando se obtiene $\quad \dfrac{1}{2}\sqrt{\lambda} = \dfrac{sen\,\sqrt{\lambda}}{cos\,\sqrt{\lambda}} = tan\,\sqrt{\lambda}$

La ecuación que obtuvimos es trascendente, vale decir que no tiene una solución algebraica. La determinación de $\sqrt{\lambda}$ gráficamente, por las intersecciones de la recta $\dfrac{\sqrt{\lambda}}{2}$ con la curva $tan\,\sqrt{\lambda}$, se muestra en la figura 9.2.4.

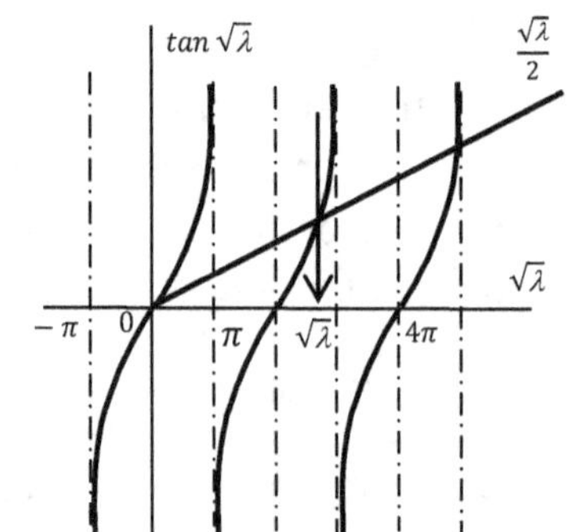

Figura 9.2.4

c. La ecuación $y'' + \lambda y = 0$ con las condiciones $\begin{cases} y(-\pi) = y(\pi) \\ y'(-\pi) = y'(\pi) \end{cases}$, expresada en forma autoadjunta es $D(Dy) + \lambda y = 0$, entonces es $p = 1$ y $q = \lambda$, por lo que; con $p(-\pi) = p(\pi) = 1$, y las condiciones dadas, es un problema periódico.

Si $\lambda < 0$, no hay solución. Si $\lambda = 0$, la ecuación se transforma en $y'' = 0$, cuya solución general es $y = c_1 x + c_2$, entonces con la primera condición es $-c_1\pi +$

$c_2 = c_1\pi + c_2$, que implica $c_1 = 0$, por lo que la solución debe ser $y = c_2$, que verifica ambas condiciones de contorno. Si $\lambda > 0$, la solución general de la ecuación es $y = A\cos\sqrt{\lambda}\,x + B\,sen\,\sqrt{\lambda}\,x$, que con la primera condición es, $A\cos\sqrt{\lambda}\,(-\pi) + B\,sen\,\sqrt{\lambda}\,(-\pi) = A\cos\sqrt{\lambda}\,\pi + B\,sen\,\sqrt{\lambda}\,\pi$ o bien, $2B\,sen\,\sqrt{\lambda}\,\pi = 0$, de donde obtenemos; $\lambda_n = n^2, n = 1, 2, 3, \ldots$

La derivada de la solución general es $y' = -\sqrt{\lambda}\,A\,sen\,\sqrt{\lambda}\,x + \sqrt{\lambda}\,B\cos\sqrt{\lambda}\,x$, que con la segunda condición $y'(-\pi) = y'(\pi)$, da; $2A\,sen\,\sqrt{\lambda}\,\pi = 0$, y entonces debe ser $\lambda_n = n = 1, 2, 3, \ldots$.

Tenemos entonces las soluciones, $y_n = A_n\cos nx + B_n\,sen\,nx$, y el conjunto completo de soluciones es; $\{c_2, \cos nx, sen\,nx: n = 1, 2, 3, \ldots\}$.

Ejercicios 9.2

Expresar en forma autoadjunta

1. $xy'' + (1-x)y + ny = 0; n = 0, 1, 2, 3, \ldots$, Ec. de *Laguerre*, $I = [0, \infty)$.

2. $(1-x^2)y'' - xy' + n^2y = 0; n = 0, 1, 2, 3, \ldots$, Ec. de *Chebishev*, $I = [-1,1]$.

3. $y'' - 2xy' + 2ny = 0; n = 0, 1, 2, 3, \ldots$, Ec. de *Hermite*, $I = (-\infty, \infty)$.

Encontrar los autovalores y autofunciones.

4. $y'' + \lambda y = 0; y(0) = 0, y'(1) = 0$.   **5.** $y'' + \lambda y = 0; y'(0) = y'(\pi) = 0$.

6. $y'' + \lambda y = 0; y(-1) = y(1), y'(-1) = y'(1)$.   **7.** $y'' + \lambda y = 0; y'(0) = 0, y(1) = 0$.

8. $y'' + \lambda y = 0; y(0) = 0, y'(1) = 0$.   **9.** $y'' + \lambda y = 0; y'(0) = 0, y'(1) = 0$.

10. $y'' + \lambda y = 0; y(0) = y(\pi), y'(0) = y'(\pi)$.

Respuestas:

1. $R: (xe^{-x}y')' + ne^{-x}y = 0$.

2. $R: y = \left[(1-x^2)^{\frac{1}{2}}y'\right]' + \dfrac{n^2}{(1-x^2)^{\frac{1}{2}}}y = 0$.

3. $R: \left(e^{-x^2}y'\right)' + 2ne^{-x^2}y = 0$.

4. $R: \lambda_n = \left(\dfrac{2n+1}{2}\right)^2\pi^2, n = 0, 1, 2, \ldots; y_n = sen\,\dfrac{2n+1}{2}\pi x$.

5. R: $\lambda_n = n^2, n = 0,1,2, \dots$; $y_n = \cos nx$.

6. R: $\lambda_0 = 0, \lambda_n = n^2\pi^2, n = 1,2, \dots$; $y_n = \{c_1, sen\ n\pi x, \cos n\pi x\}$.

7. R: $\lambda_n = \left(\frac{2n+1}{2}\right)^2 \pi^2, n = 0,1,2, \dots$; $y_n = \cos \frac{2n+1}{2}\pi x$.

8. R: $\lambda_n = \left(\frac{2n+1}{2}\right)^2 \pi^2, n = 0,1,2, \dots$; $y_n = sen \frac{2n+1}{2}\pi x$.

9. R: $\lambda_n = -n^2\pi^2, n = 0,1,2, \dots$; $y_n = \cos n\pi x$.

10. R: $\lambda_0 = c_2, \lambda_n = 4n^2, n = 1,2, \dots$; $y_n = \{sen\ 2nx, \cos 2nx\}$.

9.3 Desarrollos en Autofunciones

Retomamos ahora la cuestión de resolver el problema con valor en la frontera de la forma

$$Ly = h$$

donde L es el operador definido en 9.1. Trataremos de resolver el problema, con un desarrollo en funciones propias asociadas al operador L, considerando a tales funciones, una base apropiada para expresar h, y en el supuesto de que el procedimiento sea lícito.

9.3.1. *El problema no homogéneo.* Sea resolver $Ly = h$, con $h \in C[a, b]$ conocida, y L un operador diferencial lineal normal en $[a, b]$, que actúa sobre un subespacio $S \subseteq C^2[a, b]$, definido por las condiciones de frontera, o sea: S es el conjunto de funciones con derivada segunda continua, que satisfacen las condiciones de frontera.

Entonces, si $\{\lambda_0, \lambda_1, \lambda_2, \dots, \lambda_n, \dots\}$ son los autovalores del operador L, y $\{\varphi_0, \varphi_1, \varphi_2, \dots, \varphi_n, \dots\}$ son las correspondientes autofunciones; para la ecuación

$$Ly = h$$

proponemos $\qquad\qquad h = \sum_0 c_n \varphi_n$

Queda así h expresada como una serie generalizada de *Fourier*, cuya base son las funciones ortogonales φ_n, y cuyos *coeficientes generalizados de Fourier* calculamos como

$$c_n = \frac{h.\varphi_n}{\|\varphi_n\|^2} = \frac{\int_a^b h(x)\,\varphi_n(x)\,dx}{\int_a^b [\,\varphi_n(x)]^2\,dx}$$

y, si para la solución buscada y, su desarrollo en autofunciones es

$$y = \Sigma_0\, \alpha_n \varphi_n$$

es fácil resolver el problema $Ly = h$, reemplazando y y h, por sus desarrollos

$$L\,\Sigma_0\, \alpha_n \varphi_n = \Sigma_0\, c_n \varphi_n$$

o bien
$$\Sigma_0\, L(\alpha_n \varphi_n) = \Sigma_0\, \alpha_n \lambda_n \varphi_n = \Sigma_0\, c_n \varphi_n$$

y de igualar los coeficientes obtenemos $\alpha_n \lambda_n = c_n$, o bien $\alpha_n = \frac{c_n}{\lambda_n}$, con lo que tenemos el desarrollo de la función buscada y

$$y = \Sigma_0\, \alpha_n \varphi_n = \Sigma_0\, \frac{c_n}{\lambda_n}\, \varphi_n \;\blacklozenge$$

Observaciones: Siendo $\alpha_n = \frac{c_n}{\lambda_n}$, no se admite el valor $\lambda_n = 0$, excepto que sea el correspondiente $c_n = 0$, y entonces hay infinitas soluciones posibles. El desarrollo $y = \Sigma_0\, \frac{c_n}{\lambda_n}\, \varphi_n$ que obtuvimos, no tiene asegurada su convergencia, que depende de la naturaleza de h y el sistema ortogonal $\{\varphi_j\}$ que hayamos usado en particular, por lo que la solución que se obtenga, en principio será solo una solución formal.

Asumimos también, sin demostrarlo, que existen infinitos λ_n y, que esos autovalores, forman una sucesión ordenable según; $|\lambda_0| < |\lambda_1| < |\lambda_2| < \cdots$ con $\lim_\infty \lambda_n = \infty$.

9.3.2. *Ejemplo.* **a.** Si $Ly = h$ es $-D^2 y = x$, entonces según vimos en 9.1.2, el operador $L = -D^2$ con $\begin{cases} y(0) = 0 \\ y(\pi) = 0 \end{cases}$, tiene los autovalores $\lambda_n = n^2$ que resultan de resolver $D^2 y + \lambda y = 0$, con las condiciones dadas, y asociadas a los $\lambda_n = n^2$, las autofunciones $\varphi_n = sen\, nx$. Entonces, para

$$-y'' = x$$

proponemos la solución

$$y = \sum_1 \alpha_n\, \varphi_n = \sum_1 \frac{c_n}{\lambda_n}\, \varphi_n = \sum_1 \frac{c_n}{n^2}\, sen\, nx$$

con los c_n coeficientes generalizados de *Fourier*, $c_n = \frac{\int_0^\pi h\,\varphi_n}{\int_0^\pi (\varphi_n)^2}$, por lo que

$$c_n = \frac{\int_0^\pi x\,sen\,nx}{\int_0^\pi (sen\,nx)^2} = \frac{2}{\pi}\int_0^\pi x\,sen\,nx = \frac{(-)^{n+1}2}{n}$$

y resulta
$$y = 2\sum_1 (-)^{n+1}\frac{sen\,nx}{n^3}$$

b. Resolvemos la ecuación $y'' = \pi x - x^2$, en $[0,\pi]$ con $y(0) = y(\pi) = 0$. Sabemos ya que el problema de *Sturm-Liouville* asociado, $y'' + \lambda y = 0$, con las condiciones dadas, tiene autovalores $\lambda_n = n^2$ y autofunciones asociadas $\{\varphi_n\} = \{sen\,nx\}$, entonces, en el sistema ortogonal $\{\varphi_n\}$

$$c_n = \frac{h.\varphi_n}{\|\varphi_n\|^2} = \frac{\int_0^\pi (\pi x - x^2)\,sen\,nx}{\int_0^\pi sen^2 nx} = \frac{2}{\pi}\int_0^\pi (\pi x - x^2)\,sen\,nx = \frac{8}{\pi n^3},\, n = 2m+1$$

tomando $n^2 = (2m+1)^2$, $\lambda_n = (2m+1)^2$, con lo que es $\alpha_n = \frac{c_n}{\lambda_n} = \frac{8}{\pi(2m+1)^5}$

y para $y(x)$, tenemos $y = \sum_1 \alpha_n\,sen\,nx = \frac{8}{\pi}\sum_1 \frac{c_n}{\lambda_n}\frac{sen\,(2m+1)x}{(2m+1)^5}$.

9.3.3. *Ortogonalidad con respecto a una función peso.* Ampliamos ahora lo visto en 9.2.3, para considerar el problema de *Sturm-Liouville* en la forma

i) $$Ly = [py']' + [q - \lambda w]y = 0$$

siendo como antes, $p = p(x) \in C^1[a,b]$ y $q = q(x) \in C[a,b]$, con p que no se anula en punto alguno de $[a,b]$ y $w = w(x) \in C[a,b]$, no negativa en $[a,b]$, y nula en a lo sumo, un número finito de puntos.

ii) Un par de condiciones homogéneas en la frontera, que determinan el dominio $S \subseteq C^2[a,b]$ del operador L.

Probaremos ahora que: Con las condiciones dadas en i) y ii), si como en 9.2.3 se cumple que, para cada par de funciones y_1, y_2 de S

$$p(y_1 y_2' - y_2 y_1')|_a^b = 0$$

entonces cualquier conjunto de funciones propias, asociadas a distintos valores propios para el operador L en S, es ortogonal con respecto a la función peso w, esto es $\int_a^b y_i y_j w = 0$, si $i \neq j$.

Prueba: Si $[py']' + [q - \lambda w]y = 0$, entonces $[py']' + qy = \lambda wy$ o bien, $Ly = \lambda wy$ y, si λ_1 y λ_2 son autovalores para L

$$Ly_1 = \lambda_1 w\, y_1 \quad \text{y} \quad Ly_2 = \lambda_2 w\, y_2$$

entonces, sin suponer que L sea simétrico, multiplicando la segunda ecuación por y_1 y restándole la primera multiplicada por y_2 resulta

$$y_1 L y_2 - y_2 L y_1 = (\lambda_2 - \lambda_1) w\, y_1 y_2$$

y como en 9.2.3, desarrollando $y_1 L y_2 - y_2 L y_1$

$$(\lambda_2 - \lambda_1) w y_1 y_2 = [p(y_1 y_2' - y_2 y_1')]'$$

o bien, integrando entre a y b

$$(\lambda_2 - \lambda_1) \int_a^b w\, y_1 y_2 = p(y_1 y_2' - y_2 y_1')|_a^b \;\blacklozenge$$

y como antes, se sigue que; si $\lambda_1 \neq \lambda_2$, entonces $\int_a^b w\, y_1 y_2 = 0$ siempre que $p(y_1 y_2' - y_2 y_1')|_a^b = 0$, para lo que valen las consideraciones anteriormente hechas en los casos $i)$, $ii)$, y $iii)$ de 9.2.3, donde se trató los problemas singular, regular y periódico respectivamente.

9.3.4. *Ejemplo.* **a.** Sea la ecuación $y'' + (1 + \lambda)y = 0$, con las condiciones de contorno $y(0) = y(\pi) = 0$. Como y' no aparece en la ecuación, es $p = e^{\int 0} = 1$, y $q = (1 + \lambda)e^0 = 1 + \lambda$, y entonces podemos escribir la ecuación en forma autoadjunta como $(y')' + (1 + \lambda)y = 0$ o bien, $(y')' + y = -\lambda y$, con lo que resulta $w = -1$. Consideramos continuación tres casos como en 7.2.2

$i)$ Si $\lambda > -1$, la ecuación subsidiaria para la ecuación $y'' + (1 + \lambda)y = 0$, es $m^2 + (1 + \lambda) = 0$, de donde $m = \pm i\sqrt{1 + \lambda} = \pm i\mu$, y la solución general de la ecuación es; $y = A\cos \mu x + B\,sen\,\mu x$. Con la primera condición de contorno, la solución es $y(0) = A = 0$, por lo se reduce a; $y = B\,sen\,\mu x$. Con la segunda condición de contorno es $y(\pi) = B\,sen\,\mu\pi = 0$, por lo que debe ser $\mu\pi = n\pi$, o bien $\mu = n$, y como $\sqrt{1 + \lambda} = \mu$, es $\lambda_n = n^2 - 1$. Entonces el sistema ortogonal en $[0, \pi]$ es; $\{\varphi_n\} = \{sen\,nx : n = 1, 2, 3, \ldots\}$.

$ii)$ Si $\lambda = -1$, la ecuación se reduce a $y'' = 0$, con ecuación subsidiaria $m^2 = 0$, y solución general $y = c_1 x + c_2$, que con la primera condición de contorno es, $y(0) = c_2 = 0$ y la solución se reduce a; $y = c_1 x$. Al aplicar la segunda condición se obtiene, $y(\pi) = c_1 \pi = 0$, por lo que se tiene $c_1 = 0$, y la solución es trivial; $y = 0$.

iii) Si $\lambda < -1$, la ecuación subsidiaria es $m^2 + (1+\lambda) = 0$ y $m = \pm\mu$, entonces la solución general es $y = c_1 e^{\mu x} + c_2 e^{-\mu x}$, y con las condiciones de contorno obtenemos; $\begin{cases} y(0) = c_1 + c_2 = 0, \text{o } c_1 = -c_2 \\ y(\pi) = c_1 e^{\mu\pi} - c_1 e^{-\mu\pi} = 2c_1 \operatorname{senh} \mu\pi = 0 \end{cases}$. Concluimos entonces que $c_1 = 0$, con lo que se obtiene la solución trivial; $y = 0$.

b. Sea la ecuación $4y'' - 4y' + (1+\lambda)y = 0$, con las condiciones de contorno $y(-1) = y(1) = 0$. Primero normalizamos la ecuación dividiéndola por 4, y obtenemos $y'' - y' + \frac{1+\lambda}{4}y = 0$, entonces con $p = e^{-x}$ y $q = \frac{1+\lambda}{4}e^{-x}$, podemos escribir la ecuación en forma autoadjunta como; $(e^{-x}y')' + \frac{1+\lambda}{4}e^{-x}y = 0$. A continuación despejamos el término $\frac{\lambda}{4}e^{-x}y$, y obtenemos

$$(e^{-x}y')' + \frac{1}{4}e^{-x}y = -\frac{\lambda}{4}e^{-x}y$$

que es de la forma $Ly = \lambda w\, y$, donde $Ly = (py')' + qy$ con $p = e^{-x}$, $q = \frac{1}{4}e^{-x}$, y $w = \frac{-e^{-x}}{4}$. Ahora probamos que para $Ly = (e^{-x}y')' + \frac{1}{4}e^{-x}y = 0$, hay autofunciones ortogonales en $[-1,1]$ respecto a la función peso $w = \frac{-e^{-x}}{4}$, con las condiciones de contorno $y(-1) = y(1) = 0$. Al respecto de que esté asegurada, la existencia de tales funciones, nos remitimos la conclusión obtenida en 9.3.3; la nulidad de $p(y_1 y_2' - y_2 y_1')|_{-1}^{1}$, queda asegurada con $y(-1) = y(1) = 0$.

Finalmente, como en 7.2.2, debemos considerar en la solución general de $4y'' - 4y' + (1+\lambda)y = 0$, tres casos

i) Si $\lambda > 0$, la ecuación subsidiaria es ecuación $4m^2 - 4m + (1+\lambda) = 0$, y $m = \frac{4 \pm \sqrt{16 - 16(1+\lambda)}}{8} = \frac{1}{2} \pm \frac{1}{2}\sqrt{-\lambda} = \frac{1}{2} \pm \frac{1}{2}i\sqrt{\lambda}$. Entonces la solución general es; $y = e^{\frac{1}{2}x}\left(A\cos\frac{\sqrt{\lambda}}{2}x + B\, sen\,\frac{\sqrt{\lambda}}{2}x\right)$; y aplicando las condiciones de contorno

$$\begin{cases} y(-1) = e^{-\frac{1}{2}}\left(A\cos\frac{\sqrt{\lambda}}{2} - B\, sen\,\frac{\sqrt{\lambda}}{2}\right) = 0 \\ y(1) = e^{\frac{1}{2}}\left(A\cos\frac{\sqrt{\lambda}}{2} + B\, sen\,\frac{\sqrt{\lambda}}{2}\right) = 0 \end{cases}, \text{ de donde } \begin{cases} \left(A\cos\frac{\sqrt{\lambda}}{2} - B\, sen\,\frac{\sqrt{\lambda}}{2}\right) = 0 \\ \left(A\cos\frac{\sqrt{\lambda}}{2} + B\, sen\,\frac{\sqrt{\lambda}}{2}\right) = 0 \end{cases}$$

Sumando y restando las últimas expresiones obtenemos; $2A\cos\frac{\sqrt{\lambda}}{2} = 0$ y $-2B\, sen\,\frac{\sqrt{\lambda}}{2} = 0$, que significan en el primer caso, $\frac{\sqrt{\lambda}}{2} = \left(\frac{2n+1}{2}\right)\pi$, o bien $\lambda_n = (2n+1)^2\pi^2$, si $A \neq 0$, y en el segundo caso, $\lambda_n = 4n^2\pi^2$, si $B \neq 0$.

El conjunto solución, es $\varphi_n = \left\{e^{\frac{1}{2}x}\cos\left(\frac{2n+1}{2}\right)\pi x, e^{\frac{1}{2}x}\, sen\, n\pi x\right\}_{n=1}^{\infty}$.

ii) Si $\lambda = 0$, la ecuación subsidiaria es $4m^2 - 4m + 1 = 0$ y $m = \frac{4 \pm \sqrt{16-16}}{8} = \frac{1}{2}$. La solución general es $y = c_1 e^{\frac{1}{2}x} + c_2 x e^{\frac{1}{2}x}$, y con las condiciones de contorno se tiene

$$\begin{cases} y(-1) = c_1 e^{-\frac{1}{2}} - c_2 e^{-\frac{1}{2}} = 0 \\ y(1) = c_1 e^{\frac{1}{2}} + c_2 e^{\frac{1}{2}} = 0 \end{cases} \text{ o bien } \begin{cases} c_1 = c_2 \\ c_1 = -c_2 \end{cases}, \text{ que implica } c_1 = c_2 = 0, \text{ lo que}$$

conduce a la solución trivial; $y = 0$.

iii) Si $\lambda < 0$, la ecuación subsidiaria es $4m^2 - 4m + (1-\lambda) = 0$. Con $m = \frac{4 \pm \sqrt{16-16(1-\lambda)}}{8} = \frac{1}{2} \pm \frac{1}{2}\sqrt{\lambda}$, la solución general es $y = c_1 e^{\frac{1}{2}(1+\sqrt{\lambda})x} + c_2 e^{\frac{1}{2}(1-\sqrt{\lambda})x}$, y aplicando las condiciones de contorno, se tiene nuevamente la solución trivial; $y = 0$.

Ejercicios 9.3

Dar la solución formal, en serie de autofunciones correspondientes al problema de *Sturm-Liouville* asociado.

1. $y'' = x; y(0) = 0, y'(1) = 0.$ **2.** $y'' = \pi - x; y'(0) = y'(\pi) = 0.$

3. $y'' = |x|; y(-1) = y(1), y'(-1) = y'(1).$ **4.** $y'' = 1 - x; y'(0) = 0, y(1) = 0.$

5. $y'' = \pi - x; y(0) = 0, y'(1) = 0.$ **6.** $y'' = sen\,\pi x; y'(0) = 0, y'(1) = 0.$

Encontrar la función peso y las autofunciones ortogonales respecto de la función peso.

7. $y'' + (1-\lambda)y = 0; y'(0) = 0, y'(\pi) = 0.$

8. $y'' + 2y' + (1-\lambda)y = 0; y(0) = 0, y(\pi) = 0.$

9. $y'' + 2y' + (1-\lambda)y = 0; y'(0) = 0, y'(1) = 0.$

10. $y'' + 4y' + (5-\lambda)y = 0; y(0) = 0, y(1) = 0.$

Dar la solución formal, en serie de autofunciones correspondientes al problema de *Sturm-Liouville* asociado.

11. $y'' + (1-\lambda)y = x; y'(0) = 0, y'(\pi) = 0.$

12. $y'' + 4y' + (5-\lambda)y = xe^{-2x}; y(0) = 0, y(1) = 0.$

Respuestas:

1. $R: y = \sum_0 \pi^2(2n+1)sen\,\frac{2n+1}{2}\pi x$. **2.** $R: \lambda_0 = 0, c_0 = \frac{\pi}{2} \neq 0, no\ hay\ sol.$

3. $R: \lambda_0 = 0, c_0 = \frac{1}{2} \neq 0, no\ hay\ sol.$ **4.** $R: y = \frac{32}{\pi^4}\sum_0 \frac{1}{(2n+1)^4}(2n+1)\cos\frac{2n+1}{2}\pi x.$

5. $R: y = \frac{16}{\pi^4}\sum_0 \frac{(2n+1)^2-2}{(2n+1)^4}sen\,\frac{2n+1}{2}\pi x.$ **6.** $R: \lambda_0 = 0, c_0 = \frac{4}{\pi} \neq 0, no\ hay\ sol.$

7. $R: w = 1; \lambda_n = n^2 + 1, n = 0,1,2,\dots, \varphi_n = cos\ nx, \perp en\ [0,\pi].$ **8.** $R: w = e^{2x}; \varphi_n = e^{-x}sen\ nx, n = 1,2,3,\dots \perp en\ [0,\pi]\ respecto\ de\ w = e^{2x}.$

9. $\qquad R: w = e^{2x}; \lambda_n = n^2\pi^2, n = 1,2,3,\dots, \varphi_n = e^{-x}(n\pi\ cos\ n\pi x + sen\ n\pi x); \lambda_0 = -1, \varphi_0 = c \neq 0; \perp en\ [0,\pi]\ respecto\ de\ w = e^{2x}.$ **10.** $R: w = e^{4x}; \lambda_n = 1 - n^2\pi^2, n = 1,2,3,\dots, \varphi_n = e^{-2x}sen\ n\pi x, \perp en\ [0,1]\ respecto\ de\ w = e^{4x}.$

11. $R: y = \frac{2}{\pi}\sum_0 \frac{(-)^n 2}{(2n+1)^2[(2n+1)^2+1]}cos(2n+1)x.$ **12.** $R: y = \sum_0 \frac{(-)^n 2}{n\pi(1-n^2\pi^2)}e^{-2x}\,sen\ n\pi x.$

Bibliografía:

— Kaplan, Wilfred. *Matemáticas avanzadas para estudiantes de ingeniería*. Ed. Fondo Educativo Interamericano. México, 1985.

— Kreider, Donald L; Kuller, Robert G; Ostberg, Donald. *Ecuaciones diferenciales*. Ed. Fondo Educativo Interamericano. México, 1971.

— Kreider, Donald L; Kuller, Robert G; Ostberg, Donald; Perkins, Fred W. *Introducción al análisis lineal, (parte 2)*. Ed. Fondo Educativo Interamericano. México, 1978.

— Kreyszig, Erwin. *Matemáticas avanzadas para ingeniería*. Ed. Limusa. México, 1979.

— Mathews, J.; Walker, R. L. *Matemáticas para físicos*. Ed. Reverté. Barcelona, 1979.

— O´Neil, Peter V. *Matemáticas avanzadas para ingeniería*. Ed. Cengaje Learning. México, 2008.

10 ECUACIONES EN DERIVADAS PARCIALES

Una ecuación diferencial en derivadas parciales EDP, relaciona una o más funciones, dependientes de más de una variable, con sus derivadas parciales respecto de las variables independientes. Las EDP surgen naturalmente en la descripción de problemas geométricos o fenómenos físicos, cuando las variables que intervienen dependen de más de una variable, siendo frecuentemente una de ellas el tiempo. Por el hecho de figurar en estas ecuaciones derivadas parciales, las condiciones de contorno requeridas, serán más fuertes que en el caso de las EDO, ya que la derivación parcial, necesariamente implica una pérdida de información acerca de la solución y por ello, el valor de la solución y/o su derivada, deben conocerse sobre la frontera. Podemos por caso considerar la sencilla ecuación $\frac{\partial u}{\partial x} - \frac{\partial u}{\partial y} = 0$, para la que cualquier función derivable de la forma $u = u(x + y)$, tal como $u = e^{x+y}$, $u = c(x + y)^n$ es solución, por lo que las soluciones de una EDP, pueden tener muy distinto aspecto, según las condiciones que se impongan.

10.1 Conceptos generales

Transcribimos a continuación, al contexto de las EDP, algunos conceptos generales adquiridos ya en el estudio de las EDO.

10.1.1. *Orden de la ecuación diferencial.* El orden de una EDP, es el de la derivada de mayor orden que figura en la ecuación.

10.1.2. *Ejemplo.* **a.** $\frac{\partial^2 u}{\partial x \partial y} = x^2 - 3y$, que también podemos escribir como $u''_{xy} = x^2 - 3y$, o simplemente $u_{xy} = x^2 - 3y$, es una ecuación de segundo orden. Se sobreentiende que es $u = u(x, y)$. **b.** $\frac{\partial^3 u}{\partial x^2 \partial y} + \frac{\partial u}{\partial x} + x^2 \frac{\partial u}{\partial y} = 0$, es una ecuación de tercer orden, que podemos escribir como; $u_{xxy} + u_x + x^2 u_y = 0$. **c.** La ecuación unidimensional del calor es, $u_{xx} = \frac{1}{c^2} u_t$, y es una ecuación de segundo orden, donde $u = u(x, t)$ y c una constante. La misma ecuación, en dos dimensiones es $u_{xx} + u_{yy} = \frac{1}{c^2} u_t$, con $u = u(x, y, t)$ y c una constante, y también es una ecuación de segundo orden.

10.1.3. *Solución de una EDP*. Una función implícita o explícita de las variables independientes, que reemplazada en la ecuación diferencial, la satisfaga idénticamente, es una solución.

10.1.4. *Ejemplo*. **a.** La ecuación del calor $u_{xx} = \frac{1}{c^2}u_t$, tiene como solución la función $u(x,t) = e^{-c^2 t}sen\,x$ ya que, si se reemplazan en la ecuación; $u_t = -c^2 e^{-c^2 t}\,sen\,x$ y $u_{xx} = -e^{-c^2 t}sen\,x$, la ecuación queda satisfecha. **b.** La ecuación $u_{xy} = x^3 y^2$, tiene como solución $u(x,y) = \frac{x^4 y^3}{12}$, y también $U(x,y) = \frac{x^4 y^3}{12} + c_1 x + c_2 y$ con c_1 y c_2 constantes, ya que; $u_{xy} = x^3 y^2$ y $U_{xy} = x^3 y^2$. **c.** En 1.5.1 definimos como funciones armónicas, a aquellas que satisfacen la ecuación de *Laplace*. Son entonces soluciones de la ecuación $\frac{\partial^2 u}{\partial x^2} + \frac{\partial^2 u}{\partial y^2} = 0$, las funciones $u = e^x cos\,y$, $u = \ln(x^2 + y^2)$, $u = xy$.

10.1.5. *Soluciones general, particular y singular*. La solución general de una EDP de orden n, contiene n funciones arbitrarias de las variables independientes, de la misma forma que una EDO de orden n, posee n constantes arbitrarias y, la solución particular, se obtiene de la solución general por elección de las funciones arbitrarias. Una solución singular, es una solución que no puede obtenerse de la solución general.

10.1.6. *Ejemplo*. **a.** En 1.5.3.a obtuvimos la armónica conjugada $v(x,y)$, como $v(x,y) = \int \frac{\partial v}{\partial y} dy + \varphi(x)$, siendo $\varphi(x)$ una función arbitraria que debe agregarse, puesto que la integral $\int \frac{\partial v}{\partial y} dy$, solo computa la variación según la variable y, quedando por evaluar la variación según la variable x. **b.** Resolvemos ahora la ecuación $\frac{\partial^2 u}{\partial x \partial y} = x^2 - xy$, con las condiciones de contorno $\begin{cases} u(x,0) = x^2 \\ u(1,y) = y \end{cases}$.

Comenzamos por expresar la ecuación como $\frac{\partial^2 u}{\partial x \partial y} = \frac{\partial}{\partial x}\left(\frac{\partial u}{\partial y}\right) = x^2 - xy$, y la integramos respecto de x para obtener; $\int \frac{\partial}{\partial x}\left(\frac{\partial u}{\partial y}\right) dx = \int (x^2 - xy)\,dx + \varphi(y)$ o bien, $\frac{\partial u}{\partial y} = \frac{x^3}{3} - \frac{x^2 y}{2} + \varphi(y)$, donde agregamos la función arbitraria $\varphi(y)$, porque hemos integrado una diferencial parcial y no una diferencial total. A continuación integramos respecto de y, para obtener; $u(x,y) = \int \frac{\partial u}{\partial y} dy = \int \left[\frac{x^3}{3} - \frac{x^2 y}{2} + \varphi(y)\right] dy + G(x) = \frac{x^3 y}{3} - \frac{x^2 y^2}{4} + \int \varphi(y)\,dy + G(x)$, donde igual que antes, hemos sumado la función arbitraria $G(x)$, porque la diferencial integrada no es una diferencial total.

Notando $F(y) = \int \varphi(y)\, dy$, escribimos el resultado como $u(x, y) = \frac{x^3 y}{3} - \frac{x^2 y^2}{4} + F(y) + G(x)$, y queda entonces $u(x, y)$, indeterminada por dos funciones arbitrarias; $F(y)$ y $G(x)$.

Análogamente a la determinación de las constantes arbitrarias en una EDO, ahora determinamos las funciones arbitrarias, sirviéndonos de la condiciones de contorno para obtener la solución particular. Con la primera condición obtenemos

$$u(x, 0) = 0 - 0 + F(0) + G(x) = x^2$$

y con la segunda
$$u(1, y) = \frac{y}{3} - \frac{y^2}{4} + F(y) + G(1) = y$$

de la primera ecuación despejamos $G(x) = x^2 - F(0)$, de donde obtenemos $G(1) = 1 - F(0)$, que reemplazado en la segunda da

$$u(1, y) = \frac{y}{3} - \frac{y^2}{4} + F(y) + 1 - F(0) = y$$

o bien
$$F(y) = \frac{2}{3} y + \frac{y^2}{4} - 1 + F(0)$$

Entonces; $u(x, y) = \frac{x^3 y}{3} - \frac{x^3 y^2}{4} + F(y) + G(x)$ es

$$u(x, y) = \frac{x^3 y}{3} - \frac{x^2 y^2}{4} + \frac{2}{3} y + \frac{y^2}{4} - 1 + F(0) + x^2 - F(0) = \frac{x^3 y}{3} - \frac{x^2 y^2}{4} + \frac{2}{3} y + \frac{y^2}{4} - 1 + x^2.$$

10.2 EDP Lineal de Segundo Orden

Una EDP es lineal, si está definida por un operador lineal, lo que significa que la variable dependiente y sus derivadas, figuran en la ecuación con la primera potencia, y sus coeficientes, son funciones de las variables dependientes únicamente. Para el caso de las de segundo orden, de las que nos ocuparemos a continuación, su expresión general es

$$A(x, y)\frac{\partial^2 u}{\partial x^2} + B(x, y)\frac{\partial^2 u}{\partial x \partial y} + C(x, y)\frac{\partial^2 u}{\partial y^2} + D(x, y)\frac{\partial u}{\partial x} + E(x, y)\frac{\partial u}{\partial y} = F(u, x, y)$$

Si los coeficientes D y E, junto con la función F son nulos, la ecuación es

$$A(x, y)\frac{\partial^2 u}{\partial x^2} + B(x, y)\frac{\partial^2 u}{\partial x \partial y} + C(x, y)\frac{\partial^2 u}{\partial y^2} = 0$$

y se dice que es homogénea.

10.2.1. *Principio de superposición*. Para las soluciones de las EDP lineales, vale el principio de superposición, que aplicamos a las EDO lineales en 7.2.1, y establece que: La suma de las soluciones de una EDP lineal, es también solución de la ecuación. La prueba de este principio, es análoga a la utilizada para las EDO.

Extendemos sin demostración el principio de superposición, al caso de infinitas soluciones, entonces; si $\{u_n(x,y)\}_{n=0}^{\infty}$ son soluciones de una EDP lineal, la solución puede ser escrita como

$$u(x,y) = \sum_{n=0}^{\infty} u_n(x,y)$$

10.2.2. *Ejemplo*. **a.** La ecuación de *Laplace* $\frac{\partial^2 u}{\partial x^2} + \frac{\partial^2 u}{\partial y^2} = 0$, tiene como soluciones $u_1 = 2xy$, $u_2 = e^x \cos y$, $u_3 = e^x \operatorname{sen} y$, por lo que $u = c_1 2xy + c_2 e^x \cos y + c_3 e^x \operatorname{sen} y$, es también solución de la ecuación de *Laplace*. **b.** La misma ecuación de *Laplace*, tiene como soluciones $u_n = e^{-nx} \operatorname{sen} ny$, por lo que podemos escribir; $u(x,y) = \sum_0 c_n e^{-nx} \operatorname{sen} ny$.

10.2.3. *Soluciones de las EDP lineales homogéneas con coeficientes constantes.* Nos ocuparemos específicamente de las EDP lineales y homogéneas cuyos coeficientes son constantes o sea, ecuaciones de la forma

$$a\frac{\partial^2 u}{\partial x^2} + b\frac{\partial^2 u}{\partial x \partial y} + c\frac{\partial^2 u}{\partial y^2} = 0$$

Así como en 7.2.1 para las EDO lineales con coeficientes constantes, propusimos una solución de la forma $y = e^{\lambda x}$, ahora para las EDP lineales y homogéneas con coeficientes constantes, ensayamos una solución de la forma $u = e^{y+mx}$. Si $u = e^{y+mx}$ es una solución, entonces reemplazadas en la ecuación sus derivadas; $u_{xx} = m^2 e^{y+mx}$, $u_{xy} = m e^{y+mx}$ y $u_{yy} = e^{y+mx}$, la deben verificar, o sea

$$am^2 e^{y+mx} + bm e^{y+mx} + c e^{y+mx} = e^{y+mx}(am^2 + bm + c) = 0$$

y entonces, debe ser la ecuación subsidiaria $am^2 + bm + c = 0$, o bien

$$m = \frac{-b \pm \sqrt{b^2 - 4ac}}{2a}$$

Consideramos a continuación, los distintos casos que pueden presentarse

$i)$ Si $a \neq 0$, y las raíces son $m_1 \neq m_2$, hay dos soluciones

$$u_1 = e^{y+m_1 x} \quad \text{y} \quad u_2 = e^{y+m_2 x}$$

y la solución general es; $u(x,y) = c_1 u_1 + c_2 u_2 = c_1 e^{y+m_1 x} + c_2 e^{y+m_2 x}$ ♦

ii) Si $a \neq 0$, y las raíces son $m_1 = m_2 = m$, como en el caso de las EDO, una segunda solución, se puede obtener multiplicando la primera por x y entonces

$$u_1 = e^{y+mx} \quad \text{y} \quad u_2 = xu_1 = xe^{y+mx}$$

y la solución general es

$$u(x,y) = c_1 u_1 + c_2 u_2 = c_1 e^{y+mx} + c_2 xe^{y+mx} \text{ ♦}$$

Se prueba que $u_2 = xe^{y+mx}$ es una solución, sustituyendo en la ecuación sus derivadas parciales

$$u_{xx} = e^{y+mx}(2m + m^2 x), \ u_{xy} = e^{y+mx}(1 + mx) \ \text{y} \ u_{yy} = xe^{y+mx}$$

para obtener $\qquad\qquad e^{y+mx}[a(2m + m^2 x) + b(1 + mx) + cx]$

o bien $\qquad\qquad e^{y+mx}\left[x\left(\underbrace{am^2 + bm + c}_{=0}\right) + \underbrace{2am + b}_{=0}\right] = 0$ ♦

$am^2 + bm + c = 0$, porque m es su raíz, y $2am + b = 0$ porque, siendo m una raíz doble; es $m = \dfrac{-b}{2a}$.

iii) Si $a = 0$ y $b \neq 0$, la ecuación es $b\dfrac{\partial^2 u}{\partial x \partial y} + c\dfrac{\partial^2 u}{\partial y^2} = 0$, y la ecuación subsidiaria es $bm + c = 0$, con una sola raíz $m = -\dfrac{c}{b}$, entonces

$$u = e^{y+mx}$$

y como cualquier función arbitraria $f(x)$ es también solución, la solución general es;

$$u(x,y) = e^{y+mx} + f(x) \text{ ♦}$$

$iiii$) Si $a = 0$ y $b = 0$, la ecuación es $c\dfrac{\partial^2 u}{\partial y^2} = 0$, que se integra directamente en dos pasos como

$$\int \frac{d}{dy}\left(\frac{\partial u}{\partial y}\right) dy = \frac{\partial u}{\partial y} + f(x)$$

y $\qquad\qquad \int \left[\dfrac{\partial u}{\partial y} + f(x)\right] dy = \int \dfrac{\partial u}{\partial y} dy + \int f(x)\, dy + g(x)$

$$u(x,y) = \int \frac{\partial u}{\partial y}\, dy + y f(x) + g(x) \blacklozenge$$

10.2.4. *Ejemplo.* **a.** La ecuación $\dfrac{\partial^2 u}{\partial x^2} - 4\dfrac{\partial^2 u}{\partial x \partial y} + 3\dfrac{\partial^2 u}{\partial y^2} = 0$, tiene la ecuación subsidiaria $m^2 - 4m + 3 = 0$ con raíces $m_1 = 3$ y $m_2 = 1$, por lo que las soluciones son, $u_1 = e^{y+3x}$ y $u_2 = e^{y+x}$, y la solución general es; $u(x,y) = c_1 e^{y+3x} + c_2 e^{y+x}$.
b. La ecuación $\dfrac{\partial^2 u}{\partial x^2} - 2\dfrac{\partial^2 u}{\partial x \partial y} + \dfrac{\partial^2 u}{\partial y^2} = 0$, tiene la ecuación subsidiaria $m^2 - 2m + 1 = (m-1)^2 = 0$, con raíz doble $m = 1$, por lo que las soluciones son, $u_1 = e^{y+x}$ y $u_2 = x e^{y+x}$, y la solución general es; $u(x,y) = c_1 e^{y+x} + c_2 x e^{y+x}$.

10.2.5. *Clasificación de las ecuaciones.* De los resultados que obtuvimos en 10.2.3, queda claro que la forma de las soluciones, está condicionada por el discriminante $b^2 - 4ac$, de la ecuación subsidiaria $am^2 + bm + c = 0$ y entonces, la ecuación $au_{xx} + bu_{xy} + cu_{yy} = 0$ se dice;

$i)$ *Hiperbólica* si $b^2 - 4ac > 0$.

$ii)$ *Parabólica* si $b^2 - 4ac = 0$.

$iii)$ *Elíptica* si $b^2 - 4ac < 0$.

Nos referiremos nuevamente a esta clasificación en 10.5.

10.2.6. *Ejemplo.* **a.** En la ecuación de *Laplace* $u_{xx} + u_{yy} = 0$, se tiene; $a = 1$, $b = 0$, y $c = 1$, por lo tanto $b^2 - 4ac < 0$, y la ecuación es elíptica. **b.** En la ecuación de onda $u_{xx} - \dfrac{1}{p^2} u_{tt} = 0$, se tiene; $a = \dfrac{1}{p^2}$, $b = 0$, y $c = -1$, por lo tanto $b^2 - 4ac > 0$, y la ecuación es hiperbólica. **c.** En la ecuación del calor $u_{xx} = \dfrac{1}{c^2} u_t$, se tiene; $a = 1$, $b = 0$, y $c = 0$, por lo tanto $b^2 - 4ac = 0$, y la ecuación es parabólica.

Ejercicios 10.2

Dar una solución y definir el carácter hiperbólico, parabólico o elíptico de las siguientes ecuaciones.

1. $u_{xx} - 3u_{xy} + 2u_{yy} = 0$.   **2.** $u_{xx} - 2u_{xy} - 8u_{yy} = 0$.   **3.** $u_{xx} - 4u_{yy} = 0$.

4. $u_{xx} + 2u_{xy} = 0$.   **5.** $u_{xx} + 2u_{xy} + u_{yy} = 0$.

Respuestas:

1. $R: u = c_1 e^{y+x} + c_2 e^{y+2x}$, hiperbólica. **2.** $R: u = c_1 e^{y-2x} + c_2 e^{y+4x}$, hiperbólica.

3. $R: u = c_1 e^{y+2x} + c_2 e^{y-2x}$, hiperbólica. **4.** $R: u = c_1 e^{y+i\sqrt{2}x} + c_2 e^{y-i\sqrt{2}x}$, elíptica.

5. $R: u = c_1 e^y + c_2 x e^y$, parabólica.

10.3 Las Ecuaciones de Onda y del Calor

Obtendremos ahora las ecuaciones de onda y del calor, como ejemplos típicos de EDP, y planteamiento de un problema en términos de EDP.

10.3.1. *Ecuación de onda*. Deduciremos ahora la ecuación de onda o de la *cuerda vibrante*, para una cuerda sujeta por sus extremos en $x = 0$ y $x = L$, como se muestra en la figura 10.3.1.a, y para la que hacemos las siguientes suposiciones: La cuerda es perfectamente elástica, la amplitud de las vibraciones es pequeña, lo que implica que $u_x \cong 0$, el efecto de la gravedad es despreciable, y no hay fuerzas de fricción.

Con las anteriores consideraciones, planteamos la condición de equilibrio, para un elemento de cuerda de longitud $\Delta l \cong \Delta x = x_2 - x_1$, cuya masa por unidad de longitud es $\frac{m}{l} = \rho$, de modo que el trozo Δl tiene una masa $m = \rho \Delta x$.

En la figura 10.3.1.b, se muestra con mayor detalle el elemento de cuerda que estamos considerando, y las fuerzas que actúan sobre él. En el extremo que corresponde a x_2, actúa una fuerza T_2 debida a la tensión de la cuerda, cuya componente horizontal es $T_2 \cos \theta_2$ y su componente vertical $T_2 \, sen \, \theta_2$.

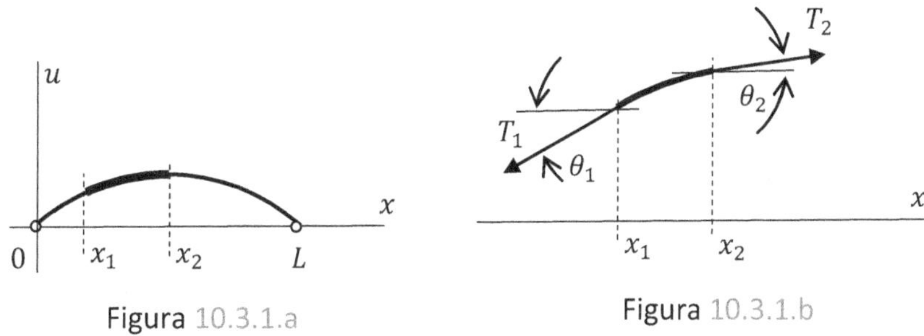

Figura 10.3.1.a   Figura 10.3.1.b

En el extremo que corresponde a x_1, la fuerza actuante debida a la tensión de la cuerda es T_1, con componente horizontal $T_1 \cos \theta_1$, y componente vertical

$T_1\,sen\,\theta_1$. Las componentes horizontales de ambas fuerzas, son iguales en tanto la cuerda no se desplaza horizontalmente y, la diferencia entre las dos componentes verticales $T_2\,cos\,\theta_2$ y $T_1\,cos\,\theta_1$, es la fuerza elástica restituyente que actúa sobre la masa $m = \rho\Delta x$, del elemento de cuerda de longitud Δl, cuya aceleración al desplazarse hacia arriba o hacia abajo en la dirección u, es $\frac{\partial^2 u}{\partial t^2} = u_{tt}$, con lo que la fuerza inercial resulta; $F = \rho\Delta x\,u_{tt}$. Igualando la fuerza elástica con la fuerza inercial tenemos

$$T_2\,sen\,\theta_2 - T_1\,sen\,\theta_1 = \rho\Delta x\,u_{tt}$$

Hemos notado ya que $T_2\,cos\,\theta_2 = T_1\,cos\,\theta_1 = T$, es constante a lo largo de la cuerda, de modo que podemos escribir la última ecuación como

$$\frac{T_2\,sen\,\theta_2}{T_2\,cos\,\theta_2} - \frac{T_1\,sen\,\theta_1}{T_1\,cos\,\theta_1} = \frac{\rho\Delta x}{T}\,u_{tt}$$

o bien
$$tan\,\theta_2 - tan\,\theta_1 = \frac{\rho\Delta x}{T}\,u_{tt}$$

siendo $tan\,\theta = u_x$; $tan\,\theta_2 - tan\,\theta_1 = u_x|_{x=x_2} - u_x|_{x=x_1} = \Delta u_x$, entonces

$$\Delta u_x = \frac{\rho\Delta x}{T}\,u_{tt} \text{ o bien } \frac{\Delta u_x}{\Delta x} = \frac{\rho}{T}\,u_{tt}$$

Tomando $\lim_{\Delta x \to 0}\frac{\Delta u_x}{\Delta x}$, y denominando $\frac{\rho}{T} = \frac{1}{c^2}$, se tiene la ecuación de onda

$$u_{xx} = \frac{1}{c^2}u_{tt}\;\blacklozenge$$

10.3.2. *Ecuación del calor.* Cuando se establece un flujo calórico a través de un cuerpo solido, es un hecho experimental que, la cantidad de calor Q, que fluye a través de una superficie de área A, normal a la dirección del flujo y en la unidad de tiempo t, puede expresarse como

$$\frac{Q}{A\,t} = q_x = -k\frac{\partial T}{\partial x}$$

donde $\frac{\partial T}{\partial x}$, es la derivada de la temperatura T con respecto a la dirección x del flujo y k, es la constante de *conductividad térmica*, precedida del signo menos porque el flujo es en el sentido de la temperatura decreciente, y T es el potencial de transmisión. Si en la ecuación se reemplaza k por una constante de difusividad J, y T por la concentración C de una determinada sustancia, se tiene una ecuación de difusión, si J es la conductividad eléctrica de un medio conductor y V el potencial eléctrico, la ecuación describe el flujo eléctrico.

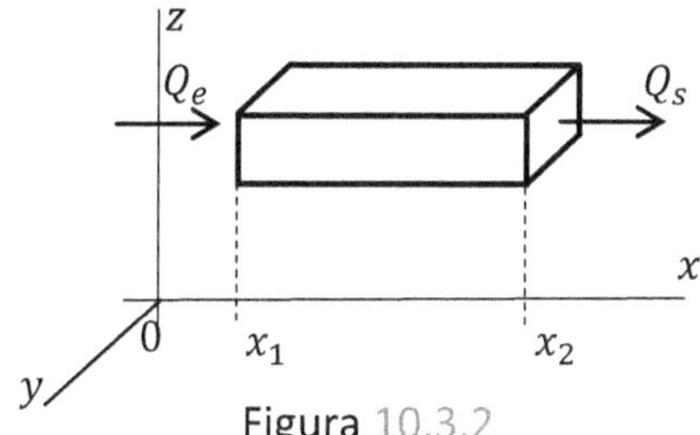

Figura 10.3.2

Obtendremos ahora la ecuación del calor, planteando un balance térmico, para un elemento de volumen ΔV en forma de prisma figura 10.3.2, de lados Δx, Δy, Δz, sin fuentes ni sumideros, de modo que el calor que entra Q_e menos el calor Q_s que sale del elemento de volumen $\Delta V = \Delta x \Delta y \Delta z$, es el calor acumulado Q_a.

El calor acumulado Q_a, está dado por $Q_a = mC_p\Delta T$, donde m es la masa del elemento de volumen $\Delta V = \Delta x \Delta y \Delta z$ y ρ la densidad. Entonces,

$$Q_e - Q_s = \rho \, \Delta x \Delta y \Delta z \, C_p \Delta T$$

Si consideramos aisladas todas las caras de ΔV, que no son normales a x, el calor que entra Q_e, en el tiempo Δt, a través de la cara de área $A = \Delta y \Delta z$, situada en $x = x_1$, es

$$Q_e = -k \left.\frac{\partial T}{\partial x}\right|_{x=x_1} \Delta y \Delta z \, \Delta t$$

y el calor que sale en el tiempo Δt, por la cara situada en $x = x_2$, de área $A = \Delta y \Delta z$, es

$$Q_s = -k \left.\frac{\partial T}{\partial x}\right|_{x=x_2} \Delta y \Delta z \, \Delta t$$

Ahora podemos expresar el balance $Q_e - Q_s = Q_a$ como

$$k \left(\left.\frac{\partial T}{\partial x}\right|_{x=x_2} - \left.\frac{\partial T}{\partial x}\right|_{x=x_1} \right) \Delta y \Delta z \, \Delta t = \rho \, \Delta x \Delta y \Delta z \, C_p \Delta T$$

o bien

$$k \, \Delta\left(\frac{\partial T}{\partial x}\right) \Delta y \Delta z \, \Delta t = \rho \, \Delta x \Delta y \Delta z \, C_p \Delta T$$

si dividimos ambos miembros por $k \, \Delta x \Delta y \Delta z \, \Delta t$, obtenemos

$$\frac{\Delta\left(\frac{\partial T}{\partial x}\right)}{\Delta x} = \frac{\rho C_p}{k} \frac{\Delta T}{\Delta t}$$

que con los correspondientes pasos al límite, y denominando $\dfrac{\rho C_p}{k} = \dfrac{1}{c^2}$ es

$$\frac{\partial^2 T}{\partial x^2} = \frac{1}{c^2}\frac{\partial T}{\partial t} \;\blacklozenge$$

La última ecuación, es la ecuación del calor, que expresaremos en adelante con la notación $u_{xx} = \frac{1}{c^2}u_t$.

10.4 Solución de las EDP por Separación de Variables

Explicaremos las generalidades del método, aplicándolo a la ecuación de *Laplace*

en dos dimensiones, $\nabla^2 u(x,y) = u_{xx} + u_{yy} = 0$

Suponemos en primer lugar que la función $u = u(x,y)$, puede escribirse como el producto de dos funciones $X(x)$ e $Y(y)$, que dependen exclusivamente de x o de y o sea; $u(x,y) = X(x)Y(y)$. Si esto último no se puede hacer, el método no es aplicable.

Entonces, si $u(x,y) = X(x)Y(y)$, se tiene $u_{xx} = X'' Y$ y $u_{yy} = X Y''$, que reemplazamos en la ecuación de *Laplace* para obtener

$$X'' Y + X Y'' = 0$$

dividiendo ambos miembros por $X Y$, obtenemos

$$\frac{X''}{X} + \frac{Y''}{Y} = 0 \text{ o bien } \frac{X''}{X} = -\frac{Y''}{Y}$$

El primer miembro de la última ecuación depende solo de x, de modo que cuando x varía arbitrariamente en el primer miembro, el cociente $\frac{Y''}{Y}$ que depende solo de y permanece fijo, y a su vez si se hace variar arbitrariamente y en el segundo miembro, el cociente $\frac{X''}{X}$ que depende solo de x permanece fijo. Concluimos entonces que ambos cocientes son iguales a una constante, que designamos como k para obtener

$$\frac{X''}{X} = -\frac{Y''}{Y} = k \text{ de donde } \begin{cases} \dfrac{X''}{X} = k \\[2mm] -\dfrac{Y''}{Y} = k \end{cases}$$

o bien
$$\begin{cases} X'' - kX = 0 \\ Y'' + kY = 0 \end{cases}$$

Asumiendo que sea $k > 0$, con los métodos de la sección 7.2.2, podemos obtener formalmente las soluciones de la ecuación en x, y de la ecuación en y, como

$$X(x) = c_1 e^{\sqrt{k}\,x} + c_2 e^{-\sqrt{k}\,x} \quad \text{y} \quad Y(y) = c_3 \cos \sqrt{k}\,y + c_4 sen \sqrt{k}\,y$$

para luego obtener $u(x,y)$ como

$$u(x,y) = X(x)Y(y) = \left(c_1 e^{\sqrt{k}\,x} + c_2 e^{-\sqrt{k}\,x}\right)\left(c_3 \cos \sqrt{k}\,y + c_4 sen \sqrt{k}\,y\right) \blacklozenge$$

10.4.1. *Ejemplo.* **a.** Sea resolver la ecuación $u_x - u_y = 0$. Con $u(x,y) = X(x)Y(y)$, es $u_x = X'Y$ y $u_y = XY'$, entonces $u_x - u_y = X'Y - XY' = 0$, o bien $X'Y = XY'$, y dividiendo ambos miembros por XY; $\dfrac{X'}{X} = \dfrac{Y'}{Y} = k$, una constante. Obtenemos así dos ecuaciones $\begin{cases} X' - kX = 0 \\ Y' - kY = 0 \end{cases}$, cuyas soluciones son; $X(x) = c_1 e^{kx}$ y $Y(y) = c_2 e^{ky}$. Entonces; $u(x,y) = XY = Ce^{k(x+y)}$. **b.** Resolvemos ahora la ecuación $xu_x + yu_y = 0$. Haciendo $u(x,y) = X(x)Y(y)$, reemplazamos en la ecuación las derivadas $u_x = X'Y$ y $u_y = XY'$, para obtener; $xX'Y + yXY' = 0$, o bien $x\dfrac{X'}{X} = -y\dfrac{Y'}{Y} = k$, una constante. Obtenemos entonces dos ecuaciones $\begin{cases} xX' - kX = 0 \\ yY' + kY = 0 \end{cases}$, que resolvemos como en 7.2.10, con los reemplazos, $X = x^m$ y $Y = y^m$, obteniendo las soluciones; $X(x) = c_1 x^k$ y $Y(y) = c_2 y^{-k}$. La solución general es entonces; $u = XY = C\left(\dfrac{x}{y}\right)^k$. **c.** Resolvemos un problema de valor inicial; $u_x + 3u_y = 0$, con $u(x,0) = 6e^{-x}$. Comenzamos por obtener una solución general, sustituyendo en la ecuación $u(x,y) = X(x)Y(y)$, y escribimos la ecuación como $X'Y + 3XY' = 0$, o bien $\dfrac{X'}{3X} = -\dfrac{Y'}{Y} = k$, de donde obtenemos las dos ecuaciones $\begin{cases} X' - 3kX = 0 \\ Y' + kY = 0 \end{cases}$, cuyas soluciones son; $X = c_1 e^{3kx}$ y $Y = c_2 e^{-ky}$. Con las soluciones que obtuvimos, la solución general es $u(x,y) = XY = Ce^{k(3x-y)}$ y a esta solución, le imponemos la condición inicial; $u(x,0) = 6e^{-x}$. Entonces $u(x,0) = Ce^{k3x} = 6e^{-x}$, de donde concluimos que $C = 6$ y $K = -\dfrac{1}{3}$. **d.** Resolvemos ahora un problema con valores en la frontera; sea la ecuación $u_{xx} = \dfrac{1}{4}u_t$, con las condiciones en la frontera $\begin{cases} u(0,t) = 0 \\ u(\pi,t) = 0 \end{cases}$, y la condición inicial $u(x,0) = 2\,sen\,3x - 4\,sen\,5x$. Comenzamos por separar las variables reemplazando en la ecuación $u(x,y) = X(x)T(t)$, para obtener $X''T = \dfrac{1}{4}XT'$, o bien $\dfrac{X''}{X} = \dfrac{1}{4}\dfrac{T'}{T} = k$, de donde obtenemos las dos ecuaciones $\begin{cases} X'' - kX = 0 \\ T' - 4kT = 0 \end{cases}$.

Siendo $u(x,t) = X(x)T(t)$, debe satisfacer las condiciones de frontera como $\begin{cases} u(0,t) = X(0)T(t) = 0 \\ u(\pi,t) = X(\pi)T(t) = 0 \end{cases}$, por lo que resolvemos $X'' - kX = 0$, considerando tres los tres casos posibles:

i) Si $k > 0$, la solución es $X(x) = c_1 e^{\sqrt{k}x} + c_2 e^{-\sqrt{k}x}$ que con las condiciones $\begin{cases} X(0) = 0 \\ X(\pi) = 0 \end{cases}$ da; con la primera condición, $X(0) = c_1 + c_2 = 0$ o bien $c_1 = -c_2$, y entonces, con la segunda condición, debe cumplirse $X(\pi) = c_1 \left(e^{\sqrt{k}\pi} - e^{-\sqrt{k}\pi} \right) = 0$, que implica $c_1 = 0$, y solo es posible la solución trivial; $X(x) = 0$.

ii) Si $k = 0$, la solución es $X(x) = c_1 x + c_2$, que con las condiciones $X(0) = 0$ y $X(\pi) = 0$, también conduce a la solución trivial; $X(x) = 0$.

iii) Si $k < 0$, entonces la solución es $X(x) = A \cos \sqrt{k}x + B \, sen \, \sqrt{k}x$, que con la primera condición es $X(0) = A = 0$, por lo que la solución se reduce a $X(x) = B \, sen \, \sqrt{k}x$, y aplicando la segunda condición, es $X(\pi) = B \, sen \, \sqrt{k}\pi = 0$. Descartando $B = 0$ que implica solución trivial $X(x) = 0$, debemos elegir $\sqrt{k}\pi = n\pi$, o bien $k_n = n^2$, $n = 1,2, ...$ Tenemos entonces n soluciones; $\boxed{X_n(x) = B_n \, sen \, nx}$.

La solución de $T' - 4kT = 0$, con $k < 0$, restringido a los valores de $k_n = n^2$, que son los valores admisibles para las condiciones de contorno, es; $\boxed{T_n(t) = C_n e^{-4n^2 t}}$.

Tenemos entonces para $u(x,t)$, soluciones de la forma $u_n(x,t) = X_n T_n = c_n \, sen \, nx \; e^{-4n^2 t}$, y por superposición; $\boxed{u(x,t) = \sum_1 c_n \, e^{-4n^2 t} \, sen \, nx}$.

Para determinar las constantes c_n, imponemos a $u(x,t)$, la condición inicial $u(x,0) = 2 \, sen \, 3x - 4 \, sen \, 5x$, y entonces: $u(x,0) = \sum_1 c_n \, sen \, nx = 2 \, sen \, 3x - 4 \, sen \, 5x$, y por igualación de coeficientes obtenemos; $c_1 = c_2 = 0$, $c_3 = 2$, $c_4 = 0$, $c_5 = -4$, $c_n = 0$, si $n \geq 6$. Entonces la solución es; $u(x,t) = 2 \, e^{-36t} \, sen \, 3x - 4 \, e^{-100t} \, sen \, 5x$.

10.4.2. *Solución de la ecuación de onda.* Como primera aplicación del método de separación de variables, resolveremos la ecuación de la cuerda vibrante $u_{xx} = \frac{1}{c^2} u_{tt}$, con condiciones de contorno homogéneas, esto es; impondremos que la cuerda permanezca todo el tiempo sujeta por sus extremos en $x = 0$ y $x = L$ figura 10.4.2, condiciones que expresamos como $u(0,t) = 0$ y $u(L,t) = 0$, y serán estas la primera y segunda condiciones de contorno. Impondremos también condiciones iniciales, exigiendo que en el instante inicial $t = 0$, la deformación de la cuerda sea una función conocida $f(x)$, y que la velocidad inicial de la cuerda en el tiempo $t = 0$, se otra función conocida $g(x)$, que describa en $[0, L]$ con que velocidad se desplaza cada elemento de la cuerda, y expresamos estas condiciones como: $u(x, 0) = f(x)$ y $u_t(x, 0) = g(x)$. Resumiendo, nuestras condiciones son:

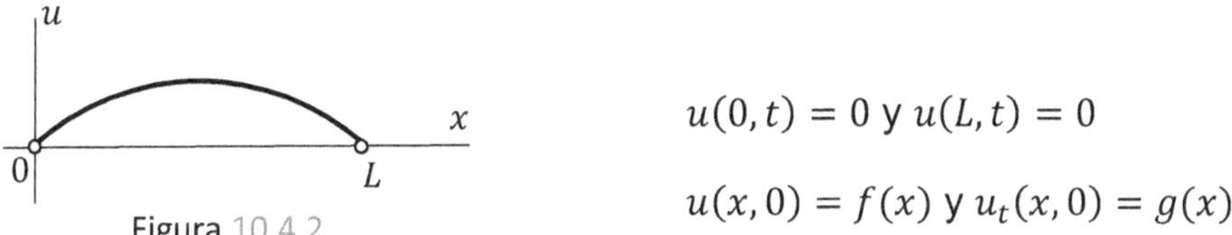

Figura 10.4.2

$$u(0, t) = 0 \text{ y } u(L, t) = 0$$

$$u(x, 0) = f(x) \text{ y } u_t(x, 0) = g(x).$$

Comenzamos por escribir $u(x, t)$, como $u(x, t) = X(x)T(t)$, para reemplazar sus derivadas $u_{xx} = X''T$ y $u_{tt} = XT''$, en la ecuación $u_{xx} = \frac{1}{c^2}u_{tt}$, con lo que obtenemos

$$X''T = \frac{1}{c^2}XT''$$

dividiendo ambos miembros por XT, se separan las variables como

$$\frac{X''}{X} = \frac{1}{c^2}\frac{T''}{T}$$

La igualdad que acabamos de obtener, solo es posible si ambos miembros son una constante, en tanto están definidos como funciones de distintas variables, y elegimos esa constante como $-\lambda^2$, para asegurar que sea un valor negativo, ya que un valor positivo o nulo, no satisfaría las condiciones de contorno, lo que puede verificarse, examinando en detalle el problema como en 9.1.2 o 10.4.1.d.

Entonces, si $\frac{X''}{X} = \frac{1}{c^2}\frac{T''}{T} = -\lambda^2$, obtenemos dos ecuaciones

$$X'' + \lambda^2 X = 0 \quad \text{y} \quad T'' + c^2\lambda^2 T = 0$$

La solución de la primera es

$$X(x) = A \cos \lambda x + B \, sen \, \lambda x$$

y a esta solución, le imponemos las condiciones de contorno que debe cumplir $u(x, t) = X(x)T(t)$, como $u(0, t) = X(0)T(t) = 0$ y $u(L, t) = X(L)T(t) = 0$ y entonces, con la primera condición tenemos

$$X(0) = A = 0$$

por lo que la solución debe ser $X(x) = B \, sen \, \lambda x$, que con la segunda condición de contorno es

$$X(L) = B \, sen \, \lambda L = 0$$

Sin considerar $B = 0$, que conduce a una solución trivial, debe ser $\lambda L = n\pi$, con $n = 1,2, ...$, o bien $\lambda_n = \frac{n\pi}{L}$, y las soluciones admisibles son

$$\boxed{X_n(x) = B_n \, sen \, \lambda_n x}$$

La solución de la segunda ecuación, $T'' + c^2 \lambda^2 T = 0$, con λ restringido a los valores λ_n que determinamos con las condiciones de contorno, es

$$\boxed{T_n(t) = C_n \, cos \, c\lambda_n t + D_n \, sen \, c\lambda_n t}$$

Con $X_n(x)$ y $T_n(t)$, podemos escribir la solución $u(x,t) = X(x)T(t)$, como $u_n(x,t) = X_n(x)T_n(t)$, observando que por cada n, existe una solución

$$u_n(x,t) = (B_n \, sen \, \lambda_n x)(C_n \, cos \, c\lambda_n t + D_n \, sen \, c\lambda_n t)$$

y agrupando las constantes

$$u_n(x,t) = (p_n \, cos \, c\lambda_n t + q_n \, sen \, c\lambda_n t) \, sen \, \lambda_n x$$

Según el principio de superposición 10.2.1, la solución $u(x,t)$ puede expresarse como

$$u(x,t) = \sum_0^\infty u_n(x,t) = \sum_0^\infty (p_n \, cos \, c\lambda_n t + q_n \, sen \, c\lambda_n t) \, sen \, \lambda_n x \; \blacklozenge$$

Podemos ahora, en la solución que obtuvimos, determinar las constantes p_n y q_n, con las condiciones iniciales $u(x,0) = f(x)$ y $u_t(x,0) = g(x)$.

Con la primera condición obtenemos

$$u(x,0) = \sum_0^\infty p_n \, sen \, \lambda_n x = f(x)$$

y como sabemos que el conjunto $\{sen \, \lambda_n x\}_1^\infty$, con $\lambda_n = \frac{n\pi}{L}$, es ortogonal en $[0, L]$

$$p_n = \frac{\int_0^L f(x) sen \, \lambda_n x}{\int_0^L sen^2 \, \lambda_n x} \blacklozenge$$

Para obtener los coeficientes q_n, a la derivada

$$u_t(x,t) = \sum_0^\infty c\lambda_n(-p_n \, sen \, c\lambda_n t + q_n \, cos \, c\lambda_n t) \, sen \, \lambda_n x$$

le aplicamos la segunda condición inicial, $u_t(x,0) = g(x)$, y así

$$u_t(x,0) = \sum_0^\infty c\lambda_n \, q_n \, sen \, \lambda_n x = g(x)$$

por lo que
$$q_n = \frac{1}{c\lambda_n} \frac{\int_0^L g(x) sen \, \lambda_n x}{\int_0^L sen^2 \, \lambda_n x} \blacklozenge$$

Si $u_t(x,0) = g(x) = 0$, no hay velocidad inicial y entonces, $q_n = 0, \forall n$ y $u(x,t)$ resulta

$$u(x,t) = \sum_1^\infty p_n \, sen \, \lambda_n x \, cos \, c\lambda_n t \blacklozenge$$

10.4.3. *Ondas viajeras*. La solución que obtuvimos en 10.4.2, describe una *onda estacionaria* confinada en el intervalo $[0,L]$, donde están fijos los extremos de la cuerda. La onda estacionaria de la cuerda, puede ser descrita como composición de *ondas progresivas* o viajeras, que se desplazan hacia la derecha e izquierda del intervalo $[0,L]$. Para tener esta interpretación del fenómeno, comencemos por considerar que la velocidad inicial de la cuerda, $u_t(x,0) = 0$, entonces, según vimos al final de 10.4.2, la solución $u(x,t)$ es

$$u(x,t) = \sum_1^\infty p_n \, sen \, \lambda_n x \, cos \, c\lambda_n t$$

y transformando el producto $sen \, \lambda_n x \, cos \, c\lambda_n t$ en suma, tenemos

$$u(x,t) = \sum_1^\infty \tfrac{1}{2} p_n \left[sen \, (\lambda_n x + c\lambda_n t) + sen \, (\lambda_n x - c\lambda_n t) \right]$$

o bien
$$u(x,t) = \sum_1^\infty \tfrac{1}{2} p_n [\, sen \, \lambda_n (x + ct) + sen \, \lambda_n (x - ct)]$$

que podemos escribir como

$$u(x,t) = \sum_1^\infty \tfrac{1}{2} p_n \, sen \, \lambda_n (x + ct) + \sum_1^\infty \tfrac{1}{2} p_n \, sen \, \lambda_n (x - ct)$$

o bien
$$u(x,t) = \tfrac{1}{2} f(x + ct) + \tfrac{1}{2} f(x - ct) \blacklozenge$$

La última expresión, muestra que $u(x,t)$, es la suma de dos ondas progresivas; $\tfrac{1}{2} f(x + ct)$ y $\tfrac{1}{2} f(x - ct)$. La primera, se desplaza hacia la izquierda conforme aumenta t, con velocidad c. La segunda se desplaza hacia la derecha, y puede comprobarse fácilmente, que la constante c definida a partir de $\frac{1}{c^2} = \frac{\rho}{T}$, tiene efectivamente la dimensión $c[=]\frac{L}{T}$, con lo que expresamos que c es dimensionalmente igual a $\dfrac{longitud}{tiempo}$. Sobre el plano $x - t$, ambas ondas, $\frac{1}{2}f(x+ct)$ y $\frac{1}{2}f(x-ct)$, se desplazan sobre las rectas $x+ct = \eta$ y $x-ct = \varepsilon$, con η y ε constantes figura 10.4.3.a

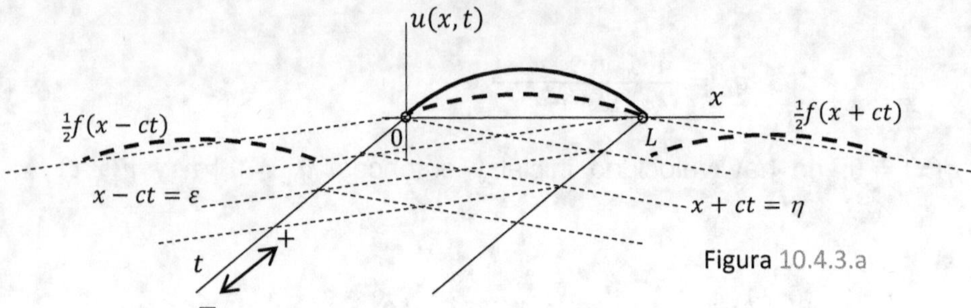

Figura 10.4.3.a

Las rectas $x+ct = \eta$ y $x-ct = \varepsilon$, de las que nos volveremos a ocupar en 10.5, son las *rectas características* y sobre estas rectas, las ondas $\frac{1}{2}f(x+ct)$ y $\frac{1}{2}f(x-ct)$, se desplazan como constantes $f(\eta)$ y $f(\varepsilon)$, siendo su suma en $t = 0$; $\frac{1}{2}f(x) + \frac{1}{2}f(x) = f(x) = u(x,0)$, la condición inicial que se propaga sobre las rectas con velocidad c.

La posición de $\frac{1}{2}f(x+ct)$ y $\frac{1}{2}f(x-ct)$, en los planos $u - x$ para $t_0 = 0$, $t_1 = \frac{L}{2c}$ y $t_2 = \frac{L}{c}$, se muestra en la figura 10.4.3.b

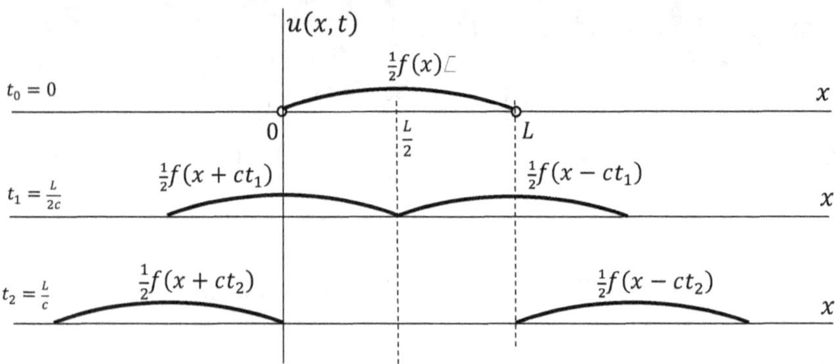

Figura 10.4.3.b

Si en cambio, como condiciones iniciales tenemos $u(x,0) = f(x,0) = 0$ y $u_t(x,0) = g(x) \neq 0$, significa que en el instante inicial la cuerda está en la posición de equilibrio, pero cada punto de la cuerda de coordenada x, posee una velocidad $g(x)$ y entonces, al definir los coeficientes de la solución que obtuvimos en 10.4.2

$$u(x,t) = \sum_0^\infty (p_n \cos c\lambda_n t + q_n \, sen \, c\lambda_n t) \, sen \, \lambda_n x$$

obtendremos $p_n = 0, \forall n$, ya que $u(x,0) = \sum_0^\infty p_n\, sen\, \lambda_n x = f(x) = 0$ por la primera condición y, con la segunda condición, igual que en 10.4.2, obtenemos

$$u_t(x,0) = \sum_1^\infty c\lambda_n q_n\, sen\, \lambda_n x = g(x)$$

por lo que
$$q_n = \frac{1}{c\lambda_n} \frac{\int_0^L g(x)sen\,\lambda_n x}{\int_0^L sen^2\,\lambda_n x}$$

y la solución es
$$u(x,t) = \sum_1^\infty q_n\, sen\, c\lambda_n t\, sen\, \lambda_n x$$

Si $u(x,t) = \sum_1^\infty q_n\, sen\, c\lambda_n t\, sen\, \lambda_n x$, entonces

$$g = u_t = \sum_1^\infty c\lambda_n q_n\, cos\, c\lambda_n t\, sen\, \lambda_n x$$

y transformando el producto en suma

$$u_t = \sum_1^\infty c\lambda_n q_n\, \frac{1}{2}[sen\, \lambda_n(x+ct) - sen\, \lambda_n(x-ct)]$$

o bien
$$u_t = \frac{1}{2}\sum_1^\infty c\lambda_n q_n sen\, \lambda_n(x+ct) - \frac{1}{2}\sum_1^\infty c\lambda_n q_n\, sen\, \lambda_n(x-ct)$$

Si G es una primitiva de g, entonces; $u = \int u_t = \int g$, es

$$u = \frac{1}{2c}G(x+ct) - \frac{1}{2c}G(x-ct)$$

y con $F = \frac{1}{2c}G$

$$u(x,t) = F(x+ct) - F(x-ct)\, \blacklozenge$$

Entonces resulta; $u(x,0) = F(x) - F(x) = 0$, como superposición de dos ondas iguales de signos opuestos figura 10.4.3.c, que se desplazan hacia la izquierda y hacia la derecha, con velocidades $-c$ y c respectivamente.

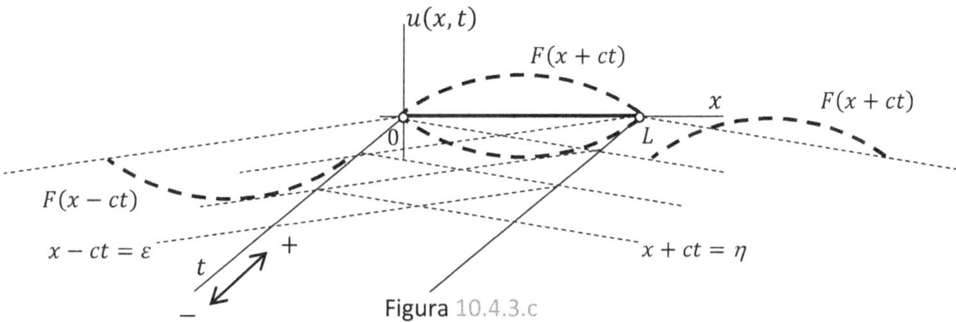

Figura 10.4.3.c

El resultado general, para el caso en que $u(x,0) = f(x) \neq 0$ y $u_t(x,0) = g(x) \neq 0$, se obtiene sumando los dos resultados que obtuvimos considerando primero $f \neq 0$ con $g = 0$, y luego $f = 0$ con $g \neq 0$.

10.4.4. *Solución de la ecuación del calor.* Ahora resolveremos la ecuación del calor $u_{xx} = \frac{1}{c^2} u_t$, para una barra perfectamente aislada en toda su longitud figura 10.4.4, y cuyos extremos están a la temperatura T, con condiciones de contorno homogéneas, o sea: impondremos que las dos caras de la barra situadas en $x = 0$ y $x = L$, permanezcan a temperatura $T = 0$ y entonces, $u(0,t) = 0$ y $u(L,t) = 0$, serán la primera y segunda condición de contorno. Impondremos también condiciones iniciales, exigiendo que en el instante inicial $t = 0$, la temperatura a lo largo de la barra sea una función conocida $f(x)$. Resumiendo; nuestras condiciones son:

$$\begin{cases} u(0,t) = u(L,t) = 0 \\ u(x,0) = f(x) \end{cases}$$

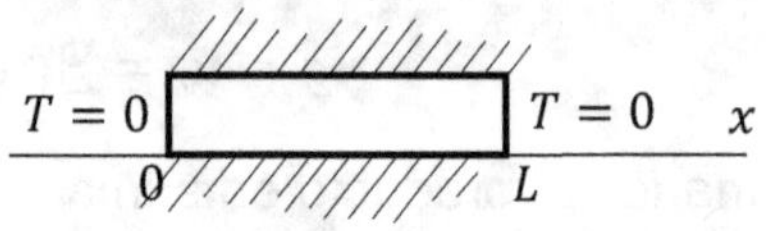

$T = 0$ $T = 0$ x
0 L

Figura 10.4.4

Aplicando el método de separación de variables, escribimos $u(x,t) = X(x)T(t)$, y reemplazando las derivadas $u_{xx} = X''T$, y $u_t = XT'$ en la ecuación del calor $u_{xx} = \frac{1}{c^2} u_t$, obtenemos

$$X''T = \frac{1}{c^2} XT'$$

dividiendo ambos miembros por XT, se tiene

$$\frac{X''}{X} = \frac{1}{c^2} \frac{T'}{T}$$

y concluimos que ambos miembros de la última igualdad, son iguales a una constante $-\lambda^2$, que elegimos negativa para tener una solución consistente con las condiciones de contorno, cosa que por cierto, podemos determinar con un análisis detallado como en 9.1.2 o 10.4.1.d.

Si $\frac{X''}{X} = \frac{1}{c^2} \frac{T'}{T} = -\lambda^2$, podemos separar dos ecuaciones

$$X'' + \lambda^2 X = 0 \quad \text{y} \quad T' + c^2 \lambda^2 T = 0$$

La primera ecuación, tiene como solución

$$X(x) = A \cos \lambda x + B \, sen \, \lambda x$$

y aplicando la primera condición de contorno

$$X(0) = A = 0$$

y la solución entonces debe ser $X(x) = B \, sen \, x$, que con la segunda condición es

$$X(L) = B \; sen \; \lambda L = 0$$

Se requiere entonces para obtener una solución distinta de la trivial que

$$\lambda L = n\pi, \text{ o bien } \lambda_n = \frac{n\pi}{L}, \; n = 1,2, \dots$$

y tenemos entonces para cada n, una solución de la forma

$$\boxed{X_n(x) = B_n \; sen \; \frac{n\pi}{L} x}$$

La segunda ecuación que obtuvimos al separar las variables, tiene la solución

$$\boxed{T_n(t) = C_n e^{-c^2 \lambda_n^2 t}}$$

donde los λ_n admisibles, ya se determinaron aplicando las condiciones de contorno a la primera ecuación, por lo que tenemos n soluciones, una por cada $\lambda_n = \frac{n\pi}{L}$.

Ahora podemos obtener $u_n(x,t) = X_n(x) \, T_n(t)$, y aplicando el principio de superposición, escribimos $u(x,t)$ como

$$u(x,t) = \sum_1^\infty u_n(x,t) = \sum_1^\infty c_n \; sen \; \lambda_n x \; e^{-c^2 \lambda_n^2 t} \; \blacklozenge$$

Los coeficientes $c_n = B_n C_n$, se calculan aplicando a $u(x,t)$, la condición inicial $u(x,0) = f(x)$

$$u(x,0) = \sum_1^\infty u_n(x,0) = \sum_1^\infty c_n \; sen \; \lambda_n x = f(x)$$

entonces
$$c_n = \frac{\int_0^L f(x) sen \frac{n\pi}{L}x}{\int_0^L sen^2 \frac{n\pi}{L}x} \; \blacklozenge$$

10.4.5. *Placa rectangular.* Si se plantea un balance térmico en un una placa rectangular, con sus caras superior e inferior aisladas de modo que el flujo calórico ocurra en las direcciones x e y, sumando ambas contribuciones se tiene la ecuación bidimensional del calor

$$u_{xx} + u_{yy} = \frac{1}{c^2} u_t$$

Como en 10.4.4, resolveremos esta ecuación con condiciones homogéneas, o sea, $u(x,y) = 0$ en el borde de la placa, y la condición inicial $u(x,y,0) = f(x,y)$, estando la placa ubicada en origen de las coordenadas, con longitud a en el lado que corresponde a las x, y longitud b en el lado que corresponde a las y figura 10.4.5

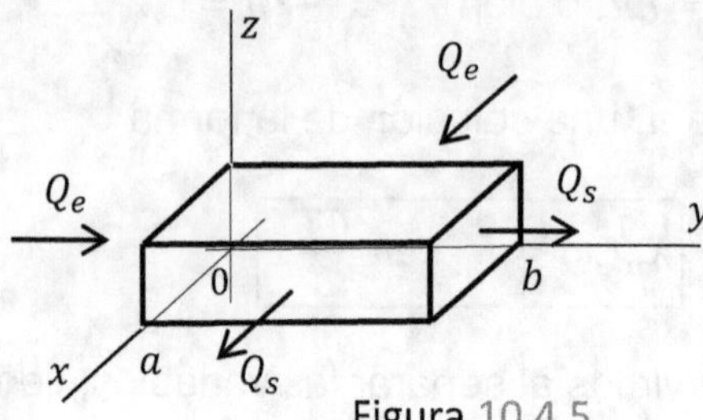

Figura 10.4.5

Comenzamos por escribir la solución $u(x, y, t)$ como el producto de tres funciones; $u(x, y, t) = X(x)Y(y)T(t)$, y reemplazamos en la ecuación $u_{xx} + u_{yy} = \frac{1}{c^2}u_t$, sus derivadas $u_{xx} = X''YT$, $u_{yy} = XY''T$ y $u_t = XYT'$, entonces

$$X''YT + XY''T = \frac{1}{c^2}XYT'$$

dividiendo ambos miembros por XYT

$$\frac{X''}{X} + \frac{Y''}{Y} = \frac{1}{c^2}\frac{T'}{T}$$

Siendo el primer miembro función de x e y, y el segundo miembro función de t, ambos miembros deben ser iguales a una constante, que designamos como en 10.4.4; $-\lambda^2$

$$\frac{X''}{X} + \frac{Y''}{Y} = \frac{1}{c^2}\frac{T'}{T} = -\lambda^2$$

y entonces $\qquad \frac{1}{c^2}\frac{T'}{T} = -\lambda^2 \quad \text{y} \quad \frac{X''}{X} + \frac{Y''}{Y} = -\lambda^2$

tenemos ahora una ecuación para $T(t)$

$$T' + \lambda^2 T = 0$$

y por otra parte $\qquad \frac{X''}{X} + \frac{Y''}{Y} = -\lambda^2$

de donde $\qquad \frac{X''}{X} = -\left(\frac{Y''}{Y} + \lambda^2\right) = -\mu^2$

que separamos como

$$X'' + \mu^2 X = 0 \quad \text{y} \quad Y'' + \left(\lambda^2 - \mu^2\right)Y = 0$$

La solución general de la primera ecuación es $X(x) = A\cos\mu x + B\,sen\,\mu x$, y la condición $u = 0$ en los bordes de la placa, implica

$$X(0) = A = 0$$

La solución se reduce entonces a $X(x) = B\,sen\,\mu x$, que a su vez con la condición $u = 0$ en el borde es

$$X(a) = B\,sen\,\mu a = 0$$

Para evitar una solución trivial con $B = 0$, debemos elegir $\mu a = m\pi$, de donde obtenemos $\mu_m = \frac{m\pi}{a}$, con $m = 1, 2, \ldots$ y la solución es entonces

$$\boxed{X_m = B_m\,sen\,\mu_m x}$$

La solución general para $Y'' + (\lambda^2 - \mu^2)Y = 0$, con $\lambda^2 - \mu^2 = p^2$, es

$$Y(y) = C\cos py + D\,sen\,py$$

que con la condición $u = 0$ en los bordes de la placa, en $y = 0$ es

$$Y(0) = C = 0$$

por lo que $$Y(y) = D\,sen\,py$$

nuevamente con la condición $u = 0$ en el borde de la placa

$$Y(b) = D\,sen\,pb = 0$$

y debe ser entonces $pb = n\pi$, o bien $p_n = \frac{n\pi}{b}$, con $n = 1, 2, \ldots$, de modo que $Y(y)$ resulta

$$\boxed{Y_n = D_n\,sen\,p_n y}$$

La solución para la ecuación $T' + \lambda^2 T = 0$, con $\lambda_{mn}^2 = \mu_m^2 + p_n^2$, o bien $\lambda_{mn} = \sqrt{\mu_m^2 + p_n^2}$, es

$$\boxed{T_{mn} = e^{-c^2\lambda_{mn}^2 t}}$$

En la solución de T, hemos obviado la constante de integración y, como solución $u(x, y, t)$, tenemos entonces, $u_{mn}(x, y, t) = X_m Y_n T_{m,n}$

$$u_{mn}(x, y, t) = B_m\,sen\,\mu_m x . D_n\,sen\,p_n y . e^{-c^2\lambda_{mn}^2 t}$$

y aplicando el principio de superposición de soluciones, con $B_m\,D_n = \alpha_{mn}$

$$u(x,y,t) = \sum_{m=1}^{\infty}\sum_{n=1}^{\infty} \alpha_{mn}\, sen\, \mu_m x.\; sen\, p_n y.\, e^{-c^2 \lambda_{mn}^2 t} \;\blacklozenge$$

La última expresión es una serie *biortogonal* o serie doble de *Fourier*, vista en 5.2.11 y sus coeficientes α_{mn}, pueden calcularse aplicando la condición inicial $u(x,y,0) = f(x,y)$, la distribución de temperatura en el instante $t = 0$

$$u(x,y,0) = \sum_{m=1}\sum_{n=1} \alpha_{mn}\, sen\, \mu_m x.\; sen\, p_n y = f(x,y)$$

entonces

$$\alpha_{mn} = \frac{\int_0^a \int_0^b f(x,y)\, sen\, \mu_m x.\; sen\, p_n y\; dxdy}{\int_0^a \int_0^b sen^2\, \mu_m x.\, sen^2\, p_n y\; dxdy}$$

10.4.6. *Condiciones no homogéneas.* Retornamos a la ecuación unidimensional del calor, $u_{xx} = \frac{1}{c^2} u_t$, que resolvimos en 10.4.4 con las condiciones homogéneas, $u(0,t) = 0$ y $u(L,t) = 0$, reemplazándolas ahora por las condiciones $u(0,t) = T_0$ y $u(L,t) = T_1$, las temperaturas de las caras correspondientes a $x = 0$ y $x = L$ figura 10.4.6, y las condiciones son entonces

$$\begin{cases} u(0,t) = T_0 \\ u(L,t) = T_1 \\ u(x,0) = f(x), 0 \le x \le L \end{cases}$$

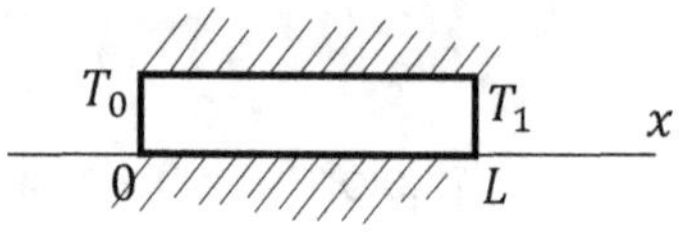

Figura 10.4.6

El problema se resuelve fácilmente si descomponemos $u(x,t)$ en dos funciones, una $v(x)$, que no depende del tiempo y describe el estado estacionario, y otra $w(x,t)$, que describe la desviación de $u(x,t)$ del estado estacionario, entonces

$$u(x,t) = v(x) + w(x,t)$$

y reemplazando en la ecuación $u_{xx} = \frac{1}{c^2} u_t$ tenemos

$$\frac{d^2 v}{dx^2} + w_{xx} = \frac{1}{c^2} w_t$$

Si se elige $v(x)$ de forma tal que $\frac{d^2 v}{dx^2} = 0$, entonces deben ser; $\begin{cases} \dfrac{d^2 v}{dx^2} = 0 \\ w_{xx} = \dfrac{1}{c^2} w_t \end{cases}$

la primera ecuación, tiene la solución general $v(x) = c_1 x + c_2$ que debe cumplir las condiciones $v(0) = T_0$ y $v(L) = T_1$, entonces $v(0) = c_2 = T_0$, por lo que la solución es $v(x) = c_1 x + T_0$, y con la segunda condición obtenemos, $v(L) = c_1 L + T_0 = T_1$, y entonces la solución particular es

$$v(x) = \frac{T_1 - T_0}{L} x + T_0$$

Para la segunda ecuación, $w_{xx} = \frac{1}{c^2} w_t$, observamos que; si $v = \frac{T_1 - T_0}{L} x + T_0$, entonces, las condiciones $\begin{cases} u(0,t) = w(0,t) + v(0) = T_0 \\ u(L,t) = w(L,t) + v(L) = T_1 \end{cases}$, al ser $v(0) = T_0$ y $v(L) = T_1$, se transforman en las condiciones $\begin{cases} w(0,t) = 0 \\ w(L,t) = 0 \end{cases}$, homogéneas para $w_{xx} = \frac{1}{c^2} w_t$, cuya solución con condiciones homogéneas, ya obtuvimos en 10.4.4, por lo que

$$w(x,t) = \sum_1^\infty w_n(x,t) = \sum_1^\infty c_n \, sen \, \lambda_n x \, e^{-c^2 \lambda_n^2 t}$$

Para valuar los coeficientes c_n, igual que en 10.4.4, nos valemos de la condición inicial que ahora es, a partir de $u(x,0) = f(x)$, con $u = w + v$

$$w(x,0) = u(x,0) - v(x) = f(x) - v(x)$$

o bien
$$w(x,0) = f(x) - \left(\frac{T_1 - T_0}{L} x + T_0 \right)$$

entonces
$$w(x,0) = \sum_1^\infty c_n \, sen \, \lambda_n x = f(x) - \left(\frac{T_1 - T_0}{L} x + T_0 \right)$$

y
$$c_n = \frac{2}{L} \int_0^L \left[f(x) - \left(\frac{T_1 - T_0}{L} x + T_0 \right) \right] sen \, \lambda_n x.$$

Podemos entonces escribir la solución $u(x,t)$, como la suma de $w(x,t)$ y $v(x)$

$$u(x,t) = \sum_1^\infty c_n \, sen \, \lambda_n x \, e^{-c^2 \lambda_n^2 t} + \frac{T_1 - T_0}{L} x + T_0 \; \blacklozenge$$

Se observa que; la solución transitoria $w(x,t)$, tiende rápidamente a desaparecer, debido a la presencia del factor $e^{-c^2 \lambda_n^2 t}$ en sus términos, y entonces $u \to v$, conforme $t \to \infty$.

10.4.7. *Ejemplo.* **a.** Si $T_0 = 70$ y $T_1 = 20$, con $u(x,0) = f(x) = 80$, constante en $0 \le x \le L$, entonces $u(x,t) = w(x,t) + \frac{20-70}{L} x + 70$, de donde $w(x,0) = u(x,0) -$

$$\left(-\frac{50}{L}x + 70\right). \quad w(x,t) = \sum_1 c_n \, sen \, \frac{n\pi}{L}x \;\; e^{-c^2\frac{n^2\pi^2}{L^2}t} \quad y \quad w(x,0) = \sum_1 c_n \, sen \, \frac{n\pi}{L}x = 10 + \frac{50}{L}x$$

$$\text{con } c_n = \frac{2}{L}\int_0^L \left(10 + \frac{50}{L}x\right) sen \, \frac{n\pi}{L}x \, dx = \begin{cases} c_{2n-1} = \dfrac{60}{(2n-1)\pi} \\[2mm] c_{2n} = \dfrac{-100}{2n\pi} \end{cases}, \; n = 1, 2, \ldots$$

b. Si las temperaturas T_0 y T_1 no son constantes, si no que son funciones del tiempo, $T_0 = T_0(t)$ y $T_1 = T_1(t)$, entonces las condiciones de frontera cambian de $\begin{cases} u(0,t) = T_0 \\ u(L,t) = T_1 \end{cases}$ a $\begin{cases} u(0,t) = T_0(t) \\ u(L,t) = T_1(t) \end{cases}$, y se mantiene la condición inicial, $u(x,0) = f(x)$.

En este caso, hacemos

$$u(x,t) = v(x,t) + w(x,t)$$

que reemplazada en $u_{xx} = \frac{1}{c^2}u_t$ da

$$w_{xx} - \frac{1}{c^2}w_t = -\left(v_{xx} - \frac{1}{c^2}v_t\right)$$

y las condiciones son entonces, para $w = u(x,t) - v(x,t)$; $\begin{cases} w(0,t) = T_0(t) - v(0,t) \\ w(L,t) = T_1(t) - v(L,t). \\ w(x,0) = f(x) - v(x,0) \end{cases}$

Las últimas condiciones, pueden transformarse en homogéneas con una adecuada elección de $v = v(x,t)$, y así regresar al método conocido para resolver la ecuación con condiciones homogéneas. La homogeneidad de las condiciones se verifica si elegimos

$$v(x,t) = \frac{T_1(t) - T_0(t)}{L}x + T_0(t)$$

que cuando T_0 y T_1 sean constantes, se reduce a la elección que hicimos en el ejemplo anterior, para condiciones constantes. Con esta elección de $v = v(x,t)$, reemplazando $v_{xx} = 0$ y $v_t = \frac{x}{L}\left(\frac{dT_1}{dx} - \frac{dT_0}{dx}\right) + \frac{dT_0}{dt}$; la ecuación $w_{xx} - \frac{1}{c^2}w_t = -\left(v_{xx} - \frac{1}{c^2}v_t\right)$, se convierte en

$$w_{xx} - \frac{1}{c^2}w_t = \frac{1}{c^2}\left[\frac{x}{L}\left(\frac{dT_1}{dt} - \frac{dT_0}{dt}\right) + \frac{dT_0}{dt}\right]$$

o bien
$$w_{xx} - \frac{1}{c^2}w_t = h(x,t) \blacklozenge$$

Hemos obtenido como resultado; una ecuación del calor no homogénea.

10.4.8. *Ecuación no homogénea.* Vimos en 10.4.7.b, que si se imponen condiciones no homogéneas, que son funciones del tiempo, deberemos resolver en última instancia una ecuación no homogénea. Resolveremos la ecuación no homogénea, recurriendo al método expuesto en 9.3.1.

Sea entonces resolver la ecuación $u_{xx} - \frac{1}{c^2} u_t = h(x,t)$, donde $h(x,t)$ es una fuente interna de calor, con las condiciones $\begin{cases} u(0,t) = u(L,t) = 0 \\ u(x,0) = f(x), cond.\,in. \end{cases}$

Comenzamos por escribir la solución como

$$u(x,t) = \sum_1 u_n(t)\, sen\, \frac{n\pi}{L} x$$

en tanto sabemos que esa solución, cumple las condiciones de contorno, y proponemos para $h(x,t)$, el desarrollo

$$h(x,t) = \sum_1 h_n(t)\, sen\, \frac{n\pi}{L} x$$

con $\boxed{h_n(t) = \frac{2}{L} \int_0^L h(x,t)\, sen\, \frac{n\pi}{L} x}$, coeficiente de *Fourier*.

Reemplazando en la ecuación no homogénea, los correspondientes términos u_{xx}, $\frac{1}{c^2} u_t$ y $h(x,t)$ según sus desarrollos en serie, se obtiene

$$\sum_1 -\left(\frac{n\pi}{L}\right)^2 u_n(t)\, sen\, \frac{n\pi}{L} x - \sum_1 \frac{1}{c^2} \frac{du_n(t)}{dt}\, sen\, \frac{n\pi}{L} x = \sum_1 h_n(t)\, sen\, \frac{n\pi}{L} x$$

o bien $\quad \sum_1 -\left[\left(\frac{n\pi}{L}\right)^2 u_n(t) + \frac{1}{c^2} \frac{du_n(t)}{dt}\right] sen\, \frac{n\pi}{L} x = \sum_1 h_n(t)\, sen\, \frac{n\pi}{L} x$

y de igualar coeficientes, obtenemos

$$\boxed{\frac{1}{c^2} \frac{du_n(t)}{dt} + \left(\frac{n\pi}{L}\right)^2 u_n(t) = -h_n(t)}$$

Tenemos entonces una EDO lineal, con segundo miembro $-h_n(t)$, para $u_n(t)$, con $h_n(t)$ ya calculado como coeficiente de *Fourier*.

Siendo $u(x,0) = f(x)$, si desarrollamos $f(x)$ en serie de *Fourier*

$$f(x) = \sum_1 f_n\, sen\, \frac{n\pi}{L} x, \text{ con } f_n = \frac{2}{L} \int_0^L f(x)\, sen\, \frac{n\pi}{L} x$$

entonces, podemos dar una condición inicial a la ecuación $\frac{1}{c^2}\frac{du_n(t)}{dt} + \left(\frac{n\pi}{L}\right)^2 u_n(t) = -h_n(t)$, para tener una solución única, ya que

$$u(x,0) = \sum_1 u_n(0)\, sen\, \frac{n\pi}{L}x = f(x) = \sum_1 f_n\, sen\, \frac{n\pi}{L}x$$

de donde $u_n(0) = f_n$. Con este valor inicial, queda unívocamente determinado $u_n(t)$ y consecuentemente, la solución

$$u(x,t) = \sum_1 u_n(t)\, sen\, \frac{n\pi}{L}x\; \blacklozenge$$

Como en 9.3.1, la validez de la solución, queda sujeta a la validez de los desarrollos de *Fourier*.

10.4.9. *Conducción de calor en una barra infinita*. Consideramos ahora una barra aislada en toda su longitud, y cuyos extremos se encuentran lo suficientemente alejados, de modo que no hay condiciones en la frontera y solo hay una condición inicial, que describe la distribución de temperatura en $t = 0$ como $u(x,0) = f(x)$.

Como en 10.4.4, aplicamos el método de separación de variables y escribimos $u(x,t) = X(x)T(t)$, y reemplazando las derivadas $u_{xx} = X''T$ y $u_t = XT'$ en la ecuación del calor $u_{xx} = \frac{1}{c^2}u_t$, obtenemos nuevamente al separar las variables, las dos ecuaciones

$$X'' + \lambda^2 X = 0 \quad y \quad T' + c^2\lambda^2 T = 0$$

La primera ecuación, tiene como soluciones $X_\lambda(x) = C_1(\lambda)e^{i\lambda x}$ y $X_{-\lambda}(x) = C_2(\lambda)e^{-i\lambda x}$, y la segunda $T_\lambda(t) = C_3(\lambda)e^{-c^2\lambda^2 t}$, indicando en ellas con el subíndice λ, la correspondencia de la solución con el parámetro λ, que de momento no determinamos, por no tener condiciones de frontera que determinen valores admisibles de λ, de modo que admitimos para λ valores reales.

Podemos elegir la primera solución de $X'' + \lambda^2 X = 0$, $X_\lambda(x) = C_1(\lambda)e^{i\lambda x}$, dejando que λ tome valores positivos y negativos, y entonces, con la solución de $T' + c^2\lambda^2 T = 0$ y $C_1(\lambda)C_3(\lambda) = C(\lambda)$ escribimos

$$u_\lambda = C(\lambda)e^{i\lambda x}e^{-c^2\lambda^2 t}$$

En lugar de superponer soluciones con una sumatoria sobre las u_n correspondientes a distintos λ_n, determinados con condiciones de contorno que ahora no tenemos, buscamos la solución general integrando sobre λ

$$u(x,t) = \int_{-\infty}^{\infty} C(\lambda)e^{-c^2\lambda^2 t}e^{i\lambda x}\, d\lambda \blacklozenge$$

Con la condición inicial $u(x,0) = f(x)$

$$u(x,0) = \int_{-\infty}^{\infty} C(\lambda)e^{i\lambda x}\, d\lambda = f(x)$$

entonces $C(\lambda)$, se obtiene como la transformada de *Fourier* de $f(x)$

$$C(\lambda) = \int_{-\infty}^{\infty} f(\omega)\, e^{-i\omega\lambda}d\omega$$

con lo que
$$u(x,t) = \int_{-\infty}^{\infty} \frac{1}{2\pi} \int_{-\infty}^{\infty} f(\omega)\, e^{i\lambda(x-\omega)-c^2\lambda^2 t}d\omega d\lambda$$

Siendo la integral respecto de λ

$$\int_{-\infty}^{\infty} e^{-c^2\lambda^2 t+i\lambda(x-\omega)}\, d\lambda = \sqrt{\frac{\pi}{c^2 t}}\, e^{-\frac{(x-\omega)^2}{4c^2 t}}$$

entonces
$$u(x,t) = \frac{1}{2c\sqrt{\pi t}} \int_{-\infty}^{\infty} f(\omega)\, e^{-\frac{(x-\omega)^2}{4c^2 t}}\, d\omega \blacklozenge$$

Ejercicios 10.4

Separar las variables y obtener la solución general de las siguientes ecuaciones diferenciales en derivadas parciales.

1. $u_x + u_y = 0.$

2. $u_x - yu_y = 0.$

3. $ayu_x - bxu_y = 0.$

4. $u_x + u_y = 2(x+y)u.$

5. $u_{xy} - u = 0.$

6. $x^2 u_{xy} - 3y^2 u = 0.$

Resolver el problema del valor inicial.

7. $3u_x + 2u_y = 0$ $\qquad u(x,0) = 5e^{-4x}.$

8. $u_x = 2u_y$ $\qquad u(0,y) = 6e^{-4y}.$

9. $u_t = 3u_x$ $\qquad u(x,0) = 2e^{-5x}.$

10. $u_x = 2u_y + u$ $\qquad u(x,0) = 2e^{-7x} + 3e^{-5x}.$

Resolver los siguientes problemas con valor en la frontera.

11. $u_t = 2u_{xx}$ $\qquad u(0,t) = u(4,t) = 0$ $\qquad u(x,0) = 3\,sen\,\frac{\pi}{4}x + 5\,sen\,\frac{3\pi}{4}x.$

12. $u_t = u_{xx}$ $\qquad u_x(0,t) = u(2,t) = 0.$ $\qquad u(x,0) = 2\cos\frac{5\pi}{4}x - 4\cos\frac{7\pi}{4}x.$

13. $u_t = u_{xx}$ $\qquad u(0,t) = u(4,t) = 0.$ $\qquad u(x,0) = 4\,sen\,\frac{\pi}{2}x + 2\,sen\,\pi x.$

14. $u_{xx} = u_{tt}$ $\qquad u_x(0,t) = u(2,t) = 0.$ $\qquad u(x,0) = x(x-2),\ u_t(x,0) = 0.$

15. $u_{xx} = u_{tt}$ $\qquad u_x(0,t) = u(2,t) = 0.$ $\qquad u(x,0) = 0,\ u_t(x,0) = x(x-2).$

Respuestas

1. $R\colon u = ce^{k(x-y)}.$ **2.** $R\colon u = ce^{kx}y^{-k}.$ **3.** $R\colon ce^{k\left(\frac{1}{2a}x^2 + \frac{1}{2b}y^2\right)}.$ **4.** $R\colon u = e^{(x^2+y^2)+k(x-y)}.$

5. $R\colon u = ce^{kx + \frac{1}{k}y}.$ **6.** $R\colon u = ce^{\left(\frac{y^3}{k} - \frac{k}{x}\right)}.$ **7.** $R\colon u = 5e^{-12\left(\frac{x}{3} - \frac{y}{2}\right)}.$ **8.** $R\colon u = 6e^{-8\left(x + \frac{y}{2}\right)}.$

9. $\quad R\colon u = 2e^{-15\left(\frac{x}{3}+t\right)}.$ $\quad$ **10.** $R\colon u = 2e^{-7x-4y} + 3e^{-5x-3y}.$ **11.** $\quad R\colon 3e^{-\frac{\pi}{2}t}\,sen\,\frac{\pi}{4}x +$

$5e^{-\frac{3\pi}{2}t}\,sen\,\frac{3\pi}{4}x.$ **12.** $R\colon u(x,t) = 2e^{-\frac{5^2\pi^2}{4^2}t}\cos\frac{5\pi}{4}x - 4e^{-\frac{7^2\pi^2}{4^2}t}\cos\frac{7\pi}{4}x.$ **13.** $R\colon u(x,t) =$

$4e^{-\frac{\pi^2}{4}t}\,sen\,\frac{\pi}{2}x + 2e^{-\pi^2 t}\,sen\,\pi x$

10.5 Planteamiento General y Curvas Características

Cuando en 7.4, resolvimos la EDO de segundo orden, $a_2(x)y'' + a_1(x)y' + a_0(x)y = 0$, obtuvimos una solución bien determinada especificando dos condiciones iniciales; $y(0) = c_0$ y $y'(0) = c_1$. Entonces, las dos condiciones iniciales c_0 y c_1 junto con la ecuación, bastaron para obtener la solución $y(x)$ o, lo que es lo mismo, su serie de *Taylor* $y = \sum c_n x^n$ o bien, $y = \sum c_n(x - x_0)^n$, según que la solución se expresara en torno a $x = 0$ o en $x = x_0$, en cuyo caso, las condiciones iniciales serán; $y(x_0) = c_0$ y $y'(x_0) = c_1$.

Podemos pensar por analogía con las EDO, que los requerimientos apropiados para una EDP son; el valor de $u(x,y)$ y alguna de sus derivadas a lo largo de una curva $u(s) = constante$, sin embargo la cuestión en el caso de las EDP, es más compleja.

10.5.1. *Las direcciones características.* Ya que la superficie $u(x,y)$, determina en su intersección con el plano $x - y$ una curva $s(x,y)$, así como en el caso de las EDO dimos en un punto x_0 el valor de $y(x_0)$ como primera condición, junto con

$y'(x_0)$ como segunda condición, probaremos ahora especificar el valor de u a lo largo de una curva s, junto con alguna de sus derivadas sobre la curva s.

Usualmente para las EDP, se especifican tres tipos de condiciones de contorno

i) Condiciones de *Dirichlet*; se define $u(x, y)$ sobre la curva s.

ii) Condiciones de *Neumann*; se define u_n, la derivada en la dirección normal a s.

iii) Condiciones de *Cauchy*; se definen $u(x, y)$ y u_n, a lo largo de s.

Sea entonces resolver la EDP en dos variables, lineal y de segundo orden

$$A(x, y)u_{xx} + B(x, y)u_{xy} + C(x, y)u_{yy} = f\left(x, y, u, u_x, u_y\right)$$

y, en el supuesto de que existe una solución $u(x, y)$ para la ecuación, consideraremos a continuación, el problema de determinar los coeficientes de *Taylor*, u_x, u_y, u_{xx}, u_{xy},…, que buscaremos asumiendo que se han impuesto condiciones de *Cauchy*, las que en vista de una analogía con las EDO, se presentan como las más apropiadas.

En la figura 10.5.1, se representa un arco de la curva s dada por la intersección de $u(x, y)$ con el plano $x - y$, y su vector tangente $\boldsymbol{\tau}$ junto al vector normal $\boldsymbol{n}$.

El vector tangente es, $\boldsymbol{\tau} = dx\,\boldsymbol{i} + dy\,\boldsymbol{j}$, y el vector tangente unitario es

$$\boldsymbol{T} = \frac{\boldsymbol{\tau}}{|\tau|} = \frac{dx\,\boldsymbol{i} + dy\,\boldsymbol{j}}{\sqrt{dx^2 + dy^2}}$$

El elemento diferencial de arco es $ds = \sqrt{dx^2 + dy^2}$, y entonces $\boldsymbol{T}$ puede expresarse como

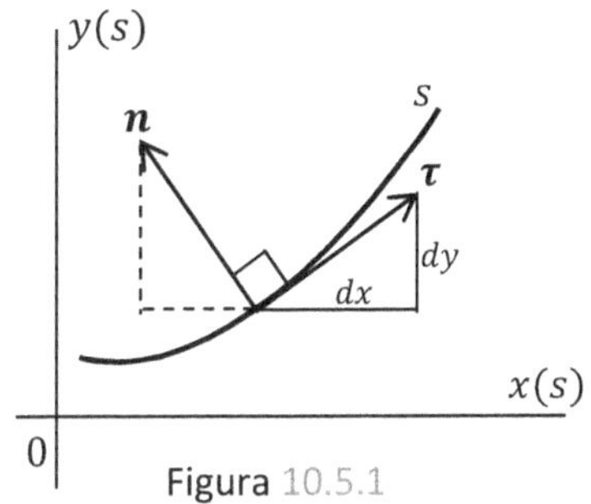

Figura 10.5.1

$$\boldsymbol{T} = \frac{dx}{ds}\boldsymbol{i} + \frac{dy}{ds}\boldsymbol{j} = x_s\,\boldsymbol{i} + y_s\,\boldsymbol{j}$$

El vector normal es

$$\boldsymbol{n} = -dy\,\boldsymbol{i} + dx\,\boldsymbol{j}$$

y el vector normal unitario $\dfrac{\boldsymbol{n}}{|\boldsymbol{n}|}$ es

$$\boldsymbol{N} = -\frac{dy}{ds}\boldsymbol{i} + \frac{dx}{ds}\boldsymbol{j} = -y_s\,\boldsymbol{i} + x_s\,\boldsymbol{j}$$

Podemos entonces expresar la derivada u_s en la dirección tangente, y la derivada u_n en la dirección normal, como

$$\begin{cases} u_s = \nabla u \cdot \boldsymbol{T} = \left(\dfrac{\partial u}{\partial x} \boldsymbol{i} + \dfrac{\partial u}{\partial y} \boldsymbol{j} \right) (x_s\, \boldsymbol{i} + y_s\, \boldsymbol{j}) = u_x x_s + u_y y_s \\ u_n = \nabla u \cdot \boldsymbol{N} = \left(\dfrac{\partial u}{\partial x} \boldsymbol{i} + \dfrac{\partial u}{\partial y} \boldsymbol{j} \right) (-y_s\, \boldsymbol{i} + x_s\, \boldsymbol{j}) = -u_x y_s + u_y x_s \end{cases}$$

y el determinante principal del sistema es

$$\Delta = \begin{vmatrix} x_s & y_s \\ -y_s & x_s \end{vmatrix} = (x_s)^2 + (y_s)^2 = \frac{dx^2}{ds^2} + \frac{dy^2}{ds^2} = \frac{ds^2}{ds^2} = 1$$

Entonces, $\Delta = 1 \neq 0$, asegura que existe una solución única para el sistema

$$\begin{cases} u_x x_s + u_y y_s = u_s \\ -u_x y_s + u_y x_s = u_n \end{cases}$$

y como los segundos miembros u_s y u_n, son dados por las condiciones sobre la frontera, se pueden determinar u_x y u_y, como; $u_x = \dfrac{\Delta u_x}{\Delta}$ y $u_y = \dfrac{\Delta u_y}{\Delta}$ con

$$\Delta u_x = \begin{vmatrix} u_s & y_s \\ u_n & x_s \end{vmatrix} \quad \text{y} \quad \Delta u_y = \begin{vmatrix} x_s & u_s \\ -y_s & u_n \end{vmatrix}.$$

Las derivadas segundas u_{xx}, u_{xy}, u_{yy}, podemos obtenerlas a partir de las primeras u_x y u_y, con

$$u_{xs} = u_{xx} x_s + u_{xy} y_s \quad \text{y} \quad u_{ys} = u_{yx} x_s + u_{yy} y_s$$

más una tercera ecuación, que es la misma ecuación diferencial

$$A u_{xx} + B u_{xy} + C u_{yy} = f$$

Podemos entonces formar un sistema 3×3 para calcular las derivadas segundas

$$\begin{cases} u_{xx} x_s + u_{xy} y_s = u_{xs} \\ u_{yx} x_s + u_{yy} y_s = u_{ys} \\ A u_{xx} + B u_{xy} + C u_{yy} = f \end{cases}$$

con determinante principal

$$\Delta = \begin{vmatrix} x_s & y_s & 0 \\ 0 & x_s & y_s \\ A & B & C \end{vmatrix}$$

que desarrollado por la tercera fila es

$$\Delta = A \left(\frac{dy}{ds} \right)^2 - B \frac{dx}{ds} \frac{dy}{ds} + C \left(\frac{dx}{ds} \right)^2$$

Si $\Delta = 0$, no hay solución y entonces, si $\Delta = A\left(\frac{dy}{ds}\right)^2 - B\frac{dx}{ds}\frac{dy}{ds} + C\left(\frac{dx}{ds}\right)^2 = 0$, multiplicando su expresión por $\left(\frac{ds}{dx}\right)^2$, obtenemos

$$A\left(\frac{dy}{dx}\right)^2 - B\frac{dy}{dx} + C = 0$$

que se puede resolver para $\frac{dy}{dx}$ como

$$\frac{dy}{dx} = \frac{B \pm \sqrt{B^2 - 4AC}}{2A} \; \blacklozenge$$

Quedan definidas entonces dos direcciones, $y' = \frac{B + \sqrt{B^2 - 4AC}}{2A}$ y $y' = \frac{B - \sqrt{B^2 - 4AC}}{2A}$, cada una de las cuales supone una curva, las *curvas características*.

Con el mismo criterio de clasificación de 10.2.5: Si $B^2 - 4AC < 0$, no hay soluciones reales y la ecuación es *elíptica*, si $B^2 - 4AC = 0$, hay una sola solución y la ecuación se denomina *parabólica* y si $B^2 - 4AC > 0$ hay dos curvas características y la ecuación se denomina *hiperbólica*.

10.5.2. *Condiciones apropiadas.* A partir de la ecuación de la cuerda vibrante, examinaremos cuales son las condiciones de frontera y contornos apropiados para resolver las ecuaciones.

Para obtener las curvas características de la ecuación de onda

$$u_{xx} - \frac{1}{c^2}u_{tt} = 0$$

los cálculos se facilitan si se reescribe la ecuación como $u_{tt} - c^2 u_{xx} = 0$, entonces

$A = 1$, $B = 0$, $C = -c^2$ y $B^2 - 4AC = 4c^2$, por lo que la ecuación de las características es

$$\frac{dx}{dt} = \frac{0 \pm \sqrt{4c^2}}{2} = \pm c$$

y sus integrales $\qquad x = ct + \varepsilon \quad$ y $\quad x = -ct + \eta$

o bien $\qquad\qquad ct = x - \varepsilon \;$ y $\; ct = -x + \eta$

Las curvas características, en este caso $ct = x + \varepsilon$ y $ct = -x + \eta$, resultan ser *coordenadas naturales* de las correspondientes ecuaciones, como se comprueba transformando la ecuación, $u_{xx} - \frac{1}{c^2}u_{tt} = 0$, con $\begin{cases}\varepsilon = x - ct \\ \eta = x + ct\end{cases}$, al reemplazar en la ecuación las derivadas

$$u_x = u_\varepsilon \varepsilon_x + u_\eta \eta_x = u_\varepsilon + u_\eta \quad \text{y} \quad \boxed{u_{xx} = u_{\varepsilon\varepsilon} + 2u_{\varepsilon\eta} + u_{\eta\eta}}$$

$$u_t = u_\varepsilon \varepsilon_t + u_\eta \eta_t = -u_\varepsilon c + u_\eta c \quad \text{y} \quad \boxed{u_{tt} = c^2\left(u_{\varepsilon\varepsilon} - 2u_{\varepsilon\eta} + u_{\eta\eta}\right)}$$

$u_{xx} - \frac{1}{c^2}u_{tt} = 0$, se transforma en; $4\frac{\partial^2 u}{\partial\varepsilon\partial\eta} = 0$, o bien

$$\frac{\partial^2 u}{\partial\varepsilon\partial\eta} = 0 \; \blacklozenge$$

La forma $\frac{\partial^2 u}{\partial\varepsilon\partial\eta} = 0$ que acabamos de obtener, se llama *forma normal* o *canónica* de la ecuación, y se dice que una ecuación está en su forma normal o canónica, si en ella las derivadas segundas con respecto a una misma variable, tienen coeficiente 1, -1 o 0, y las derivadas cruzadas, siempre tienen coeficiente 0.

Puede probarse, que las transformaciones de coordenadas que expresan las ecuaciones en función de las direcciones caracteristicas, reducen las ecuaciones a su forma normal.

La forma normal $\frac{\partial^2 u}{\partial\varepsilon\partial\eta} = 0$, que obtuvimos al transformar $u_{xx} - \frac{1}{c^2}u_{tt} = 0$, con $\varepsilon = x - ct$ y $\eta = x + ct$, tiene una solución inmediata puesto que, si $\frac{\partial^2 u}{\partial\varepsilon\partial\eta} = 0$, entonces

$$u(\varepsilon, \eta) = f(\varepsilon) + g(\eta) = f(x - ct) + g(x + ct)$$

En la figura 10.5.2.a está representado ct vs. x, de modo que las rectas $ct = x - \varepsilon$ y $ct = -x + \eta$, tienen pendientes 1 y -1 respectivamente.

Sobre el contorno $0 \leq x \leq L$, que no es tangente a las curvas características $\varepsilon = x - ct$ y $\eta = x + ct$, pueden determinarse las funciones arbitrarias $f(\varepsilon)$ y $g(\eta)$, si se dan condiciones de *Cauchy*, es decir si se conocen; la deformación inicial $u(x, ct = 0) = u(x)$, y la velocidad inicial, que es la derivada normal u_n, a lo largo de $0 \leq x \leq L$. Además, sobre $0 \leq x \leq L$, las funciones $f(\varepsilon)$ y $g(\eta)$, tienen la forma $f(x)$ y $g(x)$, por lo que

$$\boxed{u(x, ct = 0) = f(x) + g(x)}$$

y $\qquad\qquad u_n = \frac{\partial u(x,ct=0)}{\partial ct} = \frac{1}{c}\frac{\partial u}{\partial t} = \frac{1}{c}\left(f_\varepsilon\varepsilon_t + g_\eta\eta_t\right) = (-f_x + g_x)$

de donde

$$\boxed{\frac{1}{c}\int \frac{\partial u}{\partial t}\,dx = -f(x) + g(x)}$$

entonces, sumando y restando las expresiones en recuadro, se obtiene

$$f(x) = \frac{1}{2}u(x) - \frac{1}{2c}\int \frac{\partial u}{\partial t}\,dx \quad \text{y} \quad g(x) = \frac{1}{2}u(x) + \frac{1}{2c}\int \frac{\partial u}{\partial t}\,dx \blacklozenge$$

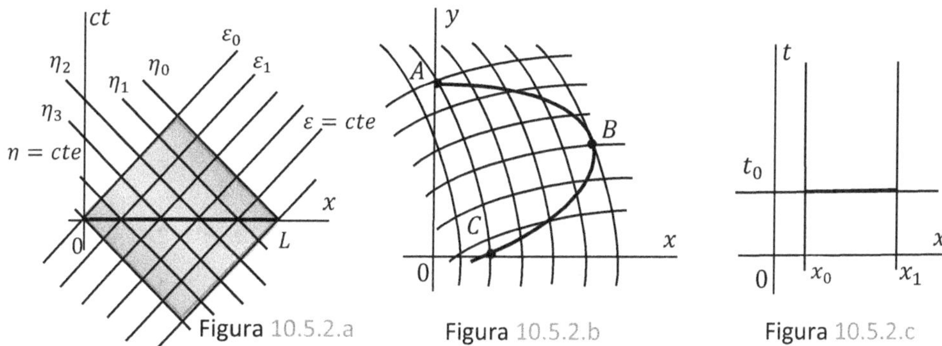

Figura 10.5.2.a   Figura 10.5.2.b   Figura 10.5.2.c

Las funciones $f(x)$ y $g(x)$, determinan $f(\varepsilon)$ y $g(\eta)$ a lo largo del contorno $0 \leq x \leq L$, por lo que $u(\varepsilon, \eta) = f(\varepsilon) + g(\eta)$, queda determinada en el interior de la región sombreada con diagonal $0L$, de la figura 10.2.5.a. Concluimos entonces que las condiciones de *Cauchy*, son apropiadas para esta ecuación.

Si en cambio se imponen condiciones de *Cauchy*, sobre un contorno como el arco $\overparen{ABC}$ de la figura 10.5.2.b, tangente a las características en el punto B, se comprueba que estas condiciones, sobredeterminan el problema. Efectivamente, al recorrerse el arco $\overparen{ABC}$, desde A hasta B, el comportamiento de $u(x,y)$ queda determinado a lo largo de todas las características horizontales y verticales que cortan el contorno entre A y B, por lo que, al recorrer el contorno de B a C, solo resta determinar el comportamiento de la función sobre las características horizontales, que lo cortan entre B y C pero, sobre las características verticales que cortan el arco $\overparen{BC}$, nada podemos agregar porque sobre estas características, ya se determinó el comportamiento de la función u, al recorrer el arco $\overparen{ABC}$ entre A y B, de modo que hay información redundante y se está sobredeterminando el problema. En este caso, son suficientes las condiciones de *Dirichlet* o bien las de *Neumann*, que también son apropiadas para contornos cerrados y ecuaciones elípticas.

Para ecuaciones parabólicas, que describen procesos difusivos tal como la ecuación del calor $u_{xx} - \frac{1}{c^2}u_t = 0$, las condiciones apropiadas son también las de *Dirichlet* o *Neumann*. En la ecuación del calor se tiene, $A = 0$, $B = 0$, $C = 1$, y por lo tanto, no podemos emplear la ecuación $\frac{dx}{dt} = \frac{B \pm \sqrt{B^2 - 4AC}}{2A}$ pero, transponiendo las variables x y t, se tiene $A = 1$, $B = C = 0$, con lo que

$$\frac{dx}{dt} = 0 \text{ o } x = cte.$$

y las características son las rectas $x = cte$. De otro modo, regresando a la ecuación que obtuvimos al desarrollar el determinante principal, para el cálculo de las derivadas segundas, y anulamos para determinar las direcciones características; $\Delta = A\left(\frac{dx}{ds}\right)^2 - B\frac{dt}{ds}\frac{dx}{ds} + C\left(\frac{dt}{ds}\right)^2 = 0$, con $A = 0$, $B = 0$, $C = 1$, se tiene $C\left(\frac{dt}{ds}\right)^2 = 0$, que implica $t = t_0 = cte$.

La ecuación del calor, se resuelve a partir de $t = t_0$, *para tiempo futuro*. Notemos que $t = t_0$, también es una característica, y hacia adelante en el tiempo, se suavizan las inhomogeneidades, como podemos observar cuando un colorante difunde lentamente, hasta homogeneizarse el color del medio en que difunde. Invertir el proceso, va contra el *sentido físico de los sucesos*.

En la tabla 10.5.2.d, se resumen los tipos de contorno y condiciones apropiados para cada ecuación.

Ecuación	Contorno	Condiciones
Hiperbólica	abierto	de *Cauchy*
Elíptica	cerrado	de *Dirichlet* o de *Neumann*
Parabólica	abierto	de *Dirichlet* o de *Neumann*

Tabla 10.5.2.d

10.6 La Ecuación de Laplace en Coordenadas

Resolveremos ahora la ecuación de *Laplace*, en coordenadas cilíndricas y esféricas, con el método de separación de variables.

10.6.1. *La ecuación de Laplace en coordenadas cilíndricas.* Si la ecuación de *Laplace*, $\nabla^2 u(x, y, z) = \frac{\partial^2 u}{\partial x^2} + \frac{\partial^2 u}{\partial y^2} + \frac{\partial^2 u}{\partial z^2} = 0$, se expresa en coordenadas cilíndricas, se obtiene

$$\nabla^2 u(\rho, \phi, z) = \frac{\partial^2 u}{\partial \rho^2} + \frac{1}{\rho}\frac{\partial u}{\partial \rho} + \frac{1}{\rho^2}\frac{\partial^2 u}{\partial \phi^2} + \frac{\partial^2 u}{\partial z^2} = 0$$

Escribiendo, $u(\rho, \phi, z) = R(\rho)\Phi(\phi)Z(z)$, y reemplazando en la ecuación

$$\nabla^2 u = R''\Phi Z + \frac{1}{\rho}R'\Phi Z + \frac{1}{\rho^2}R\Phi''Z + R\Phi Z'' = 0$$

si se divide por $R\Phi Z$

$$\frac{R''}{R} + \frac{1}{\rho}\frac{R'}{R} + \frac{1}{\rho^2}\frac{\Phi''}{\Phi} + \frac{Z''}{Z} = 0$$

entonces podemos separar $Z(z)$, de los términos que dependen de ρ y θ

$$\frac{R''}{R} + \frac{1}{\rho}\frac{R'}{R} + \frac{1}{\rho^2}\frac{\Phi''}{\Phi} = -\frac{Z''}{Z} = -\lambda^2$$

y obtenemos la primera ecuación separada

$$Z'' - \lambda^2 Z = 0, \text{ con soluciones } \boxed{Z(z) = \begin{cases} e^{\lambda z} \\ e^{-\lambda z} \end{cases}}$$

Si la igualdad $\dfrac{R''}{R} + \dfrac{1}{\rho}\dfrac{R'}{R} + \dfrac{1}{\rho^2}\dfrac{\Phi''}{\Phi} = -\lambda^2$, se multiplica por ρ^2, se puede separar $\Phi(\phi)$ de $R(\rho)$

$$\rho^2\frac{R''}{R} + \rho\frac{R'}{R} + \rho^2\lambda^2 = -\frac{\Phi''}{\Phi} = p^2$$

y obtenemos la segunda ecuación separada

$$\Phi'' + p^2\Phi = 0, \text{ con soluciones } \boxed{\Phi(\phi) = \begin{cases} e^{ip\phi} \\ e^{-ip\phi} \end{cases}}$$

Queda finalmente, la parte radial

$$\rho^2\frac{R''}{R} + \rho\frac{R'}{R} + \rho^2\lambda^2 = p^2 \quad \text{o bien} \quad \rho^2 R'' + \rho R' + (\rho^2\lambda^2 - p^2)R = 0$$

que se transforma en la ecuación de *Bessel*, con la sustitución $\lambda\rho = x$, ya que reemplazando; $R' = R_x x_\rho = \lambda R_x$, y $R'' = \lambda^2 R_{xx}$, se obtiene

$$\lambda^2\rho^2 R'' + \lambda\rho R' + (\rho^2\lambda^2 - p^2)R = 0$$

o bien como en 8.3 $\qquad x^2 y'' + xy' + (x^2 - p^2)y = 0$

y sus soluciones son $\qquad \boxed{R(\rho) = \begin{cases} J_p(\lambda\rho) \\ J_{-p}(\lambda\rho) \end{cases}}$

Entonces, $u(\rho, \phi, z) = R(\rho)\Phi(\phi)Z(z)$, es

$$u(\rho, \phi, z) = \left(c_1\, e^{\lambda z} + c_2\, e^{-\lambda z}\right)\left(c_3\, e^{ip\phi} + c_4\, e^{-ip\phi}\right)\left(c_5\, J_p(\lambda\rho) + c_6\, J_{-p}(\lambda\rho)\right) \; \blacklozenge$$

10.6.2. *Ejemplo.* **a.** Resolveremos ahora la ecuación del calor, para una placa circular delgada de radio unitario, figura 10.6.2.a, con las condiciones $\begin{cases} u(1,t) = 0 \\ u(\rho, 0) = f(\rho) \end{cases}$, aislada en sus caras superior e inferior.

Estando la palca aislada en sus caras planas, en la ecuación del calor desaparece el término $\frac{\partial^2 u}{\partial z^2}$, y también el término $\frac{\partial^2 u}{\partial \phi^2}$, en tanto la distribución de la temperatura no depende de ϕ. La ecuación del calor es entonces

$$\frac{\partial^2 u}{\partial \rho^2} + \frac{1}{\rho}\frac{\partial u}{\partial \rho} = \frac{1}{c^2}\frac{\partial u}{\partial t}$$

y sustituyendo, $u(\rho, t) = R(\rho)T(t)$ en la ecuación, obtenemos

$$R''T + \frac{1}{\rho}R'T = \frac{1}{c^2}RT' \text{ o bien } \frac{R''}{R} + \frac{1}{\rho}\frac{R'}{R} = \frac{1}{c^2}\frac{T'}{T} = -\lambda^2 \begin{cases} T' + c^2\lambda^2 T = 0 \\ \rho^2 R'' + \rho R' + \rho^2\lambda^2 R = 0 \end{cases}$$

La primera ecuación, tiene la solución $T = e^{-c^2\lambda^2 t}$, y la ecuación de la parte radial, se transforma en una ecuación de *Bessel* con la sustitución $x = \lambda\rho$, de modo que $R' = \lambda R'_x$ y $R'' = \lambda^2 R''_{xx}$.

Escribimos entonces la ecuación como $x^2 y'' + xy' + x^2 y = 0$, cuyas soluciones son, como vimos en 8.3.1, $J_0(x)$ y $Y_0(x)$, o bien, $J_0(\lambda\rho)$ y $Y_0(\lambda\rho)$. La solución general es entonces

$$u(\rho, t) = R(\rho)T(t) = [A\, J_0(\lambda\rho) + B\, Y_0(\lambda\rho)]e^{-c^2\lambda^2 t}$$

pero como $u(\rho, t)$ debe mantenerse acotada para $\rho = 0$, debe ser $B = 0$ y la solución es

$$u(\rho, t) = A\, J_0(\lambda\rho)e^{-c^2\lambda^2 t}$$

La condición $u(1, t) = 0$, requiere que

$$u(1, t) = A\, J_0(\lambda)e^{-c^2\lambda^2 t} = 0$$

por lo que debe ser $J_0(\lambda) = 0$, y entonces, $\lambda = \lambda_1, \lambda_2, \ldots, \lambda_n, \ldots$

Figura 10.6.2.a

que son las raíces positivas de $J_0(x)$, y la solución es entonces

$$u_n(\rho, t) = A_n J_0(\lambda_n \rho) e^{-c^2 \lambda_n^2 t}, \; n = 1,2,3, \dots$$

Aplicando el principio de superposición

$$u(\rho, t) = \sum_1 A_n J_0(\lambda_n \rho) e^{-c^2 \lambda_n^2 t} \; \blacklozenge$$

Con la condición inicial $u(\rho, 0) = f(\rho)$, la solución que acabamos de obtener es

$$u(\rho, 0) = \sum_1 A_n J_0(\lambda_n \rho) = f(\rho)$$

entonces A_n se determina como en 8.3.3, según

$$A_n = \frac{\int_0^1 f(\rho) J_p(k_n x)}{\frac{1}{2}\left[J_{p+1}(k_n)\right]^2} \rho \, d\rho$$

b. Consideramos ahora en lugar de una placa circular, un cilindro de radio y altura unitarios, figura 10.6.2.b, cuya temperatura inicial se distribuye según una función $f(\rho, z)$, y cuya superficie se pone en el instante $t = 0$, a la temperatura $T = 0$. Las condiciones iniciales son entonces $\begin{cases} u(\rho, 0, t) = u(\rho, 1, t) = u(1, z, t) = 0 \\ u(\rho, z, 0) = f(\rho) \end{cases}$, y con estas condiciones, determinaremos la distribución de temperatura $u(\rho, t)$.

La ecuación del calor en coordenadas cilíndricas, eliminando la dependencia de ϕ, es

$$\frac{\partial^2 u}{\partial \rho^2} + \frac{1}{\rho}\frac{\partial u}{\partial \rho} + \frac{\partial^2 u}{\partial z^2} = \frac{1}{c^2}\frac{\partial u}{\partial t}$$

y con $u(\rho, z, t) = R(\rho)Z(z)T(t)$, es

$$R''ZT + \frac{1}{\rho}R'ZT + RZ''T = \frac{1}{c^2}RZT'$$

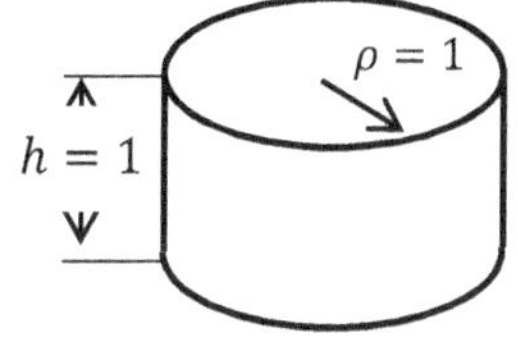

Figura 10.6.2.b

dividiendo por RZT
$$\frac{R''}{R} + \frac{1}{\rho}\frac{R'}{R} + \frac{Z''}{Z} = \frac{1}{c^2}\frac{T'}{T} = -\lambda^2$$

entonces separamos $\quad T' + c^2 \lambda^2 T = 0 \quad$ con solución $\; T(t) = e^{-c^2 \lambda^2 t}$

queda por separar
$$\frac{R''}{R} + \frac{1}{\rho}\frac{R'}{R} = -\left(\lambda^2 + \frac{Z''}{Z}\right) = -p^2$$

de donde obtenemos $\quad Z'' - \left(p^2 - \lambda^2\right)Z = 0 \quad$ y $\quad \rho^2 R'' + \rho R' + p^2 \rho^2 R = 0$

cuyas soluciones son, $Z(z) = \begin{cases} e^{\mu z} \\ e^{-\mu z} \end{cases}$, con $\mu^2 = p^2 - \lambda^2 \;$ y $\; R = \begin{cases} J_0(x) \\ Y_0(x) \end{cases}$, con $x = p\rho$

Escribimos entonces la solución como

$$u(\rho,z,t) = c_1 e^{-c^2\lambda^2 t}[c_2 e^{\mu z} + c_3 e^{-\mu z}][AJ_0(p\rho) + BY_0(p\rho)]$$

que debe mantenerse acotada si $\rho = 0$, por lo que debe ser $B = 0$, y la solución es

$$u(\rho,z,t) = e^{-c^2\lambda^2 t}[Ce^{\mu z} + De^{-\mu z}]J_0(p\rho)$$

donde con C y D, hemos agrupado constantes. Esta solución debe cumplir con la primera condición $u(\rho,0,t) = 0$, entonces

$$u(\rho,0,t) = e^{-c^2\lambda^2 t}J_0(p\rho)[C + D] = 0$$

por lo que debe ser $C = -D$, y la solución es; $u(\rho,z,t) = Ce^{-c^2\lambda^2 t}[e^{\mu z} - e^{-\mu z}]J_0(p\rho)$, que con la segunda condición $u(\rho,1,t) = 0$, es

$$u(\rho,1,t) = Ce^{-c^2\lambda^2 t}J_0(p\rho)[e^{\mu} - e^{-\mu}] = 0$$

entonces debe ser $e^{\mu} - e^{-\mu} = 0$, o bien $e^{2\mu} = 1$, de donde surge que $\mu_k = ik\pi$, $k = 0,1,2,\dots$, y la solución es $u_k(\rho,z,t) = C_k e^{-c^2\lambda^2 t}J_0(p\rho)\,sen\,k\pi z$, a la que aplicamos la tercera condición, $u(1,z,t) = 0$, para obtener

$$u_k(1,z,t) = C_k e^{-c^2\lambda^2 t}J_0(p)\,sen\,k\pi z = 0$$

que se verifica si, $p = p_1, p_2, p_3, \dots, p_n, \dots$, raíces positivas de $J_0(x)$ y, como al separar Z escribimos $\mu^2 = p^2 - \lambda^2$, es $\lambda_{kn}^2 = p_n^2 + k^2\pi^2$.

La solución es entonces

$$u_{kn}(\rho,z,t) = C_{kn} e^{-c^2(p_n^2 + k^2\pi^2)t}J_0(p_n\rho)\,sen\,k\pi z$$

y superponiendo soluciones

$$u(\rho,z,t) = \sum_{k=1}\sum_{n=1} u_{kn}(\rho,z,t) = \sum_{k=1}\sum_{n=1} C_{kn} e^{-c^2(p_n^2 + k^2\pi^2)t}J_0(p_n\rho)\,sen\,k\pi z \;\blacklozenge$$

Los C_{kn} se determinan con la condición inicial $u(\rho,z,0) = f(\rho,z)$

$$u(\rho,z,0) = f(\rho,z) = \sum_{k=1}[\sum_{n=1} C_{kn} J_0(p_n\rho)]\,sen\,k\pi z$$

o bien $\qquad\qquad f(\rho,z) = \sum_{k=1} a_n\,sen\,k\pi z \;$ con $\; a_n = \sum_{n=1} C_{kn} J_0(p_n\rho)$

y los coeficientes a_n, se obtienen como; $a_n = \dfrac{\int_0^1 f(\rho,z)sen\,k\pi z}{\int_0^1 sen^2\,k\pi z} = 2\int_0^1 f(\rho,z)sen\,k\pi z$.

Obtenidos los a_n, los C_{kn} pueden calcularse a partir de, $a_n = \sum_{n=1} C_{kn} J_0(p_n\rho)$, como coeficientes de *Fourier-Bessel*

$$C_{kn} = \frac{2}{J_1^2(p_n)} \int_0^1 a_n J_0(p_n\rho)\rho\, d\rho$$

10.6.3. *La ecuación de Laplace en coordenadas esféricas.* La ecuación de *Laplace*, expresada en coordenadas esféricas, es

$$\nabla^2 u(\rho,\theta,\phi) = \frac{1}{\rho^2}\left[\rho^2\frac{\partial u}{\partial\rho}\right]'_\rho + \frac{1}{\rho^2 sen\,\theta}\left[sen\,\theta\,\frac{\partial u}{\partial\theta}\right]'_\theta + \frac{1}{\rho^2 sen^2\theta}\frac{\partial^2 u}{\partial\phi^2} = 0$$

Consideraremos en primer lugar que $u = u(\rho,\theta)$, o sea, que u no depende de ϕ, posponiendo el caso en que $u = u(\rho,\theta,\phi)$, para 10.6.4 y, con la suposición de que $u = u(\rho,\theta)$, la ecuación resulta

$$\nabla^2 u = \frac{1}{\rho^2}\left[\rho^2\frac{\partial u}{\partial\rho}\right]'_\rho + \frac{1}{\rho^2 sen\,\theta}\left[sen\,\theta\,\frac{\partial u}{\partial\theta}\right]'_\theta = 0$$

Reemplazando $u(\rho,\theta) = R(\rho)\Theta(\theta)$, y multiplicando por ρ^2

$$\nabla^2 u = [\rho^2 R'\Theta]'_\rho + \frac{1}{sen\,\theta}[sen\,\theta\,R\Theta']'_\theta = 0$$

que dividida por $R\Theta$ es

$$\frac{1}{R}[\rho^2 R']'_\rho + \frac{1}{\Theta\,sen\,\theta}[sen\,\theta\,\Theta']'_\theta = 0$$

y como el primer término del primer miembro depende solo de ρ, y el segundo solo de θ, podemos separar los términos como

$$\frac{1}{R}[\rho^2 R']'_\rho = -\frac{1}{\Theta\,sen\,\theta}[sen\,\theta\,\Theta']'_\theta = -\lambda^2$$

o bien

$$\begin{cases} [\rho^2 R']'_\rho + \lambda^2 R = 0 \\ [sen\,\theta\,\Theta']'_\theta - \lambda^2\Theta\,sen\,\theta = 0 \end{cases}$$

Desarrollando la primera ecuación tenemos

$$\rho^2 R'' + 2\rho R' + \lambda^2 R = 0$$

que es una ecuación de *Cauchy*, cuya solución vimos en 7.2.11.d, y su ecuación subsidiaria es

$$m(m-1) + 2m + \lambda^2 = m(m+1) + \lambda^2 = 0$$

de la que podemos obtener directamente sus raíces de, $\lambda^2 = -m(m+1)$, haciendo; $\lambda_1 = m$, y $\lambda_2 = -(m+1)$. Por lo que la solución general de $R(\rho)$ es

$$\boxed{R(\rho) = A\rho^m + \frac{B}{\rho^{m+1}}}$$

Para resolver la segunda ecuación, empleamos como variable intermedia $\varepsilon = \cos\theta$, y teniendo en cuenta que $\varepsilon'_\theta = -sen\,\theta$, y $\Theta' = \frac{d\Theta}{d\theta} = \Theta_\varepsilon\varepsilon'_\theta = -\Theta_\varepsilon\,sen\,\theta$, etc. Escribimos entonces la ecuación, como

$$[sen\,\theta\ \Theta'_\varepsilon\varepsilon'_\theta]'_\varepsilon\ \varepsilon'_\theta - \lambda^2\Theta\,sen\,\theta = [sen\,\theta\ \Theta'_\varepsilon(-sen\,\varepsilon)]'_\varepsilon\ (-sen\,\theta) - \lambda^2\Theta\,sen\,\theta = 0$$

y reemplazando; $-sen^2\theta = cos^2\theta - 1 = \varepsilon^2 - 1$, y $\lambda^2 = -m(m+1)$, que establecimos con la solución de $R(\rho)$

$$[(\varepsilon^2 - 1)\ \Theta'_\varepsilon]'_\varepsilon\ (-sen\,\theta) + m(m+1)\Theta\,sen\,\theta = 0$$

que después de simplificar $sen\,\theta$, y desarrollar la derivada del primer término, es

$$(1 - \varepsilon^2)\ \Theta''_{\varepsilon\varepsilon} - 2\varepsilon\ \Theta'_\varepsilon + m(m+1)\Theta = 0$$

y esta es la ecuación de *Legendre*, vista en 8.1.1 con la notación

$$(1 - x^2)\ y'' - 2x\ y' + \lambda(\lambda + 1)y = 0$$

La solución para $\Theta(\theta)$, es entonces

$$\boxed{\Theta(\theta) = c_1 P_m(\varepsilon) + c_2 Q_m(\varepsilon) = c_1 P_m(\cos\theta) + c_2 Q_m(\cos\theta)}$$

y la solución general de $\nabla^2 u(\rho,\theta) = 0$, es

$$u(\rho,\theta) = R(\rho)\Theta(\theta) = \left(A\rho^m + \frac{B}{\rho^{m+1}}\right)[c_1 P_m(\cos\theta) + c_2 Q_m(\cos\theta)]\ \blacklozenge$$

10.6.4. *La ecuación asociada de Legendre.* En 10.6.3 omitimos la dependencia respecto de ϕ, de la función $u(\rho,\theta,\phi)$, suponiendo que $u(\rho,\theta,\phi)$ se comportara como $u(\rho,\theta)$. Ahora, no haremos tal suposición y consideraremos $u(\rho,\theta,\phi)$ y, como en 10.6.3, la ecuación de *Laplace* en coordenadas esféricas es

$$\nabla^2 u(\rho,\theta,\phi) = \frac{1}{\rho^2}\left[\rho^2\frac{\partial u}{\partial\rho}\right]'_\rho + \frac{1}{\rho^2 sen\,\theta}\left[sen\,\theta\frac{\partial u}{\partial\theta}\right]'_\theta + \frac{1}{\rho^2 sen^2\theta}\frac{\partial^2 u}{\partial\phi^2} = 0$$

Reemplazando $u(\rho,\theta,\phi) = R(\rho)\Theta(\theta)\Phi(\phi)$ y multiplicando por ρ^2, obtenemos

$$\nabla^2 u = [\rho^2 R'\Theta\Phi]'_\rho + \frac{1}{sen\,\theta}[sen\,\theta\ R\Theta'\Phi]'_\theta + \frac{1}{sen^2\theta}R\Theta\Phi'' = 0$$

y dividiendo ambos miembros por $R\Theta\Phi$

$$\frac{1}{R}[\rho^2 R']'_\rho + \frac{1}{\theta \, sen \, \theta}[sen \, \theta \, \Theta']'_\theta + \frac{1}{sen^2\theta}\frac{\Phi''}{\Phi} = 0$$

como el primer término depende solo de R, podemos separarlo como

$$\frac{1}{R}[\rho^2 R']'_\rho = -\frac{1}{\theta \, sen \, \theta}[sen \, \theta \, \Theta']'_\theta - \frac{1}{sen^2\theta}\frac{\Phi''}{\Phi} = -\lambda^2$$

entonces como en 10.6.3, tenemos la ecuación

$$\frac{1}{R}[\rho^2 R']'_\rho = -\lambda^2 \quad \text{o bien} \quad [\rho^2 R']'_\rho + R\lambda^2 = 0$$

con $\lambda^2 = -n(n+1)$ y solución

$$\boxed{R(\rho) = A\rho^n + \frac{B}{\rho^{n+1}}}$$

Resta separar la ecuación $\dfrac{1}{\theta \, sen \, \theta}[sen \, \theta \, \Theta']'_\theta + \dfrac{1}{sen^2\theta}\dfrac{\Phi''}{\Phi} = \lambda^2$, que multiplicada por $sen^2\theta$ es

$$\frac{sen \, \theta}{\theta}[sen \, \theta \, \Theta']'_\theta + \frac{\Phi''}{\Phi} = \lambda^2 sen^2\theta, \text{ o bien } \frac{sen \, \theta}{\theta}[sen \, \theta \, \Theta']'_\theta - \lambda^2 sen^2\theta = -\frac{\Phi''}{\Phi}$$

que podemos separar como

$$\frac{sen \, \theta}{\theta}[sen \, \theta \, \Theta']'_\theta - \lambda^2 sen^2\theta = -\frac{\Phi''}{\Phi} = m^2$$

o bien
$$\begin{cases} \Phi'' + m^2\Phi = 0 \\ \dfrac{sen \, \theta}{\theta}[sen \, \theta \, \Theta']'_\theta - \lambda^2 sen^2\theta - m^2 = 0 \end{cases}$$

y la solución de la primera ecuación es

$$\boxed{\Phi(\phi) = e^{\pm im\phi}} \quad \text{o bien} \quad \boxed{\Phi(\phi) = c_1 cos \, m\phi + c_2 sen \, m\phi}.$$

La segunda ecuación, multiplicada por Θ y sustituyendo $\lambda^2 = -n(n+1)$, es

$$sen \, \theta \, [sen \, \theta \, \Theta']'_\theta + n(n+1)\Theta \, sen^2\theta - m^2\Theta = 0$$

Introduciendo la variable $\varepsilon = cos \, \theta$, tal como lo hicimos en 10.6.3, y recordando que $sen^2\theta = 1 - \varepsilon^2$, $\Theta' = \Theta_\varepsilon\varepsilon_\theta = \Theta_\varepsilon(-sen \, \theta)$ etc, la ecuación se transforma en

$$sen \, \theta \, [sen \, \theta \, \Theta_\varepsilon(-sen \, \theta)]'_\varepsilon(-sen \, \theta) + n(n+1)\Theta \, sen^2\theta - m^2\Theta = 0$$

$$-sen^2\theta \, [(-sen^2\theta) \, \Theta_\varepsilon]'_\varepsilon + n(n+1)\Theta \, sen^2\theta - m^2\Theta = 0$$

o bien $\qquad (\varepsilon^2 - 1)[(\varepsilon^2 - 1) \, \Theta_\varepsilon]'_\varepsilon + n(n+1)\Theta \, (1 - \varepsilon^2) - m^2\Theta = 0$

desarrollando la derivada y dividiendo por $(1 - \varepsilon^2)$ se obtiene

$$(1 - \varepsilon^2)\,\Theta_{\varepsilon\varepsilon} - 2\varepsilon\,\Theta_{\varepsilon} + \left[n(n+1) - \frac{m^2}{1-\varepsilon^2}\right]\Theta = 0 \;\blacklozenge$$

La última ecuación que obtuvimos, es la ecuación asociada de *Legendre* cuyas soluciones, son las *funciones asociadas de Legendre* de primera y segunda clase, que se definen respectivamente como

$$\boxed{P_n^m(\varepsilon) = (1 - \varepsilon^2)^{m/2}\,\frac{d^m}{d\varepsilon^m}\,P_n(\varepsilon)}$$

y
$$\boxed{Q_n^m(\varepsilon) = (1 - \varepsilon^2)^{m/2}\,\frac{d^m}{d\varepsilon^m}\,Q_n(\varepsilon)}$$

de modo que, la solución general de $\nabla^2 u(\rho, \theta, \phi) = 0$, es

$$u(\rho, \theta, \phi) = \left(A\rho^n + \frac{B}{\rho^{n+1}}\right)\left(c_1 e^{im\phi} + c_2 e^{-im\phi}\right)\left[c_3 P_n^m(\cos\theta) + c_4 Q_n^m(\cos\theta)\right] \;\blacklozenge$$

Si $m = 0$, la ecuación asociada de *Legendre* se convierte en la ecuación de *Legendre* de orden n, y las funciones asociadas de *Legendre* $P_n^m(\cos\theta)$ y $Q_n^m(\cos\theta)$, se convierten en las funciones de *Legendre* $P_n(\cos\theta)$ y $Q_n(\cos\theta)$. Para que la solución tenga período 2π en ϕ, debe ser $m = 1,2,3, \dots$

10.6.5. *Ejemplo.* **a.** Deseamos conocer, la distribución de temperatura en estado estacionario, dentro de una esfera de radio unitario figura 10.6.5.a, cuya mitad superior está a temperatura $T = T$, y cuya mitad inferior a temperatura $T = 0$.

En estado estacionario es $\dfrac{\partial u}{\partial t} = 0$ y, como la distribución de temperatura no depende del ángulo ϕ, debemos resolver como en 10.6.3

$$\nabla^2 u(\rho, \theta, \phi) = \nabla^2 u(\rho, \theta) = 0$$

y las condiciones son
$$\begin{cases} u(1,\theta) = T, \; si\; 0 \leq \theta \leq \frac{\pi}{2} \\ u(1,\theta) = 0, \; si\; \frac{\pi}{2} \leq \theta \leq \pi \end{cases}$$

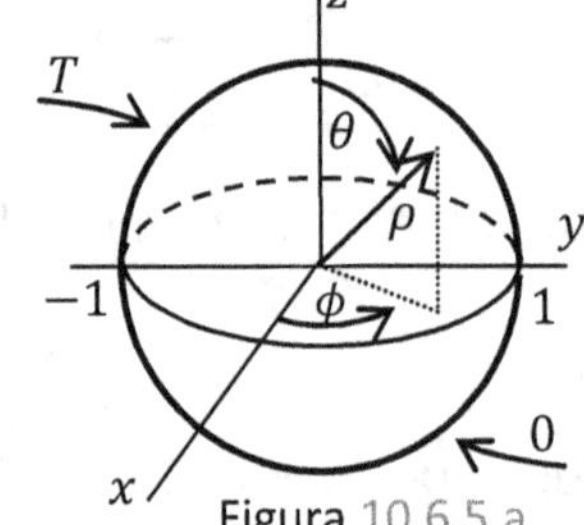

Figura 10.6.5.a

La solución general es, como en 10.6.3

$$u(\rho, \theta) = \left(A\rho^m + \frac{B}{\rho^{m+1}}\right)\left[c_1 P_m(\cos\theta) + c_2 Q_m(\cos\theta)\right]$$

Debido a que $Q_m(\cos\theta)$, no converge en $\theta = 0$ y $\theta = \pi$, debe ser $c_2 = 0$, y la solución es

$$u(\rho, \theta) = \left(A\rho^m + \frac{B}{\rho^{m+1}}\right)c_1 P_m(\cos\theta)$$

y como la solución debe mantenerse acotada para $\rho = 0$, anulamos B, con lo que la solución es

$$u_m(\rho, \theta) = a_m \rho^m P_m(cos\ \theta)$$

y superponiendo soluciones

$$u(\rho, \theta) = \sum_{m=0} a_m \rho^m P_m(cos\ \theta) \blacklozenge$$

Los coeficientes a_m se determinan como coeficientes de *Fourier-Legendre*, con las condiciones iniciales para $u(1,\theta)$, como

$$u(1,\theta) = \sum_{m=0} a_m P_m(cos\ \theta) = \begin{cases} u(1,\theta) = T, \ si\ 0 \le \theta \le \dfrac{\pi}{2} \\ u(1,\theta) = 0, \ si\ \dfrac{\pi}{2} \le \theta \le \pi \end{cases}$$

Entonces; $\quad a_m = \dfrac{\int_{-1}^{1} u(1,\theta)P_m(\varepsilon)d\varepsilon}{\|P_m\|^2} = \dfrac{\int_{0}^{1} TP_m(\varepsilon)d\varepsilon}{\|P_m\|^2}$, $\quad$ y $\quad \|P_m\|^2 = \dfrac{2}{2n+1}$, $\quad$ según $\quad$ 8.1.11 $\quad$ y 8.1.12.a, de modo que

$$a_0 = \frac{1}{2}\int_{0}^{1} T\ d\varepsilon = \frac{1}{2}T, \quad a_1 = \frac{3}{2}\int_{0}^{1} T\varepsilon\ d\varepsilon = \frac{3}{4}T, \quad a_2 = \frac{5}{2}\int_{0}^{1} T\ (\varepsilon^2 - 1)d\varepsilon = 0,$$

$$a_3 = \frac{7}{2}\int_{0}^{1} T\frac{1}{2}(5\varepsilon^3 - 3\varepsilon)d\varepsilon = \frac{7}{16}, \text{ etc.}$$

$$u(\rho, \theta) = \sum_{m=0} T \left[\frac{1}{2} + \frac{3}{2}\rho P_1(cos\ \theta) - \frac{7}{16}\rho^3 P_3(cos\ \theta) + \cdots \right]$$

b. Si la misma esfera de 10.6.5.a, tiene una distribución superficial de temperatura que cambia con θ y ϕ, como; $T\ sen^2\theta\ cos\ 2\phi$. Para conocer la distribución de temperatura $u(\rho, \theta, \phi)$ en su interior, una vez establecido el estado estacionario, debemos resolver la ecuación $\nabla^2 u(\rho, \theta, \phi) = 0$, como en 10.6.4, y la solución general es entonces

$$u(\rho, \theta, \phi) = \left(A\rho^n + \frac{B}{\rho^{n+1}}\right)\left(c_1 e^{im\phi} + c_2 e^{-im\phi}\right)[c_3 P_n^m(cos\ \theta) + c_4 Q_n^m(cos\ \theta)]$$

o bien $u(\rho, \theta, \phi) = \left(A\rho^n + \dfrac{B}{\rho^{n+1}}\right)(c_1 cos\ m\phi + c_2 sen\ m\phi)[c_3 P_n^m(cos\ \theta) + c_4 Q_n^m(cos\ \theta)]$

Como $u(\rho, \theta, \phi)$ debe mantenerse acotada si $\rho = 0$, hacemos $B = 0$ y, como también $u(\rho, \theta, \phi)$ debe ser acotada sobre la superficie de la esfera, hacemos $c_4 = 0$.

La solución es entonces, agrupando constantes

$$u(\rho, \theta, \phi) = (a_1 cos\ m\phi + a_2 sen\ m\phi)\rho^n P_n^m(cos\ \theta)$$

Dado que los números m y n pueden tomar cualquier valor entero positivo, redenominando las constantes como $a_1 = a_{mn}$ y $a_2 = b_{mn}$, tenemos

$$u_{mn}(\rho,\theta,\phi) = (a_{mn}\cos m\phi + b_{mn}\,sen\,m\phi)\rho^n P_n^m(\cos\theta)$$

y superponiendo soluciones como $u = \sum_m \sum_n u_{mn}$

$$u(\rho,\theta,\phi) = \sum_{m=0}\sum_{n=0}(a_{mn}\cos m\phi + b_{mn}\,sen\,m\phi)\rho^n P_n^m(\cos\theta) \blacklozenge$$

Para determinar los coeficientes a_{mn} y b_{mn}, imponemos la condición de contorno $u(1,\theta,\phi) = T\,sen^2\theta\,\cos 2\phi$, y entonces

$$u(1,\theta,\phi) = T\,sen^2\theta\,\cos 2\phi = \sum_{m=0}\sum_{n=0}(a_{mn}\cos m\phi + b_{mn}\,sen\,m\phi)P_n^m(\cos\theta)$$

por lo que, no habiendo a la izquierda términos $sen\,m\phi$, debe ser $b_{mn} = 0$, para todo valor de m, y por otra parte, si $m \neq 2$, debe ser $a_{mn} = 0$, ya que a la izquierda solo tenemos $\cos 2\phi$, y entonces

$$T\,sen^2\theta\,\cos 2\phi = \sum_{n=0} a_{2n}\,P_n^2(\cos\theta)\,\cos 2\phi$$

de donde se deduce que

$$T\,sen^2\theta = \sum_{n=0} a_{2n}\,P_n^2(\cos\theta)$$

Pasando a la variable $\varepsilon = \cos\theta$

$$T(1-\varepsilon^2) = \sum_{n=0} a_{2n}\,P_n^2(\varepsilon)$$

o bien
$$T(1-\varepsilon^2) = a_{20}\,P_0^2(\varepsilon) + a_{21}\,P_1^2(\varepsilon) + a_{22}\,P_2^2(\varepsilon) + a_{23}\,P_3^2(\varepsilon) + \cdots$$

y como $P_n^m(\varepsilon) = (1-\varepsilon^2)^{m/2}\dfrac{d^m}{d\varepsilon^m}P_n(\varepsilon) = 0$, si $m > n$, el desarrollo es

$$T(1-\varepsilon^2) = a_{22}\,P_2^2(\varepsilon) + a_{23}\,P_3^2(\varepsilon) + \cdots$$

y, de los restantes términos del desarrollo, el factor $(1-\varepsilon^2)$ de la izquierda requiere que sean todos nulos, excepto $a_{22} = \frac{1}{3}T$. Concluimos entonces que

$$u(\rho,\theta,\phi) = \left(\frac{1}{3}T\right)\rho^2 P_2^2(\cos\theta)\,\cos 2\phi \blacklozenge$$

$$P_2^2(\varepsilon) = 3(1-\varepsilon^2)$$

Bibliografía:

— Castro Figueroa, Abel R. *Curso básico de ecuaciones en derivadas parciales.* Ed. Adisson-Wesley Iberoamericana. USA, 1997.

— Kaplan, Wilfred. *Matemáticas avanzadas para estudiantes de ingeniería*. Ed. Fondo Educativo Interamericano. México, 1985.

— Kreyszig, Erwin. *Matemáticas avanzadas para ingeniería*. Ed. Limusa. México, 1979.

— Mathews, J.; Walker, R. L. *Matemáticas para físicos*. Ed. Reverté. Barcelona, 1979.

— Rey Pastor, Julio; Trejo, Cesar; Pi Calleja, Pedro. *Análisis matemático, tomo III. (8ª ed)*. Ed. Kapelusz. Buenos Aires, 1969.

— Ross, Shepley L. *Ecuaciones diferenciales*. Ed. Reverté. Barcelona, 1978.

— Spiegel, Murray R. *Análisis de Fourier*. Ed. Mc Graw-Hill. México, 1977.

— Stephenson, G. *Introducción a las ecuaciones en derivadas parciales*. Ed. Reverté. Barcelona, 1982.

—Dpto. de Matematicas. Univ. de Extremadura. *Apuntes de Ecuaciones diferenciales*. Badajoz, 21 de marzo de 2011.
http://matematicas.unex.es/~ricarfr/EcDiferenciales/LibroEDLat.pdf

11 CÁLCULO VARIACIONAL

En este capítulo estudiaremos entidades variables, cuyos valores, se determinan mediante la elección de una o mas funciones. Con el cálculo diferencial, estudiamos funciones $f(x)$, que asignan a un número en su dominio, otro número en el recorrido de la función, ahora estudiaremos *funcionales*, que asignan a una función un número. El cálculo variacional, estudia los métodos que permiten hallar los valores máximos y mínimos de una funcional.

11.1 Variación de Funcionales

Para aproximarnos al estudio del cálculo variacional, daremos algunas definiciones previas.

11.1.1. *Definición. Funcional.* Sea M una clase de funciones $y(x)$. Si a toda función $y(x) \in M$ le corresponde según alguna regla, un número determinado F, se dice que en la clase M, está definida la funcional F.

La clase M en la que se define la funcional $F[y(x)]$ se denomina *campo de definición* de la funcional F dependiente de $y(x)$, que indicamos como $F = F[y(x)]$, una función que asigna a una función un número.

11.1.2. *Ejemplo.* **a.** $F[y(x)] = \int_a^b \sqrt{1 + y'^2}\, dx$. La funcional F, es la longitud del arco entre $x = a$ y $x = b$, para la curva y, que puede calcularse si se da la función $y = y(x)$. M, en tanto no está explicitado, es el mayor conjunto posible; $M = C^1[a, b]$, el de las funciones con derivada continua en $[a, b]$, ya que todas esas funciones, son admisibles en la definición de $F[y(x)] = \int_a^b \sqrt{1 + y'^2}\, dx$.

b. Sea $M = C^1[0,4]$, la clase de funciones con derivada continua en $[0,4]$ y la funcional F definida como $F[y(x)] = y'(x_0)$, entonces: Si $x_0 = 3$, para $y = x$, $F[x] = 1$, para $y = x^2 + 1$, $F[x^2 + 1] = 2x|_{x_0=3} = 6$, para $y = sen\ \frac{\pi x}{3}$, $F\left[sen\ \frac{\pi x}{3}\right] = \frac{\pi}{3} cos\ \frac{\pi x}{3}\Big|_{x_0=3} = -\frac{\pi}{3}$.

También podríamos poner como ejemplo, los momentos de inercia o estáticos. En todos los casos, a una función escalar o vectorial, le corresponde un número.

11.1.3. *Definición. Variación del argumento de una funcional.* Se llama variación de y, o variación del argumento $\delta y(x) = \delta y$, a la diferencia entre dos funciones que pertenezcan al campo de definición de la funcional.

$$\delta y = y_2(x) - y_1(x), \quad (y_1, y_2) \in M$$

11.1.4. *Definición. Proximidad de curvas.* Dos curvas $y_1(x)$, $y_2(x)$, definidas en un intervalo $[a, b]$, son cercanas en el sentido de la *proximidad de orden nulo*, si:

$$|y_2(x) - y_1(x)| < \varepsilon \quad \text{en } [a, b]$$

y son cercanas en el sentido de la *proximidad del primer orden* si:

$$|y_2(x) - y_1(x)| < \varepsilon \quad \text{y} \quad |y'_2(x) - y'_1(x)| < \varepsilon \text{ en } [a, b]$$

Lo que significa que son cercanas las curvas y sus tangentes. La proximidad en el sentido del *n-ésimo orden* requiere que:

$$|y_2(x) - y_1(x)| < \varepsilon, |y'_2(x) - y'_1(x)| < \varepsilon, \dots, |y_2^N(x) - y_1^N(x)| < \varepsilon$$

por lo que la proximidad en un cierto orden, implica la proximidad en todos los ordenes anteriores y *suficiente* diferenciabilidad, o sea: Para establecer la proximidad en el sentido del n-ésimo orden de dos funciones y_1, y_2, definidas en un intervalo $[a, b]$, se requiere que $(y_1, y_2) \in C^n[a, b]$ es decir, que ambas funciones tengan derivadas continuas hasta el orden n en $[a, b]$.

11.1.5. *Ejemplo.* **a.** Las curvas $y_n = \dfrac{sen\, n^2 x}{n}$, para n suficientemente grande, son próximas a $y_0 = 0$ en el sentido del orden nulo en $[0, \pi]$, en tanto $|y_n - y_0| = \left|\dfrac{sen\, n^2 x}{n}\right| \leq \dfrac{1}{n}$. No son próximas en el sentido del primer orden porque $|y'_n - y'_0| = \left|\dfrac{n^2 cos\, n^2 x}{n}\right| = n|cos\, n^2 x|$ y entonces, en todos los puntos $n^2 x = \pi$ o, $x = \dfrac{\pi}{n^2}$; $|y'_n - y'_0| = n$. **b.** Las curvas $y_n = \dfrac{sen\, n\, x}{n^2}$, son próximas a $y_0 = 0$, en el sentido del primer orden en $[0, \pi]$ cuando n es suficientemente grande, porque $|y_n - y_0| = \left|\dfrac{sen\, n\, x}{n^2}\right| \leq \dfrac{1}{n^2}$ y también $|y'_n - y'_0| = \left|\dfrac{cos\, nx}{n}\right| \leq \dfrac{1}{n}$, pero no son próximas en el segundo orden ya que $|y''_n - y''_0| = \left|\dfrac{-n\, sen\, nx}{n}\right| = |- sen\, nx| = 1$, si $nx = \pm\dfrac{\pi}{2}$ o bien, $x = \dfrac{\pi}{2\,n} \in [0, \pi]$. **c.** Todas las funciones $y_n = sen\, \dfrac{x}{n}$, son próximas en todos los órdenes con la función $y_0 = 0$, en el intervalo $[0, 1]$ como puede comprobarse de; $|y_n - y_0| =$

$$\left|sen\ \frac{x}{n}\right| \le \left|sen\ \frac{1}{n}\right| \cong \left|\frac{1}{n}\right|, \quad |y'_n - y'_0| = \left|\frac{1}{n}cos\ \frac{x}{n}\right| \le \left|\frac{1}{n}\right|, \quad |y''_n - y''_0| = \left|-\frac{1}{n^2}cos\ \frac{x}{n}\right| \le$$
$$\left|\frac{1}{n^2}\right|,\ etc.$$

11.1.6. *Definición. Distancia entre dos curvas o norma.* La distancia ρ_0 entre dos curvas y_1, y_2, definidas en un intervalo $[a, b]$, se define como el máximo valor que toma el módulo de sus diferencias en $[a, b]$

$$\rho_0(y_1,\ y_2) = \max\nolimits_{a\le x\le b}|y_2 - y_1|.$$

Se llama *distancia en el sentido del primer orden* ρ_1, al mayor de los dos valores que se obtienen como $\max_{a\le x\le b}|y_2 - y_1|$ y $\max_{a\le x\le b}|y'_2 - y'_1|$

$$\rho_1 = \max\left\{\max\nolimits_{a\le x\le b}|y_2 - y_1|, \max\nolimits_{a\le x\le b}|y'_2 - y'_1|\right\}$$

y de la misma forma la *distancia en el sentido del enésimo orden* ρ_n, se define como

$$\rho_n = \max\left\{\max_{a\le x\le b}|y_2 - y_1|, \max_{a\le x\le b}|y'_2 - y'_1|, ..., \max_{a\le x\le b}|y_2^N - y_1^N|\right\}$$

11.1.7. *Ejemplo.* **a.** Si $y_1 = x$ y $y_2 = x^2$, en $[0,1]$, su diferencia $y = x^2 - x$ tiene extremo en $y' = 2x - 1 = 0$, o bien, $x = \frac{1}{2}$, por lo que $\rho_0(y_1,\ y_2) = |x^2 - x|_{x=\frac{1}{2}} =$ $\left|\frac{1}{4} - \frac{1}{2}\right| = \frac{1}{4}$, ya que $|x^2 - x|_{x=0} = 0$, $|x^2 - x|_{x=1} = 0$. **b.** Si $y_1 = x^2 - 1$ y $y_2 = x^3$, en $[-2,2]$, la diferencia $y = x^2 - 1 - x^3$, tiene extremos en $y' = 2x - 3x^2 = 0$, o bien en $x = 0$ y $x = \frac{2}{3}$, entonces $|y_2 - y_1|_{x=0} = |x^3 - (x^2 - 1)|_{x=0} = |1| = 1$, $|x^3 - (x^2 - 1)|_{x=\frac{2}{3}} = \frac{23}{27}$, $|y_2 - y_1|_{x=-2} = 11$, $|y_2 - y_1|_{x=2} = 5$, por lo que $\rho_0(y_1,\ y_2) = 11$.

c. Si $y_1 = x^2$ y $y_2 = x^3$, en $[0,1]$, para calcular la distancia en el sentido del primer orden, buscamos los máximos absolutos en $[0,1]$ de la funciones $f = y_2 - y_1$ y $h = y'_2 - y'_1$, con las que calculamos $\rho_0 = \max_{a\le x\le b}|y_2 - y_1|$ y $\rho_0^1 = \max_{a\le x\le b}|y'_2 - y'_1|$, para obtener $\rho_1 = \max\{\rho_0, \rho_0^1\}$. Entonces, $f = x^3 - x^2$ tiene extremos en $f' = 3x^2 - 2x = 0$, o en $x = 0$ y $x = \frac{2}{3}$, por lo que $|f|_{x=\frac{2}{3}} = \left|\frac{4}{9} - \frac{8}{27}\right| = \frac{4}{27}$ y, siendo $|f|_{x=0} = 0$ y $|f|_{x=1} = 0$, resulta $\rho_0 = \frac{4}{27}$. La función $h = 3x^2 - 2x$, tiene extremo en $h' = 6x - 2 = 0$, o en $x = \frac{1}{3}$, por lo que $|h|_{x=\frac{1}{3}} = \frac{1}{3}$, siendo $|h|_{x=0} = 0$ y $|h|_{x=1} = 1$, se tiene $\rho_0^1 = \max_{0\le x\le 1}|y'_2 - y'_1| = 1$ y la distancia $\rho_1 = \max(\rho_0, \rho_0^1) = \max\{0,1\} = 1$.

11.1.8. *Definición. Continuidad de la funcional.* La funcional $F[y(x)]$, definida sobre una clase M de funciones $y(x)$, es continua en $y = y_0(x)$, en el sentido de la proximidad del enésimo orden, si; para todo $\varepsilon > 0$, existe un $\eta > 0$ tal que, para todas las $y \in M$

$$|F(y) - F(y_0)| < \varepsilon \quad \text{siempre que} \quad \rho_n[y(x), y_0(x)] < \eta$$

Notemos que la continuidad en el sentido de la proximidad del orden nulo es

$$|F(y) - F(y_0)| < \varepsilon \quad \text{siempre que} \quad |y - y_0| < \eta$$

para toda y de M. Y recordemos de paso, que una función $f(x)$ es continua en $x = x_0$, si

$$|f(x) - f(x_0)| < \varepsilon \quad \text{siempre que} \quad |x - x_0| < \eta$$

11.1.9. *Definición. Linealidad de una funcional.* Si la clase M de funciones $y(x)$, sobre la que se define la funcional $F[y(x)]$, es un *espacio lineal normado*, la funcional F es *lineal* si

$$F[ay_1(x) + by_2(x)] = aF[y_1(x)] + bF[y_2(x)]$$

Recordamos que: Un *Espacio lineal*, es un conjunto E para cuyos elementos, que se denominan $x, y, z, \ldots$, se definen la suma y producto por un número real y, un espacio lineal E es un *Espacio lineal normado* si, a todo elemento x de E, le corresponde un número real no negativo $\|x\|$, llamado *norma* de x.

11.1.10. *Definición. Incremento de una funcional.* El incremento ΔF de la funcional $F[y(x)]$, definida en la clase M de funciones, se define como:

$$\Delta F[y(x)] = F[y(x) + \delta y(x)] - F[y(x)]$$

o bien
$$\Delta F = F[y + \delta y] - F[y]$$

y también: Con $\{y_1, y_2\} \in M$, y $\delta y = y_2 - y_1$ como en 11.1.3

$$\Delta F = F[y_1 + (y_2 - y_1)] - F[y_1] = F[y_2] - F[y_1]$$

11.1.11. *Ejemplo.* **a.** Si $F = \int_0^1 yy'dx$ y $y_1 = x$, $y_2 = x^2$, entonces $\Delta F = F[x^2] - F[x] = \int_0^1 x^2 . 2x\, dx - \int_0^1 x . 1\, dx = \left(\frac{x^4}{2} - \frac{x^2}{2}\right)\Big|_0^1 = 0$. **b.** Si $F = \int_0^1 yy'dx$ y $y_1 = 1$, $y_2 = e^x$, entonces $\Delta F = F[e^x] - F[1] = \int_0^1 e^x . e^x\, dx - \int_0^1 0\, dx = \left(\frac{e^{2x}}{2}\right)\Big|_0^1 = \frac{e^2 - 1}{2}$.

11.1.12. *Definición*. *Variación de una funcional* $F[y(x)]$. Si el incremento de la funcional $\Delta F = F[y + \delta y] - F[y]$, puede expresarse como la suma de un término $L[y + \delta y]$ que depende *linealmente* de δy, más una cantidad $\varepsilon(y, \delta y)$, que tiende a cero si la norma $\|y_2 - y_1\| = \|\delta y\|$ tiende a cero, o sea

$$\Delta F = L[y + \delta y] + \varepsilon(y, \delta y) \quad \text{con } \varepsilon(y, \delta y) \to 0, \text{ si } \|\delta y\| \to 0$$

entonces, llamamos a L *parte principal* del incremento ΔF, o *variación* $\delta F[y(x)] = \delta F$ de la funcional F

$$\delta F = L[y + \delta y]$$

Cuando se puede separar, como un término lineal la parte principal del incremento ΔF, se dice que F es *diferenciable*.

11.1.13. *Ejemplo*. **a.** Si $F[y] = \int_a^b y\, dx$, entonces $\Delta F[y] = F[y + \delta y] - F[y] = \int_a^b (y + \delta y) dx - \int_a^b y\, dx = \int_a^b \delta y\, dx$, y $\int_a^b \delta y\, dx$ es lineal respecto de δy. **b.** Si $F[y] = \int_0^1 y^2\, dx$, con $y = 2x$ y $\delta y = \alpha x^2$, entonces $\Delta F[y] = F[y + \delta y] - F[y] = \int_0^1 (2x + \alpha x^2)^2\, dx - \int_0^1 (2x)^2\, dx$, y $\Delta F[y] = \int_0^1 4x\, \alpha x^2 dx + \int_0^1 \alpha^2 x^4\, dx = 4\int_0^1 \alpha x^3 dx + \int_0^1 \alpha^2 x^4\, dx$, y $\delta F[y] = 4\int_0^1 \alpha x^3 dx = \alpha x^4|_0^1 = \alpha$, porque el término $\int_0^1 \alpha^2 x^4\, dx$, se puede acotar como $\left|\int_0^1 \alpha^2 x^4\, dx\right| \leq (\max_{0 \leq x \leq 1} \alpha^2 x^4) \left|\int_0^1 dx\right| = \|\delta y\|^2 \left|\int_0^1 dx\right| = \|\delta y\|\|\delta y\|$, que tiende a cero si $\|\delta y\| \to 0$. Entonces, $\Delta F = \alpha x^4|_0^1 + \left.\frac{\alpha^2 x^5}{5}\right|_0^1 = \alpha + \frac{\alpha^2}{5}$ y: Si por caso, $\alpha = 1$, $\Delta F = 1 + \frac{1}{5}$ y $\delta F = 1$, si en cambio, $\alpha = \frac{1}{10}$, $\Delta F = \frac{1}{10} + \frac{1}{500}$ y $\delta F = \frac{1}{10}$. **c.** Sea $F[y]$ definida en $y \in C[a, b]$, y $F[y]$ derivable hasta el segundo orden respecto de su argumento. Entonces, usando el *desarrollo de Taylor* podemos expresar

$$F[y + \delta y] = F[y] + \frac{dF}{dy}\delta y + R_1$$

con $R_1 = \left.\frac{d^2 F}{dy^2}\delta y^2\right|_{y=\bar{y}}$, con $y(a) < \bar{y} < y(b)$, de donde

$$\Delta F = F[y + \delta y] - F[y] = \frac{dF}{dy}\delta y + R_1$$

y entonces
$$\delta F = \frac{dF}{dy}\delta y$$

ya que si $\left|\frac{d^2F}{dy^2}\right| < K$ en $[a,b]$, o sea, la derivada segunda es acotada en $[a,b]$,

entonces $|R_1| = \left|\left(\frac{d^2F}{dy^2}\,\delta y^2\Big|_{y=\bar{y}}\right)\right| \leq K(\max_{a\leq x\leq b}\delta y^2) = K\|\delta y\|^2 \to 0$, si $\|\delta y\| \to 0$,

por lo que, si por ejemplo $F = xe^y + xy^2$, se tiene que $\delta F = (xe^y + 2xy)\delta y$.

Este ejemplo, motiva la siguiente definición.

11.1.14. *Definición. Segunda definición de la variación de una funcional.* Sea una funcional $F[y(x)]$, definida en la clase M de funciones. Si para alguna función y_0 de la clase M, la función $F[y_0 + \alpha\,\delta y]$ de variable α, es diferenciable para $\alpha = 0$ y cualquier y de M, entonces la variación de F se define como

$$\delta F(y_0, \alpha) = \delta F = \frac{\partial}{\partial\alpha}F[y_0 + \alpha\,\delta y]\Big|_{\alpha=0}$$

11.1.15. *Ejemplo.* **a.** Si $F[y(x)] = \int_a^b y^2\,dx$, entonces $F[y(x) + \alpha\,\delta y] = \int_a^b(y + \alpha\,\delta y)^2\,dx$, $\frac{\partial}{\partial\alpha}F[y(x) + \alpha\,\delta y] = \int_a^b 2(y + \alpha\delta y)\frac{\partial}{\partial\alpha}(y + \alpha\,\delta y)\,dx = \int_a^b 2(y + \alpha\delta y)\delta y\,dx$, y $\delta F = \frac{\partial}{\partial\alpha}F[y(x) + \alpha\,\delta y]|_{\alpha=0} = 2\int_a^b y\,\delta y\,dx$. **b.** Si $F[y(x)] = \int_a^b(y^2 - y'^2)\,dx$, entonces $F[y(x) + \alpha\,\delta y] = \int_a^b[(y + \alpha\,\delta y)^2 - (y' + \alpha\,\delta y')^2]\,dx$, $\frac{d}{d\alpha}F[y(x) + \alpha\,\delta y] = 2\int_a^b[(y + \alpha\,\delta y)\delta y - (y' + \alpha\,\delta y')\delta y']\,dx$, y $\delta F = \frac{\partial}{\partial\alpha}F[y(x) + \alpha\,\delta y]|_{\alpha=0} = 2\int_a^b(y\,\delta y - y'\delta y')\,dx$.

11.1.16. *Definición. Extremos de una funcional.* Una funcional $F(y)$, alcanza un *máximo relativo* en la curva y_0, si se verifica que $F(y) \leq F(y_0)$, para toda curva o función $y(x)$ próxima a $y_0(x)$.

Si se verifica la relación $F(y) = F(y_0)$ solo para $y = y_0$ y $F(y) < F(y_0)$ para toda curva $y \neq y_0$, el máximo es estricto. Si a su vez, la condición $F(y) \leq F(y_0)$, se extiende para toda y en el campo M de definición de la funcional F, el máximo es absoluto.

Todo máximo absoluto, cumple con la condición de máximo relativo, pero no todo máximo relativo cumple con la condición de máximo absoluto

Recíprocamente, la funcional $F(y)$ que alcanza un *mínimo relativo* en la curva y_0, si se verifica que $F(y) \geq F(y_0)$, para toda curva o función $y(x)$ próxima a $y_0(x)$. De igual forma que para el máximo, si $F[y] \geq F[y_0]$ solo en en la proximidad de y_0, el mínimo es relativo, si la relación $F[y] \geq F[y_0]$ se extiende a todo el campo de definición M, el mínimo es *absoluto*.

11.1.17. *Ejemplo.* **a.** La funcional $F[y(x)] = \int_a^b \sqrt{1 + y'^2}\, dx$ del ejemplo 11.1.2.a, alcanza un mínimo sobre la recta que une los puntos $(a, y(a)), (b, y(b))$, y toda otra curva que una esos puntos, hará corresponder a $F[y(x)] = \int_a^b \sqrt{1 + y'^2}\, dx$, un valor mayor y, por lo tanto, el mínimo es estricto y absoluto, ver ejemplo 11.2.2.d.
b. La funcional $F[y(x)] = \int_0^1 (x^2 + y^2)\, dx$, alcanza un máximo estricto en $y_0 = 0$.
$\Delta F = F[y(x)] - F(0) = \int_0^1 (x^2 + y^2)\, dx - \int_0^1 x^2\, dx = \int_0^1 y^2\, dx > 0$ para   cualquier $y \in C^0[0,1]$, la clase de las funciones continuas en $[0,1]$.

11.1.18. *Definición. ε-vecindad de una curva.* Una ε-vecindad de orden n de la curva y_0, es el conjunto de curvas y, cuyas distancias de enésimo orden a la curva y_0, sean menores que ε en un intervalo $[a, b]$.

La ε-vecindad de orden nulo, se denomina *ε-vecindad fuerte*, y es el conjunto de curvas dentro de la faja de ancho $2\,\varepsilon$, que tiene como eje a la curva y_0. La, ε-vecindad de primer orden se denomina *ε-vecindad débil*.

11.1.19. *Definición. Extremo fuerte.* Un extremo de una funcional F es un extremo fuerte, si se define para una ε-vecindad de orden nulo. Se cumple entonces:

$$F(y) \leq F(y_0) \text{ tal que } |y - y_0| < \varepsilon \text{ si, } F(y_0) \text{ es máximo fuerte}$$

$$F(y) \geq F(y_0) \text{ tal que } |y - y_0| < \varepsilon \text{ si, } F(y_0) \text{ es mínimo fuerte}$$

11.1.20. *Definición. Extremo débil.* Un extremo de una funcional F es un extremo débil, si se define para una ε-vecindad de primer orden, entonces; F alcanza su extremos máximo o mínimo sobre la curva y_0, cuando $F[y_0] \geq F[y]$ para toda curva y que esté próxima y_0, en una ε-vecindad de primer orden. Esto es:

$$F(y) \leq F(y_0) \text{ tal que } |y' - y'_0| < \varepsilon \text{ si, } F(y_0) \text{ es máximo débil}$$

$$F(y) \geq F(y_0) \text{ tal que } |y' - y'_0| < \varepsilon \text{ si, } F(y_0) \text{ es mínimo débil}$$

Todo extremo fuerte es un extremo débil, pero un extremo débil, no es necesariamente es un extremo fuerte.

11.1.21. *Ejemplo.* Sea $F[y(x)] = \int_0^\pi y^2(1 - y'^2)\, dx$, definida en $C^1[0,\pi]$, que satisfacen las condiciones $y(0) = 0$, $y(\pi) = 0$. Esta funcional tiene un extremo débil en $y_0 = 0$, ya que $F[0] = \int_0^\pi 0\, dx = 0$ y, fijando una vecindad del primer orden con $\varepsilon = 1$, se verifica para cualquier curva y admisible, que $|y' - y'_0| = |y'| < \varepsilon = 1$, por lo que el término $(1 - y'^2)$ es positivo, y en consecuencia, $F[y(x)] = \int_0^\pi y^2(1 - y'^2)\, dx > 0$, esto hace que $F[y(x)] > F[y_0]$, en esa vecindad de primer orden. No hay en cambio mínimo fuerte en $y_0 = 0$, como se comprueba seleccionando la función $y_n(x) = \frac{1}{\sqrt{n}} \operatorname{sen} nx \in C^1[0,\pi]$, y entonces, $F[y_n(x)] = \int_0^\pi \frac{1}{n} \operatorname{sen}^2 nx (1 - n\cos^2 nx)\, dx = \frac{1}{n}\int_0^\pi \operatorname{sen}^2 nx\, dx - \frac{1}{4}\int_0^\pi \operatorname{sen}^2 2nx\, dx = \frac{\pi}{2n} - \frac{\pi}{8} < 0$, si $n > 4$. Además, todas las curvas $y_n(x)$ para n suficientemente grande, están tan próximas como se desee a $y_0 = 0$ en el sentido del orden nulo, esto es, $|y_n - y_0| < \varepsilon$, y por lo tanto F no alcanza un mínimo fuerte en $y_0 = 0$.

11.1.22. *Teorema. Condición necesaria para la existencia de extremo.* Si la funcional F, definida en una clase M de funciones, alcanza un extremo relativo sobre una curva $y_0(x)$ de M, y sobre $y_0(x)$ existe la variación $\delta F[y_0(x), \alpha]$, entonces

$$\delta F[y_0(x), \alpha] = 0$$

Prueba: Si una función $y = f(x)$ alcanza un máximo o un mínimo en cierto punto donde $f(x)$ es derivable, entonces en ese punto $f'(x) = 0$, lo que implica que $df(x) = 0$. De igual manera, cuando una funcional $F[y]$ alcanza un valor extremo sobre una curva y_0 del campo M sobre el que está definida, conforme a lo establecido en el cálculo diferencial, debe ser $\delta F[y_0(x), \alpha] = 0$, ya que $\delta F[y_0(x)]$ se define como

$$\delta F[y_0(x), \alpha] = \frac{d}{d\alpha} F[y_0(x) + \alpha\, \delta y]\Big|_{\alpha=0}$$

haciendo variar la funcional F al incrementar su argumento en $\alpha\, \delta y$, y derivando con respecto al parámetro arbitrario α, que multiplica al incremento δy ♦

Toda curva y del campo de definición de F, en la que $\delta F = 0$, se denomina curva o función *estacionaria* y, toda curva sobre la que F alcance un extremo, a la que llamamos *curva extremal*, será siempre una curva estacionaria. Lo recíproco no siempre se verificará, podemos establecer entonces el siguiente teorema.

11.1.23. *Teorema. Lema fundamental del Cálculo Variacional.* Si para cualquier función $h(x)$ continua en $[a,b]$, la integral $\int_a^b f(x)h(x)\,dx = 0$ siendo f continua en $[a,b]$, entonces $f \equiv 0$ en $[a,b]$.

Demostración: Supongamos, contrariamente a la tesis, que $f \not\equiv 0$ en $[a,b]$ y, sin perder generalidad, asumamos que en algún punto x_0 del intervalo $[a,b]$, $f(x_0) > 0$. Entonces, por ser $f(x)$ continua en $[a,b]$, existe un entorno $(x_0 - \delta, x_0 + \delta)$ donde f conserva el signo y toma valores $f > \frac{f(x_0)}{2}$ entonces, como h es arbitraria, elegimos $h > 0$ en el entorno $(x_0 - \delta, x_0 + \delta)$ y $h = 0$ fuera de el. Ahora la integral es

$$\int_a^b fh\,dx = \int_{x_0-\delta}^{x_0+\delta} fh\,dx \geq \frac{f(x_0)}{2} \int_{x_0-\delta}^{x_0+\delta} h\,dx > 0$$

pero entonces $\int_a^b fh\,dx \neq 0$, por lo que debe ser $f \equiv 0$ en $[a,b]$ ♦

11.2 Funcionales de la Forma $F[y] = \int_a^b L(x,y,y')dx$

El *Problema elemental del Cálculo Variacional*, que trataremos a continuación, consiste en encontrar una función $y(x)$ con derivada continua en $[a,b]$, que satisfaga las condiciones de frontera $y(a) = A$ y $y(b) = B$, en los extremos del intervalo $[a,b]$, haciendo mínima la integral $F[y] = \int_a^b L(x,y,y')dx$, donde L es una función con derivadas continuas hasta el segundo orden en todos sus argumentos.

11.2.1. Para abordar el problema que acabamos de plantear, comenzamos por calcular δF según la definición 11.1.14, aplicando $\delta F = \frac{d}{d\alpha}F(y + \alpha\,\delta y)|_{\alpha=0}$, a la integral $F[y] = \int_a^b L(x,y,y')dx$

$$\delta F = \frac{d}{d\alpha}\int_a^b L(x, y + \alpha\,\delta y, y' + \alpha\,\delta y')dx\Big|_{\alpha=0}$$

$$\delta F = \int_a^b \left[\frac{\partial L(x,y+\alpha\,\delta y,y'+\alpha\,\delta y')}{\partial(y+\alpha\,\delta y)}\frac{d(y+\alpha\,\delta y)}{d\alpha} + \frac{\partial L(x,y+\alpha\,\delta y,y'+\alpha\,\delta y')}{\partial(y'+\alpha\,\delta y')}\frac{d(y'+\alpha\,\delta y')}{d\alpha}\right]\Big|_{\alpha=0} dx$$

$$\delta F = \int_a^b \left[\frac{\partial L(x,y+\alpha\,\delta y,y'+\alpha\,\delta y')}{\partial(y+\alpha\,\delta y)}\delta y + \frac{\partial L(x,y+\alpha\,\delta y,y'+\alpha\,\delta y')}{\partial(y'+\alpha\,\delta y')}\delta y'\right]\Big|_{\alpha=0} dx$$

$$\delta F = \int_a^b \left(\frac{\partial L}{\partial y}\delta y + \frac{\partial L}{\partial y'}\delta y'\right)dx$$

Pero según el teorema 11.1.22, la condición de extremo es que $\delta F = 0$, por lo que debemos tener

$$\delta F = \int_a^b \left(\frac{\partial L}{\partial y}\delta y + \frac{\partial L}{\partial y'}\delta y'\right)dx = 0$$

si aplicamos la integración por partes al segundo término del integrando

$$\delta F = \int_a^b \left(\frac{\partial L}{\partial y}\delta y\right)dx + \frac{\partial L}{\partial y'}\delta y\Big|_a^b - \int_a^b \frac{d}{dx}\left(\frac{\partial L}{\partial y'}\right)\delta y\, dx = 0$$

El término integrado, $\frac{\partial L}{\partial y'}\delta y\Big|_a^b$, debe necesariamente anularse para que la curva $y(x)$ que buscamos, a partir de su variación $y + \alpha\,\delta y$, pase justamente en los extremos por los puntos (a, A) y (b, B), como lo exigen las condiciones de frontera. En otros términos, deben ser, $\delta y(a) = 0$ y $\delta y(b) = 0$, por lo que para δF tenemos

$$\delta F = \int_a^b \left(\frac{\partial L}{\partial y} - \frac{d}{dx}\frac{\partial L}{\partial y'}\right)\delta y\, dx = 0$$

y ahora, recordando el lema fundamental del cálculo variacional 11.1.23, concluimos que

$$\frac{\partial L}{\partial y} - \frac{d}{dx}\frac{\partial L}{\partial y'} = 0$$

Esta última ecuación es la ecuación de *Euler* o de *Euler-Lagrange*, y desarrollada es

$$\frac{\partial L}{\partial y} - \frac{\partial^2 L}{\partial y'^2}y'' - \frac{\partial^2 L}{\partial y'\partial y}y' - \frac{\partial^2 L}{\partial y'\partial x} = 0$$

Reordenando, y con una notación mas compacta

$$L_{y'y'}y'' + L_{y'y}y' + L_{y'x} - L_y = 0\;\blacklozenge$$

La última expresión, es una ecuación diferencial de segundo orden, por lo que su solución general incluye dos constantes arbitrarias cuyos valores, determinamos con las condiciones de frontera $y(a) = A$ y $y(b) = B$.

11.2.2. *Ejemplo.* **a.** Buscamos la curva extremal de la funcional $F[y] = \int_1^2 (y'^2 - 2xy)dx$, con las condiciones de contorno $y(1) = 0$, $y(2) = -1$. $L = y'^2 - 2xy$, y la ecuación de *Euler* es $-2x - \frac{d}{dx}(2y') = -2x - 2y'' = 0$, o bien $y'' = -x$, cuya integración en dos pasos es directa; $y' = -\frac{x^2}{2} + c_1$ y $y = -\frac{x^3}{6} + c_1 x + c_2$.

Aplicando las condiciones de contorno $y(0) = 0$, $y(2) = -1$, obtenemos dos

ecuaciones $\begin{cases} c_1 + c_2 = \frac{1}{6} \\ 2c_1 + c_2 = \frac{2}{6} \end{cases}$, de las que resultan $c_1 = \frac{1}{6}$ y $c_2 = 0$, por lo que la curva

extremal es $y = -\frac{x^3}{6} + \frac{1}{6}x = \frac{x}{6}(1 - x^2)$. **b.** Si $F[y] = \int_1^2 (3x - y)y\,dx$, y las

condiciones de contorno $y(1) = 1$, $y(2) = 3$, $L = 3xy - y^2$. La ecuación de Euler

es $3x - 2y = 0$, o bien $y = \frac{3}{2}x$, pero la primera condición exige que $y(1) = 1$, por lo

que el problema no tiene solución. **c.** Si $F[y] = \int_0^{2\pi}(y'^2 - y^2)\,dx$, con las

condiciones de contorno $y(0) = 0$, $y(2\pi) = 0$, entonces $L = y'^2 - y^2$, y la ecuación

de *Euler* es $-2y - \frac{d}{dx}(2y') = -2y - 2y'' = 0$, o bien $y'' + y = 0$, cuya integración

da $y = A\cos x + B\,sen\,x$ pero, la primera condición exige que $y(0) = A = 0$, y

entonces $y = B\,sen\,x$, que para satisfacer la segunda condición de contorno, debe

ser $y(2\pi) = B\,sen\,2\pi = 0$, que se satisface para todo valor de B, y el problema

tiene infinitas soluciones. **d.** Si $F[y] = \int_a^b \sqrt{1 + y'^2}\,dx$ como en el ejemplo 11.1.2.a,

con las condiciones de ser $y(a) = A$ y $y(b) = B$. En $L = \sqrt{1 + y'^2}$, no figura y, y la

ecuación de *Euler* es entonces, $-\frac{d}{dx}\left(\frac{dL}{dy'}\right) = 0$, que significa $\frac{dL}{dy'} = c_1 = const.$, o

bien $\frac{y'}{\sqrt{1+y'^2}} = c_1$, y despejando la derivada, $y' = \sqrt{\frac{c_1^2}{1-c_1^2}} = m$, que se integra

directamente como $\frac{dy}{dx} = m$, para dar $y = mx + c$, desde luego una recta. Las

constantes m y c, se determinan con las condiciones de contorno $y(a) = A$ y

$y(b) = B$, que dan las ecuaciones $\begin{cases} ma + c = A \\ mb + c = B \end{cases}$, y entonces $m = \frac{A-B}{a-b}$, $c = \frac{aB-Ab}{a-b}$,

por lo que la función extremal es la recta; $y = \frac{A-B}{a-b}x + \frac{aB-Ab}{a-b}$. **e.** Consideremos

$F[y] = \int_0^1 (x + y'^2)\,dx$, con las condiciones de contorno $y(0) = 1$ y $y(1) = 2$. Con

$L = x + y'^2$, donde no figura y, la ecuación de *Euler* es $-\frac{d}{dx}\left(\frac{dL}{dy'}\right) = -\frac{d}{dx}(2y') = $

$-2y'' = 0$, o bien $y'' = 0$, cuya integración en dos pasos es $y(x) = c_1 x + c_2$. Con la

primera condición obtenemos $y(0) = c_2 = 1$, entonces $y(x) = c_1 x + 1$, que con la

segunda condición es $y(1) = c_1 + 1 = 2$, de donde $c_1 = 1$. Con estas constantes,

la curva solución es $y(x) = x + 1$. **f.** Si $F[y] = \int_0^{\frac{\pi}{4}}(y'^2 - y^2)\,dx$, con las condiciones

de ser $y(0) = 1$ y $y\left(\frac{\pi}{4}\right) = \frac{\sqrt{2}}{2}$, $L = y'^2 - y^2$, la ecuación de *Euler* es $-2y - $

$\frac{d}{dx}(2y') = -2(y + y'') = 0$, o bien $y'' + y = 0$, cuya integración es $y(x) = A\cos x + $

$B\,sen\,x$. Con la primera condición es $y(0) = A = 1$, entonces $y(x) = \cos x + $

$B \operatorname{sen} x$, y con la segunda condición es $y\left(\frac{\pi}{4}\right) = \frac{\sqrt{2}}{2} + B\frac{\sqrt{2}}{2} = \frac{\sqrt{2}}{2}$, de donde $B = 0$. Con estas constantes, la curva extremal es; $y(x) = \cos x$. **g.** Si $F[y] = \int_0^1 (e^y - xy')\, dx$, con las condiciones de contorno $y(0) = 0$ y $y(1) = \lambda$, $L = e^y - xy'$, y la ecuación de Euler es $e^y - \frac{d}{dx}x = e^y - 1 = 0$, o bien $e^y = 1$, que significa $y = 0$, y se satisface la segunda condición, solo si $\lambda = 0$. En todo otro caso, no habrá una curva *suave* que sea solución del problema.

Ejercicios 11.2

Determinar las curvas extremales de las siguientes funcionales.

1. $F[y(x)] = \int_0^1 (x^2 y - y'^2)\, dx; y(0) = 0, y(1) = 1$.

2. $F[y(x)] = \int_0^1 (y'^2 + 2\, yy' + y^2)\, dx; y(0) = 0, y(1) = 1$.

3. $F[y(x)] = \int_{-1}^1 (y'^2 - 2\, xy)\, dx; y(-1) = -1, y(1) = 1$.

4. $F[y(x)] = \int_{-1}^0 (y'^2 - 2\, xy)\, dx; y(-1) = 0, y(0) = 2$.

5. $F[y(x)] = \int_1^e (xy'^2 + yy')\, dx; y(1) = 0, y(e) = 1$.

Respuestas:

1. $R: y = -\frac{x^4}{24} + x(1 + \frac{1}{24})$. **2.** $R: y = \frac{2e}{e^2-1}\operatorname{senh} x$. **3.** $R: y = -\frac{1}{6}x^3 + \frac{7}{6}x$. **4.** $R: y = -\frac{1}{6}x^3 + \frac{13}{6}x + 2$

5. $R: y = \ln x$.

11.3 Integraciones Elementales de la Ecuación de Euler

En 11.2.1, vimos que la ecuación de *Euler-Lagrange* desarrollada, es una ecuación diferencial de segundo orden de la forma

$$L_{y'y'}y'' + L_{y'y}y' + L_{y'x} - L_y = 0$$

en la que suponemos al coeficiente principal $L_{y'y'} \neq 0$. Sin embargo, en algunos casos, es posible reducir el orden de la ecuación de *Euler-Lagrange*.

11.3.1. *La función L no depende de y'.* Si L no depende de y', es $L = L(x, y)$, y la ecuación $L_y - \frac{d}{dx}(L_{y'}) = 0$, se transforma en $L_y = 0$, que es una ecuación finita cuya solución, no contiene elementos arbitrarios, como sucede en las ecuaciones diferenciales con las constantes de integración. Al no haber elementos arbitrarios que puedan determinarse con un par de condiciones de frontera, tales como $y(a) = A$ y $y(b) = B$, el problema, en general, no tendrá solución. Es el caso del ejemplo 11.2.2.b.

11.3.2. *La función L depende de y' en forma lineal.* Si L depende de y' en forma lineal, es $L = P(x, y) + Q(x, y)y'$, y la ecuación de *Euler-Lagrange* $L_y - \frac{d}{dx}(L_{y'}) = 0$, se transforma en

$$P_y + Q_y y' - \frac{d}{dx} Q = P_y + Q_y y' - (Q_x + Q_y y') = 0$$

lo que significa que $P_y = Q_x$ y en consecuencia: Si L depende linealmente de y', y por lo tanto tiene la forma

$$L = P + Q \frac{dy}{dx} \qquad \text{o bien} \qquad L\,dx = P\,dx + Q\,dy$$

queda claro que, $L\,dx$ es una *diferencial exacta* porque según vimos, se cumple la condición $P_y = Q_x$ y en consecuencia, la integral $F[y] = \int_a^b L\,dx$ no dependerá del camino de integración y el resultado, será siempre el mismo para todas las curvas admisibles, por lo que el problema, carece de sentido. Es el caso del ejemplo 11.2.2.g.

11.3.3. *La función L solo depende de y'.* Si L solo depende de y', es $L = L(y')$, y observando la ecuación de *Euler-Lagrange* en forma desarrollada

$$L_{y'y'}y'' + L_{y'y}y' + L_{y'x} - L_y = 0$$

vemos que el único término que subsiste es $L_{y'y'}y'' = 0$, o bien $y'' = 0$, cuya integración da como curvas solución, las rectas $y = c_1 x + c_2$, con dos constantes arbitrarias que podemos determinar con las condiciones de contorno $y(a) = A$, $y(b) = B$. Es el caso del ejemplo 11.2.2.d.

11.3.4. *La función L no depende de y.* Si L no depende de y, es $L = L(x, y')$ y la ecuación $L_y - \frac{d}{dx}(L_{y'}) = 0$, se transforma en $\frac{d}{dx}(L_{y'}) = 0$, lo que significa que $L_{y'} = c$, que es una ecuación diferencial de primer orden, donde c es una constante arbitraria. Es el caso del ejemplo 11.2.2.e.

11.3.5. *La función L no depende explícitamente de x.* Si L no depende explícitamente de x, es $L = L(y, y')$ y, observando la ecuación de *Euler-Lagrange* en forma desarrollada, $L_y - L_{y'x} - L_{y'y}y' - L_{y'y'}y'' = 0$, vemos que se transforma en $L_y - L_{y'y}y' - L_{y'y'}y'' = 0$. Multiplicándola por y', obtenemos el primer miembro de la derivada total

$$\frac{d}{dx}\left(L - y'L_{y'}\right) = 0$$

por lo que $\left(L - y'L_{y'}\right) = c = const.$, como podemos comprobar considerando las diferenciales totales

$$\frac{dL}{dx} = L_y y' + L_{y'}y'' \quad \text{y} \quad \frac{d}{dx}\left(y'L_{y'}\right) = y''L_{y'} + y'L_{y'y}y' + y'L_{y'y'}y''$$

cuya diferencia; $\frac{d}{dx}\left(L - y'L_{y'}\right)$, es justamente $y'\left(L_y - L_{y'y}y' - L_{y'y'}y''\right)$. Es el caso del ejemplo 11.2.2.f.

11.3.6. *Ejemplo.* **a.** El área de una superficie de revolución, está dada por $A[y] = \int_{-a}^{a} 2\pi y \sqrt{1 + y'^2}\, dx$, en la que $2\pi y$ es el perímetro de la faja o cilindro diferencial que rodea al cuerpo de revolución, y $\sqrt{1 + y'^2}\, dx$, es la longitud del arco diferencial, o altura del cilindro diferencial que rodea al cuerpo. Buscamos determinar la curva y que hace mínima el área de un cuerpo de revolución, al girar sobre dos circunferencias de radio R, situadas en $x = \pm a$ figura 11.3.6.a. En este caso, $L = y\sqrt{1 + y'^2}$ depende solo de y e y', por lo que es $L = L(y, y')$ y, según vimos en 11.3.5, para este caso, la ecuación de *Euler* se transforma en $L - y'L_{y'} = c$, y entonces

$$L - y'L_{y'} = y\sqrt{1 + y'^2} - y'\frac{yy'}{\sqrt{1+y'^2}} = c$$

o bien

$$\frac{y\left(1+y'^2\right) - yy'^2}{\sqrt{1+y'^2}} = \frac{y}{\sqrt{1+y'^2}} = c$$

de donde

$$y^2 = c^2(1 + y'^2)$$

despejando de la última expresión la derivada, obtenemos $\frac{dy}{dx} = \sqrt{\frac{y^2-c^2}{c^2}}$, que separando variables, se integra directamente como

$$\int \frac{dy}{\sqrt{y^2-c^2}} = \int \frac{dx}{c} \quad \Rightarrow \quad cosh^{-1}\frac{y}{c} = \frac{x+c_1}{c} \quad \Rightarrow \quad y = c\, cosh\, \frac{x+c_1}{c}.$$

Debemos evaluar las dos constantes c y c_1, para ello tenemos en cuenta que y genera la superficie girando sobre las circunferencias de radio R, por lo que $y(-a) = R$, y $y(a) = R$, son nuestras condiciones de contorno e implican $y(-a) = c\, cosh\frac{-a+c_1}{c} = c\, cosh\frac{a+c_1}{c} = y(a)$, o bien $cosh\frac{-a+c_1}{c} = cosh\frac{a+c_1}{c}$, cuya solución trivial $a = 0$ no nos interesa. La solución $c_1 = 0$, muestra que las extremales admisibles, pertenecen a la familia uniparamétrica $y(x) = c\, cosh\frac{x}{c}$.

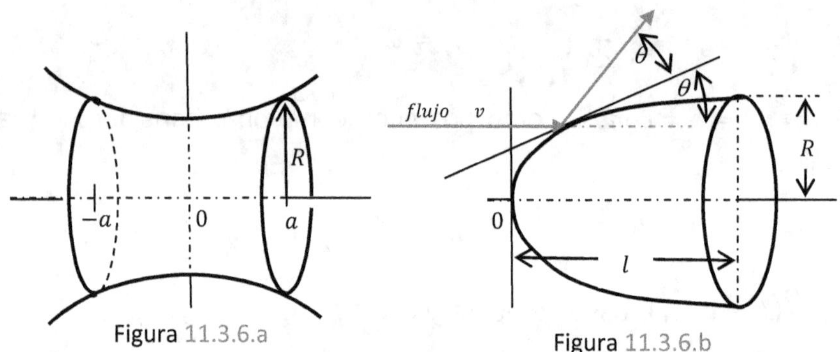

Figura 11.3.6.a

Figura 11.3.6.b

b. Un cuerpo de revolución como el de la figura 11.3.6.b, se desplaza en medio de un fluido en régimen de flujo incompresible. Si deseamos determinar el perfil de menor resistencia, debemos encontrar la curva que haga mínima la presión que el fluido ejerce sobre el cuerpo en movimiento. La presión en un punto se calcula como $p = \frac{F}{A}$, siendo F la fuerza actuante, y $A = \Delta y \Delta z$, el área sobre la que se ejerce la fuerza F.

La fuerza F que ejerce un pequeño elemento de volumen ΔV, del fluido que choca contra el cuerpo, y cuya masa es $m = \rho \Delta x \Delta y \Delta z$, es el cambio de su cantidad de movimiento, en el intervalo de tiempo Δt en que ocurre el cambio. Entonces, siendo ρ la densidad del fluido y su velocidad v

$$F = \frac{\Delta(mv)}{\Delta t} = \frac{m\Delta v}{\Delta t} = \frac{\rho \Delta x \Delta y \Delta z \Delta v}{\Delta t} = \frac{\rho \Delta x \Delta y \Delta z(v\, cos\, 2\theta - v)}{\Delta t}$$

$$F = \rho \Delta y \Delta z v(v\, cos\, 2\theta - v) = \rho \Delta y \Delta z v^2(cos\, 2\theta - 1) = \rho \Delta y \Delta z v^2(-2\, sen^2\theta)$$

donde $v\, cos\, 2\theta$ es la componente horizontal de la velocidad después del impacto y v la velocidad antes del impacto. Se supone baja la densidad ρ, por lo que la reflexión de las moléculas que impactan en la superficie del cuerpo puede considerarse especular y θ, es el ángulo entre la velocidad v y su componente tangencial. Con estas consideraciones, la componente normal al plano $y - z$ de la fuerza F, dividida el $\Delta A = \Delta y \Delta y$ es

$$\frac{F}{\Delta y \Delta z} = p = -2\rho v^2 sen^2\theta$$

Prescindiendo del signo negativo, que indica fuerza de oposición al movimiento, la fuerza diferencial que se ejerce sobre la proyección normal, $2\pi y \sqrt{1 + y'^2}\, sen\,\theta\, dx$, de una faja diferencial de área, es

$$dF = 2\rho v^2 sen^2\theta \left[2\pi y \sqrt{1 + y'^2}\right] sen\,\theta\, dx$$

y la fuerza total, ejercida sobre la superficie del cuerpo, es

$$F = \int_0^l 4\,\pi\,\rho\,v^2 sen^3\theta \left[y(1 + y'^2)^{1/2}\right] dx$$

el problema se simplifica mucho si hacemos, $sen\,\theta = \frac{y\prime}{(1+y\prime^2)} \cong y'$, y entonces

$$F = 4\,\pi\,\rho\,v^2 \int_0^l y'^3 y\, dx$$

Considerando $L = y'^3 y$, donde no figura explícitamente x, y empleando la transformación de la ecuación de *Euler* que obtuvimos en 11.3.5

$$L - y'L_{y\prime} = y'^3 y - y'3y'^2 y = c_1$$

de donde $-2yy'^3 = c_1$, o bien $\left(\frac{dy}{dx}\right)^3 = \frac{c}{y}$, entonces $\frac{dy}{dx} = \sqrt[3]{\frac{c}{y}}$, que se puede integrar en forma directa, separando las variables como, $\int y^{1/3}\, dy = \int c_2\, dx$, para dar $\frac{3}{4}y^{4/3} = c_2 x + c_3$, o bien $\boxed{y^{4/3} = k_1 x + k_2}$.

Las condiciones de contorno son; $y(0) = 0$, $y(l) = R$. Con estas condiciones se tiene: $y(0) = k_2 = 0$, por lo que $y^{4/3} = k_1 x$ y, con la segunda condición $y(l) = R$, obtenemos que $y = R\left(\frac{x}{l}\right)^{3/4}$, es la curva extremal.

Ejercicios 11.3

Determinar las curvas extremales de las siguientes funcionales.

1. $F[y(x)] = \int_0^1 [2\,xy + (x^2 + e^y)y']\,dx;\ y(1) = 1, y(0) = 0.$

2. $F[y(x)] = \int_0^\pi (y'^2 - y^2)\,dx;\ y(0) = 1, y(\pi) = -1.$

3. $F[y(x)] = \int_0^1 (x + y'^2)\,dx;\ y(0) = 1, y(1) = 0.$

4. $F[y(x)] = \int_1^2 (xy' + y'^2)\,dx;\ y(1) = 0, y(2) = 1.$

5. $F[y(x)] = \int_0^a \left(y + \frac{y^2}{4}\right)dx.$

Respuestas:

1. $R: Prob.\,sin\,sentido.$ **2.** $R: y = \cos x + c\,sen\,x.$ **3.** $R: y = -x + 1.$

4. $R: y = -\frac{1}{4}x^2 + \frac{7}{4}x - \frac{3}{2}.$ **5.** $R: No\,hay\,extr.$

11.4 Generalización del Problema

El *Problema elemental del Cálculo Variacional*, se generaliza fácilmente a funcionales que dependen de más de una función, de derivadas de orden superior, o de funciones de más de una variable independiente.

11.4.1. *Funcionales de la forma* $F[y(x), z(x)] = \int_a^b L(x, y, y', z, z')dx$. Comenzamos por considerar la funcional $F[y(x), z(x)] = \int_a^b L(x, y, y', z, z')dx$ de dos variables independientes, con las condiciones $z(a) = A$, $z(b) = B$, para luego extendernos a n variables independientes. Cada variable, nos dará una ecuación de *Euler-Lagrange*, ya que si $F[y, z] = \int_a^b L(x, y, y', z, z')dx$, suponiendo que L admita derivadas parciales continuas de primer orden en sus argumentos y, con la condición de extremo, $\delta F = 0$

$$\delta F[y, z] = \int_a^b \left(\frac{\partial L}{\partial y}\delta y + \frac{\partial L}{\partial y'}\delta y' + \frac{\partial L}{\partial z}\delta z + \frac{\partial L}{\partial z'}\delta z'\right)dx = 0$$

a esta expresión, le aplicamos la integración por partes como lo hicimos en 11.2.1, con las condiciones $\delta y(a) = \delta y(b) = 0$, junto con $\delta z(a) = \delta z(b) = 0$, para obtener

$$\delta F = \int_a^b \left[\left(\frac{\partial L}{\partial y} - \frac{d}{dx}\left(\frac{\partial L}{\partial y\prime}\right) \right) \delta y + \left(\frac{\partial L}{\partial z} - \frac{d}{dx}\left(\frac{\partial L}{\partial z\prime}\right) \right) \delta z \right] dx = 0$$

y como en el caso de una sola función en el argumento de F, para cada variable independiente, tenemos una ecuación de *Euler-Lagrange*

$$\frac{\partial L}{\partial y} - \frac{d}{dx}\left(\frac{\partial L}{\partial y\prime}\right) = 0$$

$$\frac{\partial L}{\partial z} - \frac{d}{dx}\left(\frac{\partial L}{\partial z\prime}\right) = 0$$

que es un sistema de ecuaciones diferenciales parciales de segundo orden.

Extendiendo el problema a n variables, es usual sustituir x por t, y representar las variables como q_j con $j = 1,2,\dots,n$, y sus derivadas respecto de t como $\dot{q}_j$ con $j = 1,2,\dots,n$. Entonces $L(\boldsymbol{q}, \dot{\boldsymbol{q}}, t) = L(q_1, \dots, q_n, \dot{q}_1, \dots, \dot{q}_n, t)$, y el sistema queda representado por

$$\frac{\partial L}{\partial q_j} - \frac{d}{dt}\left(\frac{\partial L}{\partial \dot{q}_j}\right) = 0, \quad j = 1,2,\dots,n$$

11.4.2. *Ejemplo.* **a.** Si $F[y,z] = \int_1^2 (y'^2 + z^2 + z'^2)\, dx$, con las condiciones de contorno $y(1) = 1$, $y(2) = 2$, $z(1) = 0$, $z(2) = 1$, siendo $L = (y'^2 + z^2 + z'^2)$, el sistema de ecuaciones es $\begin{cases} L_y - \frac{d}{dx}L_{y\prime} = -\frac{d}{dx}(2y') = 0 \\ L_z - \frac{d}{dx}L_{z\prime} = 2z - \frac{d}{dx}(2z') = 0 \end{cases}$, o bien $\begin{cases} y'' = 0 \\ z'' - z = 0 \end{cases}$,

cuyas soluciones son; $y(x) = c_1 x + c_2$ y $z(x) = c_3 e^x + c_4 e^{-x}$. Con las condiciones de contorno tenemos $\begin{cases} y(1) = c_1 1 + c_2 = 1 \\ y(2) = c_1 2 + c_2 = 2 \end{cases}$ y $\begin{cases} z(1) = c_3 e^1 + c_4 e^{-1} = 0 \\ z(2) = c_3 e^2 + c_4 e^{-2} = 1 \end{cases}$.

Para y obtenemos $c_1 = 1$ y $c_2 = 0$ por lo que $y(x) = x$. Para z se obtienen las constantes $c_3 = \frac{1}{e^2 - 1}$ y $c_4 = \frac{-e^2}{e^2 - 1}$ por lo que $z(x) = \frac{1}{e^2 - 1}e^x - \frac{e^2}{e^2 - 1}e^{-x} = \frac{e^{-1}e^x}{e - e^{-1}} - \frac{e\, e^{-x}}{e - e^{-1}} = \frac{e^{x-1} - e^{-x+1}}{e - e^{-1}} = \frac{senh\,(x-1)}{senh\,1}$, y la solución buscada es; $\begin{cases} y = x \\ z = \frac{senh\,(x-1)}{senh\,1} \end{cases}$. **b.**

Consideremos $F[y,z] = \int_0^\pi (2yz - 2y^2 + y'^2 - z'^2)\, dx$, con las condiciones de contorno $y(0) = 0$, $y(\pi) = 1$, $z(0) = 0$, $z(\pi) = 1$. Siendo $L = (2yz - 2y^2 + y'^2 - z'^2)$, el sistema de ecuaciones es $\begin{cases} 2z - 4y - 2y'' = 0 \\ 2y + 2z'' = 0 \end{cases}$, o bien $\begin{cases} y'' + 2y - z = 0 \\ z'' + y = 0 \end{cases}$.

Derivando dos veces la primera ecuación y sumando la segunda, se obtiene

$y^{IV} + 2y'' + y = 0$, cuya solución es $y(x) = c_1 \cos x + c_2 \, sen \, x + c_3 \, x \cos x +$ $c_4 \, x \, sen \, x$. Con la primera condición tenemos $y(0) = c_1 = 0$, por lo que $y(x) = c_2 \, sen \, x + c_3 \, x \cos x + c_4 \, x \, sen \, x$, y con la segunda condición, $y(\pi) = -c_3 \, \pi = 1$, por lo que $c_3 = -\dfrac{1}{\pi}$, y $y(x) = c_2 \, sen \, x - \dfrac{1}{\pi} \, x \cos x + c_4 \, x \, sen \, x$. A esta última expresión de y y su segunda derivada, la reemplazamos en la primera ecuación, $z = y'' + 2y$, dado que tenemos otras dos condiciones de frontera para $z(x)$, y obtenemos $z(x) = c_2 \, sen \, x - \dfrac{x}{\pi} \cos x + \dfrac{2}{\pi} \, sen \, x + c_4 x \, sen \, x + 2c_4 \cos x$, de donde obtenemos $c_4 = 0$ con $z(0) = 0$, y que verifica $z(\pi) = 1$ para cualquier valor de c_2, que permanece como constante arbitraria, y entonces las curvas solución son

$$\begin{cases} y = c_2 \, sen \, x - \dfrac{x}{\pi} \cos x \\ z = c_2 \, sen \, x + \dfrac{1}{\pi} \, (2 \, sen \, x - x \cos x) \end{cases}.$$

11.4.3. *Funcionales de la forma* $F[y(x)] = \int_a^b L(x, y, y,' y'') \, dx$. Consideramos la funcional $F[y(x)] = \int_a^b L(x, y, y,' y'') \, dx$, que depende de una función y sus derivadas primera y segunda, con $L = L(x, y, y,' y'')$ y las condiciones de contorno $y(a) = A$, $y(b) = B$, $y'(a) = A'$, $y'(b) = B'$. Entonces la variación de F, suponiendo que L tiene derivadas continuas respecto de sus argumentos, y $y \in C^2[a, b]$, es

$$\delta F = \int_a^b \left(\frac{\partial L}{\partial y} \delta y + \frac{\partial L}{\partial y'} \delta y' + \frac{\partial L}{\partial y''} \delta y'' \right) dx$$

y, con la condición de extremo $\delta F = 0$, aplicando al segundo y tercer término del integrando, la integración por partes como en 11.2.1, obtenemos

$$\delta F = \int_a^b \left(\frac{\partial L}{\partial y} \right) \delta y \, dx + \frac{\partial L}{\partial y'} \delta y \Big|_a^b - \int_a^b \frac{d}{dx} \left(\frac{\partial L}{\partial y'} \right) \delta y \, dx + \frac{\partial L}{\partial y''} \delta y' \Big|_a^b - \int_a^b \frac{d}{dx} \left(\frac{\partial L}{\partial y''} \right) \delta y' \, dx = 0$$

Como en 11.2.1, anulamos los términos integrados, $\dfrac{\partial L}{\partial y'} \delta y \Big|_a^b = 0$ y $\dfrac{\partial L}{\partial y''} \delta y' \Big|_a^b = 0$, puesto que deben ser, $\delta y(a) = \delta y(b) = 0$ y $\delta y'(a) = \delta y'(b) = 0$, para que se cumplan las condiciones $y(a) = A$, $y'(a) = A'$, $y(b) = B$, $y'^{(b)} = B'$, por lo que δF es

$$\delta F = \int_a^b \left(\frac{\partial L}{\partial y} \right) \delta y \, dx - \int_a^b \frac{d}{dx} \left(\frac{\partial L}{\partial y'} \right) \delta y \, dx - \int_a^b \frac{d}{dx} \left(\frac{\partial L}{\partial y''} \right) \delta y' \, dx = 0$$

Repetimos la integración por partes en la última integral, y obtenemos

$$\delta F = \int_a^b \left(\frac{\partial L}{\partial y}\right)\delta y\, dx - \int_a^b \frac{d}{dx}\left(\frac{\partial L}{\partial y'}\right)\delta y\, dx - \frac{d}{dx}\left(\frac{\partial L}{\partial y''}\right)\delta y\Big|_a^b + \int_a^b \frac{d^2}{dx^2}\left(\frac{\partial L}{\partial y''}\right)\delta y\, dx = 0$$

que una vez eliminado el término integrado $\frac{d}{dx}\left(\frac{\partial L}{\partial y''}\right)\delta y\Big|_a^b = 0$, ya que $\delta y(a) = \delta y(b) = 0$ resulta

$$\delta F = \int_a^b \left(\frac{\partial L}{\partial y}\right)\delta y\, dx - \int_a^b \frac{d}{dx}\left(\frac{\partial L}{\partial y'}\right)\delta y\, dx + \int_a^b \frac{d^2}{dx^2}\left(\frac{\partial L}{\partial y''}\right)\delta y\, dx = 0$$

ahora podemos agrupar todo en una sola integral

$$\delta F = \int_a^b \left(\frac{\partial L}{\partial y} - \frac{d}{dx}\left(\frac{\partial L}{\partial y'}\right) + \frac{d^2}{dx^2}\left(\frac{\partial L}{\partial y''}\right)\right)\delta y\, dx = 0$$

Nuevamente, con el *Lema fundamental del Cálculo Variacional* 11.1.23

$$\frac{\partial L}{\partial y} - \frac{d}{dx}\left(\frac{\partial L}{\partial y'}\right) + \frac{d^2}{dx^2}\left(\frac{\partial L}{\partial y''}\right) = 0 \blacklozenge$$

que es la ecuación de *Euler-Poisson*.

La última ecuación, se puede generalizar para una funcional del tipo $F[y(x)] = \int_a^b L(x, y, y',\ldots, y^N)\, dx$ cuya ecuación de *Euler-Poisson* es

$$\frac{\partial L}{\partial y} - \frac{d}{dx}\left(\frac{\partial L}{\partial y'}\right) + \frac{d^2}{dx^2}\left(\frac{\partial L}{\partial y''}\right) - \cdots + (-)^n \frac{d^n}{dx^n}\left(\frac{\partial L}{\partial y^N}\right) = 0$$

admitida suficiente derivabilidad de L y de y.

11.4.4. *Ejemplo.* **a.** Si $F[y] = \int_0^1 (240\, xy - y''^2)\, dx$ con las condiciones $y(0) = 0$, $y'(0) = 0$, $y(1) = 0$, $y'(1) = 2$. Es $L = 240\, xy - y''^2$ y la ecuación de *Euler-Poisson* es $\quad L_y - \frac{d}{dx}L_{y'} + \frac{d^2}{dx^2}L_{y''} = 240\, x - 0 + \frac{d^2}{dx^2}(-2y'') = 240\, x - 2\, y^{IV} = 0,\quad$ o bien $y^{IV} = 120\, x$, que se integra directamente en cuatro pasos sucesivos, para dar; $y^{III}(x) = 60\, x^2 + \overline{c}_1,\quad y''(x) = 20\, x^3 + \overline{c}_1 x + \overline{c}_2,\quad y'(x) = 5\, x^4 + \overline{c}_1\frac{x^2}{2} + \overline{c}_2 x + \overline{c}_3,$ $y(x) = x^5 + \overline{c}_1\frac{x^3}{6} + \overline{c}_2\frac{x^2}{2} + \overline{c}_3 x + \overline{c}_4\quad$ o bien, $\quad y(x) = x^5 + c_1 x^3 + c_2 x^2 + c_3 x + c_4$. Con la primera y segunda condición tenemos, $y(0) = c_4 = 0,\quad y'(0) = c_3 = 0$, y entonces; $y(x) = x^5 + c_1 x^3 + c_2 x^2$. Con las restantes condiciones, $y(1) = 1 + c_1 + c_2 = 0$ y $y'(1) = 5 + 3c_1 + 2c_2 = 2$, de las que se deducen $c_1 = -1$ y $c_2 = 0$, con las que finalmente; $y(x) = x^5 - x^3$ es la curva extremal buscada. **b.** Si $F[y] = \int_a^b (y'')^2\, dx$, con las condiciones $y(a) = 0$, $y(b) = 0$. Es $L = (y'')^2$, y la ecuación de *Euler-Poisson* es $L_y - \frac{d}{dx}L_{y'} + \frac{d^2}{dx^2}L_{y''} = 0 - 0 + \frac{d^2}{dx^2}(2y'') = 2\, y^{IV} = 0,$

o bien $\boxed{y^{IV} = 0}$, cuya solución general es $y(x) = c_1 + c_2 x + c_3 x^2 + c_4 x^3$, con cuatro constantes arbitrarias, pero solo tenemos dos condiciones de contorno. Cuando este fuera el caso, en que hay menos condiciones que constantes, planteamos la variación de F; $\delta F = \int_a^b 2\, y'' \delta y''\, dx = 2y'' \delta y'|_a^b - \int_a^b 2\, y^{III} \delta y'\, dx = 2\, y'' \delta y'|_a^b - 2\, y^{III} \delta y|_a^b + \int_a^b 2\, y^{IV} \delta y\, dx$. Como debe ser $\delta F = 0$, por la condición necesaria de extremo, junto con $y^{IV} = 0$ que obtuvimos de la ecuación de *Euler-Poisson*, tenemos $2\, y'' \delta y'|_a^b - 2\, y^{III} \delta y|_a^b = 0$ pero $\delta y(a) = \delta y(b) = 0$, con lo que se anula el término $2\, y^{III} \delta y|_a^b$, y entonces $y'' \delta y'|_a^b = 0$, o bien $y''(b)\delta y'(b) = y''(a)\delta y'(a)$, lo que implica que $y''(a) = y''(b) = 0$, por ser $\delta y'$ arbitrario. Tenemos así otras dos condiciones; $y''(a) = 0$ y $y''(b) = 0$, que junto a las dos condiciones dadas $y(a) = 0$, $y(b) = 0$, determinan de manera unívoca la extremal $y(x) = 0$.

11.4.5. *Funcionales de la forma* $F[u(x,y)] = \iint_R L(x, y, u, u_x, u_y)\, dx\, dy$. Considera mos ahora el caso de más de una variable independiente, en este caso dos, que definen una superficie lisa $u(x, y)$, en una región R del plano $x - y$, en la que F es derivable hasta el tercer orden respecto de sus argumentos, y $u \in C^2(R)$. Siendo $L = L(x, y, u, u_x, u_y)$, donde $u_x = \dfrac{\partial u}{\partial x}$, $u_y = \dfrac{\partial u}{\partial y}$, cuando calculamos las derivadas $\dfrac{\partial L}{\partial u}$, $\dfrac{\partial L}{\partial u_x}$, etc. u, u_x, u_y, son variables independientes. La función $u = u(x, y)$, se considera definida y fija sobre Γ, la frontera de R, que es la región a la que se extiende la integral. Con estas consideraciones, se demuestra que $\dfrac{\partial L}{\partial u} - \dfrac{d}{dx}\left(\dfrac{\partial L}{\partial u_x}\right) - \dfrac{d}{dy}\left(\dfrac{\partial L}{\partial u_y}\right) = 0$. Para ello, comenzamos por establecer la variación $\delta F[u(x, y)]$, como

$$\delta F = \frac{d}{d\alpha} F[u + \alpha\, \delta u]|_{\alpha = 0}$$

$$\delta F = \frac{d}{d\alpha}\left(\iint_R L(x, y, u + \alpha\, \delta u, u_x + \alpha\, \delta u_x, u_y + \alpha\, \delta u_y)\, dx\, dy\right)\Big|_{\alpha = 0}$$

$$\delta F = \iint_R \left(\frac{\partial L}{\partial u}\delta u + \frac{\partial L}{\partial u_x}\delta u_x + \frac{\partial L}{\partial u_y}\delta u_y\right) dx\, dy$$

pero $\dfrac{\partial L}{\partial u_x}\delta u_x$, se puede escribir como $\dfrac{\partial L}{\partial u_x}\delta u_x = \dfrac{\partial}{\partial x}\left(\dfrac{\partial L}{\partial u_x}\delta u\right) - \delta u \dfrac{\partial}{\partial x}\left(\dfrac{\partial L}{\partial u_x}\right)$, de la misma forma que $\dfrac{\partial L}{\partial u_y}\delta u_y = \dfrac{\partial}{\partial y}\left(\dfrac{\partial L}{\partial u_y}\delta u\right) - \delta u \dfrac{\partial}{\partial y}\left(\dfrac{\partial L}{\partial u_y}\right)$, y entonces

$$\delta F = \iint_R \left(\frac{\partial L}{\partial u}\delta u + \frac{\partial}{\partial x}\left(\frac{\partial L}{\partial u_x}\delta u\right) - \delta u\frac{\partial}{\partial x}\left(\frac{\partial L}{\partial u_x}\right) + \frac{\partial}{\partial y}\left(\frac{\partial L}{\partial u_y}\delta u\right) - \delta u\frac{\partial}{\partial y}\left(\frac{\partial L}{\partial u_y}\right)\right) dx\, dy$$

y reagrupando en dos integrales

$$\delta F = \iint_R \left(\frac{\partial L}{\partial u} \delta u - \delta u \frac{\partial}{\partial x}\left(\frac{\partial L}{\partial u_x}\right) - \delta u \frac{\partial}{\partial y}\left(\frac{\partial L}{\partial u_y}\right) \right) dx\, dy$$

$$+ \iint_R \left(\frac{\partial}{\partial x}\left(\frac{\partial L}{\partial u_x} \delta u\right) - \frac{\partial}{\partial y}\left(\frac{\partial L}{\partial u_y} \delta u\right) \right) dx\, dy$$

La segunda integral, se prueba que es nula recurriendo al *lema de Green*, que establece que: $\oint_\Gamma P\, dx + Q\, dy = \iint_R \left(\frac{\partial Q}{\partial x} - \frac{\partial P}{\partial y}\right) dx\, dy$, siendo Γ la curva frontera del recinto de integración R. Aplicamos entonces el *lema de Green*, haciendo; $\left(\frac{\partial L}{\partial u_y} \delta u\right) = P$ y $\left(\frac{\partial L}{\partial u_x} \delta u\right) = Q$, con lo que

$$\iint_R \left(\frac{\partial}{\partial x}\left(\frac{\partial L}{\partial u_x} \delta u\right) - \frac{\partial}{\partial y}\left(\frac{\partial L}{\partial u_y} \delta u\right) \right) dx\, dy = \oint_\Gamma \left(\frac{\partial L}{\partial u_y} \delta u\right) dx + \left(\frac{\partial L}{\partial u_x} \delta u\right) dy = 0$$

La integral de línea $\oint_\Gamma \left(\frac{\partial L}{\partial u_y} \delta u\right) dx + \left(\frac{\partial L}{\partial u_x} \delta u\right) dy = 0$, se anula debido al hecho de que $\delta u(x,y)|_\Gamma \equiv 0$ o bien, $\delta u(x,y)$ debe anularse idénticamente sobre la curva Γ que rodea R, para que sobre esta curva, donde $u = \psi(x,y)$ es nuestra condición de contorno, se cumpla que; $u(x,y) = u(x,y) + \alpha\, \delta u(x,y)$, para cualquier α. Resulta entonces δF

$$\delta F = \iint_R \left(\frac{\partial L}{\partial u} \delta u - \delta u \frac{\partial}{\partial x}\left(\frac{\partial L}{\partial u_x}\right) - \delta u \frac{\partial}{\partial y}\left(\frac{\partial L}{\partial u_y}\right) \right) dx\, dy$$

$$\delta F = \iint_R \left(\frac{\partial L}{\partial u} - \frac{\partial}{\partial x}\left(\frac{\partial L}{\partial u_x}\right) - \frac{\partial}{\partial y}\left(\frac{\partial L}{\partial u_y}\right) \right) \delta u\, dx\, dy$$

Con la condición de extremo $\delta F = 0$, y el *lema fundamental del cálculo variacional*

$$\frac{\partial L}{\partial u} - \frac{\partial}{\partial x}\left(\frac{\partial L}{\partial u_x}\right) - \frac{\partial}{\partial y}\left(\frac{\partial L}{\partial u_y}\right) = 0 \blacklozenge$$

que es la ecuación de *Euler-Ostrogradski*.

Cuando en L figuran derivadas de orden superior como u_{xx}, u_{xy}, u_{yy}, u_{xxx}, ..., la ecuación de *Euler-Ostrogradski*, toma la forma

$$L_u - \frac{\partial}{\partial x}\left(\frac{\partial L}{\partial u_x}\right) - \frac{\partial}{\partial y}\left(\frac{\partial L}{\partial u_y}\right) + \frac{\partial^2}{\partial x^2}\left(\frac{\partial L}{\partial u_{xx}}\right) + 2\frac{\partial^2}{\partial x \partial y}\left(\frac{\partial L}{\partial u_{xy}}\right) + \frac{\partial^2}{\partial y^2}\left(\frac{\partial L}{\partial u_{yy}}\right) - \cdots + (-)^n \frac{\partial^n}{\partial y^n}\left(\frac{\partial L}{\partial u_{\underbrace{y\cdots y}_{n}}}\right) = 0$$

11.4.6. *Ejemplo.* **a.** $F[u(x,y)] = \iint_R \left[(u_x)^2 - (u_y)^2\right] dx\, dy$. $L = (u_x)^2 - (u_y)^2$, y la ecuación de *Euler-Ostrogradski* es, $\frac{\partial L}{\partial u} - \frac{\partial}{\partial x}\left(\frac{\partial L}{\partial u_x}\right) - \frac{\partial}{\partial y}\left(\frac{\partial L}{\partial u_y}\right) = 0 - \frac{\partial}{\partial x}(2\,u_x) -$

$\frac{\partial}{\partial y}(-2\,u_y) = -2\,u_{xx} + 2\,u_{yy} = 0$, o bien $u_{xx} - u_{yy} = 0$, y las superficies extremales, son las $u(x,y)$ que satisfacen; $u_{xx} - u_{yy} = 0$. **b.** $F[u(x,y)] = \iint_R \left[(u_{xx})^2 + (u_{yy})^2 + 2(u_{yx})^2 - 2\,u\,f(x,y)\right] dx\, dy$. $L = (u_{xx})^2 + (u_{yy})^2 + 2(u_{yx})^2 - 2\,u\,f(x,y)$, contiene derivadas de segundo orden, y la ecuación de *Euler-Ostrgradski* en este caso es $L_u - \frac{\partial}{\partial x}\left(\frac{\partial L}{\partial u_x}\right) - \frac{\partial}{\partial y}\left(\frac{\partial L}{\partial u_y}\right) + \frac{\partial^2}{\partial x^2}\left(\frac{\partial L}{\partial u_{xx}}\right) + 2\frac{\partial^2}{\partial x \partial y}\left(\frac{\partial L}{\partial u_{xy}}\right) +$

$\frac{\partial^2}{\partial y^2}\left(\frac{\partial L}{\partial u_{yy}}\right) = -2\,f(x,y) - \frac{\partial}{\partial x}(0) - \frac{\partial}{\partial y}(0) + \frac{\partial^2}{\partial x^2}(2\,u_{xx}) + 2\frac{\partial^2}{\partial x \partial y}(2\,u_{xy}) + \frac{\partial^2}{\partial y^2}(2\,u_{yy}) =$

$-2\,f(x,y) + 2\,u_{xxxx} + 4\,u_{xxyy} + 2\,u_{yyyy} = 0$, o bien $u_{xxxx} + 2\,u_{xxyy} + u_{yyyy} = f(x,y)$, que es; $\nabla^4 u = f(x,y)$. Las $u(x,y)$ que satisfacen $\nabla^4 u = f(x,y)$ son las superficies extremales.

Ejercicios 11.4

Determinar las curvas extremales de las siguientes funcionales.

1. $F[y(x)] = \int_0^1 y''^2\, dx$, $y(0) = 0, y(1) = 0, y'(0) = 0, y'(1) = 1$.

2. $F[y(x)] = \int_a^b (y + y'')\, dx$, $y(a) = A, y(b) = B, y'(a) = A', y'(b) = B'$.

3. $F[y(x)] = \int_0^{\pi/4}(2\,z - 4\,y^2 + y'^2 - z'^2)\, dx$. $y(0) = 0, y\left(\frac{\pi}{4}\right) = 1, z(0) = 1, z\left(\frac{\pi}{4}\right) = 1$.

4. $F[y(x)] = \int_a^b (y'^2 + yy'')\, dx$.

5. $F[y(x), z(x)] = \int_0^1 (y'^2 + z'^2 + 2\,y)\, dx$, $y(0) = 1, y(1) = \frac{3}{2}, z(0) = 0, z(1) = 1$.

Respuestas:

1. $R: y = -x^2 + x^3$. **2.** $R: No\ hay\ ext.$ **3.** $R: \begin{cases} y = sen\ 2\,x \\ z = \frac{32+\pi^2}{8\pi} - \frac{x^2}{2} \end{cases}$ **4.** $R: Prob.\ sin\ sentido$

5. $R: \begin{cases} y = \frac{x^2}{2} + 1 \\ z = x \end{cases}$.

11.5 Extremos Condicionados

Un problema de extremos, puede estar condicionado de diversas formas, sujeto a su relación con otro problema de extremos, o bien por relaciones que ligan entre si a las funciones de las que depende la funcional.

11.5.1. *Problema Isoperimétrico*, El problema isoperimétrico, consiste en hallar la curva $y(x) \in C^1[a,b]$, que hace extremo el valor de la funcional $F[y] = \int_a^b L(x,y,y')dx$, sujeto a la condición de que la funcional $K[y] = \int_a^b G(x,y,y')dx = l$ tome un valor determinado l. La funcional F, representa un área que queremos maximizar, y la funcional G el perímetro l de la curva que encierra el área, de ahí, la denominación de problema isoperimétrico.

La solución del problema, se busca extremando la funcional auxiliar $V[y] = F[y] + \lambda K[y] = \int_a^b (L + \lambda G)\, dx = \int_a^b H(x,y,y')\, dx$, donde λ es un número. La función $y(x,\lambda)$, que hace estacionaria $F + \lambda K$ para una variación arbitraria δy, o $\alpha\,\delta y$, se encuentra a partir de la ecuación de *Euler-Lagrange* correspondiente al integrando $H(x,y,y') = L + \lambda G$.

11.5.2. *Ejemplo.* **a.** Consideramos el problema de encontrar entre todas las curvas cerradas de longitud $2l$, aquella que hace máxima el área encerrada.

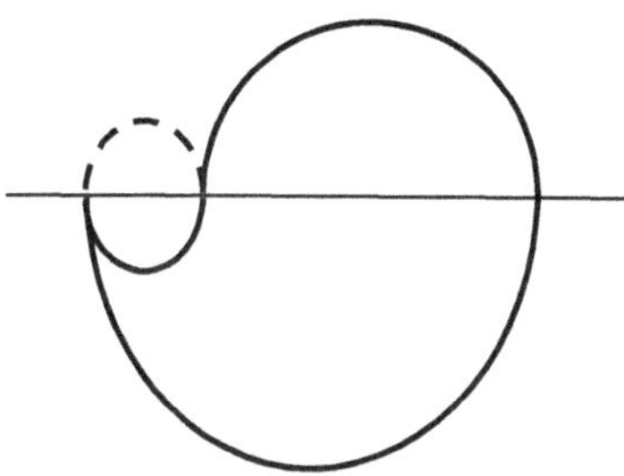

Figura 11.5.2

La solución de este problema clásico, el *Problema de Dido*, ha de ser una curva convexa, de lo contrario, se podría obtener por reflexión de su parte cóncava, una curva de igual longitud que encierra un área mayor figura 11.5.2 y, además, una recta que divida el contorno de longitud $2l$ en dos partes de longitud l, debe dividir el área encerrada en dos partes iguales, ya que en caso contrario, por reflexión de la semiárea mayor, se obtendría un área mayor que la original, con el mismo perímetro $2l$.

Con las anteriores consideraciones, nuestro problema se reduce a extremar el área $F[y] = \int_{-a}^{a} y\, dx$, con $y(\pm a) = 0$, y la condición complementaria que; $K[y] = \int_{-a}^{a} \sqrt{1 + y'^2}\, dx = l > 2a$. Para ello, formamos la función auxiliar $H = L + \lambda G = y + \lambda\sqrt{1 + y'^2}$, considerando la funcional auxiliar $V[y] = \int_{-a}^{a} H(x,y,y')\, dx$, cuya correspondiente ecuación de *Euler-Lagrange* es, $H_y - \dfrac{d}{dx}(H_{y'}) = 1 - \dfrac{d}{dx}\left(\dfrac{\lambda y'}{\sqrt{1+y'^2}}\right) =$

0, de donde $\frac{d}{dx}\left(\frac{\lambda y'}{\sqrt{1+y'^2}}\right) = 1$, que integrada es $\left(\frac{\lambda y'}{\sqrt{1+y'^2}}\right) = x + c_1$, de donde despejamos $y' = \frac{x+c_1}{\sqrt{\lambda^2-(x+c_1)^2}}$, que integramos nuevamente para obtener, $y + c_2 = \int \frac{x+c_1}{\sqrt{\lambda^2-(x+c_1)^2}}\,dx = -\sqrt{\lambda^2 - (x+c_1)^2}$. De la última expresión obtenemos $(x+c_1)^2 + (y+c_2)^2 = \lambda^2$, que es una circunferencia radio λ y centro $(-c_1, -c_2)$. Siendo $y(-a) = y(a) = 0$, es $c_2^2 = \lambda^2 - (c_1 - a)^2$, y $c_2^2 = \lambda^2 - (c_1 + a)^2$, de modo que $c_1 = 0$, y $c_2 = \sqrt{\lambda^2 - a^2}$, con lo que la ecuación de la circunferencia es; $(y+c_2)^2 + x^2 = \lambda^2$, o bien $y = \sqrt{\lambda^2 - x^2} - \sqrt{\lambda^2 - a^2}$. Podemos ahora obtener $y' = \frac{-x}{\sqrt{\lambda^2-x^2}}$, para emplearla en, $K[y] = \int_{-a}^{a}\sqrt{1 + y'^2}\,dx = l$; $\int_{-a}^{a}\sqrt{1 + \frac{x^2}{\lambda^2-x^2}}\,dx = \int_{-a}^{a}\frac{\lambda}{\sqrt{\lambda^2-x^2}}\,dx = \lambda\, sen^{-1}\frac{x}{\lambda}\Big|_{-a}^{a} = 2\lambda\, sen^{-1}\frac{a}{\lambda} = l$, o bien $sen\,\frac{l}{2\lambda} = \frac{a}{\lambda}$, que es una ecuación trascendente para la que debemos recurrir a un método numérico o gráfico. Haciendo $\frac{l}{2\lambda} = u$, se tiene $sen\,u = \frac{2a}{l}u$, y entonces la condición $l > 2a$, asegura que la recta $\frac{2a}{l}u$, tiene pendiente menor que uno, y por lo tanto corta a la curva $sen\,u$ en algún punto a la derecha de cero. **b.** Consideremos $F[y] = \int_0^1 y'^2\,dx$, con $y(0) = 1$, y $y(1) = 6$, y la condición complementaria; $\int_0^1 y\,dx = 3$. Haciendo $H = L + \lambda G = y'^2 + \lambda y$, la ecuación de *Euler-Lagrange* es, $H_y - \frac{d}{dx}\left(H_{y'}\right) = \lambda - \frac{d}{dx}(2y') = \lambda - 2y'' = 0$ o bien, $y'' = \frac{\lambda}{2}$, que integrada es; $y = \lambda\frac{x^2}{4} + c_1 x + c_2$. Con la primera condición obtenemos $y(0) = c_2 = 1$, por lo que $y = \lambda\frac{x^2}{4} + c_1 x + 1$. Con la segunda condición obtenemos $y(1) = \lambda\frac{1}{4} + c_1 + 1 = 6$, o bien $\boxed{\lambda + 4c_1 = 20}$, y otra ecuación la obtenemos de $\int_0^1 y\,dx = 3$, con $y = \lambda\frac{x^2}{4} + c_1 x + 1$ o sea, $\int_0^1\left(\lambda\frac{x^2}{4} + c_1 x + 1\right)dx = 3$, esto es; $\left(\lambda\frac{x^3}{12} + c_1\frac{x^2}{2} + x\right)\Big|_0^1 = 3$, o bien $\boxed{\lambda + 6c_1 = 24}$. Entonces, de $\begin{cases} \lambda + 4c_1 = 20 \\ \lambda + 6c_1 = 24 \end{cases}$, obtenemos $\lambda = 12$ y $c_1 = 2$, con lo que la extremal que buscamos es; $y = 3x^2 + 2x + 1$. **c.** Sean dos puntos $P(x_0, y_0, z_0)$ y $Q(x_1, y_1, z_1)$, sobre una superficie $u(x, y, z) = 0$. Buscamos determinar la menor distancia entre P y Q, lo que equivale a encontrar la curva extremal que haga mínimo el elemento de arco $ds = \sqrt{dx^2 + dy^2 + dz^2}$, cuya longitud, empleando el parámetro t, es la funcional $F(x, y, z) = \int_P^Q \sqrt{x'^2 + y'^2 + z'^2}\,dt$, con las condiciones $\begin{cases} u(x, y, z) = 0 \\ x(P) = x_0,\ y(P) = y_0, z(P) = z_0, \\ x(Q) = x_1,\ y(Q) = y_1, z(Q) = z_1 \end{cases}$ este es el problema de la *geodésica*. Buscamos entonces, las extremales de la funcional $V[x, y, z] = \int_P^Q\left[\sqrt{x'^2 + y'^2 + z'^2} + \lambda\,u(x, y, z)\right]dt$, para la que las correspondientes ecuaciones de *Euler-Legendre*, como en 11.4.1, con $H = L + \lambda G = \sqrt{x'^2 + y'^2 + z'^2} + \lambda\, u(x,y,z)$, son:

$$\begin{cases} H_x - \dfrac{d}{dx}(H_{x'}) = 0 \\[2mm] H_y - \dfrac{d}{dy}(H_{y'}) = 0 \\[2mm] H_z - \dfrac{d}{dz}(H_{z'}) = 0 \end{cases} \text{o bien} \quad \begin{cases} \lambda\, u_x - \dfrac{d}{dx}\left(\dfrac{x'}{\sqrt{x'^2+y'^2+z'^2}}\right) = 0 \\[2mm] \lambda\, u_y - \dfrac{d}{dy}\left(\dfrac{y'}{\sqrt{x'^2+y'^2+z'^2}}\right) = 0. \\[2mm] \lambda\, u_z - \dfrac{d}{dz}\left(\dfrac{z'}{\sqrt{x'^2+y'^2+z'^2}}\right) = 0 \end{cases}$$

Si adoptamos la parametrización $t = s$, tendremos $x'^2 + y'^2 + z'^2 = 1$, con lo que las ecuaciones toman la forma más sencilla $\begin{cases} x'' - \lambda\, u_x = 0 \\ y'' - \lambda\, u_y = 0. \\ z'' - \lambda\, u_z = 0 \end{cases}$ Si la superficie $u(x,y,z)$, es la esfera $x^2 + y^2 + z^2 - R = 0$, entonces $u_x = 2x$, $u_y = 2y$, $u_z = 2z$, y la primera ecuación se transforma en $x'' - 2\lambda\, x = 0$, cuya solución es $x = A_1 \cos \sqrt{2\lambda}\, x + B_1 \, sen \sqrt{2\lambda}\, x$.

Similarmente se tiene $y = A_2 \cos \sqrt{2\lambda}\, y + B_2 \, sen \sqrt{2\lambda}\, y$, y $z = A_3 \cos \sqrt{2\lambda}\, z + B_3 \, sen \sqrt{2\lambda}\, z$, que por reemplazo en $x^2 + y^2 + z^2 = R$ y evaluación de la constantes, se prueba que las trayectorias geodésicas son círculos máximos.

11.6 El Cálculo de Autovalores

Una relación directa del cálculo de autovalores con el cálculo variacional, la encontramos observando que la ecuación, $\dfrac{d}{dx}(py') + qy = -\lambda y$, del *Problema de Sturm-Liouville* $\begin{cases} \dfrac{d}{dx}(py') + qy = -\lambda y \\ y(a) = 0, \quad y(b) = 0 \end{cases}$

es la ecuación de *Euler-Lagrange* correspondiente a la funcional

$$F[y] = \int_a^b (py'^2 - qy^2)dx$$

con las condiciones $y(a) = 0$, $y(b) = 0$, y la condición adicional que $\int_a^b y^2\, dx = c$. Si $c = 1$, la función y se dice *normalizada*, además, $-\lambda$ cumple el papel de *multiplicador de Lagrange*, como verificamos haciendo:

Como en 11.5.1, $H = L - \lambda\, G$, con $L = py'^2 - qy^2$, $G = y^2$ y λ negativo

$$H = py'^2 - qy^2 - \lambda y^2$$

Entonces, la correspondiente ecuación de *Euler-Lagrange*, es

$$H_y - \frac{d}{dx}\left(H_{y'}\right) = -2(q - \lambda)y - \frac{d}{dx}(2py') = 0$$

o bien
$$\frac{d}{dx}(py') + qy = -\lambda y$$

que es la ecuación de nuestro problema de *Sturm-Liouville*.

Cuando hubiera involucrada una función peso $w = w(x)$, tal que el problema de *Sturm-Liouville*, es

$$\begin{cases} \dfrac{d}{dx}(py') + qy = -\lambda\, w\, y \\ y(a) = 0, \quad y(b) = 0 \end{cases}$$

entonces la condición adicional es $\int_a^b w\, y^2\, dx = c$, y la normalización será respecto de la función peso w con; $\int_a^b w\, y^2\, dx = 1$. Ahora es, $H = py'^2 - qy^2 - \lambda\, w\, y^2$, y la funcional a extremar será

$$F[y] = \int_a^b (py'^2 - qy^2 - \lambda\, w\, y^2)\, dx.$$

De la misma forma, otra relación del cálculo de autovalores con los problemas variacionales se establece cuando, para resolver una ecuación diferencial, se introduce una funcional cuya ecuación de *Euler*, es justamente la ecuación diferencial que se busca resolver.

Para resolver la ecuación de *Laplace* $\nabla^2 u = u_{xx} + u_{yy}$, puede considerarse la funcional

$$F(u) = \iint_R (\nabla u)^2\, dx\, dy$$

entonces, resolver la ecuación de *Laplace* equivale a hacer mínima la funcional

$F(u) = \iint_R \left(u_x^2 + u_y^2\right) dx\, dy$, donde como en 11.4.5, $L = u_x^2 + u_y^2$, y la ecuación de *Euler-Ostrogradski*, es $L_u - \frac{\partial}{\partial x}\left(\frac{\partial L}{\partial u_x}\right) - \frac{\partial}{\partial y}\left(\frac{\partial L}{\partial u_y}\right) = 0$

o bien
$$u_{xx} + u_{yy} = 0.$$

11.6.1. *Ejemplo*. Buscamos los valores propios y funciones propias de $F[y] = \int_0^1 (y'^2 + y^2)\, dx$, con $y(0) = 0$, $y(1) = 0$, y la condición adicional que $\int_0^1 y^2\, dx = 1$. $p = 1$, $q = -1$, y la ecuación de *Sturm-Liouville* es $\frac{d}{dx}(y') - y = -\lambda\, y$, o bien $y'' + (\lambda - 1)y = 0$, y entonces: Si $(\lambda - 1) = 0$, $y = c_1 + c_2 x$, que con las condiciones de contorno, implica la solución trivial $y \equiv 0$ y, si $(\lambda - 1) = k < 0$, la solución es $\,y = c_1 e^{\sqrt{k}\,x} + c_2 e^{-\sqrt{k}\,x}\,$ que también conduce con las condiciones de contorno a la solución $y \equiv 0$. Solo queda la posibilidad $(\lambda - 1) > 0$, que conduce a la solución; $y = c_1 \cos \sqrt{\lambda - 1}\,x + c_2\,sen\,\sqrt{\lambda - 1}\,x$. Esta última solución es, $y(0) = c_1 = 0$ con la primera condición, por lo que $y = c_2\,sen\,\sqrt{\lambda - 1}\,x$ y, con la segunda condición, $y(1) = c_2\,sen\,\sqrt{\lambda - 1} = 0$, de donde se deduce que debe ser; $\sqrt{\lambda - 1} = n\,\pi$ o bien $\lambda_n = n^2\,\pi^2 + 1$.

11.7 Métodos directos de cálculo

Los métodos directos de cálculo variacional, son el recurso disponible cuando las ecuaciones que surgen de los problemas variacionales no son integrables, lo que es frecuente cuando nos apartamos de los casos más simples, con los que en general se ilustran los ejemplos prácticos.

11.7.1. *Método de las diferencias finitas.* Si $F[y] = \int_a^b L(x, y, y')dx$, con $y(a) = A$, $y(b) = B$ es la funcional de la que buscamos un extremo, podemos resolver el problema sobre las curvas poligonales, que forman n segmentos rectilíneos yuxtapuestos, con sus extremos en las abscisas que resultan, de partir en n segmentos de igual longitud, el intervalo $[a, b]$. De esta forma, con $\Delta x = \frac{b-a}{n}$, las abscisas resultan; $x_0 = a$, $x_1 = a + \Delta x$, $x_2 = a + 2\,\Delta x$, $x_3 = a + 3\,\Delta x, ..., x_n = b$. Entonces, en cada x_j así determinado, hay una ordenada y_j donde se sitúa un vértice de la poligonal, que se extiende de (x_0, y_0) a (x_n, y_n). Sobre la poligonal, la funcional $F[y] = \int_a^b L(x, y, y')dx$, es una función $F[y] = \phi(y_1, y_2, ..., y_{n-1})$, de los vértices y_j, $j = 1, 2, ..., n - 1$, de la poligonal, y esos vértices deberán elegirse de modo que ϕ tenga un extremo, lo que surgirá del sistema de ecuaciones, $\frac{\partial \phi}{\partial y_1} = 0, \frac{\partial \phi}{\partial y_2} = 0, ..., \frac{\partial \phi}{\partial y_{n-1}} = 0$, y la poligonal resultante es la solución del problema.

11.7.2. *Ejemplo.* Si $F[y] = \int_0^1 (y'^2 + 2y)dx$, con $y(0) = 0$, $y(1) = 0$, podemos elegir $\Delta x = \frac{1-0}{5} = 0,2$, y resultan; $x_0 = a = 0$, $x_1 = 0 + 0,2 = 0,2$, $x_2 = 0 + 2\,.\,0,2 = 0,4$ $x_3 = 0 + 3\,.\,0,2 = 0,6$, $x_4 = 0 + 4\,.\,0,2 = 0,8$, $x_5 = b = 1$. A cada x_j, corresponde una y_j que debemos determinar, y esa y_j, es la ordenada del correspondiente vértice de la poligonal extremante. Aproximamos las y'_j por cocientes incrementales como $y'_j = \frac{y_{j+1} - y_j}{\Delta x}$, y así obtenemos: $y'_0 = \frac{y_1 - 0}{0,2}$, $y'_1 = \frac{y_2 - y_1}{0,2}$, $y'_2 =$

$\frac{y_3-y_2}{0,2}$, $y_3' = \frac{y_4-y_3}{0,2}$, $y_4' = \frac{0-y_4}{0,2}$ y con estas y_j', se plantea la integral $\int_0^1 (y'^2 + 2y)dx =$ $\phi(y_1,y_2,y_3,y_4) \cong [(y_0'^2 + 0) + (y_1'^2 + 2y_1) + (y_2'^2 + 2y_2) + (y_3'^2 + 2y_3) + (y_4'^2 + 2y_4)]\Delta x$, aproximada por el método de los rectángulos, o bien $\phi(y_1,y_2,y_3,y_4) \cong$ $\left[\left(\frac{y_1}{0,2}\right)^2 + \left(\left(\frac{y_2-y_1}{0,2}\right)^2 + 2y_1\right) + \left(\left(\frac{y_3-y_2}{0,2}\right)^2 + 2y_2\right) + \left(\left(\frac{y_4-y_3}{0,2}\right)^2 + 2y_3\right) + \left(\left(\frac{-y_4}{0,2}\right)^2 + 2y_4\right)\right]0,2$.

Ahora, igualando a cero las derivadas parciales de $\phi(y_1,y_2,y_3,y_4)$, $\frac{\partial\phi}{\partial y_1} = 0, ..., \frac{\partial\phi}{\partial y_4} = 0$, formamos un sistema de ecuaciones que determinan y_1, y_2, y_3, y_4

$$\begin{cases} \frac{\partial\phi}{\partial y_1} = \frac{4y_1 - 2y_2}{0,04} + 2 = 0 \\ \frac{\partial\phi}{\partial y_2} = \frac{-2y_1 + 4y_2 - 2y_3}{0,04} + 2 = 0 \\ \frac{\partial\phi}{\partial y_3} = \frac{-2y_2 + 4y_3 - 2y_4}{0,04} + 2 = 0 \\ \frac{\partial\phi}{\partial y_4} = \frac{-2y_3 + 4y_4}{0,04} + 2 = 0 \end{cases} \quad \text{o bien} \quad \begin{cases} 2y_1 - y_2 = -0,04 \\ -y_1 + 2y_2 - y_3 = -0,04 \\ -y_2 + 2y_3 - y_4 = -0,04 \\ -y_3 + 2y_4 = -0,04 \end{cases}$$

cuya solución es $y_1 = -0,08, y_2 = -0,12, y_3 = -0,12, y_4 = -0,08$.

Podemos comprobar que la solución exacta, $y = \frac{x^2}{2} - \frac{x}{2}$, que obtenemos para la correspondiente ecuación de *Euler-Lagrange*, $y'' = 1$, con las condiciones $y(0) = y(1) = 0$, toma valores en cada x_j, coincidentes con los y_j.

11.7.3. *Método Ritz.* Este método busca las extremales de la funcional, sobre *combinaciones lineales* de funciones admisibles, en lugar de hacerlo sobre el conjunto de las funciones admisibles, por lo que la solución, estará entre las

$$y_n = \sum_{j=1}^n a_j\, u_j(x)$$

donde las a_j son constantes, y el conjunto $\{u_j(x)\}$, es denominado *conjunto de funciones coordenadas*.

Las $u_j(x)$, deben cumplir las condiciones de extremo y de suficiente derivabilidad y, al reemplazar y por y_n en la funcional, la funcional se convierte en una función de las a_j, siendo $F[y_n] = \phi(a_1, a_2, ..., a_n)$, con los a_j determinados por las condiciones de extremo, para ϕ: $\frac{\partial\phi}{\partial a_1} = 0, ..., \frac{\partial\phi}{\partial a_n} = 0$.

Cuando las a_j se introducen en la sucesión $\{y_n\}$, esa sucesión es *minimizante*, lo que significa que la sucesión $\{F[y_n]\}$, converge al mínimo de la funcional $F[y]$.

Si las condiciones de frontera son, $y(a) = y(b) = 0$, se pueden elegir las u_j como $u_j(x) = (x - a)(x - b)v_j(x)$, donde las v_j son funciones continuas en $[a, b]$ suficientemente derivables o bien, seleccionar las u_j como funciones periódicas $u_j = sen \; \frac{j\pi(x-a)}{b-a}$.

Si en cambio las condiciones de frontera no son homogéneas, tal como $y(a) = A, y(b) = B$, se puede elegir las y_n como

$$y_n = \sum_{j=1}^{n} a_j \, u_j(x) + \, u_0(x)$$

con las $u_j(x)$ que satisfacen las condiciones homogéneas $y(a) = 0, y(b) = 0$, y $u_0(a) = A, \, u_0(b) = B$.

11.7.4. *Ejemplo.* Si como en 11.7.2, $F[y] = \int_0^1 (y'^2 + 2y)dx$ con $y(0) = 0$, $y(1) = 0$, es la funcional que queremos extremar, podemos elegir entre las curvas admisibles, las $u_j = x^j(x - 1)$, puesto que son derivables en $[0,1]$ y cumplen con las condiciones de frontera $y(0) = 0$, $y(1) = 0$. Entonces, buscamos las extremales entre las $y_n = \sum_{j=1}^{n} a_j u_j = \sum_{j=1}^{n} a_j x^j(x - 1)$, empleando una sola de las u_j de modo que $y_1 = a_1 u_1 = a_1 x(x - 1)$ y entonces, $y_1' = a_1 u_1' = a_1(2x - 1)$, que reemplazadas en la integral dan; $\phi[a_1] = \int_0^1 \left[\left(a_1(2x - 1) \right)^2 + 2a_1 x(x - 1) \right] dx =$ $\int_0^1 [a_1^2(4x^2 - 4x + 1) + 2a_1(x^2 - x)] \, dx = a_1^2 \left(4\frac{x^3}{3} - 4\frac{x^2}{2} + x \right) \Big|_0^1 + 2a_1 \left(\frac{x^3}{3} - \frac{x^2}{2} \right) \Big|_0^1 =$ $a_1^2 \frac{1}{3} - a_1 \frac{1}{3}$. Hemos obtenido $\phi[a_1] = a_1^2 \frac{1}{3} - a_1 \frac{1}{3}$ y entonces, de $\frac{\partial \phi[a_1]}{\partial a_1} = (2a_1 - 1)\frac{1}{3} = 0$, obtenemos $a_1 = \frac{1}{2}$, por lo que; $y_1 = \frac{1}{2}x(x - 1) = \frac{x^2}{2} - \frac{x}{2}$, que coincide con la solución exacta.

Bibliografía:

— Elsgoltz, Lev. *Ecuaciones diferenciales y cálculo variacional.* Ed. MIR. Moscú, 1969.

— Kartashov, A. P. y Rozhdenstvenski, B. L. *Ecuaciones diferenciales ordinarias y fundamentos del cálculo variacional.* Ed. Reverté. Barcelona, 1980.

— Krasnov, M. L.; Makarenko, G.I.; Kiseliov, A. I. *Cálculo variacional.* Ed. MIR. Moscú, 1976.

— Mathews, J.; Walker, R. L. *Matemáticas para físicos.* Ed. Reverté. Barcelona, 1979.

— Rey Pastor, Julio; Trejo, Cesar; Pi Calleja, Pedro. *Análisis Matemático, tomo III. (8ª ed)*. Ed. Kapelusz. Buenos Aires, 1969.

— Simmons, George F. *Ecuaciones diferenciales con aplicaciones y notas históricas*. Ed. Mc Graw-Hill. Madrid, 1990.

Índice Alfabético

La presente edición de *Matemáticas Avanzada. Edición Revisada y Corregida;* se terminó de imprimir en el mes de Mayo 2020 en Universitas.
Pje. España 1467. Córdoba. Te: -351-4680913.
MAIL: editorialuniversitas@yahoo.com.ar

Impreso en Argentina

UNIVERSITAS
U
Editorial
Científica
Universitaria
CÓRDOBA